SOFTWARE ARCHITECTURE WITH C++

现代C++软件架构

方法与实践

[美] 艾德里安·奥斯特洛夫斯基（Adrian Ostrowski）
[波] 彼得亚雷·加奇科夫斯基（Piotr Gaczkowski） 著
陈靖 译

Adrian Ostrowski, Piotr Gaczkowski: *Software Architecture with* C++ (ISBN: 978-1-83855-459-0).

图书在版编目（CIP）数据

现代 C++ 软件架构：方法与实践 /（美）艾德里安·奥斯特洛夫斯基（Adrian Ostrowski），（波）彼得亚雷·加奇科夫斯基（Piotr Gaczkowski）著；陈靖译．—北京：机械工业出版社，2023.9

（架构师书库）

书名原文：Software Architecture with C++

ISBN 978-7-111-73676-9

Ⅰ. ①现…　Ⅱ. ①艾…②彼…③陈…　Ⅲ. ① C++ 语言－程序设计②软件设计　Ⅳ. ① TP312.8 ② TP311.5

中国国家版本馆 CIP 数据核字（2023）第 154675 号

机械工业出版社（北京市百万庄大街 22 号　邮政编码 100037）

策划编辑：刘　锋　　　　　责任编辑：刘　锋　张秀华

责任校对：张爱妮　李　婷　责任印制：张　博

保定市中画美凯印刷有限公司印刷

2023 年 10 月第 1 版第 1 次印刷

186mm×240mm・22.5 印张・498 千字

标准书号：ISBN 978-7-111-73676-9

定价：139.00 元

电话服务　　　　　　　　网络服务

客服电话：010-88361066　机　工　官　网：www.cmpbook.com

010-88379833　机　工　官　博：weibo.com/cmp1952

010-68326294　金　　书　　网：www.golden-book.com

封底无防伪标均为盗版　机工教育服务网：www.cmpedu.com

Preface 前　言

现代 C++ 允许程序员用高级语言编写高性能的应用程序，而不牺牲可读性和可维护性。不过，软件架构还不仅仅是编程语言的问题，还包括很多其他的方面。在本书中，我们将展示如何设计和构建健壮、可扩展且性能良好的应用程序。

通过对基本概念、实例和自测问题的逐步解释，你将首先理解架构的重要性并学习一个实际应用程序的案例。

你将学习如何在单体应用程序级别使用成熟的设计模式，探索如何使应用程序具有健壮性、安全性、高性能和可维护性。然后，你将使用面向服务的架构、微服务、容器和无服务器（serverless）计算技术等架构模式构建连接多个单体应用程序的高级服务。

最后，你将能够使用现代 C++ 和相关工具来构建分布式服务，以提供客户满意的解决方案。

你是否有兴趣成为一名软件架构师，或者想了解更多关于架构的最新趋势？如果是，那么本书应该能帮助你！

读者定位

使用现代 C++ 的开发人员能够将他们的知识与这本实用的软件架构指南结合到一起。本书以一种侧重实践的方式来实现相关方法，这可以让你立即运用本书的知识来提高工作效率。

本书的主要内容

第 1 章讲述为什么设计软件。

第 2 章涵盖在架构方面可以采取的不同方式。

第 3 章探讨对客户需求的理解。

第 4 章探讨如何创建有效的软件解决方案。

第 5 章介绍如何使用原生 C++。

第 6 章重点介绍现代 C++ 习语和有用的代码构造。

第 7 章介绍如何把代码部署到生产环境。

第 8 章介绍如何比客户先发现 bug。

第 9 章介绍自动化软件发布的现代方法。

第 10 章探讨如何确保系统不容易被破坏。

第 11 章关注性能。C++ 应该更快，它能更快吗？

第 12 章介绍如何基于服务来构建系统。

第 13 章只关注一件事，即如何设计微服务。

第 14 章提供一个构建、打包和运行应用程序的统一接口。

第 15 章超越传统的基础设施，探索云原生设计。

如何充分利用这本书

本书中的代码示例大多是针对 GCC 10 编写的。尽管 C++20 的某些特性可能在旧版本的编译器中缺失，但这些示例也应该兼容 Clang 或微软的 Visual C++。为了尽可能接近作者的开发环境，我们建议你在类 Linux 环境中使用 Nix(https://nixos.org/download.html) 和 direnv(https://direnv.net/)。如果你在包含代码示例的目录中运行 `direnv allow`，那么这两个工具将会配置好编译器和支持包。

如果没有 Nix 和 direnv，就不能保证这些示例正常工作。如果使用的是 macOS，Nix 应该可以正常工作。如果使用的是 Windows，那么（AWS 的）Linux 2 的 Windows 子系统是一个使用带 Nix 的 Linux 开发环境的好方法。

要安装这两个工具，需要运行以下命令：

```
# Install Nix
curl -L https://nixos.org/nix/install | sh
# Configure Nix in the current shell
. $HOME/.nix-profile/etc/profile.d/nix.sh
# Install direnv
nix-env -i direnv
# Download the code examples
git clone
https://github.com/PacktPublishing/Hands-On-Software-Architecture-with-Cpp.
git
# Change directory to the one with examples
cd Hands-On-Software-Architecture-with-Cpp
# Allow direnv and Nix to manage your development environment
direnv allow
```

在执行上述命令后，Nix 应该下载并安装所有必要的依赖项。这虽然需要一段时间，但有助于确保我们使用的是完全相同的工具。

下载示例代码文件

你可以从 GitHub 地址 https://github.com/PacktPublishing/Software-Architecture-with-Cpp 下载本书的示例代码文件。必要时，我们将在现有的 GitHub 代码库上对代码进行更新。

下载彩色图片

我们还提供了一个 PDF 文件，里面有本书中使用的屏幕截图的彩色图片，详见地址 https://static.packt-cdn.com/downloads/9781838554590_ColorImages.pdf。

排版约定

本书中使用的文本格式约定如下。

代码体文本：代表文本中的代码、数据库表名称、文件夹名、文件名、文件扩展名、路径名、用户输入和 Twitter 句柄，例如"前两个字段（`openapi` 和 `info`）是描述文档的元数据"。

代码块的设置如下：

```
using namespace CppUnit;
using namespace std;
```

代表警告或重要的提示事项。

代表提示和技巧。

目　　录 *Contents*

前　言

第一部分　软件架构的概念和组成部分

第1章　软件架构的重要性和良好的设计原则 ……2

1.1　技术要求 ……2
1.2　软件架构 ……2
1.3　适当架构的重要性 ……3
　1.3.1　软件腐朽 ……4
　1.3.2　意外架构 ……4
1.4　优秀架构的基本原理 ……4
　1.4.1　架构上下文 ……4
　1.4.2　相关方 ……4
　1.4.3　业务和技术环境 ……5
1.5　使用敏捷原则开发架构 ……5
1.6　C++ 的哲学思想 ……7
1.7　SOLID 和 DRY 原则 ……9
　1.7.1　单一责任原则 ……9
　1.7.2　开放封闭原则 ……9
　1.7.3　里氏替换原则 ……10
　1.7.4　接口隔离原则 ……11
　1.7.5　依赖倒置原则 ……12
　1.7.6　DRY 原则 ……15
1.8　耦合和内聚 ……16
　1.8.1　耦合 ……16
　1.8.2　内聚 ……17
1.9　总结 ……19
问题 ……19
进一步阅读 ……19

第2章　架构风格 ……20

2.1　技术要求 ……20
2.2　有状态风格和无状态风格 ……20
2.3　单体风格 ……23
2.4　服务和微服务 ……24
2.5　基于事件的架构 ……27
　2.5.1　基于事件的常见拓扑结构 ……28
　2.5.2　事件溯源 ……29
2.6　分层架构 ……30
2.7　基于模块的架构 ……32
2.8　总结 ……32
问题 ……33

进一步阅读 ······ 33

第 3 章　功能性和非功能性需求 ······ 34

3.1　从源代码生成文档必备的技术要求 ······ 34
3.2　需求的类型 ······ 34
3.2.1　功能性需求 ······ 35
3.2.2　非功能性需求 ······ 35
3.3　架构级重要需求 ······ 36
3.3.1　指示信号 ······ 37
3.3.2　阻碍以及应对方法 ······ 37
3.4　从各种来源收集需求 ······ 38
3.4.1　了解上下文 ······ 38
3.4.2　了解现有文档 ······ 39
3.4.3　了解相关方 ······ 39
3.4.4　收集来自相关方的需求 ······ 39
3.5　文档化需求 ······ 40
3.5.1　文档化上下文 ······ 40
3.5.2　文档化范围 ······ 41
3.5.3　文档化功能性需求 ······ 41
3.5.4　文档化非功能性需求 ······ 42
3.5.5　管理文档的版本历史 ······ 42
3.5.6　文档化敏捷项目中的需求 ······ 43
3.5.7　其他部分 ······ 43
3.6　文档化系统架构 ······ 44
3.6.1　4+1 模型 ······ 44
3.6.2　C4 模型 ······ 48
3.6.3　文档化敏捷项目中的架构 ······ 51
3.7　选择文档的正确视图 ······ 51
3.7.1　功能视图 ······ 52
3.7.2　信息视图 ······ 52
3.7.3　并发视图 ······ 53
3.7.4　开发视图 ······ 53
3.7.5　部署和操作视图 ······ 54
3.8　生成文档 ······ 55
3.8.1　生成需求文档 ······ 55
3.8.2　从代码生成图 ······ 55
3.8.3　从代码生成 API 文档 ······ 55
3.9　总结 ······ 60
问题 ······ 60
进一步阅读 ······ 61

第二部分　C++ 软件的设计和开发

第 4 章　架构与系统设计 ······ 64

4.1　技术要求 ······ 64
4.2　分布式系统的特性 ······ 64
4.2.1　不同的服务模型以及何时使用它们 ······ 65
4.2.2　避免分布式计算的错误假设 ······ 67
4.2.3　CAP 定理和最终的一致性 ······ 70
4.3　系统容错性和可用性 ······ 72
4.3.1　计算系统的可用性 ······ 72
4.3.2　构建容错系统 ······ 73
4.3.3　故障检测 ······ 75
4.3.4　减少故障的影响 ······ 76
4.4　系统集成 ······ 78
4.4.1　管道和过滤器模式 ······ 78
4.4.2　消费者竞争 ······ 78
4.4.3　从旧系统过渡 ······ 79
4.5　在规模化部署时保持性能 ······ 80
4.5.1　CQRS 和事件溯源 ······ 80

4.5.2 缓存 ······ 82
4.6 系统部署 ······ 84
4.6.1 边车模式 ······ 84
4.6.2 零停机时间部署 ······ 87
4.6.3 外部配置存储 ······ 89
4.7 管理 API ······ 89
4.8 总结 ······ 90
问题 ······ 90
进一步阅读 ······ 91

第 5 章 利用 C++ 语言特性 ······ 92

5.1 技术要求 ······ 92
5.2 设计优秀的 API ······ 93
5.2.1 利用 RAII ······ 93
5.2.2 指定 C++ 容器接口 ······ 93
5.2.3 在接口中使用指针 ······ 96
5.2.4 指定前置条件和后置条件 ······ 97
5.2.5 使用内联命名空间 ······ 97
5.2.6 使用 std::optional ······ 98
5.3 编写声明式代码 ······ 99
5.3.1 展示特色商品 ······ 101
5.3.2 标准范围介绍 ······ 105
5.4 在编译时移动计算 ······ 107
5.5 利用安全类型的力量 ······ 108
5.6 编写模块化的 C++ 代码 ······ 112
5.7 总结 ······ 114
问题 ······ 114
进一步阅读 ······ 115

第 6 章 设计模式和 C++ ······ 116

6.1 技术要求 ······ 116
6.2 C++ 编程习语 ······ 116
6.2.1 使用 RAII 保护自动执行作用域的退出操作 ······ 117
6.2.2 管理可复制性和可移动性 ······ 117
6.2.3 使用隐藏的友元 ······ 119
6.2.4 使用复制和交换习语提供异常安全性 ······ 120
6.2.5 编写 niebloid ······ 121
6.2.6 基于策略的设计习语 ······ 123
6.3 奇异递归模板模式 ······ 124
6.3.1 知道何时使用动态多态性和静态多态性 ······ 124
6.3.2 实现静态多态性 ······ 125
6.3.3 插曲——使用类型擦除技术 ··· 127
6.4 创建对象 ······ 128
6.4.1 使用工厂 ······ 128
6.4.2 使用构建器 ······ 132
6.5 在 C++ 中跟踪状态和访问对象 ··· 135
6.6 有效地处理内存 ······ 138
6.6.1 使用 SSO/SOO 减少动态分配 ······ 138
6.6.2 通过 COW 来节省内存 ······ 139
6.6.3 使用多态分配器 ······ 139
6.7 总结 ······ 143
问题 ······ 143
进一步阅读 ······ 144

第 7 章 构建和打包 ······ 145

7.1 技术要求 ······ 145
7.2 充分利用编译器 ······ 145
7.2.1 使用多个编译器 ······ 146

7.2.2 减少构建时间 146
7.2.3 查找潜在的代码问题 149
7.2.4 使用以编译器为中心的工具 150
7.3 抽象构建过程 151
7.3.1 认识 CMake 151
7.3.2 使用生成器表达式 154
7.4 使用外部模块 155
7.4.1 获取依赖项 155
7.4.2 使用查找脚本 156
7.4.3 编写查找脚本 157
7.4.4 使用 Conan 软件包管理器 159
7.4.5 添加测试 161
7.5 重用高质量代码 163
7.5.1 安装 163
7.5.2 导出 166
7.5.3 使用 CPack 166
7.6 使用 Conan 打包 168
7.6.1 创建 conanfile.py 脚本 168
7.6.2 测试 Conan 软件包 170
7.6.3 将 Conan 打包代码添加到 CMakeLists 171
7.7 总结 172
问题 172
进一步阅读 173

第三部分 架构的质量属性

第 8 章 编写可测试代码 176
8.1 技术要求 176
8.2 为什么要测试代码 177
8.2.1 测试金字塔 177
8.2.2 非功能性测试 178
8.2.3 回归测试 179
8.2.4 根因分析 179
8.2.5 进一步改进的基础工作 179
8.3 测试框架 180
8.3.1 GTest 示例 181
8.3.2 Catch2 示例 181
8.3.3 CppUnit 示例 181
8.3.4 Doctest 示例 183
8.3.5 测试编译时代码 183
8.4 模拟和伪装 184
8.4.1 不同的测试替身 184
8.4.2 测试替身的其他用途 184
8.4.3 编写测试替身 184
8.5 测试驱动的类设计 187
8.5.1 测试和类设计冲突时 188
8.5.2 防御性编程 188
8.5.3 无聊的重复——先写测试 189
8.6 自动化测试以实现持续集成和持续部署 189
8.6.1 测试基础设施 190
8.6.2 使用 Serverspec 进行测试 191
8.6.3 使用 Testinfra 进行测试 191
8.6.4 使用 Goss 进行测试 192
8.7 总结 192
问题 193
进一步阅读 193

第 9 章 持续集成和持续部署 194
9.1 技术要求 194

9.2 CI 简介 …… 194
9.2.1 早发布，常发布 …… 195
9.2.2 CI 的优点 …… 195
9.2.3 门控机制 …… 196
9.2.4 使用 GitLab 实现管道 …… 196
9.3 审查代码更改 …… 197
9.3.1 自动门控机制 …… 198
9.3.2 代码审查——手动门控机制 … 198
9.3.3 代码审查的不同方法 …… 199
9.3.4 使用拉请求进行代码审查 …… 199
9.4 测试驱动的自动化 …… 200
9.4.1 行为驱动开发 …… 200
9.4.2 编写 CI 测试 …… 202
9.4.3 持续测试 …… 202
9.5 将部署作为代码管理 …… 203
9.5.1 使用 Ansible …… 204
9.5.2 Ansible 如何与 CI/CD 管道相匹配 …… 204
9.5.3 使用组件创建部署代码 …… 204
9.6 构建部署代码 …… 205
9.7 构建 CD 管道 …… 205
9.7.1 持续部署和持续交付 …… 206
9.7.2 构建示例 CD 管道 …… 206
9.8 使用不可变基础设施 …… 208
9.8.1 什么是不可变基础设施 …… 208
9.8.2 不可变基础设施的好处 …… 209
9.8.3 使用 Packer 构建实例映像 …… 209
9.8.4 利用 Terraform 协调基础设施 …… 210
9.9 总结 …… 212
问题 …… 212
进一步阅读 …… 213

第 10 章　代码安全性和部署安全性 …… 214

10.1 技术要求 …… 214
10.2 代码安全性检查 …… 214
10.2.1 强调安全性的设计 …… 215
10.2.2 安全编码、指南和 GSL …… 218
10.2.3 防御性编程，验证一切 …… 219
10.2.4 最常见的漏洞 …… 220
10.3 检查依赖项是否安全 …… 221
10.3.1 通用漏洞披露 …… 221
10.3.2 自动扫描器 …… 221
10.3.3 自动化依赖项升级管理 …… 222
10.4 强化代码 …… 222
10.4.1 面向安全的内存分配器 …… 222
10.4.2 自动检查 …… 223
10.4.3 进程隔离和沙箱 …… 226
10.5 强化环境 …… 226
10.5.1 静态链接与动态链接 …… 227
10.5.2 地址空间布局随机化 …… 227
10.5.3 DevSecOps …… 227
10.6 总结 …… 228
问题 …… 228
进一步阅读 …… 228

第 11 章　性能 …… 230

11.1 技术要求 …… 230
11.2 性能测量 …… 230

11.2.1 执行准确且有意义的测量 … 231
11.2.2 利用不同类型的测量工具 … 231
11.2.3 使用微基准测试 ………… 232
11.2.4 性能分析 ………………… 238
11.2.5 跟踪 ……………………… 240
11.3 帮助编译器生成高性能代码 …… 240
11.3.1 优化整个程序 …………… 241
11.3.2 基于真实世界的使用模式进行优化 ………………… 241
11.3.3 编写缓存友好的代码 …… 241
11.3.4 在设计代码时考虑数据 … 242
11.4 计算并行化 ……………………… 243
11.4.1 理解线程和进程之间的差异 ……………………… 243
11.4.2 使用标准并行算法 ……… 244
11.4.3 使用 OpenMP 和 MPI 进行并行计算 …………… 244
11.5 使用协程 ………………………… 245
11.5.1 区分 cppcoro 实用程序 … 246
11.5.2 可等待对象和协程 ……… 247
11.6 总结 ……………………………… 251
问题 …………………………………… 251
进一步阅读 …………………………… 251

第四部分 云原生设计原则

第 12 章 面向服务的架构 ………… 254
12.1 技术要求 ………………………… 254
12.2 理解面向服务的架构 …………… 254
12.2.1 实现方法 ………………… 255
12.2.2 面向服务的架构的好处 … 259
12.2.3 SOA 面临的挑战 ………… 260
12.3 采用消息传递原则 ……………… 261
12.3.1 低开销消息传递系统 …… 261
12.3.2 代理消息传递系统 ……… 262
12.4 使用 Web 服务 ………………… 263
12.4.1 用于调试 Web 服务的工具 ……………………… 263
12.4.2 基于 XML 的 Web 服务 … 263
12.4.3 基于 JSON 的 Web 服务 … 266
12.4.4 表述性状态转移 ………… 267
12.4.5 GraphQL ………………… 273
12.5 利用托管服务和云厂商 ………… 273
12.5.1 作为 SOA 扩展的云计算 … 274
12.5.2 云原生架构 ……………… 277
12.6 总结 ……………………………… 277
问题 …………………………………… 278
进一步阅读 …………………………… 278

第 13 章 微服务设计 ……………… 279
13.1 技术要求 ………………………… 279
13.2 深入微服务 ……………………… 279
13.2.1 微服务的优点 …………… 279
13.2.2 微服务的缺点 …………… 281
13.2.3 微服务的设计模式 ……… 282
13.3 构建微服务 ……………………… 284
13.3.1 外部内存管理 …………… 284
13.3.2 外部存储 ………………… 286
13.3.3 外部计算 ………………… 287
13.4 观测微服务 ……………………… 287

13.4.1 日志记录 288
13.4.2 监控 291
13.4.3 跟踪 291
13.4.4 集成可观测性解决方案 292
13.5 连接微服务 293
13.5.1 应用程序编程接口 293
13.5.2 远程过程调用 293
13.6 扩展微服务 295
13.6.1 扩展每个主机部署的单个服务 295
13.6.2 扩展每个主机部署的多个服务 296
13.7 总结 296
问题 297
进一步阅读 297

第14章 容器 298

14.1 技术要求 298
14.2 重新介绍容器 298
14.2.1 容器类型 299
14.2.2 微服务的兴起 300
14.2.3 选择何时使用容器 300
14.3 构建容器 301
14.3.1 容器映像说明 302
14.3.2 使用 Dockerfile 构建应用程序 302
14.3.3 命名和分发映像 303
14.3.4 编译的应用程序和容器 304
14.3.5 利用清单生成多架构目标 305
14.3.6 构建应用程序容器的其他方法 307
14.3.7 将容器与 CMake 集成 308
14.4 测试和集成容器 310
14.4.1 容器内的运行时库 310
14.4.2 其他容器运行时 311
14.5 容器编排 311
14.5.1 自托管解决方案 312
14.5.2 托管服务 317
14.6 总结 318
问题 318
进一步阅读 318

第15章 云原生设计 319

15.1 技术要求 319
15.2 云原生 319
15.2.1 云原生计算基础 320
15.2.2 云作为操作系统 320
15.3 使用 Kubernetes 编排云原生工作负载 322
15.3.1 Kubernetes 结构 322
15.3.2 部署 Kubernetes 的可能方法 323
15.3.3 理解 Kubernetes 的概念 323
15.3.4 Kubernetes 网络 325
15.3.5 什么时候适合使用 Kubernetes 325
15.4 分布式系统中的可观测性 326
15.4.1 跟踪与日志记录的区别 326

15.4.2 选择跟踪解决方案 …… 327
15.4.3 使用 OpenTracing 检测应用程序 …… 328
15.5 使用服务网格连接服务 …… 330
15.5.1 服务网格 …… 330
15.5.2 服务网格解决方案 …… 330
15.6 走向 GitOps …… 332
15.6.1 GitOps 的原则 …… 332
15.6.2 GitOps 的好处 …… 334
15.6.3 GitOps 工具 …… 335
15.7 总结 …… 335
问题 …… 336
进一步阅读 …… 336
附录 …… 337
问题解答 …… 340

第一部分 *Part 1*

软件架构的概念和组成部分

这一部分将介绍软件架构的基础知识，演示其设计和文档化的有效方法。

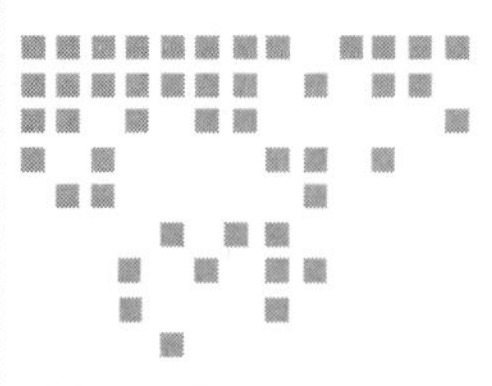

Chapter 1 第1章

软件架构的重要性和良好的设计原则

本章介绍软件架构在软件开发中所扮演的角色，重点介绍设计 C++ 解决方案架构时需要记住的关键方面。我们将讨论如何设计具有便利性和功能性接口的高效代码。我们还将介绍针对代码和架构的领域驱动方法。

1.1 技术要求

要使用本章中的代码，需要准备：

- Git 客户端，用于签出（check out）即将给出的代码库。
- 兼容 C++20 的编译器，用来编译所有的代码片段。大多数编译器都是用 C++11/14/17 编写的，但是需要有 C++20 的概念支持，以便对少数涉及 C++20 的代码进行实验。
- 代码片段的 GitHub 链接，即 https://github.com/PacktPublishing/Software-Architecture-with-Cpp/tree/master/Chapter01。
- GSL（Guidelines Support Library，指南支持库）的 GitHub 链接，即 https://github.com/Microsoft/GSL。

1.2 软件架构

我们首先定义软件架构的实际含义。当你创建一个应用程序、库或任意软件组件时，你需要考虑你编写的元素看起来是什么样的，以及它们之间将如何交互。换句话说，你是在设计它们以及它们与周围环境的关系。就像城市建筑一样，重要的是要考虑更大的图景，以避免陷入一种无计划的混乱状态。在小范围内，每一栋建筑看起来都不错，但它们不能组合成一个合理的、更大的图景——它们不能很好地结合在一起。这就是所谓的意外架构（accidental architecture），这是应该避免的结果之一。然而，请记住，无论你是否用心构思架构，在编写软件时，你实际就是在构造架构。

那么，如果想认真地定义解决方案的架构，到底应该构造什么呢？软件工程研究所是这样说的：

> 系统的软件架构是分析系统所需要的一组结构，包括软件的组成元素、元素之间的关系以及两者的属性。

这意味着，为了彻底地定义一个架构，我们应该从几个角度来考虑它，而不是直接编写代码。

看待架构的不同方式

我们可以从以下几个层面研究架构：

- 企业级架构考虑的是整个公司，甚至是一组公司。它采取了一种整体的方法，关注整个企业的战略。在考虑企业级架构时，应该关注公司的所有系统是如何工作和相互协作的。它关心的是业务和 IT 之间的协调对齐。
- 解决方案架构不如企业级架构抽象。它介于企业级架构和软件架构之间。通常，解决方案架构关注的是特定的系统及其与周围环境的交互方式。解决方案架构师需要找到一种方法来满足特定的业务需求，通常通过设计一个完整的软件系统或修改现有的软件系统来实现。
- 软件架构则比解决方案架构更加具体。它专注于特定的项目、所使用的技术以及如何与其他项目交互。软件架构师对项目组件的内部结构很感兴趣。
- 基础设施架构，顾名思义，关注的是软件使用的基础设施。它定义了部署环境和策略、应用程序的扩展方式、故障转移处理、站点可靠性，以及其他面向基础设施的各方面。

解决方案架构同时以软件架构和基础设施架构为基础，这样才能满足业务需求。接下来的两个部分将讨论这两个方面，以便让你为小规模和大规模的架构设计做好准备。在讨论它们之前，我们还要回答一个基本问题：为什么架构很重要？

1.3　适当架构的重要性

实际上，一个更好的问题是：为什么关心架构很重要？正如我们前面提到的，无论你是否有意识地努力去构建它，最终你都会得到某种架构。如果经过几个月甚至几年的开发，仍然希望软件保持较高的质量，那么需要尽早采取一些措施。如果不考虑架构，那么软件很可能永远不会达到要求的质量。

因此，为了使产品满足业务需求和性能、可维护性、可伸缩性等属性，你需要设计它的架构，并且最好尽早完成。现在，我们讨论每个优秀架构师都希望他们的项目避免发生的两件事。

1.3.1 软件腐朽

即使在完成了最初的工作并构思了特定的架构之后，也需要不断监控系统的发展方式，以及它是否仍然符合用户的需求，因为这些在软件的开发过程和整个生命周期中可能发生变化。软件腐朽（software decay），有时也称为软件侵蚀（software erosion），发生在软件的实现决策与之前规划的架构不对应时。所有这些差异都应被视为技术债务。

1.3.2 意外架构

未能跟踪开发是否遵循所选择的架构或未能对架构进行有意识的规划，往往会导致所谓的意外架构（accidental architecture）。即使在其他领域应用了最佳实践（如进行了测试或遵循了特定的开发文化），意外架构也可能发生。

有几个反模式（anti-pattern）表明架构是“意外的”。类似于“大泥球”的代码是最明显的一个。拥有上帝对象（god object）[⊖]是另一个重要的标志。一般来说，如果软件耦合得比较严重——可能还有循环依赖的问题（但一开始并非这样），那么这就是一个重要的信号，它告诉你需要在架构设计上投入更多精力了。

现在，我们描述一下架构师必须掌握什么才能交付可行的解决方案。

1.4 优秀架构的基本原理

辨别架构好坏很重要，但这不是一件容易的事。识别反模式是它的一个重要方面，但要设计一个好的架构，首要必须满足交付软件的期望，包括功能性需求、解决方案的属性，以及各方面的约束。其中许多约束可以很容易地从架构上下文中衍生出来。

1.4.1 架构上下文

架构上下文是架构师在设计可靠的解决方案时需要考虑的内容，它包括来自相关方（stakeholder）以及业务和技术环境的需求、假设和约束。它会影响相关方和环境，例如，允许公司进入新的细分市场。

1.4.2 相关方

相关方指所有与产品有关的人。这些人可以是客户、系统用户或者管理人员。沟通是

⊖ 上帝对象就是做太多事情的对象。——译者注

每个架构师必须掌握的关键技能，正确地管理相关方的需求是满足他们的期望（并以他们想要的方式实现）的关键。

不同的相关方关注的事情不同，所以需要试着了解这些群体关注的内容。

客户关心的可能是编写和运行软件的成本、软件提供的功能、软件的生命周期、上市时间以及解决方案的质量。

系统用户可以分为两组：最终用户和管理员。前者通常关心软件的易用性（usability）、用户体验和性能。对于后者，更重要的方面是用户管理、系统配置、安全性、系统备份和系统恢复。

最后，对于从事管理工作的相关方来说，重要的事情是保持较低的开发成本，实现业务目标，跟上开发进度，以及保持产品质量。

1.4.3　业务和技术环境

架构会受到公司业务的影响，关键因素包括从产品策划到上市的时间（Time-To-Market，TTM）、产品推出时间表、组织结构、人力的使用和对现有资产的投资。

我们所说的技术环境，是指已经在公司中使用的技术以及那些不管出于何种原因需要成为解决方案的一部分的技术。我们需要集成的其他系统也是技术环境的重要组成部分。现有软件工程师的技术专长在这里也很重要：架构师做出的技术决策会影响项目的人员配备，初级和高级开发人员的比例会影响项目的管理方式。好的架构应该考虑到所有这些因素。

有了这些知识，现在我们讨论一个稍有争议的主题，架构师很可能会在日常工作中遇到这个主题。

1.5　使用敏捷原则开发架构

看起来，架构和敏捷开发方法是一种对抗的关系，围绕这个主题有许多不正确的理念。为了在以敏捷的方式开发产品的同时仍然关心它的架构，你应该遵循一些简单的原则。

本质上，敏捷性是迭代式和增量式的。这意味着在敏捷的架构方法中，不能选择一个大的前期设计。相反，应该提出一个小的、但仍然合理的前期设计。最好的情况是，使用决策日志说清楚每个决策的依据。这样，如果产品愿景发生了变化，架构就可以随之演进。为了支持频繁的版本发布，前期设计方案应该逐步更新。以这种方式设计的架构被称为演进式架构。

管理架构并不意味着要保留大量的文档。事实上，文档应该只涵盖必要的内容，这样就更容易保持它的最新状态。它应该很简单，并且只涵盖与系统相关的内容。

还有一个不正确的理念，它认为架构师都是对的，是最终决策者。在敏捷环境中，是团队在做决策。不过话虽如此，相关方对决策过程的贡献也是至关重要的——毕竟，他们的观点决定了解决方案的最终样子。

架构师仍然是开发团队的一员，因为他们经常会带来强大的技术专业知识和丰富的经验。他们应该参与每次迭代之前进行的评估和计划所需的架构更改。

为了让团队保持敏捷性，应该考虑有效的工作方法，并且只考虑重要的事情。实现这些目标的一种好方法是使用领域驱动设计。

领域驱动设计

领域驱动设计（Domain-Driven Design，DDD）是 Eric Evans 在他的同名书中介绍的一个术语。从本质上讲，领域驱动设计关注的是如何改善业务和工程之间的沟通，让开发人员关注领域模型。基于这个模型的实现通常会使设计更容易理解，并随着模型的变化一起发展。

领域驱动设计和敏捷有什么关系？我们回顾一下《敏捷宣言》：

> **个体和互动**高于流程和工具
>
> **工作软件**高于详尽的文档
>
> **客户合作**高于合同谈判
>
> **响应变化**高于遵循计划
>
> ——敏捷宣言

为了做出正确的设计决策，必须首先了解该领域。要做到这一点，需要经常与开发人员交谈，并鼓励开发团队拉近与业务人员之间的距离。代码中的概念应该以通用语言中的词条命名。它应该是业务专家术语和技术专家术语的共同部分。使用双方有不同理解的术语可能会导致无数的误解，从而导致业务逻辑实现中存在缺陷和难以察觉的 bug。小心地命名并使用双方约定的术语，项目可以避免很多麻烦。让业务分析师或其他业务领域专家加入团队可以提供很大的帮助。

如果要建模的是更大的系统，那么可能很难让所有的术语对不同的团队而言都具有相同的意思。这是因为每个团队都有自己的上下文。领域驱动设计建议使用有界上下文（bounded context）来处理这个问题。如果要建模的是电子商务系统，你可能想要从购物场景来理解术语，但仔细观察，你可能会发现负责库存、物流和会计的各个团队实际上都有自己的模型和术语。

这些都是电子商务领域的不同子领域。理想情况下，每个都可以映射到自己的有界上下文——系统中具有自己的词汇表的部分。当将解决方案分解成更小的模块时，明确设置这种上下文的边界是很重要的。类似地，每个模块都有明确的职责，都有自己的数据库模式和自己的代码库。为了帮助大型系统的各团队之间进行沟通，可能需要引入一个上下文映射，以显示不同上下文的术语如何相互关联，如图 1.1 所示。

上面讨论了一些重要的项目管理主题，接下来我们切换到更多的技术主题。

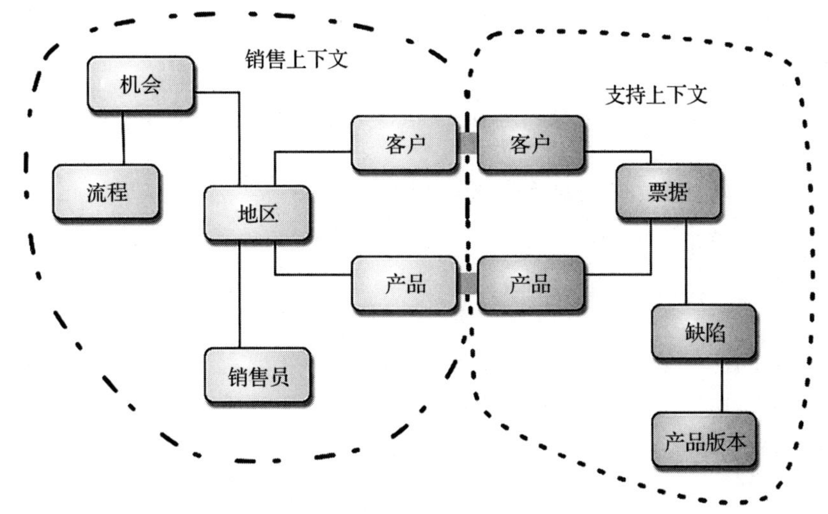

图 1.1　两个具有匹配项的有界上下文（图片来自 Martin Fowler 关于 DDD 的一篇文章，见 https://martinfowler.com/bliki/BoundedContext.html）

1.6　C++ 的哲学思想

现在，我们来看即将在本书中使用最多的编程语言 C++。C++ 是一种多范式的语言，已经存在了几十年。自诞生以来，C++ 发生了很大的变化。当 C++11 问世时，C++ 语言的创造者 Bjarne Stroustrup 说，C++11 感觉像是一种全新的语言。C++20 的发布标志着这头"野兽"进化的另一个里程碑，为编写代码的方式带来了类似的革命。然而，这些年来，有一件事是不变的：语言的哲学思想。

简而言之，C++ 的哲学思想可以概括为三条规则：

- C++ 底层不应该基于任何其他语言（汇编语言除外）。
- 只为使用的东西付费（不需要为没有使用到的语言特性付费）。
- 以低成本提供高级抽象（更高的目标是零成本提供高级抽象）。

不为没有使用的东西付费意味着，如果想在栈（stack）上创建数据成员，那么就可以这么做。许多语言会在堆（heap）上分配对象，但这对于 C++ 来说不是必要的。在堆上分配对象会有一些代价——可能分配器必须为此锁定互斥锁，这在某些类型的应用程序中可能是一个很大的负担。这么做的好处是，可以轻松地分配变量，而无须每次动态分配内存。

高级抽象是 C++ 与 C 或汇编语言等低级语言的区别。高级抽象允许直接在源代码中表达思想和意图，这非常有利于保证语言的类型安全性。请考虑以下代码片段：

```
struct Duration {
  int millis_;
};

void example() {
```

```
  auto d = Duration{};
  d.millis_ = 100;

  auto timeout = 1; // second
  d.millis_ = timeout; // ouch, we meant 1000 millis but assigned just 1
}
```

更好的做法是利用语言提供的类型安全特性：

```
#include <chrono>

using namespace std::literals::chrono_literals;

struct Duration {
  std::chrono::milliseconds millis_;
};

void example() {
  auto d = Duration{};
  // d.millis_ = 100; // compilation error, as 100 could mean anything
  d.millis_ = 100ms; // okay
  auto timeout = 1s; // or std::chrono::seconds(1);
  d.millis_ =
      timeout; // okay, converted automatically to milliseconds
}
```

上述抽象可以使我们免于犯错误，并且这样做时不会付出任何代价。它生成的汇编代码与第一个示例的相同。这就是为什么它被称为零成本抽象。有时，在 C++ 中使用抽象实际上会比不使用抽象产生更好的代码。这种语言特性的一个例子是 C++20 的协程（coroutine）。

由标准库提供的另一组优秀的抽象集是算法。以下哪段代码更容易阅读，也更容易证明没有 bug？哪个能更好地表达编程想法？

```
// Approach #1
int count_dots(const char *str, std::size_t len) {
  int count = 0;
  for (std::size_t i = 0; i < len; ++i) {
    if (str[i] == '.') count++;
  }
  return count;
}

// Approach #2
int count_dots(std::string_view str) {
  return std::count(std::begin(str), std::end(str), '.');
}
```

第二个函数有一个不同的接口，但即使保持接口不变，我们也可以从指针和字符串长度来创建 `std::string_view`。因为它是一种轻量级的类型，所以应该由编译器对它进行优化。

使用更高级的抽象会让代码更简单、更可维护。C++ 语言从诞生以来就一直在努力提供零成本的抽象，所以我们应该在此基础上构建程序，而不是使用较低层次的抽象来重新设计。

下一节将介绍一些原则和启发式方法，它们在编写简单可维护的代码时非常有用。

1.7 SOLID 和 DRY 原则

在编写代码时，有许多原则需要记住。在编写面向对象的代码时，你应该熟悉抽象、封装、继承和多态性这四个基本概念。无论是否以面向对象的编程方式编写 C++ 代码，你都应该记住 SOLID 和 DRY 代表的原则。

SOLID 是一组实践，它可以帮助你编写更简洁、更不容易出现 bug 的软件。SOLID 是一个首字母缩写词，由它背后的五个概念各自的第一个单词的首字母组成：

- 单一责任原则（Single Responsibility Principle，SRP）。
- 开放封闭原则（Open-Closed Principle，OCP）。
- 里氏替换原则（Liskov Substitution Principle，LSP）。
- 接口隔离原则（Interface Segregation Principle，ISP）。
- 依赖倒置原则（Dependency Inversion Principle，DIP）。

我们假设你已经知道了这些原则与面向对象编程的关系，但是由于 C++ 并不总是面向对象的，因此我们将看看如何将它们应用于不同的领域。

有些示例使用了动态多态，但这也同样适用于静态多态。如果你正在编写面向性能的代码（如果你选择了 C++，则可能是这样），那么你应该知道，就性能而言使用动态多态可能不是一个好主意，特别是在热门路径上。在本书中，你将学习如何使用**奇异递归模板模式**（Curiously Recurring Template Pattern，CRTP）编写静态多态类。

1.7.1 单一责任原则

简而言之，单一责任原则（SRP）意味着每个代码单元应该只有一项职责。这意味着要编写只做一件事的函数，创建代表一种东西的类型，以及构建只关注一个方面的更高级别的组件。

这意味着，如果类管理某种类型的资源——例如文件句柄，那么它应该只做这件事，其他事情——例如文件解析，应交给其他类型去做。

通常，如果函数名称中包含“And”，那么它就违反了单一责任原则，应该进行重构。另一个特征是函数用注释来指示该函数每个部分的作用。每一部分作为一个独立的函数可能会更好。

与之相关的一个主题是最少知识原则（principle of least knowledge）。这个原则说任何对象都不需要知道其他对象的非必要信息，以便不依赖其他对象的内部结构。应用这个原则可以使代码的可维护性更高，元素之间的相互依赖性更小。

1.7.2 开放封闭原则

开放封闭原则（OCP）意味着，代码对扩展操作开放，对修改操作关闭。对扩展操作开放，意味着我们可以很容易地扩展代码支持的类型。对修改操作关闭，意味着现有的代码不应该改变，因为这通常会导致系统的其他地方出现 bug。C++ 展示开放封闭原则的一个重要特性是 ostream 操作符 <<。为了扩展 << 操作符以支持自定义类，所需要做的就是编写类似于下面的代码：

```
std::ostream &operator<<(std::ostream &stream, const MyPair<int, int>
    &mp) {
  stream << mp.firstMember() << ", ";
  stream << mp.secondMember();
  return stream;
}
```

请注意，operator<< 的实现是一个自由（非成员）函数。如果可能的话，应该使用成员函数，因为成员函数实际上提高了封装性。有关这方面的更多细节，请参阅“进一步阅读”中 Scott Meyers 的文章。如果不想让输出到 ostream 的某些字段被外部公共访问，则可以将 operator<< 定义为一个 friend 函数，比如：

```
class MyPair {
// ...
  friend std::ostream &operator<<(std::ostream &stream,
    const MyPair &mp);
};
std::ostream &operator<<(std::ostream &stream, const MyPair &mp) {
  stream << mp.first_ << ", ";
  stream << mp.second_ << ", ";
  stream << mp.secretThirdMember_;
  return stream;
}
```

请注意，OCP 的这个定义与多态的常见定义略有不同。后者指基类不能修改自己，但开放给其他类继承。说到多态，我们来继续介绍下一个原则，它与正确使用多态有关。

1.7.3 里氏替换原则

本质上，里氏替换原则（LSP）指出，如果函数可以使用指向基对象的指针或引用，那么它也可以使用指向其派生对象的指针或引用[1]。这条规则有时会被打破，因为我们在源代码中应用的技术并不总是适用于现实世界的抽象。

一个著名的例子是正方形和矩形。从数学上讲，前者是后者的特例，所以从正方形到矩形存在一种“是”的关系（正方形是矩形）。这将诱使我们创建一个继承自矩形类（Rectangle）的正方形类（Square）。所以，我们最终可能会得到像下面这样的代码：

```
class Rectangle {
 public:
  virtual ~Rectangle() = default;
```

[1] 只要有父类出现的地方，都可以用子类代替。——译者注

```
    virtual double area() { return width_ * height_; }
    virtual void setWidth(double width) { width_ = width; }
    virtual void setHeight(double height) { height_ = height; }
  private:
    double width_;
    double height_;
};

class Square : public Rectangle {
  public:
    double area() override;
    void setWidth(double width) override;
    void setHeight(double height) override;
};
```

我们应该如何实现 Square 类的成员呢？如果我们想遵循 LSP，就会让用户对这两个类感到奇怪：如果我们调用 setWidth，正方形就不再是正方形了。我们要么不使用正方形（不使用前面的代码），要么同时修改高度（调用 setHeight），从而使 Square 类看起来与 Rectangle 类的行为不同。

如果代码违反了 LSP，则很可能是因为使用了不正确的抽象。在我们的例子中，Square 确实不应该继承自 Rectangle。更好的方法可能是让 Square 和 Rectangle 都实现一个 GeometricFigure 接口。

既然讨论到了接口，那么我们来接着讨论与接口有关的原则。

1.7.4　接口隔离原则

接口隔离原则（ISP）就是像它的名字所暗示的那样。其表述如下：

> 不应该强迫客户端依赖它不使用的方法。

听起来它的意思很明显，但它有一些并不明显的含义。首先，应该倾向于选择更多更小的接口，而不是一个大的接口。其次，当添加派生类或扩展现有类的功能时，应该在扩展接口之前思考一下。

我们来展示一个违反此原则的示例，从以下接口开始：

```
class IFoodProcessor {
  public:
    virtual ~IFoodProcessor() = default;
    virtual void blend() = 0;
};
```

我们用一个简单的类来实现它：

```
class Blender : public IFoodProcessor {
  public:
    void blend() override;
};
```

到目前为止没有什么问题。现在，假设我们想建模另一个更先进的食品加工器（AnotherFoodProcessor 类），在接口中添加更多的方法：

```
class IFoodProcessor {
 public:
  virtual ~IFoodProcessor() = default;
  virtual void blend() = 0;
  virtual void slice() = 0;
  virtual void dice() = 0;
};

class AnotherFoodProcessor : public IFoodProcessor {
 public:
  void blend() override;
  void slice() override;
  void dice() override;
};
```

现在，搅拌机类 `Blender` 就有问题了，因为它不支持这个新的接口——没有适当的方式来实现它。我们可以尝试绕过这个问题或抛出 `std::logic_error`，但更好的解决方案是将接口分成两个，每个接口都有单独的职责：

```
class IBlender {
 public:
  virtual ~IBlender() = default;
  virtual void blend() = 0;
};

class ICutter {
 public:
  virtual ~ICutter() = default;
  virtual void slice() = 0;
  virtual void dice() = 0;
};
```

现在，我们的 `AnotherFoodProcessor` 类可以同时实现这两个接口，而且我们不需要改变现有的食品加工器（`Blender` 类）的实现。

SOLID 还剩最后一个原则，现在我们来介绍它。

1.7.5 依赖倒置原则

依赖倒置原则（DIP）可以用于解耦。本质上，这意味着高级模块不依赖于低级模块，两者都依赖于抽象。

C++ 允许用两种方法倒置类之间的依赖关系。第一种方法是常规的多态方法，第二种方法是使用模板。我们将看看如何在实践中应用它们。

假设你正在建模一个有前端和后端开发人员的软件开发项目。一种简单的方法是这样写：

```
class FrontEndDeveloper {
 public:
  void developFrontEnd();
};
class BackEndDeveloper {
 public:
  void developBackEnd();
};
```

```
class Project {
 public:
  void deliver() {
    fed_.developFrontEnd();
    bed_.developBackEnd();
  }
 private:
  FrontEndDeveloper fed_;
  BackEndDeveloper bed_;
};
```

每个开发人员（`FrontEndDeveloper` 和 `BackEndDeveloper`）都是由 `Project` 类构造的。然而，这种方法并不理想，因为现在高级概念（Project）依赖于低级概念——单个开发人员模块。我们来看使用多态实现的依赖倒置是如何改变这一点的。我们可以将开发人员定义为依赖如下接口：

```
class Developer {
 public:
  virtual ~Developer() = default;
  virtual void develop() = 0;
};

class FrontEndDeveloper : public Developer {
 public:
  void develop() override { developFrontEnd(); }
 private:
  void developFrontEnd();
};

class BackEndDeveloper : public Developer {
 public:
  void develop() override { developBackEnd(); }
 private:
  void developBackEnd();
};
```

现在，`Project` 类就不再需要知道开发人员（`Developer`）的实现了。因此，`Project` 必须接受它们作为构造函数的参数：

```
class Project {
 public:
  using Developers = std::vector<std::unique_ptr<Developer>>;
  explicit Project(Developers developers)
      : developers_{std::move(developers)} {}

  void deliver() {
    for (auto &developer : developers_) {
      developer->develop();
    }
  }

 private:
  Developers developers_;
};
```

在这种方法中，`Project` 与具体的实现解耦了，只依赖于名为 `Developer` 的多态接口。“较低级别的”具体类也依赖于这个接口。这可以帮助你缩短构造时间，并让单元测试更简单——现在你可以轻松地将模拟（mock）对象作为参数传递到测试代码中。

然而，用虚分派（virtual dispatch）来实现依赖倒置是有代价的，因为我们处理的是内存分配，而动态分派（dynamic dispatch）本身就有开销。有时，C++ 编译器可以检测到只有一个实现被用于给定的接口，并通过去虚拟化（devirtualization）来消除开销（通常需要将函数标记为 final 才行）。但是，这里接口使用了两种实现，因此必须付出动态分派的代价（通常是通过虚函数表跳转，虚函数表也称为 vtable）。

还有另一种倒置依赖关系的方法，它没有这些缺点。我们来看如何使用可变参数模板（variadic template）、C++14 的泛型 lambda 和 C++17 或第三方库（如 Abseil 或 Boost）中的变体（variant）来实现这一点。首先是开发人员（FrontEndDeveloper 和 BackEndDeveloper）类：

```
class FrontEndDeveloper {
 public:
  void develop() { developFrontEnd(); }
 private:
  void developFrontEnd();
};

class BackEndDeveloper {
 public:
  void develop() { developBackEnd(); }
 private:
  void developBackEnd();
};
```

现在，我们不再依赖接口了，所以不会进行虚分派。Project 类仍然接受一个 Developers（FrontEndDeveloper 和 BackEndDeveloper）的 vector：

```
template <typename... Devs>
class Project {
 public:
  using Developers = std::vector<std::variant<Devs...>>;

  explicit Project(Developers developers)
      : developers_{std::move(developers)} {}

  void deliver() {
    for (auto &developer : developers_) {
      std::visit([](auto &dev) { dev.develop(); }, developer);
    }
  }

 private:
  Developers developers_;
};
```

你可能不熟悉 variant，它只是一个类，可以接受模板参数传递的任何类型。因为我们使用的是可变参数模板，所以我们可以传递任意多类型。要调用存储在 variant 中的对象的函数，我们可以使用 std::get 或 std::visit 和可调用对象来提取它——在本例中是泛型 lambda。它展示了鸭子类型是什么样子的。由于所有的开发人员类都实现了

develop 函数，所以代码可以进行编译和运行。如果开发人员类有不同的方法，则可以创建一个函数对象，通过重载操作符 () 来处理不同类型。

因为 Project 现在是一个模板，所以我们必须在每次创建它时指定类型列表，或者提供一个类型别名。最后，我们可以像这样使用这个类：

```
using MyProject = Project<FrontEndDeveloper, BackEndDeveloper>;
auto alice = FrontEndDeveloper{};
auto bob = BackEndDeveloper{};
auto new_project = MyProject{{alice, bob}};
new_project.deliver();
```

这种方法保证不会为每个开发人员分配单独的内存或使用虚函数表。但是，在某些情况下，这种方法会导致可扩展性降低，因为一旦声明了 variant，就不能向其添加其他类型了。

关于依赖倒置，最后想提一点，有一个名称类似的概念，即依赖注入（dependency injection），我们在示例中使用过这个概念。依赖注入指通过构造函数或设置函数（setter）注入依赖关系，这可能有利于代码的可测试性（例如，考虑注入模拟对象）。甚至有完整的框架用于在整个应用程序中注入依赖关系，比如 Boost.DI。这两个概念是相关的，经常一起使用。

1.7.6　DRY 原则

DRY 是 don't repeat yourself（别重复你自己）的缩写，这意味着应该避免代码重复，尽可能重用代码。也就是说，当代码重复多次类似操作时，应该提取一个函数或函数模板。此外，与其创建几种类似的类型，不如考虑创建一个模板。

同样重要的是，不要重复别人的工作。现在有很多编写得很好且成熟的库，可以帮助我们更快地编写高质量的软件。特别是下面这些：

- Boost C++ 库（https://www.boost.org/）。
- Facebook 的 Folly（https://github.com/facebook/folly）。
- Electronic Arts 的 EASTL（https://github.com/electronicarts/EASTL）。
- Bloomberg 的 BDE（https://github.com/bloomberg/bde）。
- Google 的 Abseil（https://abseil.io/）。
- Awesome Cpp 列表（https://github.com/fffaraz/awesome-cpp）。

然而，有时重复的代码也有其好处，比如开发微服务时。当然，在单个微服务中遵循 DRY 原则总是一个好主意，但是对于在多个服务中使用的代码，违反 DRY 原则实际上是值得的。无论我们谈论的是建模实体还是逻辑，当允许代码重复时，维护多个服务都会更容易。

假设有多个微服务重用了同一个实体的代码。突然，其中一个服务需要修改一个字段。所有其他服务现在也必须进行修改。任何对公共代码的依赖都是如此，会有几十个甚至更多的微服务因为与它们无关的更新而需要修改。因此，在多个微服务间使用重复代码通常更容易维护。

既然我们谈到了依赖关系和代码维护，那么我们继续讨论一个与此密切相关的主题。

1.8 耦合和内聚

耦合和内聚是软件中互相关联的两个术语。我们分别来看它们的含义，以及它们之间是如何相互联系的。

1.8.1 耦合

耦合衡量的是一个软件单元对其他单元的依赖程度。耦合度高的单元依赖许多其他单元，耦合度越低越好。

例如，如果一个类依赖于另一个类的私有成员，这就意味着它们是紧密耦合的。第二个类的改动可能意味着第一个类也需要改动，所以这不是一个理想的情况。

为了削弱前面场景中的耦合，我们可以考虑为成员函数添加参数，而不是直接访问其他类的私有成员。

紧耦合类的另一个例子是 1.7.5 节中的 `Project` 类和开发人员类的第一个实现。我们来看如果再添加另一种开发人员类型会发生什么：

```
class MiddlewareDeveloper {
 public:
  void developMiddleware() {}
};

class Project {
 public:
  void deliver() {
    fed_.developFrontEnd();
    med_.developMiddleware();
    bed_.developBackEnd();
  }

 private:
  FrontEndDeveloper fed_;
  MiddlewareDeveloper med_;
  BackEndDeveloper bed_;
};
```

看起来不仅仅是添加 `MiddlewareDeveloper` 类，我们还必须修改 `Project` 类的公共接口。这意味着它们是紧密耦合的，`Project` 类的实现实际上破坏了开放封闭原则（OCP）。为了进行比较，现在我们来看如何将相同的改动应用在使用了依赖倒置的实现中：

```
class MiddlewareDeveloper {
 public:
  void develop() { developMiddleware(); }
```

```
 private:
  void developMiddleware();
};
```

此时，不需要对 Project 类进行任何更改，所以现在这些类是松耦合的。我们所需要做的就是添加 MiddlewareDeveloper 类。以这种方式构建代码可以实现更少的重建、更快的开发和更容易的测试，代码更少，也更容易维护。要使用新类，只需要修改调用代码：

```
using MyProject = Project<FrontEndDeveloper, MiddlewareDeveloper,
BackEndDeveloper>;
auto alice = FrontEndDeveloper{};
auto bob = BackEndDeveloper{};
auto charlie = MiddlewareDeveloper{};
auto new_project = MyProject{{alice, charlie, bob}};
new_project.deliver();
```

上面展示了类级别的耦合。在更大的范围内，例如在两个服务之间，可以通过引入消息队列等技术来实现低耦合。这样，这些服务就不会直接相互依赖了，而是只依赖于消息格式。微服务架构一个常见的错误是让多个服务使用同一个数据库，这会导致这些服务之间相互耦合，因为我们无法在不影响使用它的其他微服务的情况下随意地修改数据库模式（database schema）。

下面我们讨论下内聚。

1.8.2 内聚

内聚衡量的是软件中单位元素的关联程度。在高内聚的系统中，同一模块中的组件所提供的功能是密切相关的，感觉就像这些组件是共生的一样。

在类级别上，方法操作的字段越多，类的内聚性就越强。这意味着常见的低内聚数据类型是那些庞大的类。当类中发生太多的事情时，它很可能没有内聚，也破坏了单一责任原则（SRP），这些类很难维护，并且容易出现 bug。

较小的类也可能不是内聚的。请考虑以下示例。这个例子可能看起来很小，但真实场景的代码通常有成千上万行，都贴过来是不切实际的：

```
class CachingProcessor {
 public:
  Result process(WorkItem work);
  Results processBatch(WorkBatch batch);
  void addListener(const Listener &listener);
  void removeListener(const Listener &listener);

 private:
  void addToCache(const WorkItem &work, const Result &result);
  void findInCache(const WorkItem &work);
  void limitCacheSize(std::size_t size);
  void notifyListeners(const Result &result);
  // ...
};
```

可以看到，我们的处理器类实际上做了三种工作：实际的工作、结果缓存工作和侦听器管理工作。在这种情况下，增加内聚性的一种常见方法是抽象出一个类，甚至是多个类：

```
class WorkResultsCache {
 public:
  void addToCache(const WorkItem &work, const Result &result);
  void findInCache(const WorkItem &work);
  void limitCacheSize(std::size_t size);
 private:
  // ...
};

class ResultNotifier {
 public:
  void addListener(const Listener &listener);
  void removeListener(const Listener &listener);
  void notify(const Result &result);
 private:
  // ...
};

class CachingProcessor {
 public:
  explicit CachingProcessor(ResultNotifier &notifier);
  Result process(WorkItem work);
  Results processBatch(WorkBatch batch);
 private:
  WorkResultsCache cache_;
  ResultNotifier notifier_;
  // ...
};
```

现在每个部分都由一个独立、内聚的类来完成。现在也可以很容易地重用这些类。即使将它们变成模板类，也只需要很少的工作。最后，测试这些类也更容易。

内聚原则在组件或系统级别上也很简单——所设计的每个组件、服务和系统都应该很简洁，专注于做一件事并做好它。耦合与内聚的对比如图 1.2 所示。

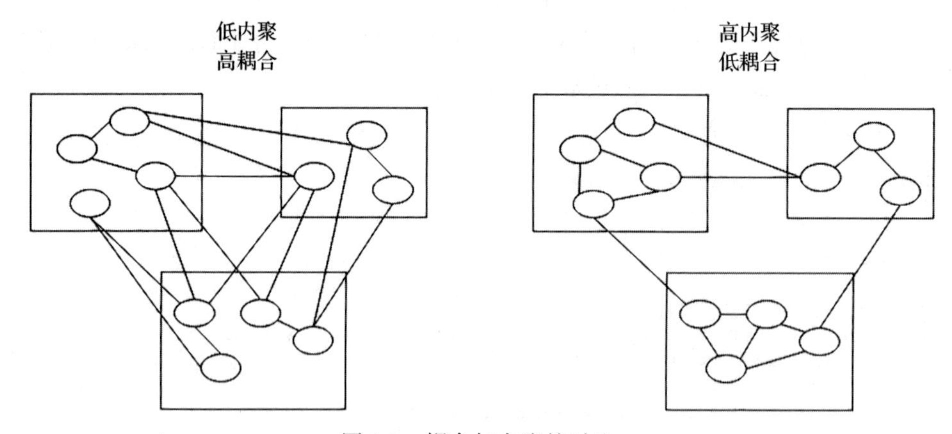

图 1.2 耦合与内聚的对比

低内聚高耦合的软件通常难以测试，难以复用，难以维护，甚至难以理解，因此它缺乏软件中通常需要的许多质量属性。

这些术语通常会结合在一起考虑，因为通常一个特征会影响另一个特征，不管我们谈论的是函数、类、库、服务，还是整个系统。举个例子，大的单体服务通常是低内聚高耦合的，而分布式服务往往是高内聚低耦合的。

第 1 章到此结束。现在，我们来总结一下所学到的内容。

1.9　总结

在本章中，我们首先讨论了什么是软件架构，以及为什么它值得关注，展示了当架构没有随着不断变化的需求和实现而更新时会发生什么，以及如何在敏捷开发环境中处理架构问题。然后，我们介绍了 C++ 语言的一些核心原则。

我们了解到，软件开发中的许多术语在 C++ 中可以有不同的理解，因为 C++ 编写的不仅仅是面向对象的代码。最后，我们讨论了耦合和内聚等术语。

作为开发人员，你现在应该能够在代码审查中指出许多设计缺陷，能够重新思考解决方案，以获得更好的可维护性，犯更少的错误。现在，你也应该可以设计更健壮、更易懂且更完整的类接口了。

在第 2 章中，我们将了解不同的架构风格，还将学习如何以及何时可以使用它们来获得更好的结果。

问题

1. 为什么要关心软件架构呢？
2. 架构师应该成为敏捷团队中的最终决策者吗？
3. 单一责任原则与内聚有什么关系？
4. 在项目生命周期的哪些阶段让架构师加入更好？
5. 遵循单一责任原则有什么好处？

进一步阅读

- Eric Evans, *Domain-Driven Design: Tackling Complexity in the Heart of Software*
- Scott Meyers, *How Non-member Functions Improve Encapsulation*, `https://www.drdobbs.com/cpp/how-non-member-functions-improve-encapsu/184401197`

Chapter 2 第2章

架构风格

本章介绍不同的架构风格。我们将讨论设计软件的不同方法及其优缺点，描述何时以及如何应用这些架构风格来获益。在本章中，我们将首先比较有状态架构和无状态架构。接下来，我们将介绍单体系统、各种类型的面向服务的设计，以及微服务。然后，我们将从不同的角度探讨架构风格，描述基于事件的系统、分层系统，以及模块化设计。

2.1 技术要求

你需要知道什么是软件服务，并能够读懂 C++11 代码。本章中的代码见 GitHub 页面 https://github.com/PacktPublishing/Software-Architecture-with-Cpp/tree/master/Chapter02。

2.2 有状态风格和无状态风格

有状态风格和无状态风格是两种相反的软件编写风格，它们都有各自的优缺点。

顾名思义，有状态软件的行为依赖于其内部状态。我们以 Web 服务为例，如果服务记住了自己的状态，该服务的使用者可以在每个请求中发送更少的数据，因为该服务记住了这些请求的上下文。然而，虽然节省了发送请求大小和带宽数据的开销，但在 Web 服务方面有一项隐藏的成本。如果用户同时发送很多请求，则服务必须同步这些请求。由于可能会有多个请求同时改变服务状态，没有同步机制可能会导致数据争用。

但是，如果服务是无状态的，那么每个指向它的请求都需要包含成功处理它所需的所有数据。这意味着请求数据将变得更多，消耗更多的带宽，但服务将拥有更好的性能和可伸缩性。如果你熟悉函数式编程，你可能会发现无状态服务很直观。每个请求的处理都可以理解为对纯函数的调用。事实上，无状态编程的许多优点都源于它的函数式编程本质。可变状态是并发代码的大敌。函数式编程依赖于不可变值，即使这意味着需要复制而不是修改现有对象。得益于此，每个线程都可以独立工作，并且不可能产生数据争用问题。

由于没有竞争条件，因此不需要加锁，这就可能带来巨大的性能提升。没有锁也意味着不再需要处理死锁的问题。纯函数意味着代码更容易调试，因为没有任何副作用。反过来，没有副作用对编译器也有帮助，因为优化没有副作用的代码是一项更容易的任务，而且可以更激进地执行。以函数方式编写代码的另一个好处是，编写的源代码往往更简洁、更具表现力，特别是与严重依赖于 GoF（Gang of Four，四人组）设计模式的代码相比。

这并不一定意味着如果没有带宽问题，就应该使用无状态风格。这些决策要从单个类或函数到整个应用程序等许多层面考虑。

以类为例，如果你正在建模 Consultant（顾问）类，它理应包含诸如顾问姓名、联系人数据、小时费、当前和过去的项目等字段。自然，它是有状态的。现在，假设你需要计算他们的工作报酬。你应该创建一个 PaymentCalculator 类，还是应该添加一个成员函数或自由函数来进行计算？如果使用创建类的方法，应该将 Consultant 作为构造函数参数还是方法参数？这个类应该有津贴等属性吗？

添加成员函数来计算工作报酬将破坏单一责任原则（SRP），因为这样的类有两个职责：计算报酬和存储顾问的数据（状态）。这意味着应该优先引入自由函数或单独的类，而不是使用这样的混合类。

在这个类中，首先应该有一个状态吗？我们来讨论另一种方法，即使用 PaymentCalculator 类。

一种方法是把计算所需的属性设为可公共访问：

```
class PaymentCalculator;
{
 public:
  double calculate() const;

  void setHours(double hours);
  void setHourlyRate(double rate);
  void setTaxPercentage(double tax);
 private:
  double hours_;
  double netHourlyRate_;
  double taxPercentage_;
};
```

这种方法有两个缺点。第一，它不是线程安全的，PaymentCalculator 类的实例不能在没有锁的多线程中使用。第二，一旦计算过程变得更加复杂，该类可能会从 Consultant 类中复制更多的字段。

为了消除代码重复，我们可以重新编写 PaymentCalculator 类来存储 Consultant 实例：

```
class PaymentCalculator {
 public:
  double calculate() const;

  void setConsultant(const Consultant &c);
  void setTaxPercentage(double tax);

 private:
  gsl::not_null<const Consultant *> consultant_;
  double taxPercentage_;
};
```

请注意，由于不能简单地重新绑定引用，因此我们使用指南支持库（Guideline Support Library，GSL）中的一个辅助类（`not_null`）将可重新绑定的指针存储在包装器（wrapper）中，它可自动确保不存储空值。

这种方法的缺点也是不具备线程安全性。那么，有没有更好的方法呢？事实上，我们可以通过类的无状态化来使类线程安全：

```
class PaymentCalculator {
 public:
  static double calculate(const Consultant &c, double taxPercentage);
};
```

如果没有需要管理的状态，那无论是创建自由函数（可能在不同的命名空间中）还是类中的静态函数（像上面的代码那样）区别都不大。就类而言，区分值（实体）类型和操作类型是很有用的，因为把它们混在一起可能会违反单一责任原则（SRP）。

无状态服务和有状态服务

上面关于类的原则也可以用于更高级的概念，例如微服务。

有状态服务是什么样的？以FTP为例，如果FTP不是匿名的，则要求用户通过用户名和密码来创建会话。FTP服务器存储这些数据以识别用户是否仍然处于连接状态，因此它要一直存储这些状态。每次用户更改工作目录时，都会更新其状态。用户所做的每一个更改都会反映为状态的变化，包括断开连接。有状态服务意味着，根据不同的状态，两个外观相同的`GET`请求会返回不同的结果。如果服务器状态丢失了，那么请求就不会被正确处理。

有状态服务还可能存在会话不完整或事务未完成的问题，这增加了问题的复杂性。应该让会话保持多久？如何验证客户端是否已崩溃或断开连接？应该什么时候撤销所做的更改？虽然你可以想出这些问题的答案，但通常更容易的是依靠服务的消费者以一种动态的“智能”方式与服务进行沟通。因为服务的消费者会自己维护某种状态，所以让服务来同时维护状态不仅是不必要的，而且往往是一种浪费。

无状态服务（例如后面描述的REST服务）则采用相反的方式。每个请求必须包含成功处理它所需的全部数据，因此两个相同的幂等请求（如`GET`）将得到相同的响应结果。它假设存储在服务器上的数据不会改变，但数据与状态不一定是同一个事情。最重要的是，每个请求都是独立的。

无状态服务是现代互联网服务的基础。HTTP 是无状态的，同时许多网络服务 API（例如 Twitter 的）也是无状态的。Twitter 的 API 依赖的 REST 被设计为功能无状态的（functionally stateless）。REST 是 REpresentational State Transfer（**表述性状态转移**）的缩写，其背后的思想是，处理请求所需的所有状态都必须随请求一起传输。如果不满足这个规则，就不能说服务是 REST 服务。然而，实际上，该规则也有一些例外情况。

如果你正在创建一个在线商店，你可能想要存储与客户有关的信息，比如他们的订单历史和收货地址。用户侧的客户端可能会存储身份验证 cookie，而服务器可能会在数据库中存储一些用户数据。cookie 让我们不需要再管理会话，就像有状态服务一样。

对于服务来说，将会话保持在服务器端是一种不好的方式，原因有几个：这增加了许多本可以避免的复杂性，使 bug 更难复现，最重要的是，服务无法扩展。如果想将负载转移到另一台服务器，很可能会在复制带有负载的会话以及在服务器之间同步它们时遇到困难。因此，所有的会话信息都应保存在客户端。

也就是说，如果希望使用有状态的架构，就需要有很充分的理由。以 FTP 为例，它必须在客户端和服务器端都记录这些更改。用户只对单个特定的服务器进行身份验证，以便执行单一状态的数据传输。将其与 Dropbox 这样的服务进行比较，后者的数据通常在用户之间共享，而文件访问抽象为 API，你可以思考一下为什么无状态模型更适合后者这种情况。

2.3 单体风格

开发应用程序最简单的架构风格是单体风格，所以许多项目在开始的时候都使用这种风格。单体应用程序像一个大代码块，应用程序功能独立的部分，如 I/O 部分、数据处理部分和用户界面都是交织在一起的，而不是放在单独的架构组件中。这种架构风格的一个有名的例子是 Linux 内核。注意，内核是单体的并不妨碍它同时也是模块化的。

部署这样的单体应用程序可能比部署多组件的应用程序更容易，因为只需要部署一个东西。它的测试也更容易，因为端到端测试只需要启动单个组件。它的集成和扩展也都更容易，只需在负载均衡器后面添加更多的实例就行了。

有了上述这些优点，为什么会有人排斥这种架构风格呢？实际上，尽管有这些优点，但这种架构也有许多缺点。

提供的可伸缩性在理论上听起来不错，但是如果应用程序的模块有不同的资源需求呢？只对应用程序中的一个模块进行扩展该怎么做呢？缺乏模块化是单体系统的一个固有特性，这是该架构许多缺陷的根源。

更重要的是，开发单体应用程序的时间越长，在维护时遇到的问题就越多。保持这样一个应用程序的内部松耦合是一个挑战，因为在其模块之间添加额外的依赖关系很容易。随着应用程序的增长，理解它会变得越来越难，因此，由于增加的复杂性，开发过程很可能会随着时间的推移而减慢。在开发单体应用程序时，也可能很难维护**领域驱动开发**（DDD）的有界上下文。

大的应用程序在部署和执行方面也有缺点。启动这样的应用程序需要的时间比启动更多、更小的服务要长得多。无论你在应用程序中改了什么，你可能都不希望它会迫使你立即重新部署整个应用程序。现在，假设某个开发人员在应用程序中导致了一个资源泄漏。如果泄漏资源的代码被反复执行，它不仅会破坏应用程序的某项功能，还可能会破坏应用程序的其他功能。

如果你喜欢在项目中使用前沿技术，那么单体风格不会带来任何好消息。由于你现在需要一次迁移整个应用程序，因此很难更新任何库或框架。

前面的解释表明，单体架构只适用于简单的小型应用程序。然而，还有一种情况，使用单体架构可能是一个好主意。如果你特别在意性能，与微服务相比，单体服务有时可以在延迟或吞吐量方面帮你挤出更多水分。进程间的通信总是会产生一些开销，而单体应用程序不会产生这些开销。如果你对测量方法感兴趣，请参阅本章“进一步阅读”部分中列出的论文。

2.4 服务和微服务

由于单体架构存在这些缺点，人们提出了其他的架构方式。一个常见的想法是将解决方案分成多个相互通信的服务，并将开发工作分配给不同的团队，每个团队负责一个服务。每个团队的工作边界都是清晰的，而不是像单体架构那样耦合在一起。

面向服务的架构（Service-Oriented Architecture，SOA）意味着业务功能被模块化，并作为单独的服务供客户使用。每个服务都应该有一个能够自我描述的接口，并隐藏实现细节，例如内部架构、技术或所使用的编程语言。这允许多个团队根据自己的喜好开发服务，这意味着在服务的底层，每个团队都可以使用适合自己的技术。假设你有两个开发团队（一个精通 C#，另一个精通 C++），那么他们可以开发两个彼此通信的服务（一个用 C# 实现，一个用 C++ 实现）。

SOA 的支持者提出了一份宣言，该宣言主要包括以下几点：

- 业务价值高于技术战略。
- 战略目标高于特定项目的收益。
- 内在互操作性高于定制的集成。
- 共享的服务高于特定目标的实现。
- 灵活性高于优化。
- 不断演进的提炼高于在最开始追求完美。

尽管此宣言没有绑定特定的技术栈、实现方式或服务类型，但最常见的两种服务类型是 SOAP 和 REST。除此之外，最近还有第三个类型越来越受欢迎：基于 gRPC 的服务。

微服务

顾名思义，在微服务这种软件开发模式中，应用程序被分割为一组松耦合的服务，这些服务使用轻量级协议进行通信。微服务模式类似于UNIX的理念，即一个程序应该只有一个目的。根据UNIX的理念，应将这些程序组合到UNIX的管道（pipeline）中来解决复杂的问题。类似地，基于微服务的系统也由许多微服务和支持服务组成。

我们先看一下这种架构风格的优缺点。

1. 微服务的优缺点

微服务架构中服务规模小意味着它们的开发、部署速度更快，也更容易理解。由于这些服务是相互独立构建的，因此编译其新版本所需的时间可以大大减少。因此，在处理这种架构风格时，可以更容易地使用快速的原型设计和开发。这反过来又缩短了开发周期（lead-time），从而可以更快地对业务需求进行评估。

微服务架构的其他优点有：

- ❑ 模块化，这是这种架构风格固有的特点。
- ❑ 易测试。
- ❑ 替换系统模块（如单个服务、数据库、消息代理或云厂商）时更灵活。
- ❑ 可与旧系统集成：不需要迁移整个应用程序，只需要迁移当前开发的部分。
- ❑ 支持分布式开发：开发团队可以并行地处理多个微服务。
- ❑ 可伸缩性：一个微服务可以独立于其他微服务进行扩展。

另外，微服务也有一些缺点：

- ❑ 需要成熟的DevOps方法并依赖于CI/CD自动化。
- ❑ 更难调试，并且需要更好的监控和分布式追踪机制。
- ❑ 对较小的应用程序来说，额外的开销（需要用辅助服务的话）可能会超过带来的好处。

现在，我们来讨论一下这种架构风格的微服务的特点。

2. 微服务的特点

由于微服务架构相对比较新，所以对微服务没有统一的定义。根据Martin Fowler的说法，微服务有如下几个基本特点：

- ❑ 每个服务都应该是一个可更换、可升级的独立组件。这与更容易的部署和服务之间的松耦合有关，与之相反的是，在单体应用程序中组件是以库的形式存在的。在后一种情况下，当替换某个库时，通常必须重新部署整个应用程序。
- ❑ 每个服务都应该由一个跨职能的团队来开发，并专注于特定的业务能力。听说过康威（Conway）定律吗？

> “任何组织设计的系统（广义的），其系统结构都是该组织通信结构的副本。”
>
> ——Melvyn Conway，1967

如果没有跨职能的团队，最终会得到一个个软件筒仓（software silo）。团队间没有沟通会减少很多麻烦，最终成功地交付。

- 每个服务都应该是一个产品，它的整个生命周期由开发团队负责。这与项目思维形成对比，在项目思维中，所开发的软件将交由别人维护。
- 服务应该有智能终端并使用仅作转存的管道，而不是相反（即管道不必智能）。这与传统服务相反，传统服务通常依赖于企业服务总线（Enterprise Service Bus，ESB）的逻辑，后者通常管理消息的路由并根据业务规则对消息进行转换。在微服务中，可以通过在服务中存储逻辑来提高内聚性，避免与消息组件耦合。使用消息队列，如 ZeroMQ，也有助于实现这个目标。
- 服务应该以一种去中心化的方式进行管理。单体应用程序通常使用特定的技术栈来编写。当单体应用程序被拆分成微服务时，每个微服务都可以选择适合自己特定需求的技术栈。管理和确保每个微服务全天候（24 小时 ×7）运行的是负责这个特定服务的团队，而不是中央部门。亚马逊、Netflix 和 Facebook 等公司都采用这种方法，它们发现，让开发者确保自己负责的服务稳定有利于确保整体系统的高质量。
- 服务应该以一种去中心化的方式来管理它们的数据。每个微服务都可以选择适合其需求的数据库，而不是只有一个数据库。拥有去中心化的数据可能会给数据更新带来一些挑战，但具有更好的扩展性。这就是微服务经常以无事务方式协作并提供最终一致性的原因。
- 服务所使用的基础设施应该被自动管理。要高效地处理数十个微服务，需要有持续的集成和持续的交付（Continuous Intergration and Continuous Delivery，CI/CD），否则，部署这些服务将是地狱级难度。自动运行所有的测试将为你节省大量的时间和精力。在此基础上实施持续部署将缩短反馈循环，使客户能更快地使用新功能。
- 微服务应为其所依赖的其他服务的失败做好准备。在具有如此多可插拔组件的分布式部署环境中，一些组件偶尔出现故障是正常的。你的服务应该能够优雅地处理此类故障。熔断器或舱壁等模式（见 4.3.4 节）可以帮助你实现这一点。为了使架构具有弹性，还必须能够有效地恢复失败的服务，甚至提前预判这种崩溃。实时监控延迟、吞吐量和资源使用情况对此至关重要。了解 Netflix 的 Simian Army 工具包对于创建弹性架构是非常有用的。
- 微服务架构应该为不断演进做好准备。在设计微服务和它们之间的协作时，应考虑好如何方便地替换单个微服务，甚至一组微服务。正确地设计服务是很棘手的，尤其是把曾经是一整个大模块的复杂代码变成微服务之间复杂的通信方案，这很难管理——所谓的“意大利面条式”整合。这意味着与传统服务或单体架构相比，架构师的经验和技术栈扮演着更重要的角色。

除此之外，很多（但不是所有）微服务共有的其他特点有：

- 使用独立的进程，进程间通过网络通信。

- 使用与技术无关的协议（如 HTTP 和 JSON）。
- 保持服务的小规模和较低的运行时开销。

现在，你应该很好地了解了基于微服务的系统的特点，所以我们来对比一下这种架构与其他架构。

3. 微服务和其他架构风格

微服务可以单独用作一种架构模式。然而，它们经常与其他架构相结合，如云原生计算（cloud-native computing）、无服务器应用（serverless application），以及大多数轻量级应用容器（lightweight application container）。

面向服务的架构带来了低耦合和高内聚。如果使用得当，微服务也可以做到。然而，它可能具有一定的挑战性，因为它需要良好的直觉来将系统划分为大量的微服务。

微服务和上述其他架构有很多相似之处，因为它们都可以使用基于 SOAP、REST 或 gRPC 的消息传递机制，并且可以使用消息队列等技术来实现事件驱动。

微服务也有一些成熟的模式来帮助实现所需的质量属性，例如容错（例如通过隔离故障组件实现），但是为了拥有高效的架构，你还必须决定如何实现 API 网关、服务注册、负载均衡、容错、监控、配置管理，以及使用的技术栈。

4. 微服务扩展

微服务的扩展与单体应用程序不同。在单体应用程序中，整个功能由单个进程处理。扩展应用程序意味着要在不同的机器上复制此进程。这种扩展没有考虑到哪些功能会被大量使用，以及哪些功能不需要额外的资源。

对于微服务，每个功能都作为一个单独的服务来处理，使用一个单独的进程。扩展基于微服务的应用程序时，只有需要更多资源的部分才被复制到不同的机器上。采用这种方法，可以更好地利用资源。

5. 如何过渡到微服务

大多数公司都存在一些单体程序，虽然不想立即使用微服务进行重写，但仍希望过渡到微服务架构。在这种情况下，通过添加越来越多的与单体程序交互的服务，可以逐步往微服务迁移。可以创建新的功能作为微服务，也可以删除单体程序中的某些部分，将其转为微服务。

更多关于微服务的细节，包括如何从零开始构建微服务，可参考第 13 章。

2.5 基于事件的架构

基于事件的系统是指架构围绕着处理事件来设计的系统。这个系统包含生成事件的组件、事件传播的通道，以及对这些事件做出反应的侦听器，侦听器也可能触发新的事件。这种架构提高了异步性，降低了耦合度，提高了性能和可伸缩性，同时也易于部署。

虽然有这些优势，但还有一些挑战需要解决，其中之一便是如何应对这类系统的创建复杂性。所有队列都必须进行容错，以便在处理期间不丢失任何事件。以分布式方式处理事务也是一个挑战。使用关联 ID 模式来跟踪进程之间的事件，搭配监控技术，可以节省调试的时间，省去大量烦恼。

基于事件的系统包括流处理器和数据集成系统，以及旨在实现低延迟或高可伸缩性的系统。

现在，我们来讨论这类系统中使用的常见拓扑结构。

2.5.1 基于事件的常见拓扑结构

事件驱动架构的两种主要拓扑结构分别是基于代理（broker）的和基于中介（mediator）的。这两种拓扑结构的区别是事件在系统中的流动方式不同。

当一个事件需要多个任务或步骤，而这些任务或步骤都可以独立执行时，适合使用中介拓扑结构（见图 2.1）。产生的所有事件一开始都位于中介的事件队列中。中介知道处理事件需要做什么，但并不执行，而是通过每个事件处理器的事件通道将事件分派到适当的处理器。

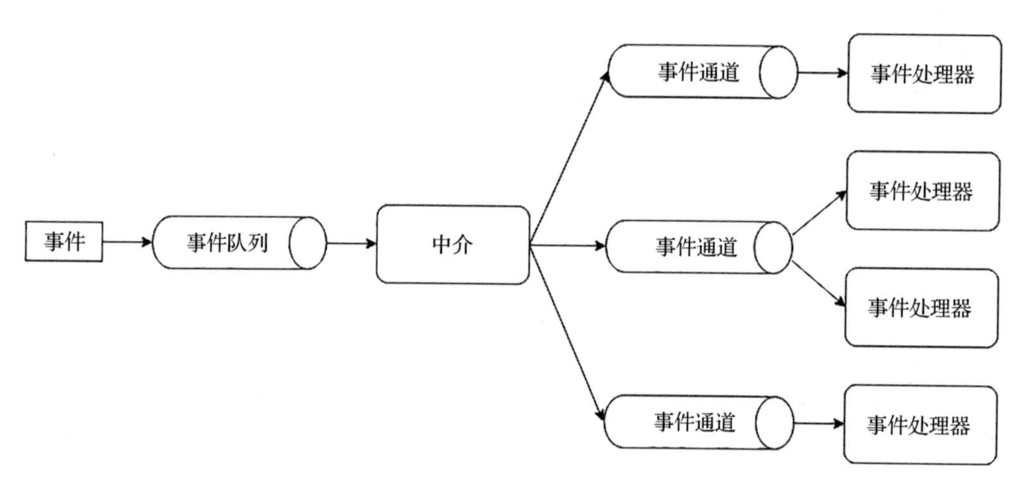

图 2.1 中介拓扑结构

如果这让你想起业务流程，那么说明你有很好的直觉。你可以在**业务流程管理**（Business Process Management，BPM）或**业务流程执行语言**（Business Process Execution Language，BPEL）中实现此拓扑结构。你也可以使用诸如 Apache Camel、Mule ESB 等技术来实现它。

代理是一个轻量级的组件，它包含所有的队列，但不对事件的处理进行编排。它可以要求事件接收方订阅特定类型的事件，然后简单地转发订阅事件。许多消息队列都依赖于代理，例如 ZeroMQ，它是用 C++ 编写的，目标是实现零浪费和低延迟。代理拓扑结构如图 2.2 所示。

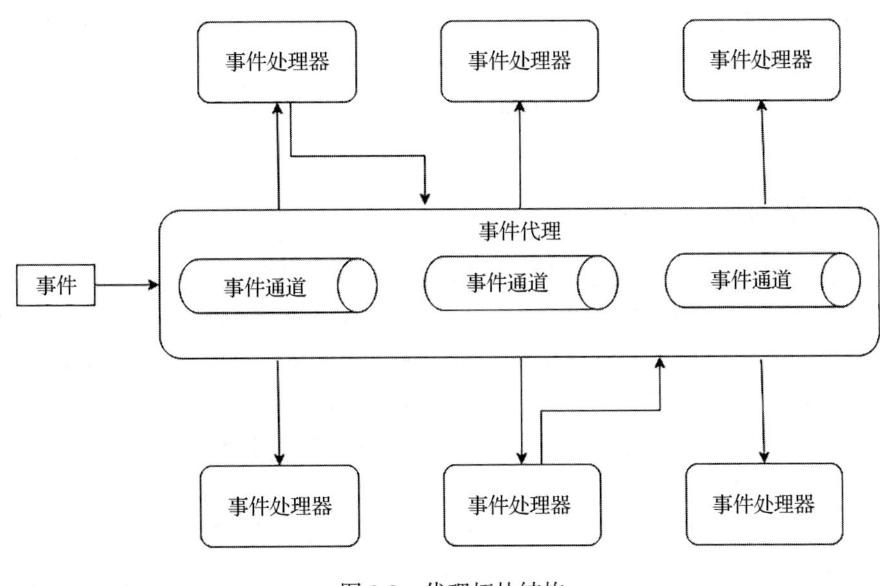

图 2.2 代理拓扑结构

既然了解了基于事件的系统中使用的两种常见拓扑结构，现在我们来了解一个以事件为核心的强大的架构模式。

2.5.2 事件溯源

你可以将事件看作通知，这个通知包含接收事件的服务要处理的附加数据。然而，还有另一种看待事件的方式：状态的改变。如果能够知道错误发生时的状态以及请求的更改，那么调试应用程序的逻辑问题会很容易。这是事件溯源（event sourcing）的好处之一。本质上，它通过简单地记录系统中发生的所有事件来记录系统产生的所有变化。

通常，你会发现服务不需要在数据库中持久化其状态了，因为将事件存储在系统的其他地方就足够了。即使要持久化服务状态，也可以异步完成。事件溯源的另一个好处是可以免费获得完整的审计日志。事件溯源架构如图 2.3 所示。

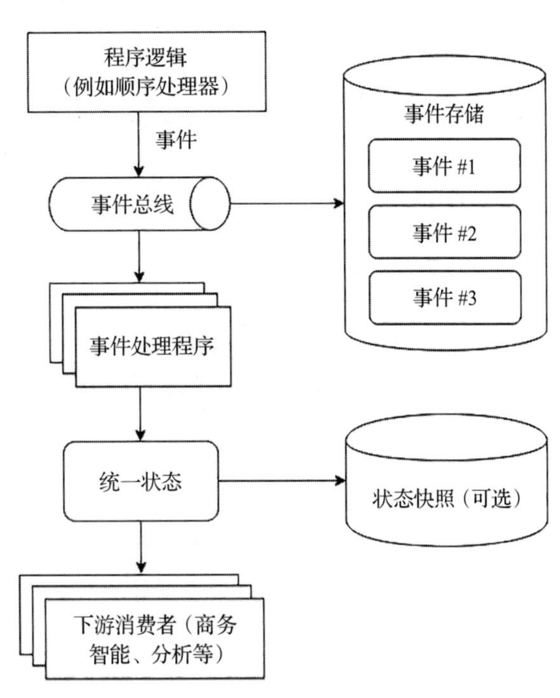

图 2.3 事件溯源架构（提供应用程序状态的统一视图，它可用于创建定期快照以加速系统恢复）

由于数据同步需求的减少，事件溯源系统通常提供较低的延迟，这使得它们非常适合交易系统和活动跟踪器等。

现在，我们来学习另一种流行的架构风格。

2.6 分层架构

如果想避免架构看起来像意大利面，那么将组件结构进行分层可能会有所帮助。还记得模型－视图－控制器（Model-View-Controller，MVC），或者类似的模式，比如模型－视图－视图模型（Model-View-View Model，MVVM）或实体－控制－边界（Entity-Control-Boundary，ECB）吗？这些都是分层架构的典型例子（如果各层在物理上彼此分开，则也称为 N-tier 架构）。你可以将代码按层结构化，可以创建多层微服务，或者将此模式应用于你认为有价值的其他领域。分层可以使抽象和关注点分离，这也是引入它的主要原因。分层还可以降低复杂性，同时改善解决方案的模块化、可重用性和可维护性。

一个现实世界的例子是自动驾驶汽车，分层后可以按层决策：最低层将处理汽车的传感器数据，上一层将消耗传感器数据以便实现单一特性，再上一层将利用所有特性实现安全驾驶。当另一种车型更换传感器时，只需要更换最低层即可。

分层架构通常非常容易实现，因为大多数开发人员已经知道层的概念——他们只需要开发几个层并将它们像图 2.4 那样堆在一起即可。

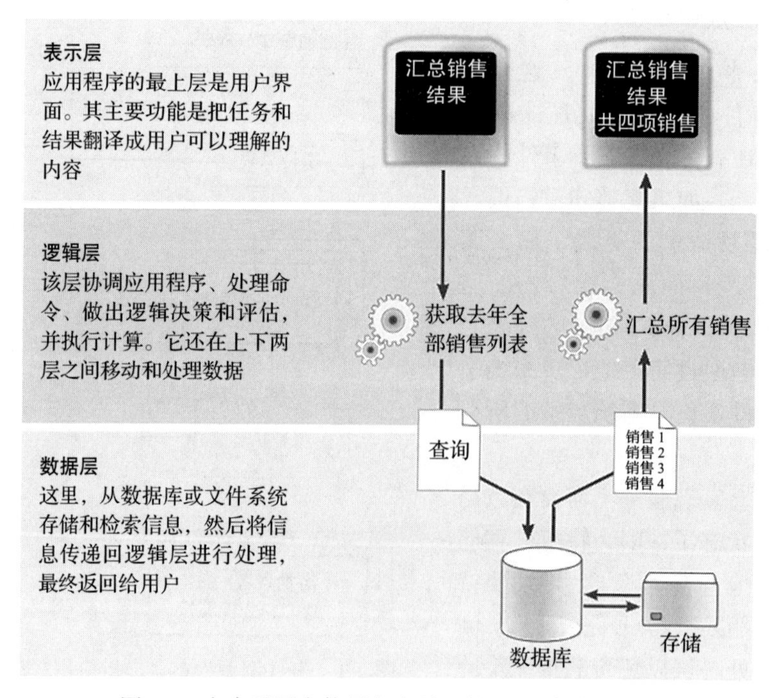

图 2.4 在表示层中使用文本界面的 3-tier 架构示例

创建高效的分层架构的挑战在于如何在各层之间设计稳定且定义良好的接口。通常，可以在一层上架设多层。例如，如果有一个处理领域逻辑的层，那么它可以是表示层和向其他服务提供 API 服务的层的基础。

分层并不总是一件好事。对于微服务，有两种主要的分层场景。第一个场景是，想要将一组服务与另一组服务分开。例如，你可以用一个快速变化的层来与业务伙伴交互，它包括频繁变化的内容，并设计另一个面向业务功能的层。后者并没有以非常快的速度发生变化，使用的技术也比较稳定。把这两者分开是有道理的。还有一个理念是，不太稳定的组件应该依赖于更稳定的组件，所以很容易想到，这里可以设计两层，让客户业务层依赖于业务功能层。

另一个场景是创建层来反映组织的通信结构（还是康威定律）。这可能会减少团队之间的沟通，从而导致创新的减少，因为团队无法很好地了解彼此的内部信息或想法。

现在，我们来讨论另一个经常用于微服务的分层架构——服务于前端的后端。

服务于前端的后端

许多前端依赖于同一个后端的情况很常见。假设你有一个移动应用程序和一个 Web 应用程序，它们都使用相同的后端。从一开始来看，这可能是一个不错的设计。但是，一旦这两个应用程序的需求和使用场景发生变化，后端将需要进行越来越多的更改，最终只能服务于其中一个前端。这可能导致后端不得不支持相互冲突的需求，比如支持更新数据存储的两种独立方法或提供数据的不同方式。与此同时，前端开始需要更多的带宽来与后端正常通信，从而导致移动应用程序耗电更多。此时，你应该考虑为每个前端引入一个单独的后端。

这样，你可以将面向用户的应用程序看作一个具有两层（前端和后端）的单一实体。后端可以依赖于另一层，该层用来提供下游服务，如图 2.5 所示。

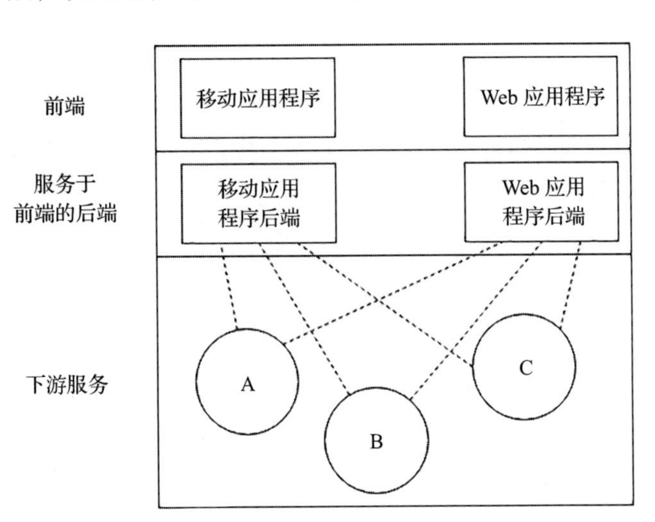

图 2.5　服务于前端的后端模式

服务于前端的后端（Backends For Frontends，BFF）模式的缺点是必须复制某些代码。不过，只要能加速开发，从长远来看不是负担就没关系。但这也意味着你应该关注在下游服务中聚合重复逻辑的可能性。有时，引入一个服务来聚合类似的调用可以帮助解决重复代码的问题。通常，如果有许多前端，有些前端仍然可以共享一个后端，只要没有相互冲突的需求就行。例如，如果你正在为 iOS 和 Android 创建移动应用程序，那么可以考虑用相同的后端，并为 Web 应用程序和桌面应用程序提供单独的后端。

2.7 基于模块的架构

在本节中，我们所说的模块是指可以在运行时加载和卸载的软件组件。关于 C++20 的模块，请参阅第 5 章。

如果需要以尽可能少的停机时间运行一个组件，但出于某些原因不能应用通常的容错模式，例如服务的备份，那么使用基于模块的组件可以节省时间。你也可能只是被模块化系统的愿景吸引，愿景包括对所有模块的版本管理、轻松查找所有可用服务，以及基于模块的系统可能带来的解耦、可测试性和更好的团队合作。因此，Java 社区发起的**开放服务网关倡议**（Open Service Gateway initiative，OSGi）模块，通过多个框架移植到了 C++ 中。使用基于模块的架构示例包括一些 IDE（如 Eclipse）、**软件定义网络**（Software Defined Networking，SDN）项目（如 OpenDaylight）或家庭自动化软件（如 OpenHAB）。

OSGi 还允许自动管理模块之间的依赖关系，控制它们的初始化和卸载，以及控制它们的发现。由于 OSGi 是面向服务的，因此你可以认为 OSGi 服务是类似于“容器”中的微服务。这就是其中一个 C++ 实现被命名为 C++ 微服务（C++ Micro Service）的原因。要了解更多实际情况，请参阅本章“进一步阅读”部分。

C++ 微服务框架采用的一个有趣的概念是处理单例（singleton）的新方法。`GetInstance()` 静态函数将返回一个从绑定的上下文获得的服务引用，而不是仅传递一个静态实例对象。因此，可配置的服务有效地取代了单例对象。它还可以使你避免静态去初始化（static deinitialization）的失败，在静态去初始化中多个相互依赖的单例必须以特定的顺序卸载。

2.8 总结

在本章中，我们讨论了实际中会遇到并应用的各种架构风格，包括单体架构、面向服务的架构、微服务，并讨论了它们提供外部接口和交互的各种方式。我们还讲解了如何编写 REST 服务，以及如何创建具有弹性且易于维护的微服务架构。

我们展示了如何创建客户端来使用服务。接着，我们讨论了其他各种架构方法：事件驱动的方法、基于运行时模块的方法。我们还展示了在什么情况下可以使用分层架构。我们探讨了如何实现事件溯源，以及何时使用 BFF。此外，我们也解释了架构风格如何帮助你实现一些质量属性，以及将有哪些挑战。

在第 3 章中，我们将学习如何判断在给定的系统中哪些属性是重要的。

问题

1. REST 服务的特点是什么？
2. 可以使用什么工具包来创建具有弹性的分布式架构？
3. 应该为微服务使用集中式存储吗？为什么？
4. 什么时候应该编写有状态的服务，而不是无状态的服务？
5. 代理和中介有何不同？
6. N-tier 架构和 N-layer 架构之间的区别是什么？
7. 如何用基于微服务的架构来取代单体架构？

进一步阅读

- Flygare, R., and Holmqvist, A. (2017). *Performance characteristics between monolithic and microservice-based systems (Dissertation)*.
- Engelen, Robert. (2008). *A framework for service-oriented computing with C and C++ web service components*. ACM Trans. Internet Techn. 8. 10.1145/1361186.1361188
- Fowler, Martin. *Microservices – A definition of this new architectural term*. Retrieved from `https://martinfowler.com/articles/microservices.html#MicroservicesAndSoa`
- *Getting Started – C++ Micro Services documentation*. Retrieved from `http://docs.cppmicroservices.org/en/stable/doc/src/getting_started.html`

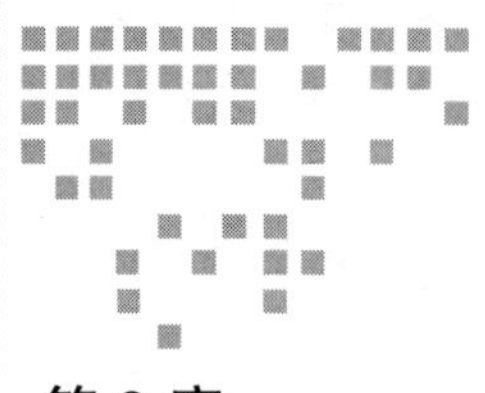

Chapter 3 第3章

功能性和非功能性需求

作为一名架构师，认识到哪些需求对架构重要以及重要的原因是非常重要的。本章将介绍解决方案的各种需求，包括功能性需求和非功能性需求。功能性需求是指那些告诉你解决方案应该做什么的需求，而非功能性需求告诉你解决方案应该是怎样的。

本章结束时，你将了解如何识别和划分这两种类型的需求，以及如何创建清晰的描述文档。

3.1 从源代码生成文档必备的技术要求

要重复我们从源代码生成文档的步骤，必须安装 CMake、Doxygen、Sphinx、m2r2 和 Breathe。我们使用的是 ReadTheDocs 的 Sphinx 主题，所以也请安装 ReadTheDocs。你可以使用上述工具的最新版本。

相关的代码见 https://github.com/PacktPublishing/Software-Architecture-with-Cpp/tree/master/Chapter03。

3.2 需求的类型

在创建软件系统时，你应该不断地问自己，你所做的是不是客户所需要的。很多时候，客户甚至不知道什么要求最能满足他们的需求。成功的架构师要能发掘产品的需求，确保需求得到满足。你需要考虑三种不同类型的需求：功能性需求、质量属性和约束。我们分别来看看。

3.2.1 功能性需求

第一组是功能性需求。它们定义了系统应该做什么，或者应该提供什么功能。

请记住，功能并不总是影响架构，因此必须关注哪些需求实际决定了解决方案的设计。

通常，如果一个功能需求有一些必须满足的特性，那么它在架构上就很重要。考虑一下针对多米尼加博览会的商人和游客的应用程序，这是一个在格但斯克市举行的集音乐、各种艺术和商店的年度活动。它的部分功能性需求如下：

- 作为一名店主，我想过滤包含特定产品的订单。
- 单击“订阅”(Subscribe）按钮将客户添加到选定商户的通知列表中。

第一个需求告诉我们，必须有一个组件来进行订单和产品的跟踪并具有搜索功能。根据 UI 的具体显示方式和应用程序的规模，我们可以只为应用程序添加一个简单的页面，或者它可能需要诸如 Lucene 或 Elasticsearch 等功能。这意味着我们可能看到了一个**架构级重要需求**（Architecturally Significant Requirement，ASR），这种需求会影响架构。

第二个需求更简单；现在我们知道需要一个订阅和发送通知的服务。这绝对是一个架构级重要的功能性需求。现在，我们来看一些**非功能性需求**（Non-Functional Requirement，NFR）也可以成为 ASR 的例子。

顺便说一下，第一个需求实际上是作为用户故事提供的。用户故事是以如下格式给出的需求：“作为一个 <角色>，我想要 <功能>，带来 <好处>。”这是描述需求的一种常见方式，可以帮助相关方和开发人员找到共同点并更好地进行沟通。

3.2.2 非功能性需求

非功能性需求不关注系统应该具有什么功能，而是关注系统应该在哪些条件下执行这些功能，以及执行得多好。这组需求可分为两个主要类型：**质量属性**（Quality Attribute，QA）和**约束**（constraint）。

1. 质量属性

质量属性包含解决方案的如下特征：性能、可维护性和用户友好性等。软件可以有几十上百个质量属性。在选择软件应有的质量属性时，应该关注重要的，而不是列出所有想到的东西。质量属性需求的示例有：

- 在常规负载下，系统将在 500ms 以内响应 99.9% 的请求（不要忘记指定常规负载是什么）。
- 该网站不会存储支付过程中使用的用户信用卡数据（属于用户隐私数据）。
- 更新系统时，如果任何组件更新失败，系统将回滚到更新之前的状态（生存性）。

- 作为 Windows、macOS 和 Android 的用户，我希望能够在所有这些操作系统上使用（可移植性；试着了解它是否需要支持桌面、移动和网络等平台）。

虽然从待办事项中获取功能性需求非常简单，但获取质量属性需求则没有这么容易。幸运的是，有几种方法可以解决这个问题：

- 其中一些可以表示为任务、故事和版本的完成定义或验收标准。
- 其他的则可以直接表示为用户故事，如前面的示例所示。
- 还可以将它们作为设计和代码审查的一部分进行检查，并为其中的一些创建自动测试。

2. 约束

约束是在交付项目时必须遵循的不可协商的决策。这些可以是设计决策、技术决策，甚至是政治决策（关于人或组织的问题）。另外两个常见的约束是**时间**和**预算**。约束示例如下：

- 团队永远不会超过四名开发人员，一名 QA 工程师和一名系统管理员。
- 由于我们公司在所有现有产品中都使用了 OracleDB，所以新产品也必须使用它，这样才能充分利用我们的专业知识。

非功能性需求总是会影响架构。要注意不要过度明确指定非功能性需求，因为在产品开发过程中，出现假阳性（false positive）将是一种持续的负担。同样重要的是，不要不明确地说明非功能性需求，因为这可能会导致错过销售机会或无法遵守监管机构的要求。

在下一节中，你将学习如何在这两个极端之间取得平衡，并只关注那些在具体情况中真正重要的需求。

3.3 架构级重要需求

在设计软件系统时，通常要处理几十个或数百个不同的需求。为了理解它们并想出一个好的设计，你需要知道哪些是重要的，哪些可以直接实现（与设计决策无关），哪些可以抛弃。你应该学会识别最重要的需求，这样就可以首先关注它们，并在最短的时间内提供最大的价值。

应该使用两个指标对需求进行优先级排序：业务价值和对架构的影响。在两个标准上都很高的需求是最重要的，应作为优先事项加以处理。如果遇到太多这样的需求，则应该重新考虑优先级方案。如果还不行，那么系统可能是无法实现的。

架构级重要需求（ASR）是那些对系统架构有可衡量影响的需求。它们既可以是功能性的，也可以是非功能性的。如何确定哪些是真正重要的？如果一个需求的缺失就使得你需要创建一个不同的新架构，那么这个需求就是 ASR。太晚发现这些需求通常会浪费时间和金钱，因为需要重新设计全部或部分系统方案，甚至会浪费其他资源并损害你的声誉。

一开始就将具体技术应用到架构中是一个常见的错误。我们强烈建议首先收集所有的需求，重点关注那些对架构很重要的需求，然后再决定在构建项目时要基于哪些技术和技术栈。

因为识别架构级重要需求很重要，所以我们介绍一些可以帮助你识别 ASR 的方法。

3.3.1　指示信号

如果有与任何外部系统集成的需求，那么这很可能会影响架构。我们来看一些常见的 ASR 指示信号：

- **需要创建软件组件来处理它**：例如，发送电子邮件，推送通知，与公司的 SAP 服务器交换数据，或使用特定的数据存储。
- **对系统有重大影响**：通常是定义了系统样子的核心功能。其他示例有交叉领域相关的信号，如授权、可审计性或具有事务性的行为。
- **很难实现**：系统的低延迟便是一个很好的例子，除非在开发的早期就考虑到，否则要实现它可能是一场漫长的战斗，特别是当你突然意识到，你真的负担不起热点路径（hot path）上的垃圾收集工作时。
- **在满足特定架构时强制进行权衡**：如果成本过高，也许设计决策需要对某些需求妥协，以支持其他更重要的需求。将这样的决策记录在某个地方以说明你在处理 ASR，是一种很好的实践。如果需求以某种方式限制了产品，那么它很可能对架构非常重要。如果你想找到考虑许多权衡的最佳架构，那么一定要阅读**架构权衡分析方法**（Architecture Trade-off Analysis Method，ATAM）有关的文章，详见“进一步阅读”部分。

约束和应用程序运行环境也会影响架构。嵌入式应用程序需要以不同于云上系统的方式进行设计，而由经验不足的开发者开发的应用程序可能应该使用简单而安全的框架，而不是使用具有陡峭的学习曲线的框架或自己开发的框架。

3.3.2　阻碍以及应对方法

与直觉相反，许多架构级重要需求很难一眼被发现。这是由两个因素引起的：它们可能很难定义，即使它们被描述了，也很模糊。客户可能还不清楚他们需要什么，但你仍然应该主动提出问题，避免任何想当然的假设。如果系统要发送通知，你必须知道这些通知是实时的，还是每天发送电子邮件就够了，因为前者可能需要创建发布者 - 订阅者架构。

在大多数情况下，你需要做一些假设，因为并不是所有的事情都是预先知道的。如果你发现某个需求挑战了假设，那它就可能是 ASR。如果你假设可以在凌晨 3 ～ 4 点之间维护服务，但又意识到其他时区的客户仍然需要使用这个服务，这就挑战了你的假设，并有可能改变产品的架构。

更重要的是，在项目的早期阶段人们往往倾向于模糊地对待质量属性，特别是经验不足或技术水平较低的个人。另外，早期阶段是解决此类 ASR 的最佳时机，因为此时在系统中实现它们的成本是最低的。

然而，值得注意的是，许多人在指定需求时，喜欢使用模糊的短语，而没有实际考虑过它。如果你正在设计一项类似于 Uber 的服务，可能提出一些模糊的需求，例如："当收到司机搜索请求时，系统必须快速回复一条有关是否有可用司机的信息"或者"系统必须全天候可用"。

在问问题时，通常会发现每月 99.9% 的可用性是非常好的，而"快"实际上指几秒内。这样的表达总是需要澄清，而且了解它们背后的依据往往是有价值的。也许这只是某人的主观观点，没有任何数据或业务需求的支持。另外请注意，在请求和响应的语境下，质量属性隐藏在另一个需求中，这使得它更难被发现。

最后，一个系统的架构级重要需求对另一个系统而言并不一定是重要的，即使这些系统具有类似的目的。随着时间的推移，一旦系统增长并开始与越来越多的其他系统通信，一些需求就会变得更加重要。一旦产品需求发生变化，某些需求可能会变得重要。这就是没有识别 SAR 的万能方法的原因。

有了区分重要需求的知识，你就知道要留意哪些需求了。现在，我们讨论下去哪里找这些需求。

3.4 从各种来源收集需求

既然知道了要关注哪些需求，现在我们来讨论一些收集这些需求的技术。

3.4.1 了解上下文

在挖掘需求时，应该考虑到更广泛的上下文。必须确定哪些潜在问题可能会对产品产生负面影响。这些风险往往来自外部。我们来重新审视一下类似 Uber 的服务场景。该服务的一个风险可能是法律的潜在变化：你应该意识到，一些国家可能改变法律，导致你从他们的市场中脱离。Uber 降低这些风险的方法是让当地合作伙伴应对地区限制。

除了未来的风险之外，你还必须了解当前的问题，如公司缺乏某方面的专家或市场上的激烈竞争。以下是你可以做的事情：

- 了解并注意所做的任何假设。最好用一个专门的文档来记录它们。
- 如果可能的话，提出问题以澄清或消除某些假设。
- 考虑项目内部的依赖关系，因为它们可能会影响开发计划。影响公司日常工作的业务规则也需要关注，因为产品可能依赖并增强这些规则。
- 此外，如果有足够的用户或业务相关的数据，则应该尝试挖掘它，以洞察并找到有用的模式，从而帮助对未来的产品及其架构进行决策。如果已经有了一些用户，但无法挖掘到数据，那么观察他们的行为通常也很有用。

理想情况下，你可以在用户使用当前部署的系统执行日常任务时记录它们的行为。这样，你不仅可以自动化他们的部分工作，而且还可以将他们的工作流程完全更改为更高效的工作流程。但是，请记住，用户不喜欢改变自己的习惯，所以最好逐步引入变化。

3.4.2　了解现有文档

现有的文档是一个很好的信息来源，虽然它们也可能有问题。你应该预留一些时间来熟悉相关的所有现有文件。其中有可能隐藏着一些需求。另外，请记住，文档从来都不完美，它很可能缺少一些重要的信息。你也应该对文档过期有心理准备。谈到架构，没有唯一的真理，所以除了阅读文档，还应该与相关人员多讨论。尽管如此，阅读文档仍然是为这类讨论做准备的一个好方法。

3.4.3　了解相关方

要成为一名成功的架构师，必须学会在需求从业务方反馈（直接或间接的）过来时与他们沟通。无论他们是公司员工还是客户，你都应该了解他们的业务背景。例如，你必须知道以下内容：

- 业务发展的推动力是什么？
- 这个公司的目标是什么？
- 你的产品将帮助实现哪些具体目标？

一旦你掌握了上述信息，就更容易与中高层管理人员建立共同点，从而更容易收集具体的需求。例如，如果该公司关心用户隐私，那么它的一个需求很可能是存储尽可能少的用户数据并使用只存储在用户设备上的密钥对其进行加密。通常，如果这些需求来自公司文化，因为文化是潜移默化的，所以一些员工甚至无法明确阐述这些需求。了解业务背景可以帮助你提出适当的问题，并帮助公司获取收益。

说到这，请记住，相关方可能有未直接反映在公司目标中的需求。对于软件实现的功能或应该达到的指标，他们可能有自己的想法。譬如，也许经理承诺让员工有机会学习某项新技术或使用特定的技术。如果这个项目对他们的职业生涯很重要，那么他们可以成为强大的盟友，甚至可以说服别人相信你的决定。

另一组重要的相关方是负责部署软件的人员。他们也会有自己的需求，这些需求称为过渡需求，例如用户和数据库迁移、基础设施切换或数据转换需求，所以不要忘记联系他们来收集这些需求。

3.4.4　收集来自相关方的需求

此时，你应该有一个相关方的列表，以及他们的角色和联系信息。现在是时候利用它了：一定要花时间与每个相关方讨论他们需要从系统中得到什么，以及他们对系统的设想。你可以举行访谈，比如一对一的会议或小组会议。当与相关方交谈时，帮助他们做出明智的决定——向他们展示他们的选择在最终产品上的潜在结果。

相关方通常会说，他们的所有需求都同样重要。试着说服他们根据需求给业务带来的价值对需求排序。当然，肯定会有一些关键的需求，但最有可能的是有一堆非关键的需求（即使不能交付，项目也不会失败），更不用说那些还没进入需求清单的锦上添花的需求了。

除了举行访谈，你还可以组织研讨会，就像头脑风暴会议一样。在这样的研讨会中，一旦建立了共同点，每个人都知道他们为什么要参与这样的冒险，然后你就可以询问每个人想要的尽可能多的使用场景了。一旦建立了这些用户故事，就可以合并类似的用户故事、确定优先级，最后完善所有的用户故事。研讨会讨论的不仅仅是功能性需求，每个使用场景也可能有质量属性需求。经过细化后，所有的质量属性都应该是可测量的。最后需要注意的是：不需要让所有相关方都参与这样的活动，因为这些活动有时可能需要超过一天的时间，所需时间取决于系统的大小。

既然知道了如何使用各种技术和信息源来挖掘需求，现在我们来讨论如何将发现的需求记录到文档中。

3.5 文档化需求

一旦完成了前面描述的步骤，就该将收集到的所有需求细化到一个文档中了。文档的形式和管理方式并不重要。重要的是，要有一个文档将所有相关方放在同一页上，列出他们都有什么需求以及每个需求会带来什么价值。

需求由所有相关方产生和使用，很多相关方都需要阅读这个文档。这意味着你应该编写它，以便它为具有各种技能的人员带来价值，这些人员包括从客户、销售人员和市场营销人员，到设计师和项目经理，再到软件架构师、开发人员和测试人员。

有时，有必要准备两个文档版本，一个版本提供给最接近业务的人，另一个版本提供给开发团队。然而，通常情况下，只要编写一个所有人都能理解的文档就足够了，让文档的某些部分（有时是一个段落）或某些章节专门涵盖更多的技术细节即可。

现在，我们来看一下需求文档中应该包含哪些部分。

3.5.1 文档化上下文

需求文档应该作为项目参与者的切入点之一：它应该概述产品的目的、使用方，以及使用方式。在设计和开发之前，产品团队成员应该阅读它，以便清楚地了解他们要做什么。

上下文部分应该提供系统的概述——为什么要构建它，要实现哪些业务目标，以及它将交付哪些关键功能。

你可以描述一些典型的用户角色，如首席技术官 John 或司机 Ann，以促使读者思考系统的真实用户以及用户需求。

3.4.1 节中描述的所有内容也应该总结在这个上下文部分中，有时甚至在文档中单独的部分给出。上下文和范围部分应提供大多数非项目相关方所需的所有信息。它们应该简洁且精确。

同样的道理也适用于任何你可能想要研究和取舍的开放式问题。对于你所做的每个决定，最好注意以下几点：

- ❑ 这个决定是什么？
- ❑ 谁以及什么时候做的决定？
- ❑ 它的理论依据是什么？

既然知道了如何文档化项目的上下文，现在我们来学习如何正确地描述项目的范围（scope）。

3.5.2 文档化范围

这部分应该定义项目范围，以及超出项目范围的内容，应该提供以特定方式定义范围的理由，尤其是在阐述一些不能入选的内容时。

这部分还应涵盖高级功能性需求和非功能性需求，但它们的详细信息应放到文档的后续部分。如果你熟悉敏捷实践，可以在这里描述史诗（epic）和更大的用户故事。

如果你或相关方对该范围有任何假设，应该在这里提出来。如果范围可能因任何问题或风险而发生变化，也应该在这里记录下来，包括必须做出的任何权衡取舍。

3.5.3 文档化功能性需求

每个需求都应该是精确的和可测试的。考虑一下这个例子：“该系统将为司机提供一个排名系统。”如何创建针对这个需求的测试？最好单独为排名系统创建一个部分，并在那里指定它的精确需求。

考虑另一个例子：“如果有一名空闲的司机在靠近乘客，该司机应该接收到打车请求。”如果有多名空闲司机该怎么办？我们描述为“靠近”的最大距离是多少？

这个需求既不精确，又缺乏业务逻辑。我们只能希望有另外的需求能兼顾没有空闲司机的情况。

2009年，劳斯莱斯开发了一种**需求语法简易方法**（Easy Approach to Requirements Syntax，EARS）来帮助解决这一问题。在EARS中，有五种基本的需求类型，它们应该以不同的方式编写，并服务于不同的目的。而后可以将它们组合起来，以创建更复杂的需求。五种基本需求类型如下：

- ❑ **普遍需求**：“**$ 系统**应该满足 **$ 需求**”，例如该应用程序将使用C++开发。
- ❑ **事件驱动**：“当 **$ 触发 $ 可选 \ 前置条件**时，**$ 系统**应该满足 **$ 需求**”，例如，“当订单到达时，网关将产生一个新订单事件”。
- ❑ **意外行为**：“如果满足 **$ 条件**，那么 **$ 系统**应该满足 **$ 需求**”，例如，如果处理请求的时间超过1s，工具将显示一个进度条。
- ❑ **状态驱动**：“当处于 **$ 状态**时，**$ 系统**应该满足 **$ 需求**”，例如，当乘客乘车时，应用程序将显示地图，帮助司机导航到目的地。

- **可选功能**："如果有 $ 功能，则 $ 系统应该满足 $ 需求"，例如，如果有空调，该应用程序将允许用户通过移动应用程序设置温度。

一个更复杂的需求是：当使用双服务器设置时，如果备份服务器 5s 内没有收到主服务器的消息，它应该尝试将自己注册为新的主服务器。

并不是一定要使用 EARS，但如果遇到模棱两可、模糊、过于复杂、无法测试、可能有遗漏或其他措辞糟糕的需求时，使用 EARS 很方便。无论选择什么方式或措辞，一定要使用简洁的模型，该模型应基于公共语法并使用预定义的关键字。为每个需求分配一个标志符（identificator）也是一种很好的做法，这样就可以轻松地引用它们。

当涉及更详细的需求格式时，它应该包含以下字段：

- **ID 或索引**：便于识别特定的需求。
- **标题**：可以在这里使用 EARS 模板。
- **详细描述**：可以在这里放置任何相关的信息，例如，用户故事。
- **所有者**：此需求的服务对象。这可以是产品所有者、销售团队、法律部门、IT 部门等。
- **优先级**：就是字面含义。
- **交付时间**：如果这个需求要在某个关键日期前交付，则可以在这里注明。

现在我们知道了如何文档化功能性需求，接下来我们来讨论如何文档化非功能性需求。

3.5.4 文档化非功能性需求

每个质量属性，如性能或可伸缩性，都应该在文档中有单独的部分，并列出特定的、可测试的需求。大多数质量属性都是可测量的，拥有特定的指标对解决未来的问题很有帮助。你还可以用一个单独部分列出项目的约束。

关于措辞，你可以使用相同的 EARS 模板来记录非功能性需求。当然，也可以使用上下文中定义的人物角色将它们指定为用户故事。

3.5.5 管理文档的版本历史

你可以采用以下两种方法之一：在文档中创建版本日志或使用外部版本控制工具。两种方法都有优缺点，但我们建议采用后一种方法。就像对代码使用版本控制系统一样，你也可以使用它来管理文档。并不是说你必须使用存储在 Git 仓库中的 Markdown 格式的文档，但只要你也需要为业务人员生成可读的版本（不管是网页还是 PDF 文件），那这确实是个不错的方法。当然，你也可以使用在线工具，如 RedmineWikis 或 Confluence，它允许你发表有意义的评论，描述你发布的每次编辑中更改的内容，并查看版本之间的差异。

如果你决定采用修订日志的方法，则通常使用一个包含以下字段的表：

- **修订**：标记引入更改的文档迭代的编号。如果你愿意，还可以为特殊的修订添加标签，比如"初稿"。
- **更新人**：谁进行了更改。

- **审核人**：谁审查了更改。
- **更改说明**：此修订版的“提交消息”(commit message)，说明发生了什么变化。

3.5.6　文档化敏捷项目中的需求

许多敏捷开发的支持者声称，文档化所有的需求只是在浪费时间，因为需求随时可能会改变。但是，一个好的方法是将它们像待办事项（backlog）中的项目那样处理：对接下来的冲刺（sprint）中要开发的需求比以后再实现的需求进行更详细的定义。就像你不会在非必要时将史诗拆分成故事或将故事拆分成任务一样，你可以暂时先记录下粗略描述的粗粒度需求，直到确定需要实现它们时再详细定义。

注意给定需求的来源，这样你就知道谁可以在将来为你提供必要的输入。

我们以多米尼加博览会为例。假设在下一个冲刺中，我们将构建供访问者查看的商店页面，在之后的冲刺中，我们将添加一个订阅机制。此时的需求如表3.1所示。

表3.1　需求列表

ID	优先级	描　述	相关方
DF-42	P1	商店页面必须显示商店的库存，以及每个商品的照片和价格	Josh、Rick
DF-43	P2	商店页面上必须有一张关于商店位置的地图	Josh、Candice
DF-44	P2	顾客必须能够订阅商店	Steven

正如你所看到的，前两项与我们接下来要实现的功能有关，所以它们有更详细的描述。谁知道在下一次冲刺之前，关于订阅的需求会不会被取消，所以考虑它的细节是没有意义的。

另外，在有些情况下，仍然需要有一个完整的需求列表。如果你需要与外部监管机构或内部团队打交道，如审计、法律或合规性审核时，它们很可能仍然需要你提供一份精心准备的实体文件。有时，给它们提供一个包含从待办事项中提取的工作项的文档就可以了。最好像与其他相关方沟通一样与它们进行沟通：收集它们的期望，以了解满足它们需求的最小可行文档。

文档化需求的重要一点是在你和提出具体需求的各相关方之间达成理解。如何才能实现这一点呢？一旦你准备好了文档草稿，你应该向它们展示这个文档并收集反馈信息。这样，你就能知道哪些部分模棱两可、不清楚或有缺失。即使需要进行几轮迭代，它也能帮助你与相关方建立共同点，使你获得更多信心，知道自己正在构建正确的东西。

3.5.7　其他部分

文档最好有一个链接和资料部分，用来列出问题跟踪板、人为产生的问题、CI、源代码库，以及任何你感觉方便的资源。架构、市场营销和其他类型的文档也可以在这里列出。

如果有需要，还可以列出一个术语表。

既然知道了如何记录需求和相关信息，现在我们来谈谈如何文档化已经设计好的系统。

3.6 文档化系统架构

正如应该记录需求一样，你也应该记录逐渐形成的架构。这当然不仅仅是为了有文档：它应该帮助参与项目的每个人提高效率，让他们更好地理解对他们自己和最终产品的要求。并不是所有图表都对每个人有用，但你应该从未来读者的角度来创建它们。

有许多框架可以用来文档化你的想法，其中有许多服务于特定的领域、项目类型或架构范围。例如，如果你对文档化企业架构感兴趣，那么你可能对 TOGAF 感兴趣。这是开放组架构框架（The Open Group Architecture Framework）的首字母缩写。它依赖于四个领域：

- 业务架构（战略、组织、关键流程和治理）。
- 数据架构（逻辑和物理数据管理）。
- 应用架构（单个系统的蓝图）。
- 技术架构（硬件、软件和网络基础设施）。

如果你在整个公司或更广泛的范围内文档化软件，那么这种分组是很有用的。其他类似规模的框架包括由英国国防部（MODAF）和美国国防部（DoDAF）开发的框架。

如果你不是在文档化企业架构，特别是如果你刚刚开始架构的自学之路，那么你可能会对其他框架更感兴趣，比如 4+1 模型和 C4 模型。

3.6.1 4+1 模型

4+1 视图模型是由 Philippe Kruchten 在 1995 年创造的。作者声称，它的目的是“描述基于多个并发视图的软件密集型系统的架构”。它的名字来自组成它的视图。

这个模型广为人知，因为它已经在市场上存在了很长时间，而且它也很有用。它非常适合大型项目，虽然它也可以用于中小型项目，但对于中小型项目的需求来说也可能过于复杂（尤其是以敏捷的方式编写的项目）。对于这种情况，你应该尝试使用 3.6.2 节中描述的 C4 模型。

4+1 模型的缺点是它使用一组固定的视图，而文档化架构的实用方法是根据项目的细节来选择视图（稍后将详细介绍）。

4+1 模型的优点是视图相互关联在一起，特别是当涉及场景时。同时，每个相关方都可以很容易地获得与他们相关的部分。这个模型如图 3.1 所示。

图 3.1 中的各参与者就是对相应视图最感兴趣的人。所有的视图都可以使用不同类型的**统一建模语言**（Unified Modeling Language，UML）图来表示。现在，我们来讨论一下各个视图：

- **逻辑视图**（logical view）显示了如何向用户提供功能。它显示了系统的组件（对象）以及它们如何交互。最常见的情况是，它由类图和状态图组成。如果你有数千个类，且想更好地展示它们之间的交互情况，那么还应该有通信图或序列图，这两者见图 3.2。

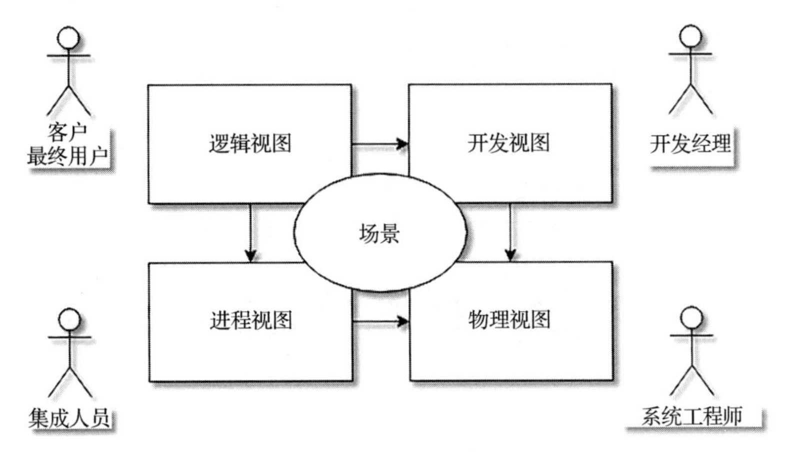

图 3.1　4+1 模型的概览

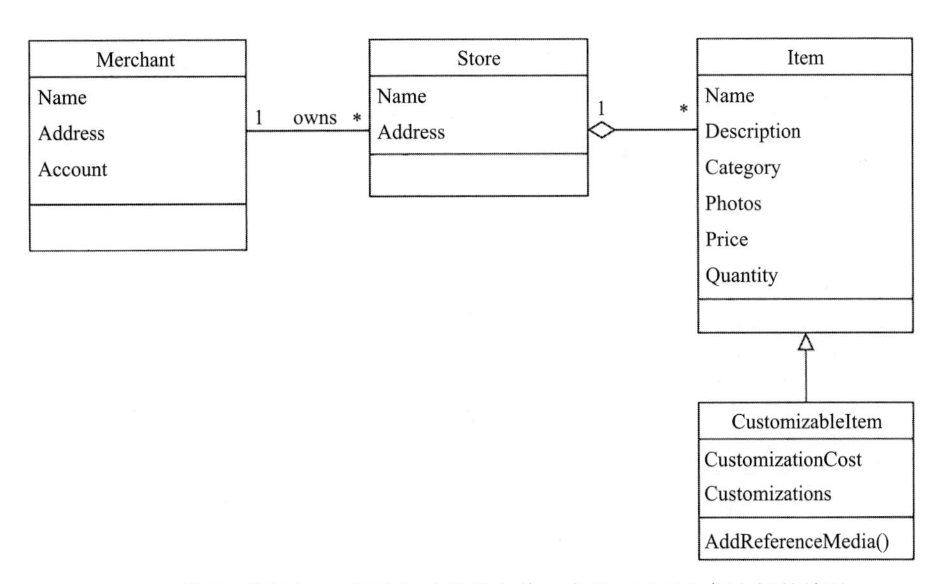

图 3.2　类图可以用来显示我们计划拥有什么类型，以及它们之间的关系

- **进程视图**（process view）围绕着系统的运行时行为展开。它显示了进程、它们之间的通信以及与外部系统的交互。它由活动图和交互图来表示（见图 3.3）。此视图解决了许多非功能性需求，包括并发性、性能、可用性和可伸缩性。
- **开发视图**（development view）用于拆分子系统，并围绕着软件组织展开。重用、工具约束、分层、模块化、打包、执行环境——这个视图可以通过显示系统的模块分解来表示它们。它通过组件和软件包图来实现这一点，如图 3.4 所示。

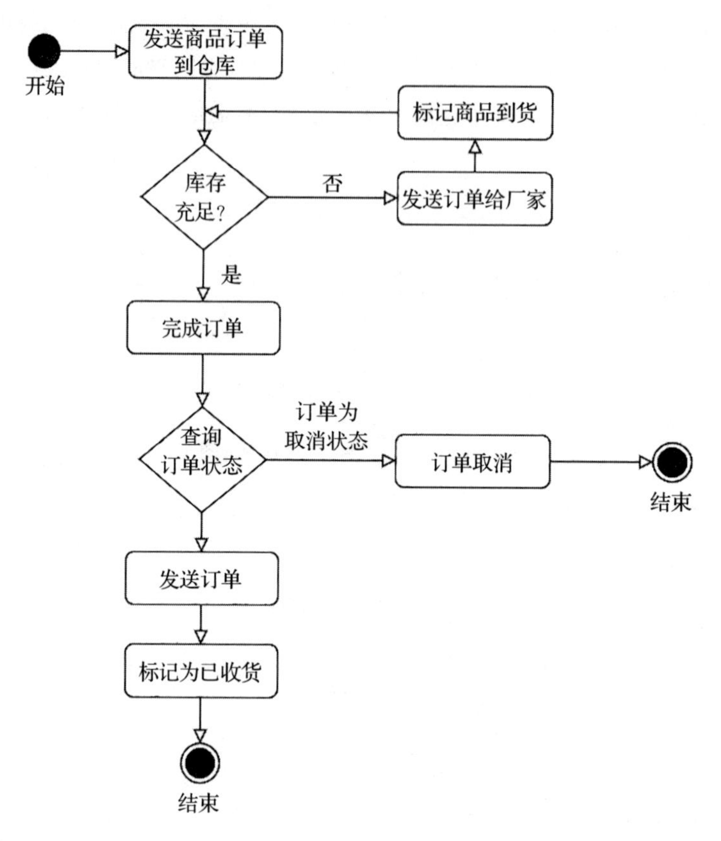

图 3.3 活动图是工作流和进程的图形化表示

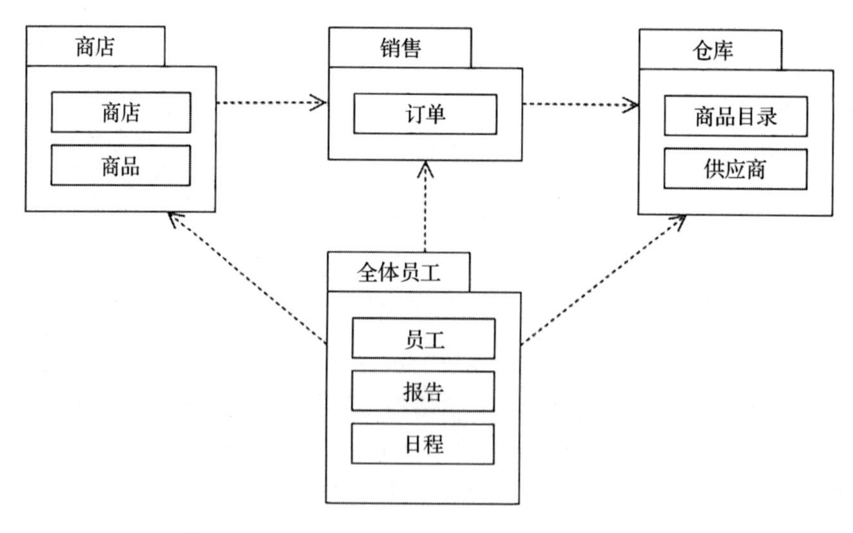

图 3.4 软件包图可以从更高的角度显示系统的各个部分，以及特定组件之间的依赖或关联关系

❑ **物理视图**（physical view）使用部署图将软件映射到硬件（见图 3.5）。针对系统工程师，它可以覆盖与硬件有关的非功能性需求，例如，通信需求。

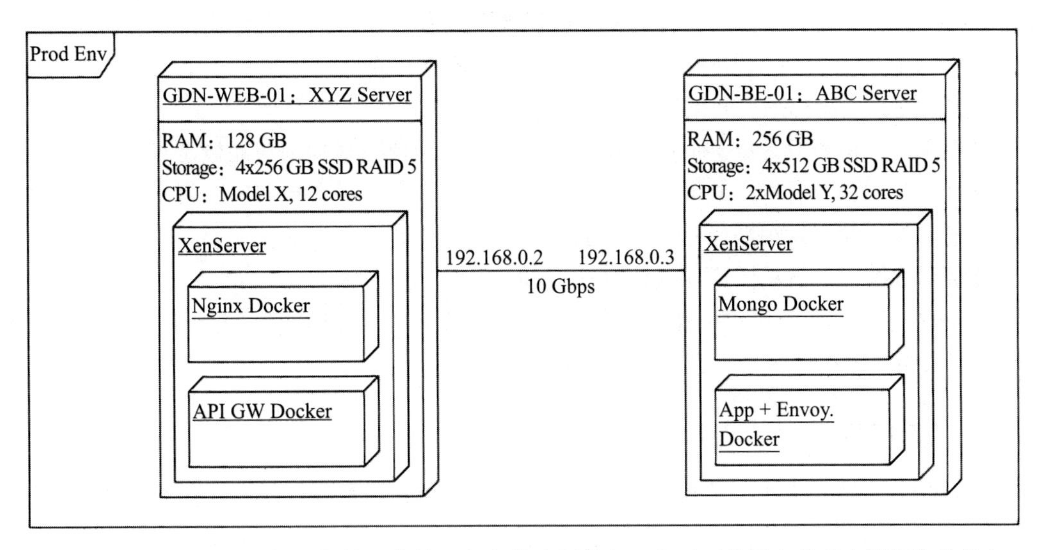

图 3.5　部署图说明了每个软件组件将运行在什么硬件上。它还可以用来传递有关网络的信息

❑ **场景**（scenario）视图将所有视图黏合在一起。它由用例图（见图 3.6）表示，这些图对所有相关方都很有用。该视图显示系统是否做了它应该做的事情，以及结果是否一致。当所有其他视图都完成后，场景视图可能是多余的。但是，如果没有场景视图，其他视图可能画不出来。场景视图从更宏观的维度描述系统，而其他视图则深入细节。

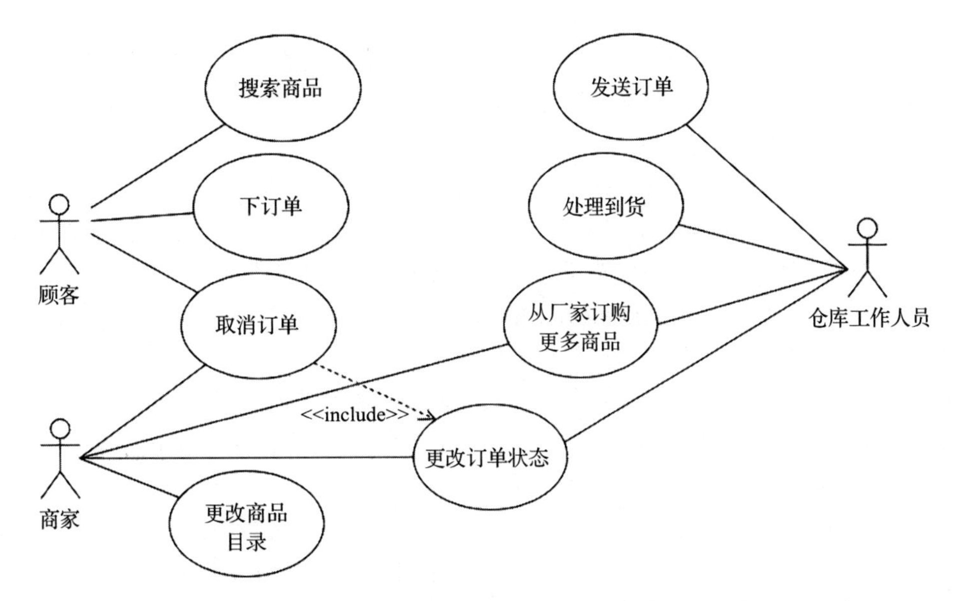

图 3.6　用例图显示了特定参与者如何与系统交互以及各交互之间的相互关系

每一个视图都与其他视图相互联系，通常它们必须一起看才能了解系统全貌。我们来考虑一下如何展现系统的并发性。仅使用逻辑视图是不够的，因为逻辑视图更擅长展示系统是如何映射到任务和进程的；我们需要进程视图。另一方面，进程将被映射到物理的节点（通常是分布式的）。这意味着我们需要用三个视图才能有效地描述它，每个视图都将与特定的相关方相关。这些视图之间的其他联系包括：

- 在系统分析和设计中会同时使用逻辑视图和进程视图来刻画产品概念。
- 开发视图和部署视图共同描述了软件如何打包，以及每个包何时部署。
- 逻辑视图和开发视图显示了该功能是如何反映在源代码中的。
- 进程视图和部署视图用于共同描述 NFR。

现在你已经熟悉了 4+1 模型，我们来讨论另一个模型：C4 模型。它很简单，但非常有效。我们希望通过使用这个模型带来巨大的变化。

3.6.2 C4 模型

C4 模型非常适合中小型项目。它很容易应用，因为它非常简单，而且它不依赖于任何预定义的符号。如果你想使用它来绘制图表，则可以尝试 Tobias Shochguertel 的 c4-draw.io 插件（https://github.com/tobiashochguertel/c4-draw.io）的免费在线绘图工具 draw.io（https://www.draw.io/）。

C4 模型中的图主要有四种类型：

- 上下文图。
- 容器图。
- 组件图。
- 代码图。

就像使用地图的放大和缩小功能一样，你也可以使用这四种图来显示特定代码的更多细节，或者显示更多关于特定模块（甚至整个系统）的交互和环境。

系统上下文图是查看架构的一个很好的起点，因为它把系统作为一个整体来显示，系统周围是用户和与之交互的其他系统。C4 模型的上下文图如图 3.7 所示。

正如你所看到的，它显示了“全局”信息，所以它不应该关注具体的技术或协议。相反，你可以把它看作可以向非技术背景的相关方展示的图。从该图可以清楚地看到，有一个参与者（客户的人形描述），他与解决方案的一个组件（即客服系统）交互。这个系统又与另外两个系统相互作用，每个相互作用都用箭头描述。

我们描述的上下文图用于概述系统。现在我们挨个看看其他的图：

- **容器图**：此图用于概述系统内部结构。如果系统使用数据库、提供服务，或者只由某些应用程序组成，则此图将显示它。它还可以显示容器的主要技术选择。请注意，容器并不意味着 Docker 容器；尽管每个容器都是一个可单独运行且可部署的单元，但容器图与部署场景无关。容器图仅面向技术人员，但并不仅限于开发团队。架构师以及运维支持团队也是它的目标受众。

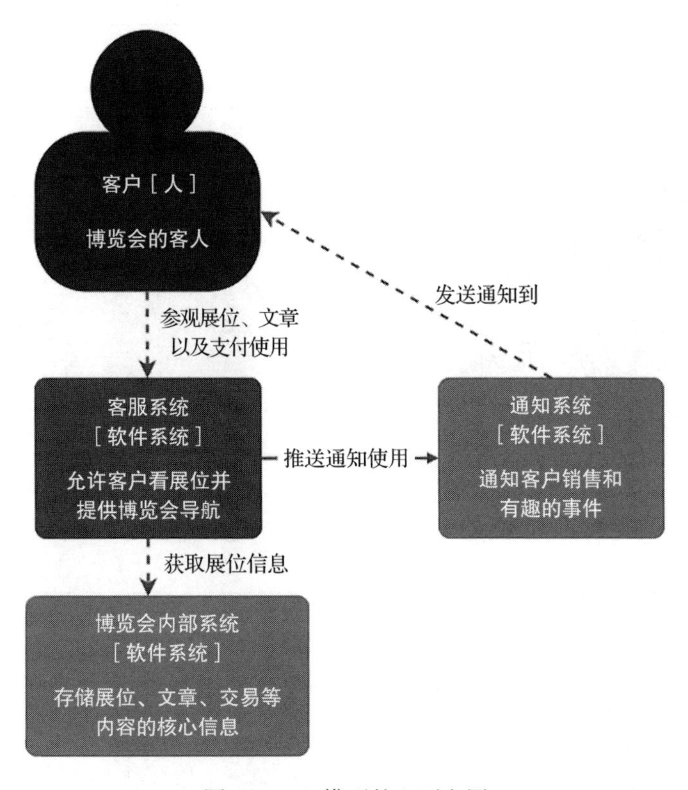

图 3.7　C4 模型的上下文图

- **组件图**：如果你想了解关于特定容器的更多细节，那么就需要观看组件图。它显示了选定容器内的组件如何交互，以及如何与容器外的元素和参与者交互。通过查看这个图，你可以了解每个组件的职责以及使用的构建技术。组件图的目标受众主要由开发团队和架构师组成，关注点集中在某个特定的容器上。
- **代码图**：当你深入了解特定的组件时，就会出现代码图。这个图主要由 UML 图组成，包括类图、实体关系图和其他图，理想情况下应该通过独立的工具和 IDE 从源代码中自动创建。绝对不应该为系统中的每个组件制作这样的图表，相反，应为最重要的组件制作此类图表，让它们告诉读者真正重要的事情。在这样的图中，少可能意味着多，因此应该在代码图中省略不必要的元素。在许多系统中，特别是在较小的系统中，这类图可以省略。它的目标受众与组件图的相同。

你可能会发现 C4 模型缺乏一些特定的视图。例如，如果你想知道如何演示部署系统的方式，那么你可能有兴趣了解除了主图之外的一些补充图。其中之一是部署图，见图 3.8。它显示了系统中的容器如何映射到基础设施中的物理节点。一般来说，它是 UML 部署图的一个更简单的版本。

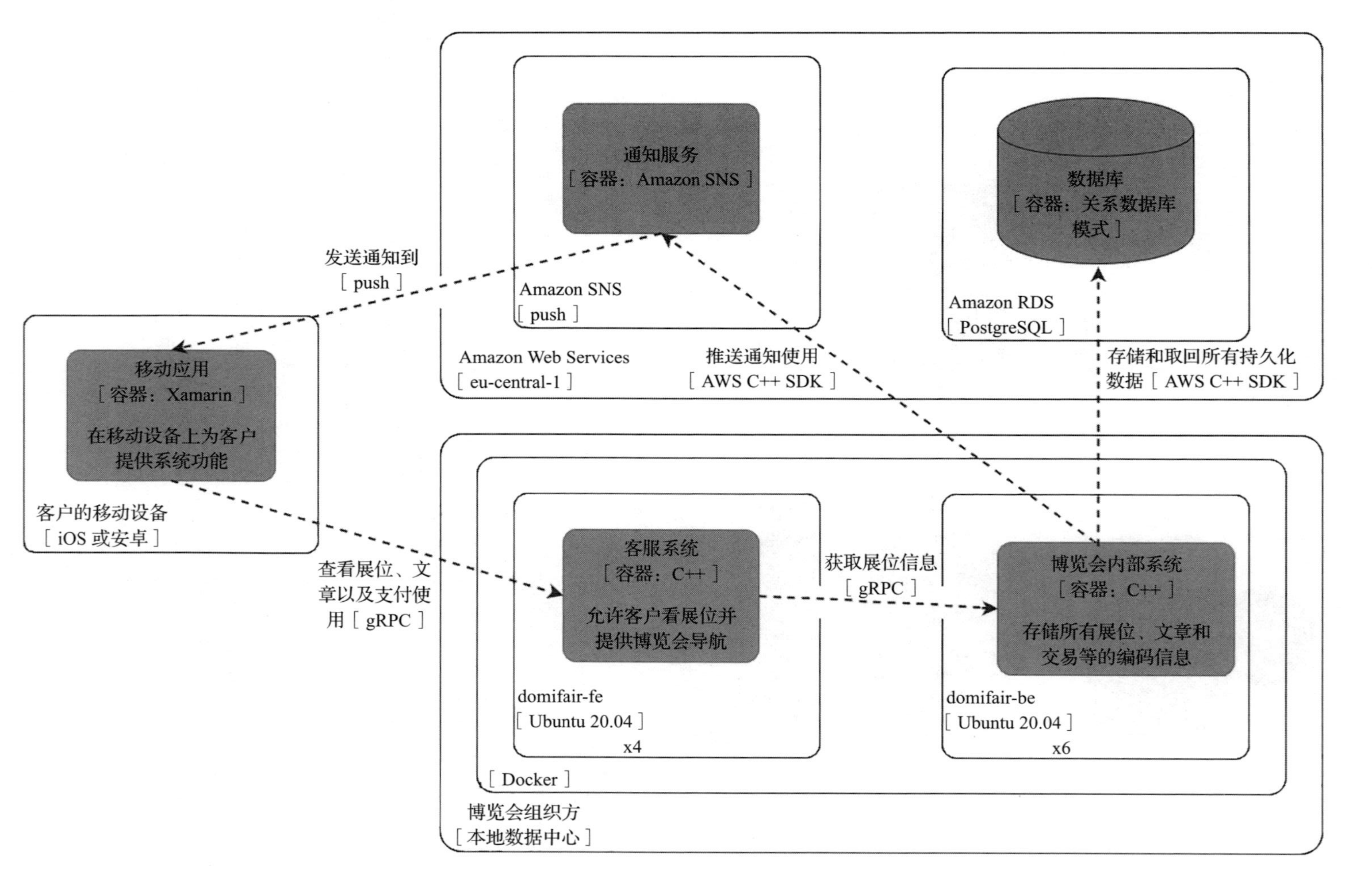

图 3.8 C4 模型的部署图

说到C4模型的UML图，你可能还想知道为什么它在展示系统用例上投入如此少的精力。如果你有这样的想法，那么应该考虑用UML中的用例图来补充前面的模型，或者考虑引入一些序列图。

在记录架构时，比起遵循一组特定的硬性规则，记录和共享的内容才更重要。应选择最适合自己的工具！

3.6.3 文档化敏捷项目中的架构

在敏捷环境中，记录架构的方法应该与记录需求的方法类似。首先，考虑一下谁将阅读你准备的材料，以确保你以正确的方式描述了正确的事情。文档不需要是一个冗长的Word文档。当有人描述该架构时，你可以用演示文稿、wiki页面、图表，甚至是会议记录的方式进行记录。

重要的是要收集关于文档化架构的反馈。同样，像文档化需求时那样，要与相关方重申这些文档，以了解从哪里改进它们。即使这看起来像是在浪费时间，但如果操作得当，在交付产品方面它应该可以为你节省一些时间。好的文档应该可以帮助新来者更快地开始工作，并能指导更多相关方。如果你只是在一些会议上讨论架构，很有可能，一个季度后，没有人会记得你做决策的原因，以及这些决策是否会在不断变化的敏捷环境中持续有效。

在创建文档时，重复很重要，因为很容易会对一两个重要细节产生误解。其他时候，你或相关方将获得更多的知识，并决定一些事情的改变。在文件被认为成熟和完成之前，至少要浏览几次文件。通常，通过即时通信、电话或面对面的一些对话更快地完成它，并解决任何可能出现的后续问题，这些方式比电子邮件或其他异步通信方式更好。

3.7 选择文档的正确视图

架构是个过于复杂的话题，很难用一个大图来描述。假设你是一名建筑师，为了设计整个建筑，你需要针对不同方面绘制不同的图：一个用于管道，另一个用于电力和其他电缆等。每一个图都将显示项目的不同视图。软件架构也是如此：需要从不同的角度针对不同的相关方来展示软件。

此外，如果你正在建造一个智能房子，你很可能会画一些设备平面图。虽然不是所有的项目都需要这样的视图，但因为它在你的项目中发挥了作用，所以它可能值得添加。同样的方法也适用于架构：如果你发现对文档有价值的不同视图，则应该考虑添加这些视图。那么，怎么知道哪些视图是有价值的呢？你可以尝试执行以下步骤：

1）从4+1模型或C4模型中的视图开始。

2）询问相关方必须记录什么内容，并考虑修改视图集。

3）选择能帮助你评估架构是否满足其目标以及是否满足所有ASR的视图。阅读各小节中每个视图的第一段，检查它们是否符合你的需要。

如果你仍然不确定要记录哪些视图，则可以参考以下提示。

尽量选择最重要的视图，因为当视图太多时，架构就会变得难以遵循。一组好的视图不仅应该展示架构，还应该暴露项目面临的技术风险。

在选择应该在文档中描述的视图时，应该考虑一些事情。我们将在这里简要描述它们，但如果你感兴趣，你应该读一下“进一步阅读”部分提到的 Rozanski 和 Woods 的书。

3.7.1 功能视图

如果开发的软件作为一个更大的系统的一部分，对于那些不进行日常通信的团队，应该提供一个功能视图（类似 4+1 模型中的）。

记录架构的一个重要但经常被忽视的方面是所提供的接口定义，尽管接口定义是要描述的最重要的事情之一。无论是两个组件之间的接口还是外部世界的入口点，你都应该花时间清楚地记录下来，描述对象和调用的语义，以及使用示例（有时可以将其作为测试重复使用）。

在文档中包含功能视图的另一个巨大好处是，它澄清了系统组件的职责。开发系统的每个团队都应该了解边界在哪里，以及谁负责开发哪些功能。所有的需求都应明确地映射到组件上，以消除理解上的差异和重复的工作。

这里需要注意的重要一点是，要避免功能视图过载。如果它变得混乱，没人会想读它。如果你开始基于它描述基础设施，请考虑添加部署视图。如果模型中有“上帝”对象，请试着重新考虑设计，把它分成更小、更内聚的部分。

关于功能视图的最后一个重要说明是：尝试将包含的每个图保持在同一个抽象级别上。另外，不要通过选择过于抽象的级别来使其过于模糊，确保每个元素都被相关方适当地定义和理解。

3.7.2 信息视图

如果系统在信息、处理流程、管理流程或存储方面没有什么直接的需求，那么包含这种视图可能是一个好主意。

我们以最重要的、包含丰富数据的实体为例，演示它们如何流过系统，谁拥有它们，以及生产者和消费者是谁。下面这些信息都可能是有用的：某些数据保持多长时间的“新鲜度”，何时可以安全丢弃，它到达系统某些点的预期延迟是多少，如果系统在分布式环境中工作，如何处理标志符。如果系统管理事务，那么相关方也应该很清楚此流程以及任何回滚。转换、发送和持久化数据的技术对某些数据也很重要。如果你在财务领域运营，或者必须处理个人数据，你很可能必须遵守一些法规，所以要描述系统计划如何解决这个问题。

数据的结构可以使用UML类模型来表示。记住，要弄清楚数据的格式，特别是当数据在两个不同的系统之间流动时。美国NASA失去了与洛克希德·马丁公司共同开发的价值1.25亿美元的火星气候轨道飞行器，因为它们在不知情的情况下使用了不同的单位，所以要注意系统之间的数据一致性。

数据的处理流程可以使用UML的活动模型表示，同时可以使用状态图来显示生命周期的信息。

3.7.3 并发视图

如果运行许多并发执行单元是产品的一个重要方面，那么请考虑添加并发视图。它可以显示可能存在哪些问题和瓶颈（除非这听起来太详细了）。包含并发视图的其他理由还有，进程间通信的依赖、具有非直接的任务结构、并发状态管理、同步或任务故障处理逻辑。

为此视图使用你想要的任何表示法，只要它能反映执行单元及其通信关系。如有必要，为进程和线程分配优先级，然后分析所有潜在的问题，如死锁或竞争。可以使用状态图显示重要执行单元（等待查询、执行查询、分发结果等）可能的状态及状态转换。

如果不确定是否需要向系统中引入并发性，那么一个好的经验法则就是**不要引入**。如果必须引入并发性，那就尽量简单设计。调试并发性问题从来都不容易，而且总是很花时间，所以如果可能，请首先尝试优化现在的设计，而不是简单地增加更多的线程。

如果担心资源竞争，请尝试用更多、更细粒度的锁替换大对象上的锁，使用轻量级同步（有时考虑原子性就足够了），引入乐观锁，减少资源共享（在线程中创建一些数据的额外副本并处理它可以比共享访问唯一的副本更快）。

3.7.4 开发视图

如果你正在构建一个有很多模块的大系统，需要结构化代码，需要系统范围的设计约束，或者如果你想在系统的不同部分之间共享一些共同的方面（aspect），从开发的角度提出解决方案对你自己与其他软件开发人员和测试人员而言都有利。

开发视图的软件包图可以方便地显示系统中不同模块的位置、它们的依赖关系，以及其他相关的模块（例如，驻留在同一个软件层中）。它不需要是UML图——即使是简单的方框和线条也可以。如果你计划替换一个模块，这种图可以显示哪些软件包会受到影响。

增加系统重用性的策略——例如为组件创建自己的运行时框架，或增加系统一致性的策略——例如身份验证、日志记录、国际化或其他处理类型的通用方法，都是开发视图的一部分。如果你看到系统有任何公用部分，请将其记录下来，以确保所有开发人员都能看到。

代码组织、构建和配置管理的常见方法也应该放入文档的这部分中。如果听起来有很多需要记录的地方，那么就关注最重要的部分，简要地涵盖其余的部分（如果有的话）。

3.7.5 部署和操作视图

如果你有一个非标准的或复杂的部署环境，例如有关于硬件、第三方软件或网络需求的特定需求，那么请考虑将其记录在单独的专门针对系统管理员、开发人员和测试人员的部署部分中。

如有必要，请包括如下内容：

- 所需的内存量。
- CPU 线程计数（有没有超线程）。
- 对 NUMA（Non-Uniform Memory Access，非一致存储访问）节点的绑定和关联。
- 专业的网络设备需求，例如标记软件包以黑盒方式测量延迟和吞吐量的交换机。
- 网络拓扑结构。
- 估计的带宽。
- 所需的存储需求。
- 计划使用的第三方软件。

一旦有了需求，就可以将它们映射到特定的硬件，并将它们放到运行时平台模型中。如果希望正式建模，可以使用带有原型（stereotype）的 UML 部署图来显示处理节点和客户端节点、在线和离线存储、网络链接、专门的硬件（如防火墙、FPGA 或 ASIC 设备），以及功能元素和它们将运行的节点之间的映射。

如果有比较复杂的网络需求，则可以添加另一个图来显示网络节点和它们之间的连接。

如果依赖于特定的技术（包括特定的软件版本），那么最好列出它们，看看所使用的软件之间是否存在兼容性问题。有时，两个第三方组件需要相同的依赖项，但要求的版本不同。

如果有特定的安装和升级计划，那么就此写几句话可能是个好主意。诸如 A/B 测试、蓝绿部署或解决方案将依赖的任何特定容器魔法之类的内容，应该让每个相关人员都清楚。如果需要，还应该包括数据迁移计划，包括迁移需要多长时间及何时开始规划迁移。

任何关于配置管理、性能监控、运维监控和管理的计划以及备份策略都是值得描述的。你可能需要创建几个组，确定每个组的依赖关系，并为每个这样的组定义方法。对于你想到的任何可能发生的错误，可以做一个计划来检测错误并从错误中恢复。

对支持团队的一些说明也可以放入这部分：相关方需要什么支持、计划拥有的事件类别、如何升级，以及每个支持级别负责什么。

最好尽早与运维人员接触，并专门为他们创建图表，让他们也参与进来。

我们已经讨论了如何手动创建关于系统及其需求的文档，我们来看如何以自动化的方式记录 API。

3.8　生成文档

作为工程师，我们不喜欢体力劳动。这就是如果某样东西可以被自动化并且自动化后可以减少我们的工作量，那么它很可能会被自动化的原因。通过努力来创建足够好的文档，至少自动化部分文档工作，是一件很幸福的事情。

3.8.1　生成需求文档

如果从头开始创建项目，那么可能很难凭空生成文档。但是，如果用适当工具记录需求，就可以生成文档。例如，如果使用的是 JIRA，那么首先要从问题导航器视图中导出所有项。你可以使用任何你喜欢的过滤器，仅获得这些项输出。如果你不喜欢默认的字段，或者觉得这不是你想要的，那么可以尝试用 JIRA 的一个插件来进行需求管理。例如，R4J（Requirements for Jira）不仅允许你导出需求，还允许你创建需求的整个层次结构，跟踪它们，管理更改并在整个项目中传播它们并对任何需求更改进行影响分析，当然，还允许使用自定义的模板导出。许多这样的工具都可以帮助你为需求创建测试套件，但几乎没有免费的。

3.8.2　从代码生成图

如果想在还没有深入了解源代码的情况下了解代码结构，那么可以使用从代码生成图的工具。

其中一个工具是 CppDepend。它使你能够在源代码的不同部分之间创建各种依赖关系图。更重要的是，它允许你根据各种参数查询和过滤代码。无论你是想掌握代码的结构，发现不同软件组件之间的依赖关系以及它们的耦合程度，还是想快速定位技术债最严重的部分，都可以使用这个工具。它需要付费授权，但也提供了一个功能齐全的试用版。

一些图表工具允许你从类图创建代码或从代码创建类图。Enterprise Architect（简称 EA）使你能够用类图和接口图以多种语言生成代码。C++ 就是其中之一，它允许直接从源代码生成 UML 类图。另一个可以做到这一点的工具是 Visual Paradigm。

3.8.3　从代码生成 API 文档

为了帮助其他人阅读现有代码并使用你提供的 API，一个好办法是提供从代码注释生成的文档。在这样的文档中，内容描述就在对应的函数和数据类型旁边，没有比这更好的位置了，这在很大程度上有助于保持它们的同步。

编写此类文档的标准工具是 Doxygen。它的优点是速度很快（尤其是对于大型项目和 HTML 文档生成），生成器有一些内置的正确性检查机制（例如，用于函数中部分文档化的参数——使用一个状态标记检查文档是否仍然是最新的），它允许类和文件层次结构的导航。它的缺点包括不能进行全文搜索以及 PDF 生成得不太理想，而且有人可能会觉得它的界面很麻烦。

幸运的是，易用性缺陷可以通过另一个流行的文档工具来补救。如果你读过 Python 文档，你可能会偶然发现 Sphinx。它有新的外观和可用的界面，并使用 reStructuredText 作为标记语言。好消息是，这两者之间有一座“桥梁”，让你可以使用 Doxygen 生成的 XML 并在 Sphinx 中使用它。这个桥接软件叫作 Breathe。

现在，我们来看如何在项目中设置它。假设我们的源代码保存在 src 中，公共头文件保存在 include 中，文档保存在 doc 中。首先，我们创建一个 CMakeLists.txt 文件：

```
cmake_minimum_required(VERSION 3.10)

project("Breathe Demo" VERSION 0.0.1 LANGUAGES CXX)

list(APPEND CMAKE_MODULE_PATH "${CMAKE_CURRENT_LIST_DIR}/cmake")
add_subdirectory(src)
add_subdirectory(doc)
```

我们对项目支持的 CMake 版本设置了要求，指定了它的名称、版本和使用的语言（在我们的例子中，指 C++），并将 cmake 目录添加到 CMake 的路径中。

在 cmake 子目录中，我们将创建一个文件，即 FindSphinx.cmake，我们将使用它，因为 Sphinx 没有提供现成的：

```
find_program(
  SPHINX_EXECUTABLE
  NAMES sphinx-build
  DOC "Path to sphinx-build executable")

# handle REQUIRED and QUIET arguments, set SPHINX_FOUND variable
include(FindPackageHandleStandardArgs)
find_package_handle_standard_args(
  Sphinx "Unable to locate sphinx-build executable" SPHINX_EXECUTABLE)
```

现在，CMake 将寻找 Sphinx 构建工具，找到后将设置适当的 CMake 变量来标记找到的 Sphinx 包。接下来，我们创建源代码来生成文档。先从 include/breathe_demo/demo.h 文件开始：

```
#pragma once

// the @file annotation is needed for Doxygen to document the free
// functions in this file
/**
 * @file
 * @brief The main entry points of our demo
 */

/**
 * A unit of performable work
 */
struct Payload {
  /**
   * The actual amount of work to perform
   */
  int amount;
```

```
};

/**
   @brief Performs really important work
   @param payload the descriptor of work to be performed
 */
void perform_work(struct Payload payload);
```

注意注释语法。Doxygen 在解析头文件时识别这些注释，这样 Doxygen 就知道要在生成的文档中放入什么内容了。

现在，我们为头文件添加一个相应的 src/demo.cpp 实现：

```
#include "breathe_demo/demo.h"

#include <chrono>
#include <thread>

void perform_work(Payload payload) {
  std::this_thread::sleep_for(std::chrono::seconds(payload.amount));
}
```

这里没有 Doxygen 注释。我们更喜欢在头文件中记录类型和函数，因为它们是库的接口。源文件只是实现，它们不会向接口添加任何新内容。

除了前面的文件，我们还需要在 src 中放入一个简单的 CMakeLists.txt 文件：

```
add_library(BreatheDemo demo.cpp)
target_include_directories(BreatheDemo PUBLIC
  ${PROJECT_SOURCE_DIR}/include)
target_compile_features(BreatheDemo PUBLIC cxx_std_11)
```

在这里，我们指定源文件、带有头文件的目录以及编译所需的 C++ 标准。

现在，我们移动到 doc 文件夹，在那里会有魔术发生。它的 CMakeLists.txt 文件首先检查确定 Doxygen 是否可用，如果可用，则跳过生成步骤：

```
find_package(Doxygen)
if (NOT DOXYGEN_FOUND)
  return()
endif()
```

如果没有安装 Doxygen，我们将直接跳过文档生成步骤。还请注意 return() 调用，它将退出当前的 CMake 列表文件，这是一个不那么广为人知，但仍然有用的技巧。

接下来，假设找到了 Doxygen，我们需要设置一些变量来引导文档生成。我们只需要 Breathe 的 XML 输出，所以我们设置以下变量：

```
set(DOXYGEN_GENERATE_HTML NO)
set(DOXYGEN_GENERATE_XML YES)
```

要强制使用相对路径，请使用 set(DOXYGEN_STRIP_FROM_PATH ${PROJECT_SOURCE_DIR}/include)。如果有任何实现细节要隐藏，可以使用 set(DOXYGEN_EXCLUDE_PATTERNS "*/detail/*")。既然已经设置了所有的变量，现在我们来生成文档：

```
# Note: Use doxygen_add_docs(doxygen-doc ALL ...) if you want your
# documentation to be created by default each time you build. Without the #
keyword you need to explicitly invoke building of the 'doc' target.
doxygen_add_docs(doxygen-doc ${PROJECT_SOURCE_DIR}/include COMMENT
                 "Generating API documentation with Doxygen")
```

在这里，我们调用一个专门为使用 Doxygen 而编写的 CMake 函数。我们定义了目标 doxygen-doc，我们需要明确地调用它来按需生成文档，就像注释中说的那样。

现在，我们需要创建一个 Breathe 目标来消费 Doxygen 生成的东西。我们可以使用 FindSphinx 模块来实现：

```
find_package(Sphinx REQUIRED)
configure_file(${CMAKE_CURRENT_SOURCE_DIR}/conf.py.in
               ${CMAKE_CURRENT_BINARY_DIR}/conf.py @ONLY)
add_custom_target(
  sphinx-doc ALL
  COMMAND ${SPHINX_EXECUTABLE} -b html -c ${CMAKE_CURRENT_BINARY_DIR}
          ${CMAKE_CURRENT_SOURCE_DIR} ${CMAKE_CURRENT_BINARY_DIR}
  WORKING_DIRECTORY ${CMAKE_CURRENT_BINARY_DIR}
  COMMENT "Generating API documentation with Sphinx"
  VERBATIM)
```

首先，我们调用模块。然后，我们用项目中的变量填充 Python 配置文件，供 Sphinx 使用。我们创建了一个目标 sphinx-doc，它将生成 HTML 文件，并输出一行信息。

最后，我们强制 CMake 在每次生成 Sphinx 文档时调用 Doxygen：add_dependencies (sphinx-doc doxygen-doc)。

如果希望文档有更多的目标，那么引入一些处理与文档相关的目标的 CMake 函数可能会很有用。

现在，我们来看 conf.py.in 文件里面的什么发挥了这样的作用。我们创建它，并让 Sphinx 指向 Breathe：

```
extensions = [ "breathe", "m2r2" ]
breathe_projects = { "BreatheDemo": "@CMAKE_CURRENT_BINARY_DIR@/xml" }
breathe_default_project = "BreatheDemo"

project = "Breathe Demo"
author = "Breathe Demo Authors"
copyright = "2021, Breathe Demo Authors"
version = "@PROJECT_VERSION@"
release = "@PROJECT_VERSION@"

html_theme = 'sphinx_rtd_theme'
```

正如从前面的清单中看到的，我们设置了 Sphinx 的扩展名称、记录的项目名称，以及其他一些相关的变量。注意 @...@，它将被适当的 CMake 变量值替换，以填充输出文件。最后，我们告诉 Sphinx 使用 ReadTheDocs 主题（sphinx_rtd_theme）。

最后一个部分是 reStructuredText 文件，它定义了文档中应包含的内容。首先，我们创建 index.rst 文件，它包含一个目录和一些链接：

```
Breathe Demo
============

Welcome to the Breathe Demo documentation!

.. toctree::
 :maxdepth: 2
 :caption: Contents:

Introduction <self>
 readme
 api_reference
```

第一个链接指向这个页面，所以我们可以从其他页面返回到它。我们将 Introduction 显示为标签。其他名称指向扩展名为 .rst 的其他文件。由于我们包含了 M2R2 Sphinx 扩展，因此我们可以在文档中包含 README.md 文件，这可以减少一些复制操作。readme.rst 文件的内容只有 .. mdinclude:: ../README.md。最后，合并 Doxygen 的输出，这在 api_reference.rst 文件中使用以下命令来完成：

```
API Reference
=============

.. doxygenindex::
```

所以，我们只是按照自己喜欢的方式命名了参考页面，并指定在这里列出 Doxygen 生成的文档，仅此而已！只要构建了 sphinx-doc 的目标，就会得到图 3.9 所示的页面。

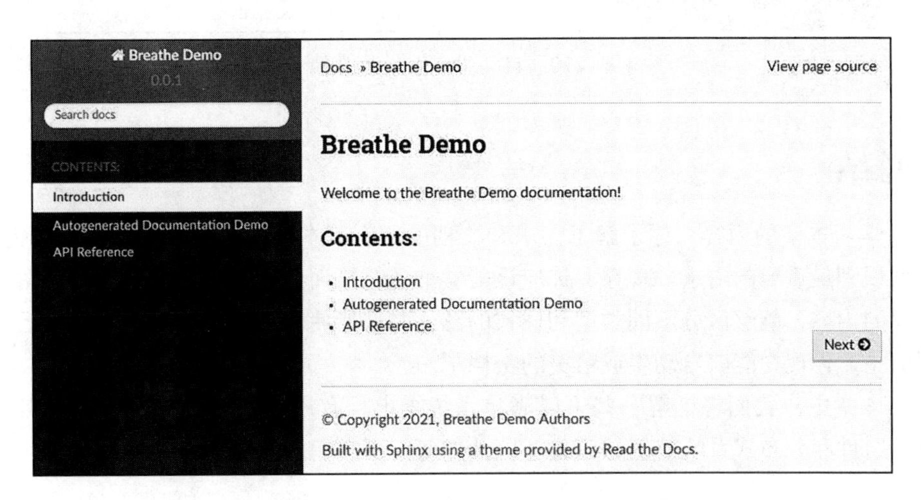

图 3.9　文档的主页面，它合并了生成的和手动编写的部分

当我们查看 API 文档页面时，它应该是图 3.10 这样的。

正如你所看到的，Payload 类型及其每个成员，以及全局 perform_work 函数（包括它的每个参数）自动生成了文档内容，并根据定义它们的文件进行了分组。

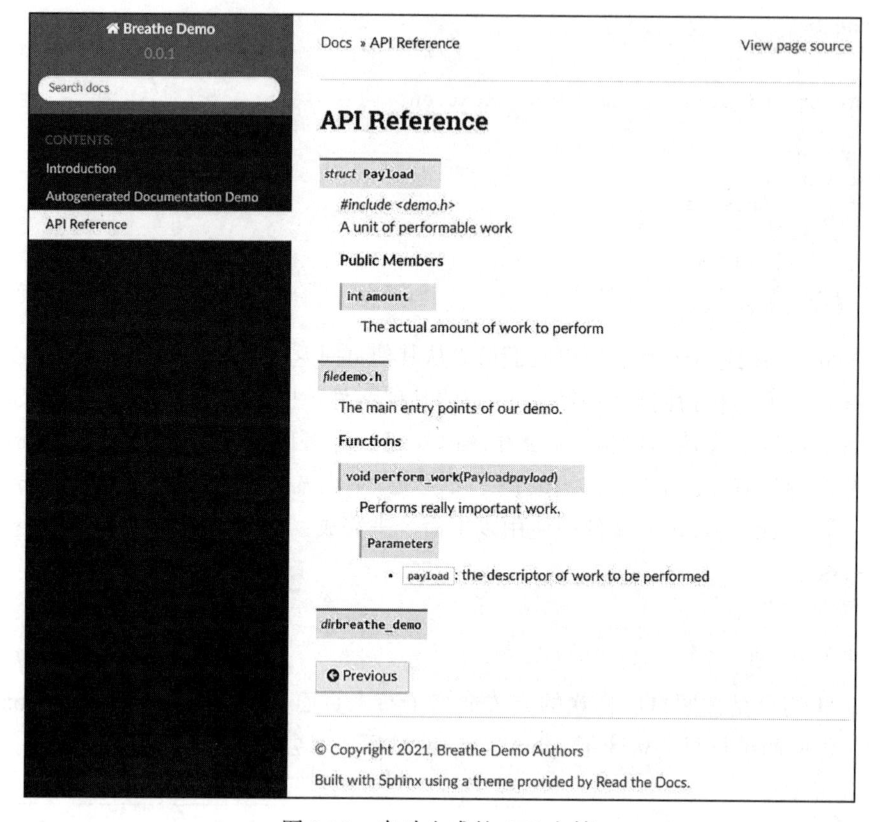

图 3.10 自动生成的 API 文档

3.9 总结

通过学习本章的内容，你了解了需求和文档的所有基本要素，也学会了如何收集需求，以及如何识别最重要的需求。现在，你应该能够准备精简而有用的文档，以面向视图的方式包含重要的内容，能够区分不同类型和样式的图，并选择使用最合适的图类型。最后，但也很重要的是，你现在能够自动生成精美的文档了。

在第 4 章中，我们将了解一些可以满足系统需求且有用的架构设计模式。我们会讨论用于单一组件和分布式系统的各种模式，以及如何应用它们来提供重要的质量属性。

问题

1. 什么是质量属性？
2. 收集需求时有哪些来源？
3. 如何判断需求对架构而言是否重要？

4. 开发视图文档在何时有用?
5. 如何自动检查代码的 API 文档是否已经过期?
6. 如何在图上标记给定的操作由系统的不同组件处理?

进一步阅读

- *Evaluate the Software Architecture using ATAM,* JC Olamendy, blog post: https://johnolamendy.wordpress.com/2011/08/12/evaluate-the-software-architecture-using-atam/
- **EARS**: *The Easy Approach to Requirements Syntax,* John Terzakis, Intel Corporation, conference talk from the ICCGI conference: https://www.iaria.org/conferences2013/filesICCGI13/ICCGI_2013_Tutorial_Terzakis.pdf
- Eoin Woods and Nick Rozanski, *Software Systems Architecture: Working With Stakeholders Using Viewpoints and Perspectives*

第二部分 Part 2

C++ 软件的设计和开发

这一部分介绍使用 C++ 设计有效的软件解决方案的技术，演示在设计、开发和编写 C++ 代码时应对常见的挑战并避开陷阱的技术。这些技术既来自 C++ 语言本身，也来自设计模式、工具和构建系统。

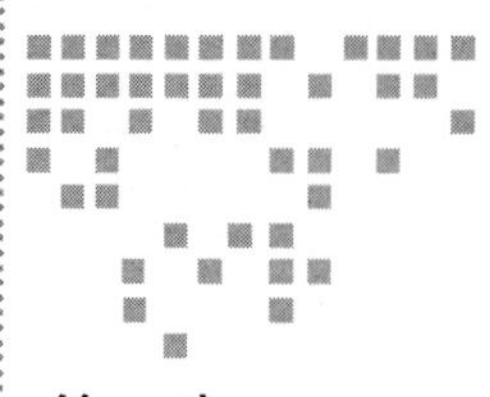

Chapter 4 第4章

架构与系统设计

模式可以帮助我们处理复杂性。在单个软件组件上，可以使用软件模式，如著名的GoF的书中提到的模式。当我们往上一层开始关注不同组件之间的架构时，了解何时以及如何应用架构模式将大有帮助。

有无数种对不同场景有用的模式。事实上，要想了解所有这些模式，需要读不止一本书。话虽如此，我们为本书选择了几个适合实现各种架构目标的模式。

本章将介绍一些与架构设计相关的概念和常见谬论。我们将展示何时使用这些模式，以及如何设计易于部署的高质量组件。

本章结束时，你将了解如何设计架构以实现几个重要的质量属性，如容错性、可伸缩性和可部署性。在此之前，我们先了解一下分布式架构的两个固有方面。

4.1 技术要求

本章中的代码需要以下工具来构建和运行：

- Docker。
- Docker Compose。

本章中的源代码地址为 https://github.com/PacktPublishing/Software-Architecture-with-Cpp/tree/master/Chapter04。

4.2 分布式系统的特性

软件系统有许多类型，每一种适合不同的场景，为不同的需求而构建，并使用不同的假设。编写和部署经典的独立桌面应用程序完全不同于编写和部署需要通过网络与其他组件通信的微服务系统。

本节将详细介绍可以用于部署软件的各种模型、人们在创建分布式系统时应该避免的常见错误，以及人们在成功创建这些系统时需要做的一些妥协。

4.2.1　不同的服务模型以及何时使用它们

首先，我们从服务模型开始。在设计大系统时，你需要决定管理多少基础设施，而不是在现有的模块上构建多少基础设施。有时，你可能想利用现有的软件，而不想手动部署应用程序或备份数据，例如，通过谷歌云盘（Google Drive）的 API 将其作为应用程序的存储盘。其他时候，你可以依赖现有的云平台（如谷歌的 App Engine）来部署解决方案，而不需要担心能否提供语言运行时或数据库。如果你决定以自己的方式部署，那么你既可以利用云厂商提供的基础设施，也可以使用自己公司的基础设施。

下面我们将讨论不同的模型以及每个模型的适用场合。

1. 本地部署模型

经典的方法，也是云时代之前唯一可用的方法，就是将一切部署在本地。这需要购买所有需要的硬件和软件，并确保提供足够的容量。对于初创公司，这可能是一项很大的前期成本。随着用户群的增长，你需要购买并配置更多的资源，这样服务才能应对偶尔出现的负载高峰。所有这些都意味着你需要预测解决方案的增长情况并提前行动，因为你不可能根据当前负载自动扩 / 缩容。

即使在云时代，本地部署仍然很有用，而且经常会碰到。有时，你处理的数据因为数据隐私或合规问题不应该或不允许离开你的公司。其他时候，你需要尽可能减少延迟，这可能需要有自己的数据中心。有时，你可能会计算成本，并判断本地部署是否比云解决方案更便宜。最后，但也很重要的是，公司可能已经有一个可以使用的数据中心了。

本地部署并不意味着你需要一个单体系统。通常，公司会在本地部署自己的私有云，这有助于更好地利用可用的基础设施，从而降低成本。此外，还可以将私有云解决方案与其他服务模型混合使用，当你时不时需要额外的容量时，这可能非常有用。这被称为**混合部署**（hybrid deployment），所有主流的云厂商都提供这种方式，OpenStack 的 Omni 项目也支持这种部署方式。

2. 基础设施即服务模型

说到其他模型，最基本的云服务模型就是基础设施即服务（Infrastructure as a Service，IaaS）。它也是最类似本地部署的方法：可以将 IaaS 看作拥有虚拟数据中心的一种方式。顾名思义，云厂商为你提供了它们托管的基础设施的一部分，其中包括三种类型的资源：

- 计算资源，如虚拟机、容器或裸金属计算机（不包括操作系统）。
- 网络资源，除了网络本身之外，还包括 DNS 服务器、路由和防火墙。

- ❑ 存储功能，包括备份和恢复功能。

你需要提供所有的软件：操作系统、中间件和应用程序。

IaaS 可以用于各种场景，从托管网站（可能比传统的虚拟主机更便宜）到存储（例如，Amazon 的 S3 和 Glacier 服务），再到高性能计算和大数据分析（需要巨大的计算能力）。一些公司在需要时使用它来快速配置和清理测试与开发环境。

使用 IaaS 而不是本地基础设施可以低成本地测试新想法，同时节省了配置所需的时间。

如果服务会遇到负载高峰，比如在周末，你可能想利用云的自动扩容功能——在需要时进行扩容，之后进行缩容以省钱。

所有主流的云服务供应商都提供 IaaS 解决方案。

有一个类似的概念，它有时被视为 IaaS 的一个子集，即**容器即服务**（Containers as a Service，CaaS）。CaaS 提供了容器和编排功能，你可以使用它们来构建自己的容器集群，而不是裸金属系统和虚拟机。CaaS 产品可以通过谷歌云平台和 AWS 等云厂商获取。

3. 平台即服务模型

如果基础设施本身不足以满足需求，则可以使用平台即服务（Platform as a Service，PaaS）模型。在这个模型中，云服务供应商不仅管理基础设施（就像在 IaaS 中一样），而且还管理操作系统、所需的中间件和运行时（将部署软件的平台）。

通常，PaaS 解决方案将提供应用程序版本控制、服务监控和发现、数据库管理、商务智能等功能，甚至提供开发工具。

PaaS 可以涵盖整个开发流程：从构建和测试到部署、更新、管理服务。然而，PaaS 解决方案比 IaaS 产品更昂贵。但另一方面，由于提供了整个平台，因此可以减少开发部分软件的成本和时间，能够轻松地为分散在全球各地的开发团队提供相同的设置。

所有主流云服务供应商都有自己的 PaaS 产品，例如，Google App Engine 或 Azure App Service。也有一些其他独立的产品，比如 Heroku。

除了更通用的 PaaS 之外，还有**通信平台即服务**（Communications Platform as a Service，CPaaS），它可以提供整个通信后端，包括音频和视频，它可以集成到解决方案中。这项技术可以让你轻松地提供带有视频支持的帮助台，或者将实时聊天功能集成到应用程序中。

4. 软件即服务模型

有时，你可能不想自己开发，只想使用现有的软件组件。软件即服务（Software as a Service，SaaS）基本上为你提供了一个托管的应用程序。对于 SaaS，你不需要担心基础设施或基础平台，甚至不需要担心软件本身。供应商负责安装、运行、更新和维护整个软件栈，以及备份、授权和扩容。

在 SaaS 模型中，你可以得到相当多的软件，例如从 Office 365 和 Google Docs 等办公套件到 Slack 等通信软件，再到**客户关系管理**（Customer Relationship Management，CRM）系统，甚至云游戏服务等游戏解决方案——允许你玩托管在云上的消耗大量计算资源的视频游戏。

通常，要访问这些服务，只需要一个浏览器，所以这可能是为员工提供远程工作功能的重要一步。

你可以创建自己的 SaaS 应用程序，并根据偏好部署它们，或通过 AWS Marketplace 等方式将它们提供给用户。

5. 功能即服务模型和无服务器架构

随着原生云的出现，出现了另一个越来越流行的模型，即**功能即服务**（Function as a Service，FaaS）。如果你想实现无服务器架构，这将会很有帮助。使用 FaaS，你可以获得一个平台（类似于 PaaS），你可以在其上运行较短生命周期的应用程序。

对于 PaaS，通常总是需要至少运行一个服务实例，而在 FaaS 中，只有在实际需要时才能运行它们。运行功能可能使处理请求的时间变长（以秒为单位，毕竟还需要启动功能）。但是，可以缓存其中一些请求，以减少延迟和成本。说到成本，如果长时间运行，FaaS 可能比 PaaS 贵得多，所以在设计系统时必须进行成本计算。

如果使用得当，FaaS 将从开发人员那里抽象出服务器，以降低成本并提供更好的可伸缩性，因为它可以基于事件而不是资源。该模型通常用于运行预先计划或手动触发的任务，处理批数据或流数据，以及处理传入的不那么紧急的请求。主流的 FaaS 供应商包括 AWS Lambda、Azure Functions 和 Google Cloud Functions。

我们已经介绍了云上的常见服务模型，现在我们来讨论一下在设计分布式系统时较常见的一些错误假设。

4.2.2 避免分布式计算的错误假设

刚接触分布式计算的人开始设计这样的系统时，往往会忽略这些系统的某几个方面。尽管这种现象早在 20 世纪 90 年代就被注意到了，但至今仍很普遍。

这些错误假设将在下面的小节中进行讨论。我们来快速介绍一下。

1. 网络是可靠的

网络设备是为长达多年的无错误运行而设计的。尽管如此，从断电到糟糕的无线网络信号、配置错误、有人被电缆绊倒，甚至动物咬电线，许多事情仍然会导致数据包丢失。例如，谷歌不得不用凯夫拉尔（Kevlar）纤维来保护它们的水下电缆，因为它们总是被鲨鱼咬（这是真的）。你应该始终假设数据可能会在网络上的某个地方丢失。即使这种情况没有发生，线路的另一边仍然可能出现软件问题。

要避免此类问题，请确保有自动重试失败请求的策略，以及处理常见网络问题的方法。在重试时，尽量不要让接收方超载，也不要多次提交同一事务。可以使用消息队列来存储和重试请求。

本章后面展示的熔断器等模式也会有所帮助。一定不要无限地等待，无限等待会让每个失败的请求都占用资源。

2. 延迟为零

即使在正常情况下，正在运行的网络和服务也需要一些时间来响应。偶尔，它们会需要更长的时间，特别是在比平均负载更大的负载下。有时，请求可能需要几秒，而不是几毫秒。

尝试设计你的系统，使它不会等待太多细粒度的远程调用，因为太多这样的调用会增加总处理时间。即使在本地网络中，对 1 条记录的 10 000 次请求也会比对 10 000 条记录的一次请求要慢得多。为了减少网络延迟，请考虑批量发送和处理请求。还可以尝试在等待调用结果时执行其他处理任务，以隐藏调用成本。

处理延迟的其他方法包括引入缓存，在发布者 – 订阅者模型中推送数据（而不是等待请求），或者就近部署，例如，通过**内容交付网络**（Content Delivery Network，CDN）。

3. 带宽是无限的

向架构中添加新服务时，一定要注意它将使用的流量。有时，你可能希望通过压缩数据或引入限制策略来减少带宽。

这种错误假设也与移动设备有关。如果信号较弱，网络往往会成为瓶颈。这意味着移动应用程序使用的数据量通常应该保持在较低的水平。使用 2.6 节描述的服务于前端的后端模式通常可以帮助节省宝贵的带宽。

如果后端需要在某些组件之间传输大量数据，请尽量确保这些组件紧密相连：不要在不同的数据中心运行它们。对于数据库，通常归结为更好的复制（replication）。像 CQRS（本章后面将讨论）这样的模式也很方便。

4. 网络是安全的

这是一个危险的错误假设。链条上最薄弱的链接点决定了它的强度，不幸的是，分布式系统中有许多链接点。这里有一些方法可以使这些链接点更强：

- 确保始终将安全补丁应用于使用的每个组件、基础设施、操作系统和其他组件。
- 培训员工，努力保护系统不受人为因素的影响，有时，失职员工会危及系统。
- 只要系统在线，就会受到攻击，而且有可能一度被成功入侵。一定要有一个关于如何应对此类事件的书面计划。
- 采用纵深防御原则，这可以归结为对系统的不同部分（基础设施、应用程序等）进行不同的检查，这样当一个部分出现漏洞时，它的影响范围和相关的损失将是有限的。
- 使用防火墙、证书、加密措施和适当的身份验证。

有关安全性的更多信息，请参考第 10 章。

5. 网络拓扑结构不会改变

这一点在微服务时代尤其值得关注。自动扩 / 缩容和“牛（Cattle）而不是宠物（Pets）”

等管理基础设施的方法的出现意味着网络拓扑结构将不断变化，这可能会影响延迟和带宽，所以这个错误假设的一些结果与前面描述的相同。

幸运的是，上面提到的方法（“牛而不是宠物”）还提供了关于如何有效管理服务器集群的指导方针。依赖主机名和 DNS 而不是硬编码的 IP 地址是朝着正确方向迈出的一步，而本书后面描述的服务发现则是另一步。第三步（更大的一步）是，总是假设实例可能会失败，并自动对此类场景做出反应。Netflix 公司的 Chaos Monkey 工具可以帮助进行这方面的测试。

6. 只有一个管理员

关于分布式系统的知识，由于其特点，往往也是分布式的。由不同的人员负责此类系统及其基础设施的开发、配置、部署和管理。不同的组件通常会由不同的人进行升级，且不一定是同步的。还有一个所谓的公共汽车因素，简而言之，它是指关键的项目成员被公共汽车撞到引发的风险因素。

我们该如何处理这一切呢？答案包括几个部分。其中之一是 DevOps 文化。通过促进开发团队和运维团队之间的密切协作，人们分享关于系统的知识，从而减少公共汽车风险因素。引入持续交付机制可以帮助升级项目并使之始终维持更新的状态。

尝试将系统建模为松耦合和向后兼容的，这样升级某些组件时就不需要升级其他组件。解耦的一种简单方法是在它们之间引入消息传递机制，因此可以考虑添加一两个消息队列。它将帮助你减少升级期间的停机时间。

最后，尝试监控系统并集中收集日志。系统的去中心化并不意味着需要手动查看几十种不同机器上的日志。ELK（Elasticsearch，Logstash，Kibana）技术栈是非常有价值的。Grafana、Prometheus、Loki 和 Jaeger 也很受欢迎，尤其是在 Kubernetes 中。如果你正在寻找比 Logstash 更轻量级的东西，请考虑 Fluentd 和 Filebeat，特别是在使用容器时。

7. 传输成本为零

这种错误假设对规划项目和预算很重要。为分布式系统构建和维护网络需要花费时间和金钱，无论你是在本地部署还是在云上部署——这只是何时支付成本的问题。试着估计设备的成本、要传输的数据（云厂商为此收费）和所需的人力。

如果要压缩数据，要注意的是，虽然压缩数据可以降低网络成本，但它可能会增加计算成本。一般来说，使用基于 gRPC 的二进制 API 比基于 JSON 的 API 更便宜（也更快），而两者都比 XML 便宜。如果要发送图像、音频或视频，就必须估计其成本。

8. 网络是同构的

即使自己做硬件和网络软件的规划，最终也会有部分异构的配置。在某些机器上略有不同的配置，需要集成的旧系统使用不同的通信协议，向系统发送请求的移动电话各不相同，这些只是这方面的几个例子。另一种情况是通过在云上使用服务来扩展本地解决方案。

尽量限制所使用的协议的数量和格式，努力使用标准的协议并避免锁定供应商，以确保系统仍然能够在这种异构环境中正确地进行通信。异构性也可能意味着弹性方面的差异。尝试使用熔断器模式以及重试来处理这个问题。

现在我们已经讨论了所有的错误假设，接着我们来讨论分布式架构的另一个非常重要的方面。

4.2.3 CAP 定理和最终的一致性

要成功设计跨越多个节点的系统，你需要了解并使用某些原则。其中之一是 **CAP 定理**。这是设计分布式系统时需要做出的最重要的选择之一，它的名字来源于分布式系统应具有的三个属性。具体如下：

- **一致性**（Consistency）：每次读取时都会在最近一次写入（或出现错误）之后获取数据。
- **可用性**（Availability）：每个请求都将得到一个非错误的响应（但不保证获得最新的数据）。
- **分区容错性**（Partition tolerance）：即使在两个节点之间发生网络故障，整个系统也将继续工作。

本质上，该定理指出，分布式系统最多可以满足这三个属性中的两个。

只要系统能正常运行，看起来这三个属性都可以得到满足。然而，我们从前述的错误假设中知道，网络是不可靠的，所以需要进行分区。在这种情况下，分布式系统仍然应该正常运行。这意味着该定理实际上让你在提供一致性和分区容错性（即 CP）或可用性和分区容错性（即 AP）之间做出选择。通常，后者（AP）是更好的选择。如果要选择 CA，则必须完全删除该网络，只保留一个单节点系统。

如果在某个分区下，你决定提供一致性，则在等待数据一致时，必须返回一个错误或者冒超时的风险。如果选择可用性而不是一致性，则有返回过期数据的风险——最新写入的数据可能无法在分区间传播。

这两种方式适合不同的需求。例如，如果系统需要原子读写能力，因为客户可能会有金钱上的损失，那么请使用 CP。如果系统必须在分区下保持运转，或者允许最终的一致性，请使用 AP。

但最终的一致性是什么呢？我们通过讨论不同层次的一致性来理解这一点。

在提供强一致性的系统中，每次写入都是同步传播的，这意味着所有的读取操作都将始终看到最新的写入结果，即使以更高的延迟或更低的可用性为代价。这是关系型 DBMSes 提供的类型（基于 ACID 保证），适合需要进行事务处理的系统。

在提供最终一致性的系统中，你只保证在写入之后，读取操作最终会看到变化。通常，“最终”意味着在几毫秒内。这是由于此类系统中的数据复制的异步特性，而不是上一段中提到的同步传播。例如，使用 RDBMS 并不提供 ACID 保证，因而我们使用 BASE 语义，该语义通常由 NoSQL 数据库提供。

要使系统异步并实现最终一致性（AP 系统通常是这样的），就需要有一种解决状态冲突的方法。一种常见的方法是在实例之间交换更新，并选择接受第一个或最后一个写入操作。

现在，我们来讨论两个有助于实现最终一致性的模式。

saga 和补偿事务

当需要执行分布式事务时，saga 模式非常有用。

在微服务时代之前，如果你有一台主机和一个数据库，那么你可以依赖数据库引擎来完成事务。如果一台主机上有多个数据库，则可以使用**两阶段提交**（Two-Phase Commit，2PC）方式来实现这一点。使用 2PC 时，将有一个协调员，它将首先告诉所有数据库进行准备，一旦数据库都报告准备好了，它就会告诉所有数据库提交事务。

现在，每个微服务都可能有自己的数据库（如果想要保证可伸缩性的话，就应该有），它们分布在基础设施的各处，你无法再依赖简单的事务和 2PC（失去这种能力通常意味着不再想要 RDBMS，因为 NoSQL 数据库更快）。

相反，你可以使用 saga 模式。我们用一个例子来演示它。

想象一下，你想创建一个在线仓库，跟踪它的供货量，并允许通过信用卡支付。要处理订单，除了其他服务外，还需要三个服务：一个用于处理订单，一个用于供货，一个用于刷卡收费。

现在，实现 saga 模式有两种方式：基于编舞（也称为基于事件）和基于编排（也称为基于命令）。

在基于编舞的 saga（choreography-based saga）这种情况下，saga 的第一部分将是订单（处理）服务向供货服务发送一个事件。订单服务接着将另一个事件发送到支付服务。然后，支付服务将把一个事件发送回订单服务。这将完成交易（saga），现在可以愉快地发货了。

如果订单服务想要跟踪事务的状态，只需要侦听所有这些事件即可。

当然，有时订单可能无法完成，需要进行回滚。在这种情况下，saga 的每个步骤都需要单独仔细地回滚，因为其他事务可以并行运行，例如，修改供货状态。这种回滚被称为**补偿事务**。

这种实现 saga 模式的方式非常简单，但是如果所涉及的服务之间存在许多依赖关系，那么最好使用编排（orchestration）方法。说到这里，现在我们来说说第二种 saga 方法：基于编排的 saga。

在基于编排的 saga 这种情况下，我们将需要一个消息代理来处理服务之间的通信，以及一个可以协调 saga 的编排器。订单服务将向编排器发送一个请求，然后编排器将同时向供货服务和支付服务发送命令。每个服务都将尽自己的职责，通过消息代理的可用回复通道将回复消息发送回编排器。

在这个场景中，编排器拥有编排事务所需的所有逻辑，而服务本身不需要知道参与这个 saga 的任何其他服务。

如果编排器发送消息说其中一个服务失败了，例如，信用卡已过期，就需要启动回滚。在我们的例子中，它将再次使用消息代理向特定服务发送一个适当的回滚命令。

现在，关于最终一致性的介绍足够充分了。让我们切换到其他与可用性相关的主题吧！

4.3 系统容错性和可用性

可用性和容错性是对每个架构都很重要的软件质量属性。如果无法访问系统，那么创建软件系统又有什么意义呢？本节将介绍这些术语的确切含义，以及解决方案中涉及它们的相关技术。

4.3.1 计算系统的可用性

可用性是系统能够启动、功能正常和可访问的时间百分比。影响系统响应的崩溃、网络故障或过高的负载（例如，DDoS 攻击）都会影响其可用性。

通常，争取尽可能高的可用性是一个好主意。你可能会时不时碰到“计算 9 的个数”这个术语，因为可用性通常被指定为 99%（2 个 9）、99.9%（3 个 9），以此类推。每增加 1 个 9 都很难，所以在做出承诺时要谨慎。参考表 4.1，看看如果以月为维度指定可用性，你能承受多少停机时间。

表 4.1 可用性与停机时间

每月停机时间	正常运行时间的比例（即可用性）
7h18min	99%（“2 个 9”）
43min48s	99.9%（“3 个 9”）
4min22.8s	99.99%（“4 个 9”）
26.28s	99.999%（“5 个 9”）
2.628s	99.9999%（“6 个 9”）
262.8ms	99.99999%（“7 个 9”）
26.28ms	99.999999%（“8 个 9”）
2.628ms	99.9999999%（“9 个 9”）

云应用程序的一种常见做法是提供一个**服务水平协议**（Service-Level Agreement，SLA），该协议指定了每个给定的时间段（例如，一年）可以有多少停机时间。系统云服务的 SLA 将在很大程度上取决于其构建所依赖的其他云服务的 SLA。

要计算需要合作的两个服务之间的复合可用性，只需乘以它们的正常运行时间比例。这意味着，如果两个服务均可提供 99.99% 的可用性，那么它们的复合可用性为 99.99% × 99.99%=99.98%。要计算冗余服务（如两个独立分区）的可用性，应该将它们的不可用性相乘。例如，如果两个分区均有 99.99% 的可用性，它们总的不可用性将为（100%–99.99%）×（100%–99.99%）= 0.01% × 0.01% = 0.0001%，因此它们的复合可用性为 99.9999%。

不幸的是，它不可能提供 100% 的可用性。故障确实会不时地发生，所以我们来学习一下如何设计容错的系统。

4.3.2　构建容错系统

容错是指系统检测故障并优雅地处理它们的能力。由于云的性质，许多东西可能会突然消失，所以基于云的服务必须具有弹性（resilient）。良好的容错能力可以帮助提高服务的可用性。

不同类型的问题需要不同的处理方式：从预防到检测，再到最小化影响。我们从避免出现单点故障的常见方法开始介绍。

1. 冗余

最基本的预防措施之一是引入冗余（redundancy）。类似于为汽车准备一个备用轮胎，当主服务器崩溃时，可由备份服务器接管服务。这种介入也被称为**故障转移**（failover）。

备份服务器如何知道何时介入？一种实现方法是使用 4.3.3 节中描述的心跳机制。

为了更快地切换，可以将发送给主服务器的所有消息也发送到备份服务器，这被称为**热备份**（hot standby），它不同于冷备份——从零初始化。在这种情况下，一个好主意是备份服务器落后主服务器一条消息，这样，如果一个有害的（poisoned）消息“杀死”了主服务器，备份服务器可以直接拒绝它。

前面的机制称为**主动 – 被动**（或**主 – 从**）故障转移，因为备份服务器不处理传入的流量。如果处理的话，就属于**主动 – 主动**（或**主 – 主**）故障转移。有关主动 – 主动架构的更多信息，请参阅“进一步阅读”部分中的最后一条。

要确保在发生故障转移时不会丢失任何数据。使用带有存储备份的消息队列可能有助于解决此问题。

领袖选举

对于这两个服务器来说，知道哪个服务器是哪个也很重要——如果两者都开始作为主服务器运行，那么很可能会遇到麻烦。选择主服务器被称为领袖选举（leader election）模式。有几种方法可以做到这一点，例如，通过引入第三方仲裁，通过竞争获得共享资源的独占权，通过选择排名最低的实例，或者通过使用霸道选举（bully election）或令牌环选举等算法。

领袖选举也是下一个相关概念（共识）的一个重要组成部分。

共识

如果你希望系统即使在发生网络分区或某些服务体验故障的情况下也能运行，就需要一种方法来让服务实例达成共识（consensus）。它们必须同意遵从某些规则，以及按照某些顺序。一个简单的方法是允许每个服务实例对正确的状态进行投票。然而，在某些情况下，这并不足以正确地达成共识。另一种方法是选举出一个领袖，让它传播规则。因为自己实现这样的算法并不容易，所以我们建议使用流行的经过行业验证的共识协议，如 Paxos 和 Raft。后者因为更简单、更容易理解而越来越受欢迎。

现在，我们来讨论另一种防止系统发生故障的方法。

2. 复制

这种方法在带数据库的服务中特别流行，它也有助于服务扩容。复制（replication）意味着将并行运行一些带重复数据的服务实例，所有实例都会处理收到的请求。

不要将复制和分片混淆。后者不存在任何数据冗余，但通常可以极大地提高并发性能。如果你使用的是 Postgres，建议尝试一下 Citus（https://www.citusdata.com）。

在数据库方面，有两种方法可以进行复制。

主 – 从复制

在主 – 从复制（master-slave replication）场景下，所有的服务器都能够执行只读操作，但只有主服务器可以写入。数据从主服务器复制到从服务器，采用一对多拓扑或树形拓扑结构。如果主服务器出现故障，系统仍然能够以只读模式运行，直到此故障被修复为止。

多主复制

多主复制（multi-master replication）系统是一种具有多个主服务器的系统。如果有两台服务器，则采用主 – 主复制方案。如果其中一台服务器离线，其他服务器仍然可以正常运行。不过，现在你要么需要同步写入操作，要么提供更宽松的一致性保证。此外，你还需要提供一个**负载均衡器**（load balancer）。

这种复制的例子包括微软的 Active Directory、OpenLDAP、Apache 的 CouchDB 或 Postgres-XL。

现在，我们讨论两种防止因过高负载而导致故障的方法。

3. 基于队列的负载均衡

此策略旨在降低系统负载中突然出现的峰值所造成的影响。过多的请求会淹没服务，可能导致性能问题、可靠性问题，甚至丢弃有效请求。这种情况下，队列就可以发挥作用了。

为了实现这个模式，只需要为异步传入的请求引入一个队列。你可以使用亚马逊的 SQS、Azure 的 Service Bus、Apache Kafka、ZeroMQ 或其他队列来实现。

现在，请求量不会出现尖峰，负载将被平均。我们的服务可以从队列中获取请求来进行处理，甚至不用知道负载是否增加。这样，事情就简单了。

如果队列性能良好，并且任务可以并行化，那么该模式的一个额外好处是具有更好的可伸缩性。

此外，如果服务不可用，这些请求仍将被添加到队列中，以便在服务恢复时进行处理，因此这也是提高可用性的一种方法。

如果请求出现的频率不高，那么可以考虑将服务实现为仅在队列中有内容时才运行的函数以节省成本。

请记住，当使用此模式时，总体延迟会随着队列长度的增加而增加。Apache Kafka 和 ZeroMQ 通常延迟较低，但如果对延迟的要求很高，还可以用另一种方法来处理增加的负载。

4. 反向压力

如果负载一直在高位，很可能无法处理更多的任务。如果请求量超过内存容量，可能会导致缓存缺失（cache miss）和缓存交换（cache swapping），以及请求丢失等问题。如果能预判到负载过高，那么施加反向压力（back pressure）可能是一个很好的处理方法。

从本质上说，反向压力意味着我们不会给服务施加更大的压力，而是会把压力推给调用者，让调用者处理。有几种不同的方法可以施加反向压力。

例如，一种方法是阻塞接收网络数据包的线程。然后，调用者会发现它无法将请求推送到服务上——我们反过来将压力推送到了上游。

另一种方法是识别更大的负载并简单地返回一个错误代码，如 503。你可以对架构进行建模，以便通过其他服务完成此操作。例如，可以使用 Envoy Proxy（https://envoyproxy.io）服务，它在许多其他场合也可以派上用场。

Envoy 可以根据预定义的配额施加反向压力，这样服务实际上永远不会超载。它还可以测量处理请求所需的时间，并且只在超过某个时间阈值时才施加反向压力。在许多其他情况下，Envoy 还可以返回各种错误代码。调用者还需要有一个计划，说明如果压力又回来了该怎么做。

我们已经知道了如何防止故障，下面介绍如何发现故障。

4.3.3 故障检测

正确地进行快速故障检测可以免去很多麻烦，而且能省钱。有多种方法可以检测针对不同需求的故障。我们来看一下如何选择吧。

1. 边车设计模式

既然我们讨论了 Envoy，值得说的是，这是边车设计模式（sidecar design pattern）的一个例子。这种模式在许多情况（而不仅仅是错误预防和检测）下都很有用，而 Envoy 就是一个很好的例子。

通常，该模式允许你向服务添加许多功能，而不需要编写额外代码。类似地，由于物理边车可以附加到摩托车上，软件边车也可以附加到服务上——在这两种情况下都扩展了所提供的功能。

边车如何帮助检测故障呢？首先，通过提供健康检查功能。当涉及被动健康检查时，Envoy 可以检测服务集群中的实例是否已经开始有问题。这被称为**异常值检测**（outlier detection）。

Envoy 可以查找连续的 5XX 错误代码、网关故障等。除了检测这些错误的实例之外，它还可以清除这些实例，从而使整个集群保持健康。

Envoy 还提供主动健康检查，这意味着它可以探测服务本身，而不是仅仅观察它对传入的流量的反应。

在本章中，我们将展示边车模式的一些其他用法，特别是 Envoy。现在，我们来讨论故障检测的下一个机制。

2. 心跳机制

心跳机制（heartbeat mechanism）是故障检测最常见的方法之一。心跳指在两个服务之间根据一定时间间隔（通常是几秒钟）发送的信号或消息。

如果连续几个心跳缺失，则接收服务可以认为发送服务已经“死亡”。对于前面几节中讲到的主服务器和备份服务器，可能会触发故障转移。

在实现心跳机制时，请确保它是可靠的。假警报很麻烦，因为服务可能会疑惑哪一个应该是新的主服务器。一个好主意可能是，单独为心跳信号提供一个端口，这样它就不会那么容易受到常规端口上流量的影响。

3. 漏桶计数器

另一种检测故障的方法是添加一个所谓的漏桶计数器（leaky bucket counter）。每出现一个错误，计数器就会增加 1，在达到某个阈值（桶已满）后，就会发出信号并处理故障。在一定的时间间隔内，计数器会减少（因此叫“漏桶”）。这样，只有在短时间内发生许多错误时才会将这种情况视为故障。

如果在你的场景中时常出现错误是常态，那么这个模式就会很有用，例如，处理网络问题时。现在我们知道了如何检测故障，接着我们来了解一下一旦发生错误该做什么。

4.3.4 减少故障的影响

检测正在发生的故障需要时间，而且需要更多宝贵的资源才能解决它。这就是为什么你应该尽量减少故障的影响。这里有一些有用的方法。

1. 重试调用

当应用程序调用另一个服务时，有时会失败。针对这种情况，最简单的补救办法就是重试这个调用。如果故障是短暂的，而你又不重试调用，那么该故障很可能会通过系统传播，造成更大的损害。实现自动重试此类调用的方法可以免去很多麻烦。

还记得边车代理 Envoy 吗？它可以帮你执行自动重试，避免对源代码进行任何更改。

例如，请看以下可以添加到 Envoy 路由中的重试策略的配置示例：

```
retry_policy:
  retry_on: "5xx"
  num_retries: 3
  per_try_timeout: 2s
```

如果服务器返回诸如503 HTTP错误代码之类的错误或可映射到5XX错误代码的gRPC错误，则将触发Envoy重试调用。它将会重试三次，每次如果不能在2s内完成，就会被视为失败。

2. 避免级联故障

我们提到，如果不重试，错误就会传播，导致整个系统的级联故障。现在，我们来介绍更多防止这种情况发生的方法。

熔断器

熔断器（circuit breaker）模式是一个非常有用的工具。它使我们能快速发现服务无法处理请求，从而导致对服务的调用可能“短路”。短路可以发生在靠近被调用者的地方（Envoy提供了这样的功能），也可以发生在调用者一侧（有缩短调用时间的额外好处）。在使用Envoy的情况下，它可以简单地在配置中添加以下内容：

```
circuit_breakers:
  thresholds:
    - priority: DEFAULT
      max_connections: 1000
      max_requests: 1000
      max_pending_requests: 1000
```

在这两种情况下，服务调用的负载可能会下降，这在某些情况下可以帮助服务恢复正常运行。

如何在调用者一侧实现熔断器？一旦你调用了几次服务，并发现漏桶溢出，你就可以在指定的时间内停止发出新的调用（直到漏桶不再溢出）。这是一个简单而有效的模式。

舱壁

另一种限制错误扩散的方法是直接从牲畜栏得到的启发。在建造船只时，我们通常不希望船体上有一个破洞就让船漏满水。为了减少这些洞的损坏，你可以把船体分成多个舱壁（bulkhead），每个舱壁都很容易隔离。在这种情况下，只有损坏的舱壁才会漏满水。

同样的原则也适用于限制软件架构中的故障影响。你可以将服务实例划分为组，也可以将它们使用的资源分配到组中。设置配额可以被视为这种模式的一个例子。

可以为不同的用户组创建单独的舱壁，如果需要对它们设置优先级或向关键消费者提供不同级别的服务，这可能很有用。

3. 地理节点

我们最后要展示的方法称为地理节点（geode）。这个名称来自地理（geographical）和节点（node）两个词。当服务部署在多个区域时，可以使用它。

如果故障发生在某个区域，你可以将流量重定向到其他未受影响的区域。这当然会使延迟比调用同一数据中心的其他节点要高得多，但将不那么重要的用户重定向到远程区域要比让这些用户的调用完全失败好得多。

现在我们知道了如何通过系统的架构提供可用性和容错能力，接着我们来讨论如何将组件集成在一起。

4.4 系统集成

分布式系统不是没有全局视角的孤立实例。它们不断地相互交流，必须正确地集成在一起，才能提供最大的价值。

前面关于集成的话题已经说了很多，所以在本节中，我们将尝试展示一些模式，以有效地集成全新的系统，以及需要与其他系统现存部分（通常是遗留部分）共存的新组件。

为了更简洁，我们先推荐一本书。如果你对集成模式感兴趣，特别是关注消息传递，那么有必要读一下 Gregor Hohpe 和 Bobby Woolf 的 *Enterprise Integration Patterns*。

我们简要地看看这本书涵盖的两种模式。

4.4.1 管道和过滤器模式

我们将讨论的第一个集成模式是管道和过滤器模式（pipes and filters pattern）。它的目的是将大的处理任务分解为一系列较小的独立处理任务（称为过滤器），然后你可以将过滤器连接在一起（使用管道，如消息队列）。这种方法可提供可伸缩性、高性能和可重用性。

假设你需要接收并处理一个传入的订单。你可以在一个大模块中完成，不需要额外的通信，但是这样的模块的不同功能很难测试，而且很难扩展。

相反，你可以将订单处理分成多个单独的步骤，每个步骤由不同的组件处理，例如，可以分解成解码、验证、实际处理，以及存储步骤。使用这种方法可以独立地执行这些步骤，在需要时轻松地替换或禁用它们，同时可重用它们来处理不同类型的输入消息。

如果你想同时处理多个订单，还可以通过管道（pipeline）进行处理：当一个线程验证一条消息时，另一个线程解码下一条消息，以此类推。

缺点是，你需要使用同步队列作为管道，这会引入一些开销。

如果要扩展其中一个步骤，你可能希望将之与下一个模式一起使用。

4.4.2 消费者竞争

消费者竞争（competing consumer）的概念很简单：有一个输入队列（或消息传递通道）和几个消费者实例，它们同时从队列中获取和处理消息。由于每个消费者都可以处理消息，因此它们会相互竞争以成为接收者。

这样，你就获得了可伸缩性、负载均衡和弹性。通过添加队列，你现在还有了**基于队列的负载均衡模式**（queue-based load leveling pattern）。

如果需要减少请求的延迟，或者希望以更紧急的方式执行提交到队列的特定任务，那么此模式可以毫不费力地与优先级队列集成。

如果处理顺序很重要，那么使用这个模式可能会变得很棘手。用户接收和完成处理消息的顺序可能会有所不同，因此请确保这不会影响系统。如果需要按顺序处理消息，则可能无法使用此模式。

现在，我们来看更多的模式，以帮助我们与现存系统集成。

4.4.3 从旧系统过渡

从零开始开发一个系统可能是一种幸福的体验。开发而不是维护一个系统并且还有机会使用前沿技术栈——还有什么不满意的吗？不幸的是，当与现有的旧系统集成时，这种幸福往往就结束了。但幸运的是，有一些方法可以缓解这种痛苦。

1. 防腐层

引入防腐层（anti-corruption layer）可以让解决方案与具有不同语义的旧系统轻松集成。这个额外的层负责双方之间的通信。

这样的组件使解决方案更灵活——而不影响技术栈或架构决策。要实现这一点，只需要在旧系统中进行小量的更改（如果旧系统不需要调用新系统，则不进行更改）。

例如，如果解决方案是基于微服务的，那么旧系统可以只与防腐层进行通信，而不直接与每个微服务交互。任何转换（例如，由于过时的协议版本）都会在这个附加层中完成。

请记住，添加防腐层可能会引入延迟，并且必须满足解决方案的质量属性，例如，可伸缩性。

2. 绞杀者模式

绞杀者模式（strangler pattern）允许我们从旧系统逐渐迁移到新系统。虽然我们刚刚研究的防腐层对于两个系统之间的通信很有用，但绞杀者模式可以同时提供两个系统的服务。

在迁移过程的早期，绞杀者外观（facade）把大多数请求路由到旧系统中。在迁移过程中，可以将越来越多的调用转发到新系统中，同时越来越多地“绞杀”旧系统，限制它所提供的功能。作为迁移的最后一步，绞杀者和旧系统可以退役——新系统将提供所有功能，如图 4.1 所示。

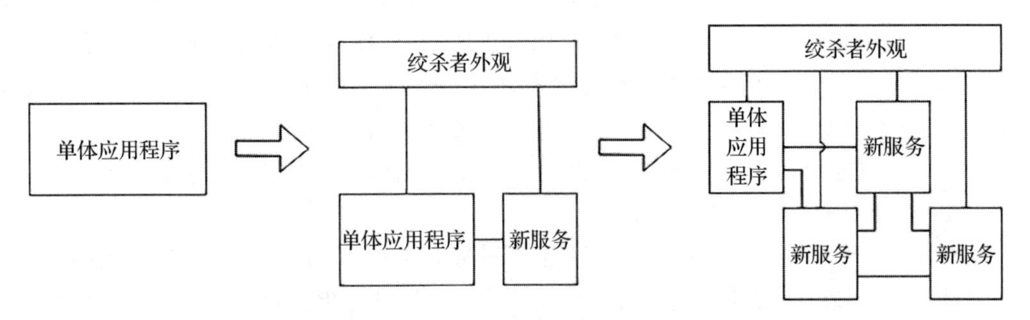

图 4.1　对单体系统的绞杀。在迁移之后，绞杀者仍然可以用作遗留请求的入口点或适配器

这种模式对于小型系统来说过于复杂，如果数据存储需要共享或涉及事件溯源的系统，可能会变得棘手。将其添加到解决方案中时，需确保规划适当的性能和可伸缩性。

说到这两个属性，我们来讨论一些帮助实现它们的方法。

4.5 在规模化部署时保持性能

在设计 C++ 应用程序时，性能通常是一个关键因素。在单个应用程序的范围内使用该语言大有帮助，适当的高级设计对于实现最佳延迟和吞吐量也至关重要。我们来讨论几个关键的模式和涉及的话题。

4.5.1 CQRS 和事件溯源

有许多方法可以扩展计算资源，但数据访问的扩展可能会很棘手。然而，当用户群不断增长时，这通常是必要的。**命令 – 查询职责隔离**（Command-Query Responsibility Segregation，CQRS）是一种可以帮助解决该问题的模式。

1. 命令 – 查询职责隔离

在传统的 CRUD 系统中，读和写都使用相同的数据模型，数据流动的方式也相同。标题中的"隔离"基本上是指以两种不同的方式处理查询（读）和命令（写）。

许多应用程序的读写比例都有很大的差距——通常从数据库中读取数据的操作比在应用程序中更新数据库的操作要多得多，这意味着使读取操作尽可能快地产生更好的性能：现在读和写可以分别进行优化和扩容。除此之外，如果许多写操作相互竞争、需要追踪和记录所有写操作，或者一组 API 用户只有读权限，那么引入 CQRS 是有好处的。

设计不同的读写模型可以让不同的团队各自工作。处理数据读取工作的开发人员不需要对该领域有深入的了解，而这是正确执行数据更新所必需的。当他们发出读取请求时，只需在简单的调用中从精简读取层获得一个**数据传输对象**（Data Transfer Object，DTO），而无须深入领域模型。

如果你不知道 DTO 是什么，那么请考虑从数据库中返回数据项。如果调用者要求提供一个数据项列表，则可以为其提供一个数据项概览（`ItemOverview`）对象，该对象只包含数据项的名称和缩略图。另外，如果调用者想要特定商店的数据项，则可以提供一个包含名称、更多图片、描述和价格的商店数据项（`StoreItem`）对象。`ItemOverview` 和 `StoreItem` 都是 DTO，它们从数据库中的同一 `Item` 对象中获取数据。

读取层可以驻留在用于写操作的数据存储之上，也可以是通过事件更新的不同的数据存储，如图 4.2 所示。

使用图 4.2 所示的方法，你可以创建任意多的不同命令，每个命令都有自己的处理程序。通常，这些命令是异步的，并且不会向调用者返回任何值。每个处理程序都使用领域对象并持久化所做的更改。之后，可以发布事件，事件处理程序会基于事件来更新读操作使用的存储。继续上一个例子，数据项查询将从由类似 `ItemAdded` 或 `ItemPriceChanged` 这样的事件更新的数据库中获取信息，这些事件可以由类似 `AddItem` 或 `ModifyItem` 这样的命令触发。

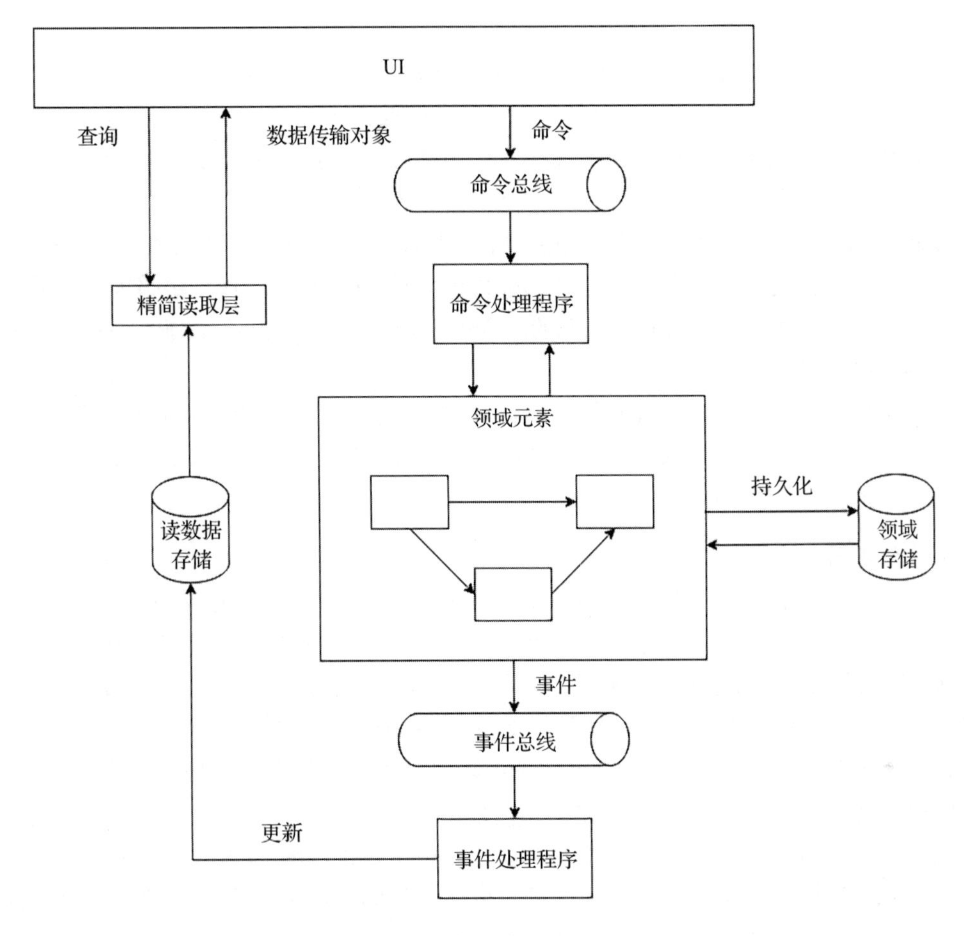

图 4.2　带事件溯源的 CQRS

CQRS 允许我们使用不同的数据模型来进行读操作和写操作。例如，我们可以创建存储过程和实例化视图，以加快读取速度。对读取和域存储使用不同类型的存储（SQL 和 NoSQL）也是有益的：持久化数据的一种有效方法是使用 Apache Cassandra 集群，而使用 Elasticsearch 是快速搜索存储数据的好方法。

除了前面的优点外，CQRS 也有它的缺点。由于引入了复杂性，因此它通常不适合规模较小或读取不太频繁的架构。最好只将它应用于系统中能带来最大好处的部分。你还应该注意到，在域存储之后更新读存储意味着现在系统具有最终一致性，而不是强一致性。

2. 命令 – 查询分离

CQRS 实际上是基于很久以前在 Eiffel 编程语言中引入的一个更简单的想法（同样引入了契约）。命令 – 查询分离（Command-Query Separation，CQS）是一种将 API 调用划分为命令和查询的原则——就像在 CQRS 中一样，但不管系统规模如何。它非常适合对象编程和命令式编程。

如果函数的名称以 has、is、can 或类似的单词开头，那么它应该仅是一个查询，不会修改底层状态，也没有任何副作用。这就带来了两大好处：

- **代码的推理要容易得多**：很明显，这些函数在语义上只读不写。这样在调试时更容易查找状态更改。
- **减少 heisenbug**：你曾经肯定碰到过在 release 构建中出现却无法在 debug 构建中复现（或者反过来的情况）的错误，这其实就是 heisenbug。这种事情非常影响心情。许多这样的错误都是由修改状态的断言（assert）调用引起的。遵循 CQS 模式可以消除这些错误。

与断言类似，如果使用契约（前置条件和后置条件），那么只在其中使用查询是非常重要的。否则，禁用一些契约检查也可能导致 heisenbug，更不用说它是多么违反直觉了。

现在，我们来谈谈事件溯源。

3. 事件溯源

正如第 2 章介绍的，事件溯源（event sourcing）意味着可以只存储应用程序状态的更改，而不是存储整个状态（可能需要处理更新时的冲突）。使用事件溯源可以消除并发更新，允许感兴趣的各方对其状态进行逐步更改，从而提高应用程序的性能。保存已完成操作的历史记录（例如，市场交易）可以简化调试（通过稍后的重播操作）和审计。这也为数据表带来了更多的灵活性和可扩展性。在引入事件溯源后，一些领域模型可以变得更简单。

事件溯源的一个代价是保持最终一致性，另一个代价是降低了应用程序的启动速度——除非对状态进行周期性快照或者使用类似上一节讨论过的 CQRS 中的只读存储。

对 CQRS 和相关模式的讨论就到这里。现在，我们转向另一个关于性能的热点话题：缓存。

4.5.2 缓存

正确使用缓存（caching）可以提高性能、减少延迟、降低服务器负载，因此，系统在云上运行的成本也会更低，同时缓存还可以提高系统的可伸缩性（因为减少了服务器的使用）。

如果想了解关于 CPU 缓存的知识，可以参考第 11 章。

缓存是一个比较大的话题，所以这里只讨论它的几个方面。

缓存的工作原理是简单地将最常读取的数据存储在访问速度很快的非持久存储中。有许多不同类型的缓存：

- **客户端缓存**：用于存储给定客户的数据，通常放在客户端的机器或浏览器上。
- **Web 服务器缓存**：用于加快 Web 页面的读取速度，例如，通过类似 Varnish 的 HTTP

加速器来缓存 Web 服务器的响应。

- **数据库缓存**：许多数据库引擎都有内置、可调的缓存。
- **应用程序缓存**：用于加速应用程序，应用程序可以从缓存中读取数据，而不必访问数据库。
- **CDN 也可以被视为缓存**：用于从靠近用户的位置提供内容，以减少延迟。

某些类型的缓存可以被复制或部署在集群中，以提供可伸缩的性能。另一种选择是分片：与数据库分片一样，可以对数据的不同部分使用不同的缓存实例。

现在，我们来介绍更新缓存中数据的不同方法。毕竟，没有人喜欢使用过期数据。

有几种方法可以保持缓存数据是最新的。无论是否由你决定更新缓存的数据的方式，了解它们都是值得的。在本节中，我们将讨论它们的优缺点。

直写式缓存更新方法

如果需要强一致性，那么有效的方法是同步更新数据库和缓存。直写式方法（write-through approach）可以避免数据丢失：如果数据对用户可见，则意味着数据已经写入数据库了。直写式缓存更新方法的一个缺点是，更新数据的延迟比其他方法都要大。

后写式缓存更新方法

另一种方法是后写式方法（write-behind approach），为用户提供对缓存的直接访问。当用户更新数据时，缓存将传入的更新操作放入队列，然后异步地更新数据库。这里明显的缺点是，如果出了问题，数据就永远无法写入。它也不像其他方法那样容易实现。然而，有利的一面是用户感知到的延迟很低。

旁路缓存更新方法

最后一种方法是旁路缓存（cache-aside），也称为**懒加载**（lazy loading），它按需填充缓存。此时，数据访问的过程如下：

1）调用缓存以检查数据是否在缓存中，如果是，则返回该数据。

2）如果不是，则访问提供该数据的主存储或服务。

3）将该数据存储在缓存中，并将其返回给用户。

这种类型的缓存通常使用 Memcached 或 Redis 来完成。它非常快速、非常高效——缓存只包含被请求的数据。

但是，如果经常请求不在缓存中的数据，那么上述的三次调用可能会显著增加延迟。为了减轻缓存重启时的这种情况，可以使用持久化存储中的特定数据来启动（初始化）缓存。

缓存中的数据也可能会变得陈旧，因此最好为每个数据项设置一个生命周期。如果要更新数据，则以直写式方法进行，从缓存中删除该数据并更新数据库。在使用只带基于时间的更新策略的多级缓存时要小心（例如对于 DNS 缓存），这可能会导致长时间使用过期数据。

我们已经讨论了缓存的类型和缓存更新策略，关于缓存的内容暂时就介绍这些。我们接着介绍提供可扩展架构的其他方面。

4.6 系统部署

尽管部署服务听起来很容易，但如果你仔细看看，就会发现有很多事情需要考虑。本节将描述如何高效部署，如何在安装后配置服务，如何检查服务部署后是否健康，以及如何在尽量减少停机时间的同时做到所有这些事情。

4.6.1 边车模式

还记得本章前面提到的 Envoy 吗？它是高效开发应用程序的一个非常有用的工具。你不再需要在应用程序中嵌入日志、监控或网络等基础设施服务，而是将 Envoy 代理和应用程序一起部署，就像在摩托车旁边部署边车（sidecar）一样。这样，它们可以做的远超没有边车的应用程序可以做的。

使用“边车”可以加快开发速度，因为“边车”带来的许多功能都需要单独的微服务。由于它与应用程序相互独立，因此可以使用你认为最适合的编程语言来开发“边车”。“边车”和它所提供的所有功能都可以由一个独立的开发团队进行维护，并独立于主服务进行更新。

因为“边车”就在它们赋能的应用程序的旁边，所以它们可以使用本地的进程间通信。通常，这种通信足够快，比与另一个主机进行通信要快得多，但请记住，通信的负担可能比较大。

即使部署了第三方服务，把选定的“边车”部署在它旁边仍然可以提供价值：它可以监视资源使用情况以及主机和服务的状况，甚至在整个分布式系统中跟踪请求。有时，也可以通过编辑配置文件或 Web 界面，根据条件动态地重新配置服务。

使用 Envoy 部署跟踪和反向代理

现在，我们使用 Envoy 作为部署的前端代理。首先创建 Envoy 的配置文件——在本例中名为 envoy-front_proxy.yaml，代理地址如下：

```
static_resources:
  listeners:
  - address:
      socket_address:
        address: 0.0.0.0
        port_value: 8080
    traffic_direction: INBOUND
```

我们指定 Envoy 监听 8080 端口的输入流量。在稍后的配置中，我们将把它路由到我们的服务上。现在，指定我们希望使用的服务实例集来处理 HTTP 请求，并在其上添加一些跟踪功能。首先，我们添加一个 HTTP 终端：

```
    filter_chains:
      - filters:
          - name: envoy.filters.network.http_connection_manager
            typed_config:
              "@type":
```

```
type.googleapis.com/envoy.extensions.filters.network.http_connection_manage
r.v3.HttpConnectionManager
```

请求应该分配 id，并由分布式跟踪系统 Jaeger 进行跟踪：

```
              generate_request_id: true
              tracing:
                provider:
                  name: envoy.tracers.dynamic_ot
                  typed_config:
                    "@type":
type.googleapis.com/envoy.config.trace.v3.DynamicOtConfig
                    library: /usr/local/lib/libjaegertracing_plugin.so
                    config:
                      service_name: front_proxy
                      sampler:
                        type: const
                        param: 1
                      reporter:
                        localAgentHostPort: jaeger:6831
                      headers:
                        jaegerDebugHeader: jaeger-debug-id
                        jaegerBaggageHeader: jaeger-baggage
                        traceBaggageHeaderPrefix: uberctx-
                      baggage_restrictions:
                        denyBaggageOnInitializationFailure: false
                        hostPort: ""
```

我们将为请求创建 id，并使用 OpenTracing 标准（`DynamicOtConfig`）和本地 Jaeger 插件。该插件将报告给运行在指定地址上的 Jaeger 实例，并添加指定的 `header`。

我们还需要指定将来自各个域的所有流量（参见 `match` 部分）路由到我们的服务集群：

```
              codec_type: auto
              stat_prefix: ingress_http
              route_config:
                name: example_route
                virtual_hosts:
                  - name: front_proxy
                    domains:
                      - "*"
                    routes:
                      - match:
                          prefix: "/"
                        route:
                          cluster: example_service
                        decorator:
                          operation: example_operation
```

稍后我们将定义 `example_service` 集群。请注意，传到集群的每个请求都将由一个预定义的操作装饰器进行标记。我们还需要指定要使用的路由地址：

```
              http_filters:
              - name: envoy.filters.http.router
                typed_config: {}
              use_remote_address: true
```

现在，我们知道了如何处理和跟踪请求，剩下的就是定义使用的集群了。我们从服务集群开始：

```
clusters:
  - name: example_service
    connect_timeout: 0.250s
    type: strict_dns
    lb_policy: round_robin
    load_assignment:
      cluster_name: example_service
      endpoints:
        - lb_endpoints:
            - endpoint:
                address:
                  socket_address:
                    address: example_service
                    port_value: 5678
```

每个集群都可以有多个服务实例（终端）。在这里，如果我们决定添加更多的终端，传入的请求将使用循环策略（round-robin strategy）进行负载均衡处理。

我们再添加一个管理界面：

```
admin:
  access_log_path: /tmp/admin_access.log
  address:
    socket_address:
      address: 0.0.0.0
      port_value: 9901
```

现在，将配置放在使用 Dockerfile 运行 Envoy 的容器中，我们将其命名为 `Dockerfile-front_proxy`：

```
FROM envoyproxy/envoy:v1.17-latest

RUN apt-get update && \
    apt-get install -y curl && \
    rm -rf /var/lib/apt/lists/*
RUN curl -Lo -
https://github.com/tetratelabs/getenvoy-package/files/3518103/getenvoy-cent
os-jaegertracing-plugin.tar.gz | tar -xz && mv libjaegertracing.so.0.4.2
/usr/local/lib/libjaegertracing_plugin.so

COPY envoy-front_proxy.yaml /etc/envoy/envoy.yaml
```

我们还下载了 Envoy 配置中使用的 Jaeger 本地插件。

现在，指定如何使用 Docker Compose 在几个容器中运行我们的代码。从前端代理服务定义开始创建一个 `docker-compose.yaml` 文件：

```
version: "3.7"

services:
  front_proxy:
    build:
      context: .
      dockerfile: Dockerfile-front_proxy
    networks:
      - example_network
```

```
    ports:
      - 12345:12345
      - 9901:9901
```

我们在这里使用了 Dockerfile、一个简单的网络，并且暴露了主机容器的两个端口：服务和管理界面。现在，添加代理指向的服务：

```
example_service:
  image: hashicorp/http-echo
  networks:
    - example_network
  command: -text "It works!"
```

在我们的例子中，该服务只是在简单的 Web 服务器中显示一个预定义的字符串。

现在，我们在另一个容器中运行 Jaeger，将它的端口暴露给外界：

```
jaeger:
  image: jaegertracing/all-in-one
  environment:
    - COLLECTOR_ZIPKIN_HTTP_PORT=9411
  networks:
    - example_network
  ports:
    - 16686:16686
```

最后一步是定义网络：

```
networks:
  example_network: {}
```

这样就完成了。现在可以使用 `docker-compose up --build` 运行服务，并将浏览器指向指定的终端了。

使用边车代理还有一个好处：即使服务终止运行，“边车”通常仍然可正常运行，并且可以在主服务关闭后响应外部请求。同样的情况也适用于由于服务更新等情况而重新部署服务时。说到这个问题，我们来学习一下如何尽量减少部署相关的停机时间。

4.6.2　零停机时间部署

有两种常见的方法可以尽量减少部署期间的停机风险：**蓝绿部署**（blue-green deployment）和**金丝雀发布**（canary release）。当引入这两个方法时，都可以使用 Envoy。

1. 蓝绿部署

蓝绿部署可以帮助你尽量减少停机时间，降低与部署相关的风险。要做到这一点，需要两个相同的生产环境：蓝色环境和绿色环境。绿色环境提供用户服务，在蓝色环境执行更新。更新完成并测试服务，如果所有服务看起来都稳定，则可以切换流量，把流量切到更新后的（蓝色）环境。

如果切换后在蓝色环境中发现了问题，那么绿色环境仍然存在——你可以把流量再切回去。用户甚至可能不会注意到任何变化，而且由于两个环境都已启动并运行，因此在切换期间不应该出现停机问题。只要确保在切换过程中不会丢失任何数据（例如，在新环境中处理的事务）即可。

2. 金丝雀发布

不让所有服务实例在更新后全部故障的最简单方法，就是不同时更新所有服务实例。这是蓝绿部署的增量式变体背后的关键想法，该变体也被称为**金丝雀发布**。

在 Envoy 中，可以在配置的 `route` 部分放置以下内容：

```
- match:
    prefix: "/"
  route:
    weighted_clusters:
      clusters:
      - name: new_version
        weight: 5
      - name: old_version
        weight: 95
```

还应该记住从前面的代码片段定义两个集群，第一个集群使用服务的旧版本：

```
clusters:
  - name: old_version
    connect_timeout: 0.250s
    type: strict_dns
    lb_policy: round_robin
    load_assignment:
      cluster_name: old_version
      endpoints:
        - lb_endpoints:
            - endpoint:
                address:
                  socket_address:
                    address: old_version
                    port_value: 5678
```

第二个集群将运行新版本：

```
- name: new_version
  connect_timeout: 0.250s
  type: strict_dns
  lb_policy: round_robin
  load_assignment:
    cluster_name: new_version
    endpoints:
      - lb_endpoints:
          - endpoint:
              address:
                socket_address:
                  address: new_version
                  port_value: 5678
```

当部署更新内容时，只有一小部分（这里是 5%）的用户会看到和使用新版本的服务。如果更新后的实例保持稳定，并且检查和验证都通过，则可以通过几个步骤逐步更新越来越多的主机，直到所有主机都切换到新版本。当然，这也可以通过手动更新配置文件或使用管理终端来完成。

现在，我们继续讨论最后一种部署模式。

4.6.3　外部配置存储

如果你正在部署一个简单的应用程序，那么可以将之与配置文件一起部署。但是，当你希望使用许多应用程序实例进行更复杂的部署时，仅重新配置部署的新版本就会成为一种负担。与此同时，如果你想像对待“牛而不是宠物”那样管理服务，手动改变配置是不允许的。引入外部配置存储是克服这些障碍的一种优雅的方法。

本质上，应用程序可以从上述存储中获取配置，而不是仅仅依赖它们的本地配置文件。这允许你为多个实例提供通用设置，并调整其中一些实例的参数，同时用一种简单且集中的方式来监控所有配置。如果你希望有一个仲裁者来决定哪些节点作为主节点，哪些节点作为备份节点，那么就可以用一个外部配置存储来为实例提供这些信息。实现配置更新过程也很有用，因为这样就可以在操作期间轻松地重新配置实例。你可以使用现成的解决方案（如 Firebase Remote Config），利用基于 Java 的 Netflix Archaius，或者利用云存储和更改通知自行编写配置存储。

现在我们已经了解了一些有用的部署模式，接下来我们转到另一个重要主题：API。

4.7　管理 API

合适的 API 对于开发团队和产品的成功至关重要。我们可以将 API 分为两类：系统级 API 和组件级 API。本节将讨论如何处理系统级 API，第 5 章将介绍处理组件级 API 的相关经验。

除了管理对象之外，你还希望管理整个 API。如果你想引入有关 API 使用的策略，控制对上述 API 的访问，收集性能指标和其他分析数据，或根据用户对接口的使用情况向他们收费，那么 **API 管理**（API Management，APIM）就是你正在寻找的解决方案。

通常，APIM 工具由以下组件构成：

- **API 网关**：API 所有用户的入口点。更多内容请参见下一小节。
- **报告和分析**：监控 API 的性能和延迟、所消耗的资源或所发送的数据。可以利用这些工具来检测使用情况，了解 API 的哪些部分以及它们背后的哪些组件是性能瓶颈，提供哪些 SLA 是合理的，以及如何改进它们。
- **开发人员入口**：帮助他们快速了解、使用以及订阅 API。
- **管理员入口**：管理策略、用户并将 API 打包到可销售的产品中。
- **货币化**：根据用户使用 API 的方式向他们收费，并赋能相关的业务流程。

APIM 工具由云厂商和独立的第三方提供，例如，NGINX 的 Controller 或 Tyk。

在为给定的云设计 API 时，要了解云厂商文档中的优秀实践。例如，你可以在“进一步阅读”部分找到谷歌云平台的通用设计模式。在他们的例子中，许多实践都围绕着 Protobuf 的使用展开。

选择正确使用 API 的方式可能会花费很长时间。将请求提交到服务器最简单的方法是直接连接到服务。虽然很容易设置，对于小型应用程序而言也没问题，但它可能会导致性能问题。API 使用者可能需要调用几个不同的服务，从而导致延迟过高。而且，使用这种方法也不可能实现较高的可伸缩性。

一个更好的方法是使用 API 网关。这样的网关通常是 APIM 解决方案的重要组成部分，但也可以单独使用。

API 网关

API 网关是 API 客户端的入口点。它可以将传入的请求路由到特定的实例或服务集群中。这可以简化客户端代码，因为它不再需要知道所有的后端节点，以及它们之间相互协作的方式。客户端需要知道的只是 API 网关的地址——该网关将处理其余的问题。由于向客户端隐藏了后端架构，因此它可以很容易地重新构建，甚至不用改动客户端的代码。

网关可以将系统 API 的多个部分聚合为一个整体，然后将 **7 层路由**（layer-7 routing）——例如基于 URL，应用于系统的适当部分。7 层路由由云厂商或 Envoy 等工具提供。

和本章中描述的许多模式一样，始终要考虑是否值得向架构中引入另一种模式，因为这会增加复杂性。考虑一下，添加某个模式将如何影响系统的可用性、容错性和性能。毕竟，网关通常是单个节点，所以尽量不要让它成为瓶颈或故障点。

2.6 节提到的服务于前端的后端模式，可以被视为 API 网关模式的变体。在服务于前端的后端模式中，每个前端都连接到各自的网关。

现在我们知道了系统设计与 API 设计之间的关系，下面我们做个总结。

4.8 总结

在本章中，你学了很多东西。首先，你知道了何时应用哪种服务模型，以及如何规避设计分布式系统时的常见陷阱。你了解了 CAP 定理及其对分布式架构的实际影响，可以在这样的系统中成功运行事务，减少停机时间，防止出现问题，进行错误恢复。处理异常高的负载已不再是黑魔法。将系统的一部分，甚至是遗留部分与新设计的部分进行集成也是你能够执行的事情。现在，你掌握了一些可以提高系统的性能和可伸缩性的技巧。系统的部署和负载均衡也不再神秘了，你现在可以有效地执行这些任务了。最后，发现服务、设计和管理服务 API 你也已经学会了。

在第 5 章中，我们将学习如何使用特定的 C++ 特性，以更愉快、更高效的方式实现优秀的架构。

问题

1. 什么是事件溯源？

2. CAP 定理的实际影响有哪些？
3. 可以用 Netflix 的 Chaos Monkey 做什么？
4. 缓存可以用在哪里？
5. 当整个数据中心瘫痪时，如何防止应用程序瘫痪？
6. 为什么要使用 API 网关？
7. Envoy 如何帮助实现各种架构目标？

进一步阅读

- Microsoft Azure cloud design patterns: `https://docs.microsoft.com/en-us/azure/architecture/patterns/`
- Common design patterns for cloud APIs by Google: `https://cloud.google.com/apis/design/design_patterns`
- Microsoft REST API guidelines: `https://github.com/microsoft/api-guidelines/blob/vNext/Guidelines.md`
- Envoy Proxy's *Getting Started* page: `https://www.envoyproxy.io/docs/envoy/latest/start/start`
- Active-active application architectures with MongoDB: `https://developer.mongodb.com/article/active-active-application-architectures`

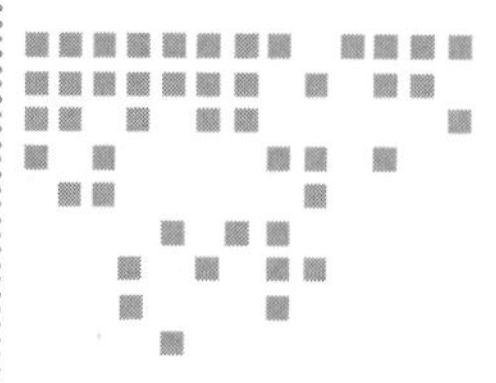

Chapter 5 第 5 章

利用 C++ 语言特性

C++ 语言是一种独特且强大的语言。它被用于许多场景，从创建固件和操作系统、桌面和移动应用程序，到服务器软件、框架和服务不等。C++ 代码运行在各种硬件上，被大量部署在云上，甚至用在航空航天任务中。如果没有这种多范式语言所拥有的广泛特性，这样的成功是不可能实现的。

本章描述如何利用 C++ 语言实现安全且高性能的解决方案。我们将演示确保类型安全、规避内存问题以及编写高效代码的最佳行业实践。我们还将教你在设计 API 时如何使用特定的语言特性。

在此过程中，你将了解 C++ 各版标准（从 C++98 一直到 C++20）中可用的特性和技术，包括声明式编程（declarative programming）、RAII、`constexpr`、模板、概念（concept）和模块。闲话少说，让我们开始这段旅程吧！

5.1 技术要求

你需要以下工具来构建本章中的代码：

- ❑ 支持 C++20 的编译器（建议使用 GCC 11+）。
- ❑ CMake 3.15+。

本章的源代码地址为 https://github.com/PacktPublishing/Software-Architecture-with-Cpp/tree/master/Chapter05。

5.2　设计优秀的 API

虽然 C++ 允许你使用众所周知的面向对象 API［如果你用所谓的基于咖啡的语言（Java）编写代码，你可能会比较熟悉］，但它还有一些其他技巧。我们将在本节介绍这方面的内容。

5.2.1　利用 RAII

C 和 C++ 的 API 之间的主要区别是什么？通常，区别并非在于多态性或有没有类的问题，而是在于 RAII 习语。

RAII 是指“资源获取即初始化”（Resource Acquisition Is Initialization），但它实际上更多的是关于释放资源，而不是获取资源。我们来看一个用 C 和 C++ 编写的类似的 API，以解释这个特性：

```
struct Resource;

// C API
Resource* acquireResource();
void releaseResource(Resource *resource);

// C++ API
using ResourceRaii = std::unique_ptr<Resource, decltype(&releaseResource)>;
ResourceRaii acquireResourceRaii();
```

C++ API 是基于 C API 的，但并不总是这样。这里重要的是，在 C++ API 中，不需要用单独的函数来释放资源。多亏了 RAII 习语，一旦 ResourceRaii 对象超出作用域，就会自动释放。这就减轻了用户手动管理资源的负担，而最妙的是它不需要额外的成本。

更重要的是，我们不需要自己编写任何类，只需重用标准库的 unique_ptr，它是一个轻量级指针。它可确保其管理的对象总是被释放，并只释放一次。

由于我们管理的是一些特殊类型的资源，而不是内存，因此必须使用自定义的删除器（deleter）类型。acquireResourceRaii 函数需要将实际的（指向资源的）指针传递给 releaseResource 函数。如果只想从 C++ 中使用这个 C API，则不需要公开给用户。

这里需要注意的是，RAII 不仅仅用于管理内存，你还可以使用它轻松地处理资源的所有权，例如锁、文件句柄、数据库连接，以及在 RAII 包装器超出作用域后应该释放的其他对象。

5.2.2　指定 C++ 容器接口

标准库的实现是学习 C++ 习语和高性能代码的好地方。例如，如果你想阅读一些真正有趣的模板代码，那么应该看一下 std::chrono，因为它演示了一些有用的技术，并且用了一些新的方法。libstdc++ 实现的链接可以在“进一步阅读”部分找到。

当涉及库的其他方面时，即便是快速查看一下容器，也会发现容器的接口往往不同于其他编程语言中的对应接口。为了显示这一点，我们来看标准库中的一个非常简单的类 std::array，并详细分析一下：

```
template <class T, size_t N>
struct array {
 // types:
 typedef T& reference;
 typedef const T& const_reference;
 typedef /*implementation-defined*/ iterator;
 typedef /*implementation-defined*/ const_iterator;
 typedef size_t size_type;
 typedef ptrdiff_t difference_type;
 typedef T value_type;
 typedef T* pointer;
 typedef const T* const_pointer;
 typedef reverse_iterator<iterator> reverse_iterator;
 typedef reverse_iterator<const_iterator> const_reverse_iterator;
```

当你开始阅读类定义时，会首先发现它为某些类型创建了别名。这在标准容器中很常见，这些别名在许多容器中是相同的。这有几个原因。其中一个原因是显而易见的——用这种方式可以减少开发人员理解这些代码的时间。另一个原因是，类的用户和库编写者在编写自己的代码时，通常会依赖这些类型特征。如果容器不提供这样的别名，将导致与一些标准实用程序或类型特征一起使用更加困难，从而导致 API 的用户不得不解决这个问题，甚至使用一个完全不同的类。

拥有这样的类型别名——即使你在模板中没有使用它们，很有用。对于函数参数和类成员字段，你会时不时依赖这些类型，所以如果你正在编写其他人可以使用的类，请始终记住提供它们。例如，如果你正在编写一个分配器，那么它的许多使用者将依赖于存在的特定类型别名。

让我们看看 array 类会给我们带来什么：

```
// no explicit construct/copy/destroy for aggregate type
```

所以，关于 std::array 的另一个有趣的事情是，它没有构造函数的定义，也没有拷贝/移动构造函数、赋值操作符或析构函数。这是因为拥有这些功能并不会增加任何价值。通常，在不必要的时候添加这样的成员实际上会对性能造成损害。对于非默认的构造函数（T() {} 已经不是默认的了，跟 T()=default; 不同），并不是极低代价就能构造的，这将阻止编译器对它进行优化。

让我们看看其他的声明：

```
constexpr void fill(const T& u);
constexpr void swap(array<T, N>&) noexcept(is_nothrow_swappable_v<T&>);
```

现在，我们可以看到两个成员函数，包括 swap 成员函数。通常，不依赖于 std::swap 的默认行为，而是提供我们自己的版本是有价值的。例如，对于 std::vector，将底层存储作为一个整体进行交换，而不是交换每个元素。当编写 swap 成员函数时，请确保引入一个名为 swap 的自由函数，以便通过**参数依赖查找**（Argument-Dependent Lookup，ADL）来检测它。它可以只调用 swap 成员函数。

关于 swap 函数，值得一提的是它的 noexcept 是有条件的。如果存储的类型可以交换而不抛出异常，那么数组的交换就是 noexcept 的。拥有不会抛出异常的 swap 函数是有用的，这可以保证在对类的复制操作中具有强异常安全性。

如下面的代码所示，现在有一组函数，它们向我们展示了类的另一个重要方面——迭代器：

```
// iterators:
constexpr iterator begin() noexcept;
constexpr const_iterator begin() const noexcept;
constexpr iterator end() noexcept;
constexpr const_iterator end() const noexcept;

constexpr reverse_iterator rbegin() noexcept;
constexpr const_reverse_iterator rbegin() const noexcept;
constexpr reverse_iterator rend() noexcept;
constexpr const_reverse_iterator rend() const noexcept;

constexpr const_iterator cbegin() const noexcept;
constexpr const_iterator cend() const noexcept;
constexpr const_reverse_iterator crbegin() const noexcept;
constexpr const_reverse_iterator crend() const noexcept;
```

迭代器对每个容器都是至关重要的。如果不为类提供迭代器访问，就不能在基于范围的 for 循环中使用这个类，这个类也无法与标准库中所有有用的算法兼容。这并不意味着你需要编写自己的迭代器类型——如果存储是连续的，则可以只使用一个简单的指针。提供 const 迭代器可以帮助你以不可修改的方式使用类，而提供反向迭代器可以帮助你扩大容器的使用场景。

我们来看接下来会发生什么：

```
 // capacity:
 constexpr size_type size() const noexcept;
 constexpr size_type max_size() const noexcept;
 constexpr bool empty() const noexcept;

 // element access:
 constexpr reference operator[](size_type n);
 constexpr const_reference operator[](size_type n) const;
 constexpr const_reference at(size_type n) const;
 constexpr reference at(size_type n);
 constexpr reference front();
 constexpr const_reference front() const;
 constexpr reference back();
 constexpr const_reference back() const;

 constexpr T * data() noexcept;
 constexpr const T * data() const noexcept;
private:
 // the actual storage, like T elements[N];
};
```

继迭代器之后，我们有一些方法来检查和修改容器的数据。在 array 例子中，它们都是 constexpr。这意味着如果我们要编写一些编译时代码，就可以使用这个数组类。我们将在 5.4 节中详细地讨论这个问题。

最后，我们完成了 array 的整个定义。然而，它的接口并不止于此。从 C++17 开始，在类型定义之后，你可以发现类似如下代码：

```
template<class T, class... U>
  array(T, U...) -> array<T, 1 + sizeof...(U)>;
```

这种陈述被称为**推断指引**（deduction guide）。它们是**类模板参数推断**（Class Template Argument Deduction，CTAD）特性的一部分，这是在 C++17 中引入的。它允许你在声明变量时省略模板参数。这对 array 类型很方便，因为现在你可以只写以下内容：

```
auto ints = std::array{1, 2, 3};
```

但是，对于更复杂的类型，如 map，可能更方便，如下所示：

```
auto legCount = std::unordered_map{ std::pair{"cat", 4}, {"human", 2},
{"mushroom", 1} };
```

然而，这里有一个陷阱：当我们传递第一个参数时，需要指定我们正在传递键值对（注意，我们还使用了推断指引）。

既然我们讨论了接口，那么接着讨论下接口的其他方面。

5.2.3 在接口中使用指针

你在接口中使用的类型非常重要。即使有文档，好的 API 仍然应该是很直观的。让我们看看将资源参数传递给函数的不同方法对 API 的使用者都意味着什么。

考虑以下函数声明：

```
void A(Resource*);
void B(Resource&);
void C(std::unique_ptr<Resource>);
void D(std::unique_ptr<Resource>&);
void E(std::shared_ptr<Resource>);
void F(std::shared_ptr<Resource>&);
```

这些函数应该在什么时候使用?

由于智能指针现在是处理资源的标准方法，因此 A 和 B 应该留给简单的参数传递，如果不对所传递对象的所有权做任何处理，则不应该使用它们。A 应该只用于一个单一的资源。例如，如果要传递多个实例，则可以使用容器，如 std::span。如果你知道要传递的对象不为空（null），那么最好通过引用（例如 const 引用）来传递它。如果对象不太大，还可以考虑按值传递。

关于函数 C ～ F 的一个很好的经验法则是，如果想操作指针本身，那么在进行参数传递时应该只使用智能指针，例如，用于转移所有权。

C 函数按值传递 unique_ptr。这意味着它是一个资源接收器。换句话说，它会消耗并释放该资源。请注意，仅通过选择一个特定的类型，该接口就能清楚地表达其意图。

只有当你想传入包含一个资源的 unique_ptr，并在该 unique_ptr 中接收另一个资源并传出时，才应该使用 D 函数。使用这样的函数来简单地传递资源并不是一个好主意，因为它要求调用者将其专门存储在 unique_ptr 中。换句话说，如果你考虑传递 const unique_ptr<Resource>&，只需传递 Resource*（或 Resource&）即可。

E 函数用于与被调用者共享资源所有权。按值传递 shared_ptr 可能成本相对高昂，因为它需要增加其引用计数器。但是，在这种情况下，按值传递 shared_ptr 是可以的，因为如果被调用者真的想共享所有权，就必须在某个地方进行复制。

F 函数与 D 函数类似，仅在要操作 shared_ptr 实例并通过此参数传入 / 传出变更时使用。如果你不确定该函数是否应该拥有所有权，请考虑传递 const shared_ptr&。

5.2.4 指定前置条件和后置条件

函数对其参数有要求的情况并不少见。每一项要求都应作为一个前置条件加以说明。如果函数需要确保结果具备一些属性——例如确保结果是非负的，那么这个函数也应该清楚地说明这一点。一些开发人员借助注释来告知其他人，但并没有真正以任何方式强制执行该要求。放置 if 语句更好，但这会隐藏检查的原因。目前，C++ 标准仍然没有提供解决这一问题的方法（契约最初被投票纳入 C++20 标准，只是后来又被删除了）。

幸运的是，像微软的指南支持库（GSL）这样的库提供了它们自己的检查机制。

不管基于什么原因，我们假设需要自己来实现队列。那么，push 成员函数可能会像这样写：

```
template<typename T>
T& Queue::push(T&& val) {
 gsl::Expects(!this->full());
 // push the element
 gsl::Ensures(!this->empty());
}
```

请注意，用户甚至不需要知道代码细节就可以确保对代码的检查。检查代码也非常容易懂，很清楚该函数需要什么，结果将是什么。

5.2.5 使用内联命名空间

在系统编程中，你并不总是只针对 API 编写代码，通常还需要关心 ABI 的兼容性。当 GCC 发布其第五个版本时，发生了一个著名的 ABI break，其中一个主要变化是改变了 std::string 的类布局。这意味着使用旧 GCC 版本的库（或者在新版本中仍然使用新的 ABI，但在最近的 GCC 版本中仍然是一个问题）不能兼容使用之后的 ABI 编写的代码。在 ABI break 的情况下，如果你收到一个链接器错误，那么你可以认为自己很幸运。在某些情况下，例如将 NDEBUG 代码和调试代码混合时，如果一个类只有在这样的配置下才有可用的成员，可能会导致内存损坏。例如，为了更好地调试，添加了特殊的成员。

使用 C++11 内联命名空间很容易把一些难以调试的内存损坏错误转化为链接器错误。

请考虑以下代码：

```
#ifdef NDEBUG
inline namespace release {
#else
inline namespace debug {
#endif

struct EasilyDebuggable {
// ...
#ifndef NDEBUG
// fields helping with debugging
#endif
};

} // end namespace
```

因为前面的代码使用了内联命名空间，所以当你声明该类的对象时，用户不会看到两种构建类型之间的差异：内联命名空间的所有声明在所在的作用域中均可见。然而，链接器最终将使用不同的符号名称，这样如果链接器试图链接不兼容的库就会失败。这将带给我们期望的 ABI 安全性和一条带内联命名空间的错误消息。

5.2.6 使用 std::optional

从 ABI 到 API，让我们再提一下我们在本书前面讨论 API 设计时忽略的另一种类型。本节的主角可以为函数的可选参数节省时间，因为它可以帮助类型拥有传值或不传值的组件，而且它还可以用于设计干净的接口或作为指针的替代品。这个主角就是 std::optional，它在 C++17 中被标准化。即便你不使用 C++17，你仍然可以从 Abseil（absl::optional）或者 Boost（boost::optional）找到非常相似的版本。使用这些类的一大优点是它们非常清楚地表达了意图，这有助于编写干净且易读的接口。我们来看它的实际作用。

1. 可选函数参数

我们首先将参数传递给可以传值，但可能不传值的函数。你是否遇到过类似下面的函数签名？

```
void calculate(int param); // If param equals -1 it means "no value"

void calculate(int param = -1);
```

有时候，你很容易错误地传 -1 给 param，如果 param 是在代码的其他地方计算的——也许它是一个有效的值。下面的签名怎么样？

```
void calculate(std::optional<int> param);
```

这一次，如果你不想传递一个值，那么该怎么做就更清楚了：只需传递一个空的 optional。意图是明确的，并且 -1 仍然可以作为一个有效的值来使用，而不必以一种类型不安全的方式给它赋予特殊的意义。

这只是 optional 模板的一个用法。我们来看其他用法。

2. 可选函数返回值

就像接受特殊值来表示参数无值一样，函数有时不能返回任何值。你更喜欢下面的哪一种呢？

```
int try_parse(std::string_view maybe_number);
bool try_parse(std::string_view maybe_number, int &parsed_number);
int *try_parse(std::string_view maybe_number);
std::optional<int> try_parse(std::string_view maybe_number);
```

如何判断第一个函数在出现错误时将返回什么值？它会抛出一个异常，而不是返回一个魔法值（magic value）吗？继续看第二个签名，如果有错误，看起来它将返回 false，但仍然很容易忘记检查返回值并直接读取 parsed_number，这可能会造成麻烦。第三个函数虽然可以相对安全地假设错误时返回一个 nullptr，没错误时返回一个整数，但现在不清楚是否应该释放返回的 int。

最后一个签名一看就很明显，它在出现错误时返回一个空值，并且不需要做其他事情。它简单易懂，而且优雅。

optional 返回值也可以仅仅用于标记没有返回值的情况，而不一定是发生了错误。说到这里，让我们继续讨论 optional 的最后一个用例。

3. 可选类成员

实现类状态一致性并不总是一项容易的事情。例如，有时你希望有一两个无法设置的成员。你可以使用一个可选的类成员，而不必为这种情况创建另一个类（这会增加代码的复杂性）或保留一个特殊的值（这很容易在不经意中传递）。考虑以下类型：

```
struct UserProfile {
  std::string nickname;
  std::optional <std::string> full_name;
  std::optional <std::string> address;
  std::optional <PhoneNumber> phone;
};
```

在这里，我们可以看到哪些字段是必要的，哪些字段不需要填充。相同的数据可以使用空字符串存储，但仅从结构体的定义来看是不太清晰的。另一种选择是使用 std::unique_ptr，但是这样会失去数据本地性（locality），而这通常对性能至关重要。对于这种情况，std::optional 可以发挥很大的价值。当你想要设计干净且直观的 API 时，它绝对应该是你工具箱的一部分。

这些知识可以帮助你写出高质量且直观的 API。你还可以做一件事来进一步改进它们，这也将帮助你进一步减少错误代码。我们将在下一节中讨论这个问题。

5.3 编写声明式代码

你熟悉命令式编码风格和声明式编码风格吗？前者指代码告诉机器如何逐步实现你想

要的东西，后者指你告诉机器你想要实现的目标。有些编程语言偏爱其中一种。例如，C 是命令式的，而 SQL 是声明式的，就像许多函数式语言一样。有些语言则允许你混合使用这两种风格——想想 C# 中的 LINQ。

C++ 是一个灵活的工具，它允许你以两种方式编写代码。你是否更偏爱其中一种？事实证明，当你在编写声明式代码时，通常会保留更高层次的抽象，这将导致更少的 bug，错误也更容易发现。那么，我们如何声明式地编写 C++ 代码呢？主要有两种策略。

第一种是编写函数式 C++ 代码，如果可能的话，你可能更喜欢纯函数式风格（没有函数的副作用）。你应该尝试使用标准库的算法，而不是手工编写循环。请考虑以下代码：

```
auto temperatures = std::vector<double>{ -3., 2., 0., 8., -10., -7. };
// ...
for (std::size_t i = 0; i < temperatures.size() - 1; ++i) {
    for (std::size_t j = i + 1; j < temperatures.size(); ++j) {
        if (std::abs(temperatures[i] - temperatures[j]) > 5)
            return std::optional{i};
    }
}
return std::nullopt;
```

现在，将前面的代码与下面的代码片段进行比较，它们的功能是相同的：

```
auto it = std::ranges::adjacent_find(temperatures,
                                     [](double first, double second) {
    return std::abs(first - second) > 5);
});
if (it != std::end(temperatures))
    return std::optional{std::distance(std::begin(temperatures), it)};
return std::nullopt);
```

这两个代码片段都返回了温度相对稳定的最后一天。你更喜欢读哪一种代码？哪个更容易理解？即使你现在对 C++ 算法不太熟悉，但在代码中遇到它们几次之后，就会感觉这种代码比手写的循环更简单、更安全、更简洁。大部分情况都是这样的。

在 C++ 中编写声明式代码的第二种策略在前面的代码片段中已经出现了。你应该更喜欢使用声明式 API，例如来自范围库（ranges）中的 API。虽然在我们的代码片段中没有使用范围视图（views），但它们可以产生很大差异。请考虑以下代码：

```
using namespace std::ranges;
auto is_even = [](auto x) { return x % 2 == 0; };
auto to_string = [](auto x) { return std::to_string(x); };
auto my_range = views::iota(1)
    | views::filter(is_even)
    | views::take(2)
    | views::reverse
    | views::transform(to_string);
std::cout << std::accumulate(begin(my_range), end(my_range), ""s) << '\n';
```

这是声明式编码的一个很好的例子：你只需指定应该发生什么，而不是如何发生。上面的代码取前两个偶数，反转它们的顺序，并将它们输出成一个字符串，从而输出对生命、宇宙和所有事物的著名答案：42。所有这些都是以一种直观的、易于修改的方式来完成的。

5.3.1 展示特色商品

不过，这些简单例子已经足够了。还记得我们在第3章中提到的多米尼加博览会应用吗？让我们编写一个组件，从客户保存到收藏夹的商店中选择一些特色商品并进行展示。当我们在编写手机应用程序时，这可能非常方便。

我们从一个主要使用C++17的实现开始，在本章中我们会将其逐渐更新到C++20，这包括添加对范围（range）的支持。

首先，我们获取当前用户信息：

```
using CustomerId = int;

CustomerId get_current_customer_id() { return 42; }
```

现在，再加上商家：

```
struct Merchant {
  int id;
};
```

这些商店还需要有以下商品：

```
struct Item {
  std::string name;
  std::optional<std::string> photo_url;
  std::string description;
  std::optional<float> price;
  time_point<system_clock> date_added{};
  bool featured{};
};
```

有些商品可能没有照片或价格，这就是我们使用 `std::optional` 的原因。

接下来，我们添加一些代码来描述商品：

```
std::ostream &operator<<(std::ostream &os, const Item &item) {
  auto stringify_optional = [](const auto &optional) {
    using optional_value_type =
        typename std::remove_cvref_t<decltype(optional)>::value_type;
    if constexpr (std::is_same_v<optional_value_type, std::string>) {
      return optional ? *optional : "missing";
    } else {
      return optional ? std::to_string(*optional) : "missing";
    }
  };

  auto time_added = system_clock::to_time_t(item.date_added);

  os << "name: " << item.name
     << ", photo_url: " << stringify_optional(item.photo_url)
     << ", description: " << item.description
     << ", price: " << std::setprecision(2)
     << stringify_optional(item.price)
     << ", date_added: "
     << std::put_time(std::localtime(&time_added), "%c %Z")
     << ", featured: " << item.featured;
  return os;
}
```

首先，我们创建了一个辅助 lambda，用于将 optional 转换为字符串。因为我们只想在 << 操作符中使用，所以我们在里面定义了它。

请注意我们如何使用 C++14 的泛型 lambda（自动参数），以及 C++17 的 constexpr 和 is_same_v 类型特征，因此当我们处理 optional <string> 等时，我们有不同的实现。要实现相同的逻辑，在 C++17 之前需要编写具有重载的模板，从而导致更复杂的代码：

```
enum class Category {
  Food,
  Antiques,
  Books,
  Music,
  Photography,
  Handicraft,
  Artist,
};
```

最后，我们可以定义商店本身：

```
struct Store {
  gsl::not_null<const Merchant *> owner;
  std::vector<Item> items;
  std::vector<Category> categories;
};
```

值得注意的是，这里使用了指南支持库中的 gsl::not_null 模板，这表明商家将始终被设置。为什么不使用简单的引用呢？这是因为我们希望商店是可移动的和可复制的，而使用引用会阻碍这一点。

现在，我们已经有了这些构建块，接着我们来定义如何获得客户收藏的商店。为了简单起见，我们假设我们正在处理硬编码的商店和商家，而不是创建代码来处理外部数据存储。

首先，我们为商店定义一个类型别名，并开始我们的函数定义：

```
using Stores = std::vector<gsl::not_null<const Store *>>;

Stores get_favorite_stores_for(const CustomerId &customer_id) {
```

接下来，对一些商家进行硬编码，如下所示：

```
static const auto merchants = std::vector<Merchant>{{17}, {29}};
```

现在，我们添加一个包含一些商品的商店，如下所示：

```
static const auto stores = std::vector<Store>{
    {.owner = &merchants[0],
     .items =
         {
             {.name = "Honey",
              .photo_url = {},
              .description = "Straight outta Compton's apiary",
              .price = 9.99f,
              .date_added = system_clock::now(),
              .featured = false},
             {.name = "Oscypek",
```

```
              .photo_url = {},
              .description = "Tasty smoked cheese from the Tatra
                              mountains",
              .price = 1.23f,
              .date_added = system_clock::now() - 1h,
              .featured = true},
         },
       .categories = {Category::Food}},
      // more stores can be found in the complete code on GitHub
  };
```

在这里，我们介绍了第一个 C++20 特性。你可能不熟悉 `.field=value;` 语法，除非你已经用 C99 或更新的版本编码过。从 C++20 开始，你可以使用这个符号（正式名称是指定初始化函数）来初始化聚合（aggregate）类型。它比在 C99 中限制多一些，在这里顺序很重要，尽管还有其他一些小的区别。如果没有这些初始化函数（initializer），可能很难理解哪个值初始化哪个字段。有了它们，虽然代码更长，但更容易理解，即使是对不熟悉编程的人而言。

一旦定义了商店，我们就可以编写函数的最后一部分，这部分将进行实际的查找：

```
  static auto favorite_stores_by_customer =
      std::unordered_map<CustomerId, Stores>{{42, {&stores[0],
&stores[1]}}};
  return favorite_stores_by_customer[customer_id];
}
```

现在，我们已经有了商店，接下来我们编写一些代码来获得这些商店的特色商品：

```
using Items = std::vector<gsl::not_null<const Item *>>;

Items get_featured_items_for_store(const Store &store) {
  auto featured = Items{};
  const auto &items = store.items;
  for (const auto &item : items) {
    if (item.featured) {
      featured.emplace_back(&item);
    }
  }
  return featured;
}
```

前面的代码是用于从一家商店获取商品的。我们再写一个函数，从所有给定的商店获取商品：

```
Items get_all_featured_items(const Stores &stores) {
  auto all_featured = Items{};
  for (const auto &store : stores) {
    const auto featured_in_store = get_featured_items_for_store(*store);
    all_featured.reserve(all_featured.size() + featured_in_store.size());
    std::copy(std::begin(featured_in_store), std::end(featured_in_store),
              std::back_inserter(all_featured));
  }
  return all_featured;
}
```

前面的代码使用 `std::copy` 将元素插入向量中，并调用 `reserve` 预分配内存。

现在，我们有了一种获得有趣商品的方法，接下来我们根据“新鲜度”对它们进行分类，这样最近添加的商品就会优先展现：

```
void order_items_by_date_added(Items &items) {
  auto date_comparator = [](const auto &left, const auto &right) {
    return left->date_added > right->date_added;
  };
  std::sort(std::begin(items), std::end(items), date_comparator);
}
```

正如你所看到的，我们使用 `std::sort` 时用了自定义的比较函数。如果愿意，你也可以强制对 `left` 和 `right` 使用相同的类型。要以通用的方式实现这一点，我们需要使用另一个 C++20 特性：模板 lambda。我们将它们应用到前面的代码中：

```
void order_items_by_date_added(Items &items) {
  auto date_comparator = []<typename T>(const T &left, const T &right) {
    return left->date_added > right->date_added;
  };
  std::sort(std::begin(items), std::end(items), date_comparator);
}
```

lambda 的 `T` 类型将被推导出来，类似对其他模板那样。

缺少的最后两个部分是实际的展示代码和将全部功能黏合在一起的主函数。在我们的示例中，展示将会像输出到外部流（`ostream`）一样简单：

```
void render_item_gallery(const Items &items) {
  std::copy(
      std::begin(items), std::end(items),
      std::ostream_iterator<gsl::not_null<const Item *>>(std::cout, "\n"));
}
```

在我们的示例中，我们只需将每个元素复制到标准输出中，并在元素之间插入一个换行符。使用 `copy` 和 `ostream_iterator` 允许你自己处理元素的分隔符。在某些情况下，这很方便，例如你不希望最后一个元素后面有逗号（在本例中，是换行符）时。

最后，我们的主函数将是这样的：

```
int main() {
  auto fav_stores = get_favorite_stores_for(get_current_customer_id());

  auto selected_items = get_all_featured_items(fav_stores);

  order_items_by_date_added(selected_items);

  render_item_gallery(selected_items);
}
```

请随意运行该代码，看看它是如何展示特色商品的：

```
name: Handmade painted ceramic bowls, photo_url:
http://example.com/beautiful_bowl.png, description: Hand-crafted and hand-
decorated bowls made of fired clay, price: missing, date_added: Sun Jan  3
12:54:38 2021 CET, featured: 1
name: Oscypek, photo_url: missing, description: Tasty smoked cheese from
the Tatra mountains, price: 1.230000, date_added: Sun Jan  3 12:06:38 2021
CET, featured: 1
```

现在，我们已经完成了基本的实现，接下来我们来看如何通过C++20中的一些新特性来改进它。

5.3.2 标准范围介绍

我们的第一个添加项将是范围库（ranges）。你可能还记得，它可以帮助我们实现优雅、简单和声明式的代码。为了简洁起见，首先我们将引入 ranges 命名空间：

```
#include <ranges>

using namespace std::ranges;
```

定义商家、商品和商店的代码保持原样，我们从 get_featured_items_for_store 函数开始修改：

```
Items get_featured_items_for_store(const Store &store) {
  auto items = store.items | views::filter(&Item::featured) |
               views::transform([](const auto &item) {
                 return gsl::not_null<const Item *>(&item);
               });
  return Items(std::begin(items), std::end(items));
}
```

正如你所看到的，从容器中创建范围很简单：只需将其传递给管道操作符。我们可以使用 views::filter 表达式并给它传入一个成员指针（作为断言）而不是手写的循环来过滤特色商品。由于 std::invoke 的魔力，这将正确地过滤出所有使布尔数据成员被设置为 false 的商品。

接下来，我们需要将每个商品转换为 gsl::not_null 指针，这样就可以避免不必要的复制。最后，我们返回这样的指针向量，这与我们的基础代码相同。

现在，让我们看看如何使用前面的函数从所有商店获取所有特色商品：

```
Items get_all_featured_items(const Stores &stores) {
  auto all_featured = stores | views::transform([](auto elem) {
                        return get_featured_items_for_store(*elem);
                      });

  auto ret = Items{};
  for_each(all_featured, [&](auto elem) {
    ret.reserve(ret.size() + elem.size());
    copy(elem, std::back_inserter(ret));
  });
  return ret;
}
```

在这里，我们从所有商店创建了一个范围，并使用上一步创建的函数对它们进行转换。因为我们需要先解引用每个元素，所以我们使用了一个辅助 lambda。视图是延迟计算的，因此每个转换只会在它即将被使用时执行。这有时可以节省大量的时间和计算：假设你只想要前面 N 个商品，你可以跳过对 get_featured_items_for_store 不必要的调用。

一旦有了类似于基础实现的延迟视图，我们就可以在向量中保留空间，并从 all_featured

视图中的每个嵌套向量中复制商品。如果使用整个容器，那么使用范围算法更简洁。可以看到，复制操作不需要我们写 std::begin(elem) 和 std::end(elem)。

现在，我们已经有了商品，接下来我们使用范围来简化排序代码：

```
void order_items_by_date_added(Items &items) {
  sort(items, greater{}, &Item::date_added);
}
```

同样，你还可以看到范围是如何帮助你编写更简洁的代码的。前面的复制操作和这里的排序操作都是范围算法，而不是视图。它们允许你使用投影（projection）。在我们的例子中，我们只是传递了商品类的另一个成员，以便在排序时可以使用它进行比较。实际上，每个商品将被投影为它的添加日期（date.added），然后将使用 greater{} 进行比较。

但是，商品实际上是指向 Item 的 gsl::not_null 指针。这是如何工作的？其实，我们的投影将首先解引用 gsl::not_null 指针，这归功于 std::invoke 的智能。

最后一个改变在展示代码中：

```
void render_item_gallery([[maybe_unused]] const Items &items) {
  copy(items,
       std::ostream_iterator<gsl::not_null<const Item *>>(std::cout,
"\n"));
}
```

在这里，使用范围可以帮助我们删除一些模板代码。

当运行更新版本的代码时，应该得到与基本实现相同的输出。

如果你对范围的期望不仅仅是简化代码，那么有一个好消息：在我们的例子中，它们可以发挥更大的作用。

通过范围来减少内存开销，提高性能

你已经知道，在 std::ranges::views 中使用延迟计算可以消除不必要的计算，从而提高性能。在本例中，我们还可以使用范围来减少内存开销。让我们重新审视一下从商店获取特色商品的代码。它可缩短为：

```
auto get_featured_items_for_store(const Store &store) {
  return store.items | views::filter(&Item::featured) |
         views::transform(
             [](const auto &item) { return gsl::not_null(&item); });
}
```

请注意，函数不再返回商品，而是依赖于 C++14 的自动返回类型推断。在我们的例子中，代码将返回一个延迟视图，而不是返回一个向量。

我们来学习一下如何在所有的商店中使用这个功能：

```
Items get_all_featured_items(const Stores &stores) {
  auto all_featured = stores | views::transform([](auto elem) {
                        return get_featured_items_for_store(*elem);
                      }) |
                      views::join;
  auto as_items = Items{};
```

```
  as_items.reserve(distance(all_featured));
  copy(all_featured, std::back_inserter(as_items));
  return as_items;
}
```

现在，因为前面的函数返回视图而不是向量，所以在调用 transform 后我们将得到视图的视图。这意味着我们可以使用另一个称为 join 的标准视图来将嵌套的视图连接成一个统一的视图。

接下来，我们使用 std::ranges::distance 在目标向量中预先分配空间，之后再进行复制。有些范围是固定大小的，在这种情况下，你可以调用 std::ranges::size。这样，代码只需调用一次 reserve，这应该会给我们带来较大的性能提升。

这就是我们对代码中范围的介绍。我们用性能话题结束了本节的内容，接下来我们再介绍一个对 C++ 编程性能比较重要的主题。

5.4 在编译时移动计算

从 21 世纪初现代 C++ 出现开始，C++ 编程更多的是在编译过程中计算东西，而不是将计算延迟到运行时。在编译过程中检测错误比以后再调试错误要方便、容易得多。类似地，在程序启动之前准备好结果比稍后计算结果要快得多。

最初，先是出现了模板元编程，但是随着 C++11 的发布，每代新的标准都为编译时计算带来了额外的特性：无论是类型特征、类似 std::enable_if 或 std::void_t 的构造，还是 C++20 只在编译时进行计算的 consteval 。

一个经过多年改进的特性是 constexpr 关键字及其相关代码。C++20 确实改进和扩展了 constexpr。现在，归功于以前的标准，你不仅可以编写常规的简单 constexpr 函数（比 C++11 的单表达式有很大的改进），还可以在其中使用动态分配和异常，更不用说 std::vector 和 std::string 了。

除此之外，即使是虚函数现在也可以是 constexpr，重载解析照常发生，但是如果给定的函数是 constexpr，它就可以在编译时被调用。

然而，另一个改进是对标准算法的。它们的非并行版本都可以在编译时代码中使用。考虑以下例子，它可用于检查容器中是否存在给定的商家：

```
#include <algorithm>
#include <array>

struct Merchant { int id; };

bool has_merchant(const Merchant &selected) {
  auto merchants = std::array{Merchant{1}, Merchant{2}, Merchant{3},
                              Merchant{4}, Merchant{5}};
  return std::binary_search(merchants.begin(), merchants.end(), selected,
                            [](auto a, auto b) { return a.id < b.id; });
}
```

正如你所看到的，我们正在对一个商家（按 id 排序）数组进行二分搜索。

为了深入了解该代码及其性能，我们建议你快速查看一下该代码生成的汇编代码。随着编译时计算的出现和对高性能的追求，https://godbolt.org 站点成为宝贵工具之一。它可以用于快速处理代码，以查看不同的架构、编译器、标志、库版本和实现是如何影响生成的汇编代码的。

我们使用 GCC 主分支（在 GCC 11 正式发布前）测试了之前的代码，使用的选项是 `-O3` 和 `-std=c++2a`。在我们的例子中，我们检查以下代码生成的汇编代码：

```
int main() { return has_merchant({4}); }
```

你可以在 https://godbolt.org/z/PYMTYx 中看到生成的汇编代码。

但是，你可以说在汇编代码中有一个函数调用，所以也许我们可以内联它，这样就可以优化得更好？这是一个不错的观点。通常，这很有帮助，那么我们做一下汇编内联（参见 https://godbolt.org/z/hPadxd）。

现在，请尝试将该函数签名更改为以下内容：

```
constexpr bool has_merchant(const Merchant &selected)
```

`constexpr` 函数是默认包含了内联的，所以我们删除了 `inline` 关键字。如果调查一下汇编代码，就会看到搜索被优化掉了！正如你在 https://godbolt.org/z/v3hj3E 中所看到的，剩下的所有汇编代码如下：

```
main:
        mov     eax, 1
        ret
```

编译器优化了我们的代码，只剩下返回我们预先计算的结果。这很令人印象深刻，不是吗？

使编译器通过 const 来帮助你

编译器可以很好地进行优化，即使你没有像前面的示例那样给它们提供 `inline` 或 `constexpr` 关键字。帮助它们提高性能的一件事是将变量和函数标记为 `const`。更重要的是，它还可以帮助你避免代码出错。许多语言在默认情况下都有不可变的变量，这可能减少 bug，使代码更容易推理，产生更快的多线程性能。

尽管 C++ 变量在默认情况下是可变的，但你需要显式地输入 `const`，我们鼓励你这样做。它真的可以帮你预防因为拼写错误而修改了本不应该修改的变量，这种错误挺棘手的。

使用 `const`（或 `constexpr`）代码是类型安全这一更大哲学思想的一部分。

5.5 利用安全类型的力量

C++ 严重依赖类型安全代码机制。诸如显式构造函数和转换操作符等语言构造已经在该语言中嵌入了很长时间。越来越多的安全类型正在被引入标准库中。optional 可以帮助你避免引用空值，string_view 可以帮助你避免超出范围，any 可作为任何类型的安全包装，等等。此外，由于它的零成本抽象，建议你自己创建有用的、很难或不可能被误用的类型。

通常，使用 C 风格的构造可能会导致代码类型不安全。其中一个例子是 C 风格的强制转换。它们可以分为 const_cast、static_cast、reinterpret_cast，或者将后两个转换中的一个与 const_cast 相结合。意外地写入一个被转换（const_cast）的 const 对象是未定义的行为。从 reinterpret_cast<T> 返回的读取内存也是如此，如果 T 不是对象的原始类型的话（C++20 的 std::bit_cast 在这里可以提供帮助）。如果使用 C++ 强制转换，这两种情况都更容易避免。

说到类型，C 可能太宽容了。幸运的是，C++ 引入了许多类型安全的方案来替代有问题的 C 构造。用 stream 和 std::format 来取代 printf 等，用 std::copy 和其他类似的算法来替代不安全的 memcpy。最后，用模板来取代 void* 函数（在性能方面也会付出代价）。在 C++ 中，模板通过一个被称为概念（concept）的特性获得了更多的类型安全性。我们来看如何使用它们来改进代码。

约束模板参数

概念（concept）改进代码的第一种方法是使它更加通用。你还记得需要在一个地方更改容器类型的情况（这也导致在其他地方发生一连串的更改）吗？如果你没有将容器更改为具有完全不同语义的容器，并且必须以不同的方式使用该容器，那么这就意味着你的代码可能还不够通用。

此外，你是否曾经编写过模板或在代码中大量使用过 auto，并且想知道如果有人改变了底层类型，你的代码是否会崩溃？

概念旨在在你正在操作的类型上放置正确的约束级别。它们限制了模板可以匹配的类型，并在编译时进行检查。例如，假设你写了以下内容：

```
template<typename T>
void foo(T& t) {...}
```

现在，你可以写以下内容来代替上述代码：

```
void foo(std::swappable auto& t) {...}
```

在这里，foo() 必须传递一个支持 std::swap 的类型才能工作。

你还记得一些匹配了太多类型的模板吗？以前，你可以使用 std::enable_if、std::void_t 或 if constexpr 来约束它们。但是，编写 enable_if 语句有点麻烦，而且可能会增加编译时间。在这里，概念由于简洁和明确而有很大优势。

C++20 中有几十个标准的概念。它们中的大多数都在 <concepts> 头文件中，可分为四类：

- 核心语言概念，如 derived_from、integral、swappable，以及 move_constructible。
- 比较概念，如 boolean-testable、equality_comparable_with，以及 totally_ordered。
- 对象概念，如 movable、copyable、semiregular，以及 regular。
- 可调用的概念，如 invokable、predicate，以及 strict_weak_order。

<iterator> 头文件中定义了其他的概念。这些可分为以下类别：

- 间接可调用的概念，如 indirect_binary_predicate 和 indirectly_unary_invocable。
- 常见的算法需求，如 indirectly_swappable、permutable、mergeable 和 sortable。

最后，还有一些概念可以在 <ranges> 头文件中找到，包括 range（duh）、contiguous_range，以及 view。

如果这还不足以满足你的需求，那么你可以像我们刚刚介绍的标准定义一样声明自己的概念。例如，movable 概念是这样实现的：

```
template <class T>
concept movable = std::is_object_v<T> && std::move_constructible<T> &&
std::assignable_from<T&, T> && std::swappable<T>;
```

此外，如果查看 std::swappable，你会看到以下内容：

```
template<class T>
concept swappable = requires(T& a, T& b) { ranges::swap(a, b); };
```

这意味着，如果 ranges::swap(a, b) 对类型 T 的两个引用可编译，则该类型是可交换（swappable）的。

在定义自己的概念时，请确保满足了它们的语义需求。在定义接口时指定和使用概念是对该接口的使用者做出的承诺。

通常，为了简洁，可以在声明中使用所谓的缩写形式：

```
void sink(std::movable auto& resource);
```

为了保证可读性和类型的安全性，建议使用 auto 和概念一起来约束类型，让读者知道他们正在处理的对象的类型。以这种方式编写的代码将保留类似 auto 的通用性的好处。在常规函数和 lambda 中都可以使用它。

使用概念的一大好处是提供更短的错误消息。将几十行的编译错误消息删减到几行是很常见的。另一个好处是可以重载概念。

现在，让我们回到多米尼加博览会的例子上来。这一次，我们将添加一些概念，看看它们如何改进我们的实现。

首先，我们让 get_all_featured_items 只返回一部分商品。我们可以通过将概念添加到返回类型中来实现，比如：

```
range auto get_all_featured_items(const Stores &stores);
```

到目前为止还不错。现在，让我们为这种类型添加另一个要求，该要求将在我们调用 order_items_by_date_added 时强制执行：我们的范围必须是可排序的。std::sortable 是为范围迭代器定义的，但是为了方便，我们定义一个称为 sortable_range 的概念：

```
template <typename Range, typename Comp, typename Proj>
concept sortable_range =
    random_access_range<Range> &&std::sortable<iterator_t<Range>, Comp,
Proj>;
```

与标准库中的类似，我们可以接受比较函数和投影（我们通过范围引入的）。我们的概念将被匹配符合 random_access_range 概念的类型，有一个符合上述可排序概念的迭代器。就这么简单。

当定义概念时，你还可以使用 requires 子句来指定附加的约束。例如，如果你希望范围只存储包含 date_added 成员的元素，则可以编写以下内容：

```
template <typename Range, typename Comp>
concept sortable_indirectly_dated_range =
    random_access_range<Range> &&std::sortable<iterator_t<Range>, Comp> &&
requires(range_value_t<Range> v) { { v->date_added }; };
```

然而，在我们的例子中，我们不需要对类型施加那么多的约束，因为在定义、使用概念时应该保留一些灵活性，这样重复使用它们才有意义。

这里要注意的是，你可以使用 requires 子句指定在满足概念需求时调用哪些代码应该有效。如果需要，可以为每个子表达式返回的类型指定约束。例如，要定义一个递增的约束，可以使用以下方法：

```
requires(I i) {
  { i++ } -> std::same_as<I>;
}
```

现在，我们有了概念，接下来我们重新定义 order_items_by_date_added 函数：

```
void order_items_by_date_added(
    sortable_range<greater, decltype(&Item::date_added)> auto &items) {
  sort(items, greater{}, &Item::date_added);
}
```

现在，编译器将检查传递给它的范围是否可排序，是否包含可以使用 std::ranges::greater{} 进行排序的 date_added 成员。

如果我们在这里使用约束更强的概念，这个函数应该是这样的：

```
void order_items_by_date_added(
    sortable_indirectly_dated_range<greater> auto &items) {
  sort(items, greater{}, &Item::date_added);
}
```

最后，让我们重新实现一下展示函数：

```
template <input_range Container>
requires std::is_same_v<typename Container::value_type,
                        gsl::not_null<const Item *>> void
render_item_gallery(const Container &items) {
  copy(items,
       std::ostream_iterator<typename Container::value_type>(std::cout,
"\n"));
}
```

在这里，你可以看到，在模板声明中可以使用概念名称来代替 typename 关键字。在这下面的一行中，你可以看到 requires 关键字也可以用于根据它们的特征进一步约束适当的类型。如果你不想指定新的概念，这可能很方便。

这就是概念（concept）。现在，我们来编写一些模块化的 C++ 代码。

5.6 编写模块化的 C++ 代码

本章将讨论的最后一个重要 C++ 特性是模块（module）。它们是 C++20 中对构建和分隔代码有很大影响的一个新特性。

C++ 已经使用 #include 很长时间了。然而，这种文本形式的依赖项包含形式有其缺陷，如下所示：

- 由于需要处理大量的文本（即使是预处理后的 Hello World 也需要大约 50 万行代码），因此速度很慢。这将导致**单定义规则**（One-Definition Rule，ODR）违规。
- include 的顺序很关键，但不应如此。这个问题比前一个糟糕得多，因为它会导致循环依赖。
- 最后，很难封装那些只需要包含在头文件中的东西。即使你把一些东西放在详细的命名空间中，也会有人使用它，正如 Hyrum 定律所预测的那样。

幸运的是，我们有模块这个工具。模块可以解决上述缺陷，大大缩短构建时间，并带来更好的可伸缩性。使用模块，只需导出要导出的内容，这可以带来良好的封装性。特定的 include 依赖顺序也不再是问题，因为导入的顺序对模块而言并不重要。

不幸的是，在撰写本书时，编译器对模块的支持仍然只是部分完成。这就是我们决定只展示 GCC 11 中已经可用的内容的原因。遗憾的是，这意味着这里不会涉及诸如模块划分之类的内容。

编译后，每个模块不仅会编译成对象文件，还会编译成模块接口文件。这意味着编译器可以快速地知道给定模块所包含的类型和函数，而不是解析包含所有依赖项的文件。你需要做的就是输入以下内容：

```
import my_module;
```

只要 my_module 被编译并可用，你就可以使用它。模块本身应该在 .cppm 文件中定义，但 CMake 仍然不支持这些文件，所以暂时最好还是把它们命名为 .cpp。

闲话少说，我们回到多米尼加博览会例子，展示一下如何在实践中使用它们。

首先，我们为客户代码创建第一个模块，从以下指令开始：

```
module;
```

此语句表示，从现在起此模块中的所有内容都将是私有的。这标记了放置不会导出的 include 和其他内容的好地方。

接下来，我们必须指定想要导出的模块的名称：

```
export module customer;
```

这便是我们稍后用于导入该模块的名称。这行必须出现在导出的内容之前。现在，我们指定模块实际导出什么，在定义语句前加上 export 关键字：

```
export using CustomerId = int;

export CustomerId get_current_customer_id() { return 42; }
```

完成了！第一个模块已经可以使用了。接下来，我们为商家创建一个模块：

```
module;

export module merchant;

export struct Merchant {
  int id;
};
```

与第一个模块非常相似，这里我们指定了要导出的模块名称和数据类型（第一个模块导出的是类型别名和函数）。你还可以导出其他定义，如模板。但是，由于你需要导入 <header_file> 来让宏变得可见，所以使用宏会变得比较复杂。

顺便说一下，模块的一大优点是它们不允许宏传播到导入的模块。这意味着当你编写以下代码时，该模块将不会定义 MY_MACRO：

```
#define MY_MACRO
import my_module;
```

它有助于保持模块功能的确定性，因为它可以避免其他模块中的代码被破坏。

现在，我们为商店和商品定义第三个模块。我们不会讨论导出其他函数、枚举和其他类型，因为这与前两个模块没有什么不同。我们想讨论的是模块文件是如何启动的。首先，我们在私有模块部分中包含我们需要的内容：

```
module;

#include <chrono>
#include <iomanip>
#include <optional>
#include <string>
#include <vector>
```

在 C++20 中，标准库头文件还不是模块，但这种情况可能会在不久的将来发生改变。

现在，我们来看接下来会发生什么：

```
export module store;

export import merchant;
```

这是最有趣的部分。商店模块导入了刚刚定义的商家模块，然后将其作为商店接口的一部分重新导出。如果你的模块是其他模块的外观（facade），例如在不久的将来的模块划分（也是 C++20 的一部分）中，这将会很方便。如果可用，你可以把模块拆分在多个文件中，其中一个可能包含以下内容：

```
export module my_module:foo;

export template<typename T> foo() {}
```

正如我们前面讨论的，它将由模块的主文件导出：

```
export module my_module;

export import :foo;
```

模块和 C++ 的主要特性介绍到此结束。我们来总结一下本章学习的内容。

5.7 总结

在本章中，你了解了许多 C++ 特性及如何用这些特性编写简洁、高效的 C++ 代码，以及如何提供适当的 C++ 组件接口。你现在可以应用像 RAII 这样的规则来编写没有资源泄漏的优雅代码。你还学习了如何用诸如 `std::optional` 等类型在接口中更好地表达自己的意图。

接下来，你学习了如何使用泛型 lambda 和模板 lambda，以及 `if constexpr` 来编写代码量更少的适合不同类型的代码。你现在可以使用指定初始化函数以清晰的方式定义对象。

之后，你学习了如何使用标准范围以声明式风格编写简单代码，如何使用 `constexpr` 编写能够在编译时和运行时执行的代码，以及如何使用概念（concept）编写更有约束的模板代码。

最后，你学习了如何用 C++ 模块编写模块化代码。在第 6 章中，我们将讨论如何设计 C++ 代码，以便我们可以基于可用的习语和模式进行构建。

问题

1. 如何确保代码打开的每个文件在它不再被使用时都会被关闭？
2. 应该何时在 C++ 代码中使用“裸”指针？
3. 什么是推断指引？

4. 什么时候应该使用 `std::optional` 以及 `gsl::not_null`？
5. 范围算法与视图有何不同？
6. 在定义函数时，除了通过指定概念的名称来约束类型，还可以怎么做？
7. `import X` 与 `import <X>` 有何不同？

进一步阅读

- *C++ Core Guidelines*, the section on *Concepts*: `https://isocpp.github.io/CppCoreGuidelines/CppCoreGuidelines#Rt-concepts`
- libstdc++'s implementation of `std::chrono`: `https://code.woboq.org/gcc/libstdc++-v3/include/std/chrono.html`

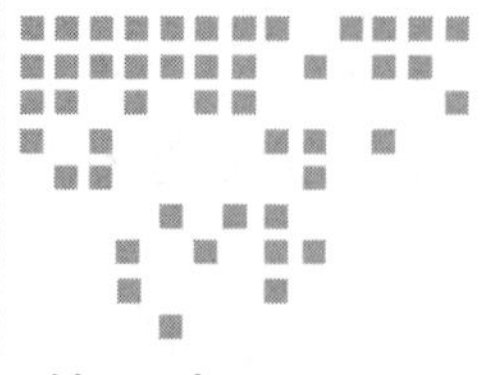

Chapter 6 第6章

设计模式和 C++

C++ 不仅仅是一种面向对象的语言，它也并非只提供动态多态性，所以 C++ 的设计不仅仅是 GoF 的设计模式。本章将介绍常用的 C++ 习语和设计模式，以及它们的使用场景。

6.1 技术要求

本章中的代码需要以下工具来构建和运行：

- 支持 C++20 的编译器。
- CMake 3.15+。

本章中的源代码地址为 https://github.com/PacktPublishing/Software-Architecture-with-Cpp/tree/master/Chapter06。

6.2 C++ 编程习语

如果你熟悉面向对象的编程语言，那么你一定听说过 GoF 的设计模式。虽然它们可以用 C++ 实现（通常是），但这种多范式语言通常采用不同的方法来实现相同的目标。如果你想在性能上击败所谓的基于“咖啡”（coffee）的语言（如 Java 或 C#），那么有时虚分派（virtual dispatch）的成本太高了。在很多情况下，你会预先知道要处理的类型。对于这种情况，通常可以使用语言和标准库中可用的工具编写更高性能的代码。在这些工具中，我们将用“语言习语”来开启这一章。我们先来看看其中的一些例子。

根据定义，习语是在给定语言中反复出现的结构，是给定语言的特定表达。把 C++ 掌握到“母语”程度的人应该凭直觉知道它的习语。我们已经提到了智能指针，这是最常见的习语之一。现在，我们来讨论一个类似的问题。

6.2.1 使用 RAII 保护自动执行作用域的退出操作

C++ 中最强大的表达式之一是结束作用域的大括号。这是析构函数被调用和 RAII 魔法发生的地方。要控制这个“咒语”，你不需要使用智能指针，所需要的只是一个 RAII 保护（RAII Guard）——一个对象，当构建时，将记住它在被销毁时需要做什么。这样，无论作用域是正常退出还是异常退出，退出操作都会自动发生。

最好的部分是，你甚至不需要从头开始编写 RAII 保护，各种库中已经存在测试良好的实现。如果你使用的是 GSL，则可以使用 `gsl::finally()`。请考虑以下示例：

```
using namespace std::chrono;

void self_measuring_function() {
  auto timestamp_begin = high_resolution_clock::now();

  auto cleanup = gsl::finally([timestamp_begin] {
    auto timestamp_end = high_resolution_clock::now();
    std::cout << "Execution took: " <<
duration_cast<microseconds>(timestamp_end - timestamp_begin).count() << "
us";
  });
  // perform work
  // throw std::runtime_error{"Unexpected fault"};
}
```

这里，我们在函数开始时和结束时各取一个时间戳。尝试运行此示例，看看取消注释 `throw` 语句对执行的影响。在这两种情况下，RAII 保护程序都会正确地输出执行时间（假设异常在某个地方被捕获）。

现在，我们来讨论一些更流行的 C++ 习语。

6.2.2 管理可复制性和可移动性

在设计 C++ 中的新类型时，重要的是决定它是否应该是可复制和可移动的。更重要的是正确地为类实现这些语义。现在，我们来讨论一下这些问题。

1. 实现不可复制的类型

有些情况下，你不希望复制某个类，例如当类的复制成本非常高的时候。另一种情况是那些由于切片而容易出错的情况。在过去，防止这些对象被复制的一种常见方法是使用不可复制的习语：

```
struct Noncopyable {
  Noncopyable() = default;
  Noncopyable(const Noncopyable&) = delete;
  Noncopyable& operator=(const Noncopyable&) = delete;
};
```

```
class MyType : NonCopyable {};
```

但是，请注意，这样的类也是不可移动的，这一点在阅读类定义时很容易忽略。更好的方法是只显式地添加两个缺失的成员（移动构造函数和移动赋值操作符）。根据经验，在声明这些特殊成员函数时，需要声明所有这些函数。这意味着从 C++11 开始，首选的方法应像下面这样：

```
struct MyTypeV2 {
  MyTypeV2() = default;
  MyTypeV2(const MyTypeV2 &) = delete;
  MyTypeV2 & operator=(const MyTypeV2 &) = delete;
  MyTypeV2(MyTypeV2 &&) = delete;
  MyTypeV2 & operator=(MyTypeV2 &&) = delete;
};
```

这一次，成员直接在目标类型中定义，而不需要借助 NonCopyable 类型。

2. 遵守三法则和五法则

在讨论特殊的成员函数时，还有一件事要提及：如果你不删除它们并提供了自己的实现，那么很可能需要定义所有这些函数，包括析构函数。这在 C++98 中被称为三法则（因为需要定义三个函数：拷贝构造函数、拷贝赋值操作符，以及析构函数），因为 C++11 的移动操作，现在取而代之的是五法则（包含两个额外的函数：移动构造函数和移动赋值操作符）。应用这些法则可以帮助你避免资源管理问题。

3. 遵守零开销法则

另外，如果你只使用所有特殊成员函数的默认实现就可以了，那么就根本不用声明它们。这是你想使用默认行为的一个明显迹象。这也是最不令人困惑的事情。考虑以下类型：

```
class PotentiallyMisleading {
public:
  PotentiallyMisleading() = default;
  PotentiallyMisleading(const PotentiallyMisleading &) = default;
  PotentiallyMisleading &operator=(const PotentiallyMisleading &) =
default;
  PotentiallyMisleading(PotentiallyMisleading &&) = default;
  PotentiallyMisleading &operator=(PotentiallyMisleading &&) = default;
  ~PotentiallyMisleading() = default;

private:
  std::unique_ptr<int> int_;
};
```

即使我们使用了所有的默认成员，这个类仍然是不可复制的。这是因为它有一个本身不可复制的 unique_ptr 成员。幸运的是，Clang 会警告这一点，但 GCC 在默认情况下不会警告你。更好的方法是使用零开销法则，像下面这样写：

```
class RuleOfZero {
  std::unique_ptr<int> int_;
};
```

现在，模板代码减少了，通过查看成员，更容易注意到它不支持复制。

关于复制，还有一个更重要的习语，你马上就会知道。在此之前，我们将讨论另一个习语，它可以（也应该）用来实现第一个习语。

6.2.3 使用隐藏的友元

本质上，隐藏的友元是在声明它们为友元的类型中定义的非成员函数。这使得这些函数不可能通过使用**参数依赖查找**（ADL）以外的方式进行调用，从而有效地将它们隐藏起来。因为它们减少了编译器所考虑的重载数量，所以加快了编译速度。这样做的一个好处是，它们提供的错误消息比其他替代方案更短。它们最后一个有趣的特性是，如果应该首先发生隐式转换，则不能调用它们。这可以帮助你避免这种意外的转换。

虽然通常在C++中不推荐使用友元，但隐藏友元的情况不同；如果前一段的优势不能说服你，那你还应该知道它们是实现自定义点的首选方式。现在，你可能想知道自定义点（customization point）是什么。简而言之，它们是用户可以针对其类型的库代码使用的标签。标准库为这些标签保留了大量的名称，例如`begin`、`end`以及它们的反转和常量变体，`swap`、`(s)size`、`(c)data`和许多操作符等。如果你决定为这些自定义点提供自己的实现，那么它最好按照标准库的期望运行。

理论介绍到此为止。我们来看如何在实践中使用隐藏的友元来提供专门的自定义点。例如，我们创建一个非常简单的类来管理类型的数组：

```
template <typename T> class Array {
public:
  Array(T *array, int size) : array_{array}, size_{size} {}

  ~Array() { delete[] array_; }

  T &operator[](int index) { return array_[index]; }
  int size() const { return size_; }

  friend void swap(Array &left, Array &right) noexcept {
    using std::swap;
    swap(left.array_, right.array_);
    swap(left.size_, right.size_);
  }

private:
  T *array_;
  int size_;
};
```

如你所见，我们定义了一个析构函数，这意味着我们也应该提供其他特殊的成员函数。我们将在下一节中使用隐藏的友元`swap`来实现它们。注意，尽管在`Array`类的主体中声明，这个`swap`函数仍然是一个非成员函数。它接受两个`Array`实例，并且不能访问`this`指针。

使用`std::swap`可以使编译器首先在被交换成员的命名空间中查找`swap`函数。如果没有找到，它将返回到`std::swap`。这被称为two-step ADL和回退习语，简称twostep，因为我们首先使 std::swap 可见，然后调用 swap。noexcept 关键字告诉编译器，swap 函数不抛出异常，这允许它在某些情况下生成更快的代码。除 swap 之外，默认构造函数和移动构造函数也可以用 noexcept 关键字来生成更快的代码。

现在有了 swap 函数，我们继续使用它将另一个习语应用到 Array 类中。

6.2.4 使用复制和交换习语提供异常安全性

正如我们在前一节中提到的，因为 Array 类定义了一个析构函数，根据五法则，它还应该定义其他的特殊成员函数。本节将介绍一个习语，它可以让我们在没有模板代码的情况下完成这一点，同时还有添加强大异常安全性的额外好处。

如果你不熟悉异常的安全级别，那么可以快速回顾一下函数和类型可以提供的异常安全级别：

- **无保证**：这是最基本的级别。在抛出异常后，不能保证对象的状态。
- **基本的异常安全**：可能有副作用，但对象不会泄漏任何资源，并将处于有效的状态，且包含有效的数据（不一定与操作前相同）。你的类型至少应该总是提供这个级别的安全。
- **强异常安全**：不会产生任何副作用。对象的状态将与操作之前相同。
- **保证无异常抛出**：操作将永远成功。如果在操作期间抛出异常，将在内部捕获和处理异常，以便操作不会在外部抛出异常。这些操作可以标记为 noexcept。

那么，我们怎么才能一举两得，在不提供那些模板成员函数的同时提供强异常安全呢？实际上，这很容易。由于我们有 swap 函数，因此我们使用它来实现赋值操作符：

```
Array &operator=(Array other) noexcept {
  swap(*this, other);
  return *this;
}
```

在我们的例子中，单个操作符就足以满足拷贝赋值和移动赋值。在拷贝赋值的情况下，我们按值来取参数，会进行临时复制。然后，我们需要做的就是交换成员。我们不仅实现了强异常安全，而且也能保证不在赋值操作符的执行中抛出异常。但是，在调用函数之前，仍然可以抛出异常。在移动赋值的情况下，不进行复制，因为取值时将只取移动的对象。

现在，我们来定义拷贝构造函数：

```
  Array(const Array &other) : array_{new T[other.size_]},
size_{other.size_} {
  std::copy_n(other.array_, size_, array_);
}
```

这段代码可以根据 T 抛出异常，因为它分配了内存。现在，我们来定义移动构造函数：

```
  Array(Array &&other) noexcept
      : array_{std::exchange(other.array_, nullptr)},
size_{std::exchange(other.size_, 0)} {}
```

在这里，我们使用 std::exchange，这样我们的成员被初始化，而 other 的成员将被清理，所有这些都发生在初始化列表上。构造函数被声明为 noexcept 是出于性能考虑。例如，std::vector 在长度增加时移动元素，仅当其移动构造函数被标记 noexcept 时，否则将复制元素。

我们已经创建了一个 array 类，简单且在没有重复代码的情况下就提供了强异常安全保证。

现在，我们来讨论另一个 C++ 习语，它可以在标准库中的几个地方看到。

6.2.5　编写 niebloid

niebloid 以 Eric Niebler 的名字命名，是一种函数对象，被 C++ 标准用于 C++17 以后的自定义点。随着第 5 章中描述的标准范围的引入，niebloid 开始变得更流行，但它是 Niebler 在 2014 年首先提出的。**其目的是禁用不需要的 ADL，使编译器不考虑从其他命名空间中进行重载**。还记得前面几节中的 two-step 习语吗？由于它使用不方便且容易被忘记，因此引入了自定义点对象的概念。本质上，这些函数对象都可以执行 two-step 习语。

如果你的库应该提供自定义点，那么使用 niebloid 来实现它们可能是一个好主意。C++17 及以后版本中引入的标准库中的所有自定义点都以这种方式实现是有原因的。即使你只需要创建一个函数对象，仍然可以考虑使用 niebloid。它们提供了 ADL 的所有优点，同时减少了缺点。它们允许专门化，并与概念（concept）一起为你提供一种自定义的可调用对象重载集的方法。它们还允许更好地定制算法，其代价是需要编写比平时略多一些的代码。

本节将创建一个简单的范围算法，并将其实现为 niebloid。我们将其命名为 contains，因为它将简单地返回一个布尔值，表示是否在范围内找到给定的元素。首先，我们创建函数对象本身，从声明其基于迭代器的调用操作符开始：

```
namespace detail {
struct contains_fn final {
  template <std::input_iterator It, std::sentinel_for<It> Sent, typename T,
            typename Proj = std::identity>
  requires std::indirect_binary_predicate<
      std::ranges::equal_to, std::projected<It, Proj>, const T *> constexpr
bool
  operator()(It first, Sent last, const T &value, Proj projection = {})
const {
```

代码看起来很长，但所有这些代码都有其目的。我们将结构体定义为 final，帮助编译器生成更有效的代码。如果查看模板参数，你将看到一个迭代器和一个 sentinel——每个标准范围的基本组成部分。sentinel 通常是一个迭代器，但它是能与迭代器进行比较的半正则类型（半正则类型是可复制和默认初始化的）。接下来，T 是要搜索的元素类型，而 Proj 表示投影（projection）——在比较之前应用于每个范围元素的操作（std::identity 默认简单地将其输入作为输出）。

在模板参数之后，是对它们的要求；操作符要求我们比较投影值和搜索的值是否相等。

在这些约束之后，只需指定函数参数。

现在，我们来看它是如何实现的：

```
  while (first != last && std::invoke(projection, *first) != value)
    ++first;
  return first != last;
}
```

在这里，我们只是简单地遍历元素，调用每个元素的投影并将其与搜索的值进行比较。如果找到了搜索值，则返回 true，否则返回 false（当 first == last 时）。

即使没有使用标准范围，前面的函数也可以工作。我们需要对范围进行重载。其声明如下：

```
template <std::ranges::input_range Range, typename T,
          typename Proj = std::identity>
requires std::indirect_binary_predicate<
    std::ranges::equal_to,
    std::projected<std::ranges::iterator_t<Range>, Proj>,
    const T *> constexpr bool
operator()(Range &&range, const T &value, Proj projection = {}) const {
```

这一次，我们将满足 input_range 概念的类型、元素值和投影类型作为模板参数。我们要求在调用投影后范围的迭代器可以与 T 类型的对象进行相等比较，就像之前一样。最后，我们使用范围、值和投影作为重载的参数。

这个操作符的主体也非常简单：

```
    return (*this)(std::ranges::begin(range), std::ranges::end(range),
value,
                   std::move(projection));
  }
};
}  // namespace detail
```

我们只需使用给定范围的迭代器和 sentinel 来调用前一个重载，同时保持传递的值和投影不变。最后，我们需要提供一个 contains niebloid，而不仅仅是可调用的 contains_fn：

```
inline constexpr detail::contains_fn contains{};
```

通过声明名为 contains 的 contains_fn 类型的内联变量，我们允许任何人使用该变量名调用 niebloid。现在，我们自己调用一下，看看它是否有效：

```
int main() {
  auto ints = std::ranges::views::iota(0) | std::ranges::views::take(5);

  return contains(ints, 42);
}
```

就是这样。不使用 ADL 的仿函数（functor）按预期工作。

如果你认为这些都太冗长了，那么你可能会对 tag_invoke 感兴趣，它可能会在将来的某个时候成为标准的一部分。参考“进一步阅读”部分关于这个主题的论文和 YouTube

视频，它们很好地解释了ADL、niebloid、隐藏友元和 tag_invoke 。

现在，我们继续讨论另一个有用的C++习语。

6.2.6 基于策略的设计习语

基于策略的设计首先是由Andrei Alexandrescu在他优秀的*Modern C++ Design*一书中提出的。虽然出版于2001年，但它所显示的许多想法至今仍被使用。我们建议大家阅读一下它，见“进一步阅读”部分。策略习语基本上是编译时版本的GoF策略模式。如果需要编写具有可定制行为的类，则可以将其做成一个模板，将适当的策略作为模板参数。这方面的一个实际例子是标准分配器，它作为最后一个模板参数传递给许多C++容器，这种情况下它被当作一个策略。

让我们返回到 Array 类，并添加一个用于调试输出的策略：

```
template <typename T, typename DebugPrintingPolicy = NullPrintingPolicy>
class Array {
```

如你所见，我们可以使用一个不会输出任何内容的默认策略。NullPrintingPolicy 的实现如下：

```
struct NullPrintingPolicy {
  template <typename... Args> void operator()(Args...) {}
};
```

如你所见，无论传入的参数是什么，它都不会起到任何作用。编译器将彻底优化掉它，因此当不使用调试输出特性时，将不会有任何开销。

如果我们希望类的输出信息更详细一些，则可以使用一个不同的策略：

```
struct CoutPrintingPolicy {
  void operator()(std::string_view text) { std::cout << text << std::endl;
}
};
```

这一次，我们简单地把传递给策略的文本输出到 cout。我们还需要修改类来实际使用策略：

```
  Array(T *array, int size) : array_{array}, size_{size} {
    DebugPrintingPolicy{}("constructor");
  }

  Array(const Array &other) : array_{new T[other.size_]},
size_{other.size_} {
    DebugPrintingPolicy{}("copy constructor");
    std::copy_n(other.array_, size_, array_);
  }

  // ... other members ...
```

我们只需调用策略的操作符 () 来传递要输出的文本。由于策略是无状态的，因此我们可以在每次需要使用它时将其实例化，而不需要花费额外的成本。另一种方法是在它里面调用一个静态函数。

现在，我们需要做的就是用所需的策略实例化 Array 类并使用它：

```
Array<T, CoutPrintingPolicy>(new T[size], size);
```

使用编译时策略的一个缺点是，使用不同策略的模板实例化具有不同的类型。这意味着需要做更多的工作，例如，从常规 Array 类赋值给具有 CoutPrintingPolicy 的类。为此，你需要将赋值操作符实现为模板函数，并将策略作为模板参数。

有时，使用策略的另一种替代方法是使用特征（trait）。以 std::iterator_traits 为例，它可用于在编写使用迭代器的算法时使用有关迭代器的各种信息。一个例子是 std::iterator_traits<T>::value_type，它既可以用作 value_type 成员的自定义迭代器，也可以用作简单的指针（在这种情况下，value_type 将指代指向类型）。

关于基于策略的设计已经介绍的足够多了。我们接下来学习一个强大的习语，它可以应用于多个场景。

6.3 奇异递归模板模式

尽管名字中有“模式”二字，但奇异递归模板模式（Curiously Recurring Template Pattern，CRTP）实际上是 C++ 中的一个习语。它可以用于实现其他习语和设计模式，并应用静态多态性。

6.3.1 知道何时使用动态多态性和静态多态性

当提到多态性时，许多程序员会想到动态多态性，即在运行时收集执行函数调用所需的信息。与此相反，静态多态性是在编译时确定调用的。前者的一个优点是，你可以在运行时修改类型列表，从而允许通过插件和库来扩展类层次结构。第二种方法的最大优点是，如果你预先知道类型，则可以获得更好的性能。当然，在第一种情况下，有时你可以期望编译器去虚化（devirtualize）调用，但你不能总指望它这样做。但是，在第二种情况下，编译时间会更长。

鱼与熊掌不可兼得。尽管如此，为类型选择正确的多态性类型还是会有很大的帮助。如果性能是最重要的考虑因素，我们强烈建议你考虑静态多态性。CRTP 是一个可以用来实现它的习语。

许多设计模式都可以用某种方式来实现。由于动态多态性的代价并不总是值得付出的，GoF 设计模式往往不是 C++ 的最佳解决方案。如果类型层次结构应该在运行时进行扩展，或者编译时长对你来说是一个比性能更大的问题（而且你不打算很快使用模块），那么 GoF 设计模式的经典实现可能挺合适你。否则，你可以尝试使用静态多态性或应用更简单的 C++ 解决方案来实现它们，我们将在本章中描述其中的一些解决方案。关键是选择最适合的工具。

6.3.2 实现静态多态性

现在，我们来实现静态多态类层次结构。我们需要一个基本的模板类：

```
template <typename ConcreteItem> class GlamorousItem {
public:
  void appear_in_full_glory() {
    static_cast<ConcreteItem *>(this)->appear_in_full_glory();
  }
};
```

基类的模板参数是派生类。这一开始看起来很奇怪，但它允许我们在接口函数中使用static_cast转换为正确的类型，在本例中，该接口函数命名为appear_in_full_glory。然后，我们在派生类中调用这个函数的实现。派生的类可以像下面这样实现：

```
class PinkHeels : public GlamorousItem<PinkHeels> {
public:
  void appear_in_full_glory() {
    std::cout << "Pink high heels suddenly appeared in all their beauty\n";
  }
};

class GoldenWatch : public GlamorousItem<GoldenWatch> {
public:
  void appear_in_full_glory() {
    std::cout << "Everyone wanted to watch this watch\n";
  }
};
```

这些类都派生自GlamorousItem基类，使用自身作为模板参数。每个类都实现了所需的函数。

请注意，与动态多态性不同，CRTP中的基类是一个模板，因此每个派生类继承不同的基类。这意味着你不能轻易地创建GlamorousItem基类的容器。然而，你可以做以下几件事：

- 将它们存储在一个元组中。
- 创建派生类的变体std::variant。
- 添加一个公共类来包装Base的所有实例化。你也可以使用一个变体。

在第一种情况下，我们可以像下面这样使用该类。首先，创建base的实例元组：

```
template <typename... Args>
using PreciousItems = std::tuple<GlamorousItem<Args>...>;

auto glamorous_items = PreciousItems<PinkHeels, GoldenWatch>{};
```

这个使用了类型别名的元组将能够存储任何glamorous的实例。现在，我们所需要做的就是调用这个有趣的函数：

```
std::apply(
    []<typename... T>(GlamorousItem<T>... items) {
        (items.appear_in_full_glory(), ...); },
    glamorous_items);
```

因为我们试图迭代一个元组，所以最简单的方法是调用 std::apply，它会对给定元组的所有元素调用给定的可调用对象。在我们的例子中，可调用对象是一个只接受 GlamorousItem 基类的 lambda。我们使用 C++17 中引入的折叠表达式来确保对所有元素都调用函数。

如果我们使用变体而不是元组，则需要使用 std::visit，比如：

```
  using GlamorousVariant = std::variant<PinkHeels, GoldenWatch>;
  auto glamorous_items = std::array{GlamorousVariant{PinkHeels{}},
GlamorousVariant{GoldenWatch{}}};
  for (auto& elem : glamorous_items) {
    std::visit([]<typename T>(GlamorousItem<T> item){
item.appear_in_full_glory(); }, elem);
  }
```

std::visit 函数基本上接受变体并对其存储的对象调用传入的 lambda。在这里，我们创建了一个 glamorous 变体的数组，这样就可以像迭代其他容器一样迭代它，使用适当的 lambda 访问每个变体。

如果你发现从接口用户的角度编写不直观，请考虑下一种方法，它将变体包装为另一个类，该类在我们的例子中称为 CommonGlamorousItem：

```
class CommonGlamorousItem {
public:
  template <typename T> requires std::is_base_of_v<GlamorousItem<T>, T>
  explicit CommonGlamorousItem(T &&item)
      : item_{std::forward<T>(item)} {}
private:
  GlamorousVariant item_;
};
```

为了构造包装器，我们使用了一个转发（forward）构造函数（模板化的 T && 作为它的参数）。然后，我们通过转发而不是移动来创建被包装变体 item_，这样我们只移动右值输入。我们还约束了模板参数，因此，一方面，我们只包装 GlamorousItem 基类，另一方面，模板不用作移动构造函数或拷贝构造函数。

我们还需要包装成员函数：

```
void appear_in_full_glory() {
  std::visit(
      []<typename T>(GlamorousItem<T> item) {
          item.appear_in_full_glory(); },
      item_);
}
```

这里，std::visit 调用是实现细节。用户可以通过以下方式使用此包装类：

```
auto glamorous_items = std::array{CommonGlamorousItem{PinkHeels{}},
                                  CommonGlamorousItem{GoldenWatch{}}};
    for (auto& elem : glamorous_items) {
      elem.appear_in_full_glory();
    }
```

这种方法允许类的用户编写易于理解的代码，但仍然保持静态多态性的性能。

尽管性能差一些，但提供了类似的用户体验，你还可以使用一种称为类型擦除（type erasure）的技术，我们接下来将讨论它。

6.3.3 插曲——使用类型擦除技术

虽然类型擦除与CRTP无关，但它与我们当前的例子很吻合，这是我们在这里介绍它的原因。

类型擦除习语用于在多态接口下隐藏具体类型。这种方法的一个很好的例子可以在Sean Parent 2013年GoingNative峰会的演讲“Inheritance Is The Base Class of Evil”中看到。我们强烈建议你在业余时间看一下。在标准库中，你可以在`std::function`、`std::shared_ptr`的删除器或`std::any`中看到类型擦除。

使用的方便性和灵活性是有代价的——这个习语需要使用指针和虚分派（virtual dispatch），这使得标准库中提到的上述工具无法在要求高性能的场景中使用。要小心！

为了在我们的示例中引入类型擦除，我们不再需要CRTP。这次，`GlamorousItem`类将用智能指针包装动态多态对象：

```
class GlamorousItem {
public:
  template <typename T>
  explicit GlamorousItem(T t)
      : item_{std::make_unique<TypeErasedItem<T>>(std::move(t))} {}

  void appear_in_full_glory() { item_->appear_in_full_glory_impl(); }

private:
  std::unique_ptr<TypeErasedItemBase> item_;
};
```

这里，我们存储一个指向基类（`TypeErasedItemBase`）的指针，它将指向派生类的包装器（`TypeErasedItem<T>`）。基类的定义如下：

```
struct TypeErasedItemBase {
  virtual ~TypeErasedItemBase() = default;
  virtual void appear_in_full_glory_impl() = 0;
};
```

每个派生的包装器也需要实现这个接口：

```
  template <typename T> class TypeErasedItem final : public
TypeErasedItemBase {
  public:
    explicit TypeErasedItem(T t) : t_{std::move(t)} {}
    void appear_in_full_glory_impl() override { t_.appear_in_full_glory();
}

  private:
    T t_;
  };
```

基类的接口是通过从被包装的对象调用函数来实现的。请注意，这个习语被称为“类型擦除”，因为`GlamorousItem`类不知道它实际包装的`T`是什么。当构建对象时，信息类型被擦除，但可以正常工作，因为 T 实现了所需的方法。

具体的子类可以用更简单的方式来实现，如下所示：

```
class PinkHeels {
public:
  void appear_in_full_glory() {
    std::cout << "Pink high heels suddenly appeared in all their beauty\n";
  }
};

class GoldenWatch {
public:
  void appear_in_full_glory() {
    std::cout << "Everyone wanted to watch this watch\n";
  }
};
```

这一次，它们不需要从任何基类中继承。我们需要的就是“鸭子类型”——如果它像鸭子一样叫，那它可能就是一只鸭子。如果它能调用 appear_in_full_glory，那么它很可能就是 GlamorousItem。

类型擦除的 API 可以像下面这样使用：

```
auto glamorous_items =
    std::array{GlamorousItem{PinkHeels{}}, GlamorousItem{GoldenWatch{}}};
for (auto &item : glamorous_items) {
  item.appear_in_full_glory();
}
```

我们只需创建一个包装器数组并遍历它，所有这些都使用简单的值语义。我们发现它是最好用的，因为多态性作为实现细节对调用者隐藏了。

然而，正如我们前面提到的，这种方法的一大缺点是性能差。类型擦除是有代价的，所以它应该谨慎使用，绝对不要用在程序的关键路径上。

我们已经描述了如何包装和擦除类型，下面我们来讨论如何创建它们。

6.4 创建对象

本节将讨论与对象创建相关的问题的常见解决方案。我们将讨论各种类型的对象工厂，详细介绍构建器（builder），并介绍组合和原型。然而，在描述解决方案时，我们将采取与 GoF 略有不同的方法。他们提出了复杂的将动态多态的类层次结构作为模式的适当实现。在 C++ 世界中，许多模式在应用于现实世界中的问题时，不需要引入那么多类以及动态分派的开销。因此，在我们的例子中，实现将是不同的，并且在很多情况下更简单、性能更好（尽管从 GoF 的角度来看更特殊化，不那么“通用”）。

6.4.1 使用工厂

我们将在这里讨论的第一种创建型模式是工厂模式。当对象创建可以在单个步骤中完成，但是构造函数本身不够好时，它们就很有用（如果在工厂之后无法立即覆盖，这个模式就很有用）。工厂有三种类型——工厂方法、工厂函数和工厂类。我们来逐一介绍一下。

1. 使用工厂方法

工厂方法，也称为命名的构造函数习语，基本上就是一个为你调用私有构造函数的成员函数。我们什么时候会使用它们？以下是一些场景：

- **当有许多不同的方法来创建一个对象，从而导致容易出错时**。例如，想象一下构建一个类来存储给定像素的不同颜色通道，每个通道都用一个字节的值表示。只使用一个构造函数很容易传递错误的通道顺序或者完全不同的调色板值。此外，切换像素的内部颜色表示也很快会变得非常棘手。你可能会说，我们应该使用不同的类型来表示不同格式下的颜色，但通常使用工厂方法也是一种有效的方法。
- **当你要强制在堆上或在其他特定内存区域中创建对象时**。如果你的对象占用了栈空间，并且你担心会耗尽栈内存，那么使用工厂方法是一个解决方案。例如，如果需要在设备上的某个内存区域中创建所有实例，也可以使用工厂方法。
- **在构造对象可能会失败，但又不能抛出异常时**。你应该使用异常处理机制，而不是其他的错误处理方法。如果使用得当，它们可以生成更干净、性能更好的代码。但是，某些项目或环境要求禁用异常。在这种情况下，使用工厂方法将允许你报告在创建期间发生的错误。

我们所描述的第一种情况的工厂方法如下所示：

```
class Pixel {
public:
  static Pixel fromRgba(char r, char b, char g, char a) {
    return Pixel{r, g, b, a};
  }
  static Pixel fromBgra(char b, char g, char r, char a) {
    return Pixel{r, g, b, a};
  }

  // other members

private:
  Pixel(char r, char g, char b, char a) : r_(r), g_(g), b_(b), a_(a) {}
  char r_, g_, b_, a_;
}
```

这个类有两个工厂方法（实际上，C++ 标准不称之为方法，而是称它们为成员函数）：`fromRgba` 和 `fromBgra`。现在就不容易把通道初始化顺序搞错了。

请注意，拥有私有构造函数可以有效地阻止任何类继承你的类型，因为如果没有办法访问构造函数，就无法创建任何实例。如果这是你的目标而不是副作用，那么你应该选择把类标记为 `final`。

2. 使用工厂函数

与使用工厂成员函数不同，我们还可以使用非成员函数来实现它们。这样，我们就可以提供更好的封装，正如 Scott Meyers 在他的文章“How Non-Member Functions Improve Encapsulation”中所描述的那样。

在 Pixel 例子中，我们还可以创建一个自由函数来构造它的实例。这样，该类型就可以有更简单的代码：

```
struct Pixel {
  char r, g, b, a;
};

Pixel makePixelFromRgba(char r, char b, char g, char a) {
  return Pixel{r, g, b, a};
}

Pixel makePixelFromBgra(char b, char g, char r, char a) {
  return Pixel{r, g, b, a};
}
```

这种方法使我们的设计符合第 1 章中描述的开放封闭原则。它很容易为其他调色板添加更多的工厂函数，而不需要修改 Pixel 本身的结构。

Pixel 的这个实现允许用户手动初始化它，而不是使用我们提供的函数之一。如果需要，可以通过更改类声明来制止这种行为。以下是修复这个问题的代码：

```
struct Pixel {
  char r, g, b, a;

private:
  Pixel(char r, char g, char b, char a) : r(r), g(g), b(b), a(a) {}
  friend Pixel makePixelFromRgba(char r, char g, char b, char a);
  friend Pixel makePixelFromBgra(char b, char g, char r, char a);
};
```

这里，工厂函数是类的友元。但是，该类型不再是聚合（aggregate）类型，因此我们不能再使用聚合初始化（Pixel{}），包括指定的初始化器。同时，我们也放弃了开放封闭原则。这两种方法提供了不同的权衡，所以需要谨慎选择。

3. 选择工厂的返回类型

在实现对象工厂时，你还应该选择它应该返回的实际类型。我们来讨论一下各种方法。

在 Pixel 例子中，它是一种值类型，而不是一种多态类型，最简单的方法效果最好——我们就按值返回。如果生成的是多态类型，请通过智能指针返回它（永远不要使用裸指针，因为这将在某些情况下导致内存泄漏）。如果调用者应该拥有创建的对象，通常返回指向基类的 unique_ptr 是最好的方法。在不太常见的情况下，如果工厂和调用者必须同时拥有该对象，请使用 shared_ptr 或其他使用引用计数的替代方案。有时，工厂跟踪对象，但不需要存储它。在这种情况下，将 weak_ptr 存储在工厂内，并在工厂外部返回 shared_ptr。

一些 C++ 程序员认为，应该使用 out 参数返回特定的类型，但在大多数情况下，这并不是最好的方法。在性能方面，按值返回通常是最好的选择，因为编译器不会为对象生成额外的副本。如果类型是不可复制的，从 C++17 开始，标准指定复制省略（copy elision）是强制性的，所以按值返回这些类型通常没有问题。如果函数返回多个对象，请使用 pair、tuple、struct 或容器。

如果在构造过程中出现了问题，通常有以下几种选择：

- 如果不需要向调用者提供错误消息，则返回 std::optional 。
- 如果构造过程中的错误很少并且应该传播，则抛出异常。
- 如果构造过程中出现了常见的错误，则返回类型的 absl::StatusOr（请参阅“进一步阅读”部分中 Abseil 关于此模板的文档）。

现在你知道该返回什么了，我们来讨论一下最后一种类型的工厂。

4. 使用工厂类

工厂类是可以制造对象的类型。它们可以帮助将多态对象类型与调用者解耦。它们可以使用对象池（在其中保留可重用的对象，以免不断地分配和释放它们）或其他内存分配方案。这些只是它们用途的几个例子。让我们再仔细考虑一下另一个例子。假设你需要根据输入参数创建不同的多态类型。在某些情况下，一个多态工厂函数是不够的，如下所示：

```
std::unique_ptr<IDocument> open(std::string_view path) {
    if (path.ends_with(".pdf")) return std::make_unique<PdfDocument>();
    if (name == ".html") return std::make_unique<HtmlDocument>();

    return nullptr;
}
```

如果我们也想打开其他类型的文档（比如 OpenDocument 文本文件），该怎么办呢？讽刺的是，之前打开文件的工厂函数并没有对文件扩展名开放。如果我们拥有代码库，这可能不是一个大问题，但如果库的使用者需要注册自己的类型，这可能就是一个问题了。要解决这个问题，需使用一个工厂类来注册函数打开不同类型的文档，如下所示：

```
class DocumentOpener {
public:
  using DocumentType = std::unique_ptr<IDocument>;
  using ConcreteOpener = DocumentType (*)(std::string_view);

private:
  std::unordered_map<std::string_view, ConcreteOpener> openerByExtension;
};
```

这个类还没有做太多的事情，但是它有一个从扩展名到函数的映射（map），调用它可以打开给定类型的文件。现在，我们将添加两个 public 成员函数。第一个函数将注册新的文件类型：

```
void Register(std::string_view extension, ConcreteOpener opener) {
  openerByExtension.emplace(extension, opener);
}
```

现在我们有了一种填充映射的方法。第二个 public 函数将使用适当的打开程序（opener）打开文档：

```
  DocumentType open(std::string_view path) {
```

```
    if (auto last_dot = path.find_last_of('.');
        last_dot != std::string_view::npos) {
      auto extension = path.substr(last_dot + 1);
      return openerByExtension.at(extension)(path);
    } else {
      throw std::invalid_argument{"Trying to open a file with no
extension"};
    }
  }
```

我们从文件路径中提取扩展名，如果扩展名为空，则抛出异常，如果不为空，则在映射中寻找对应的打开程序。如果找到，则使用它来打开给定的文件，如果没有找到，映射将为我们抛出另一个异常。

现在，我们可以实例化工厂并注册自定义文件类型（如 OpenDocument 文本文件）了：

```
auto document_opener = DocumentOpener{};

document_opener.Register(
    "odt", [](auto path) -> DocumentOpener::DocumentType {
      return std::make_unique<OdtDocument>(path);
    });
```

注意，我们注册了一个 lambda，因为它可以转换为 `ConcreteOpener` 类型，这是一个函数指针。然而，如果 lambda 有状态，就不是这样的了。在这种情况下，我们需要用一些东西来包装一下。虽然可以用 `std::function`，但这样做的缺点是每次我们想要运行该函数时都需要付出类型擦除的代价。在打开文件的例子中，这可能没关系。但是，如果需要更好的性能，则可以考虑使用像 `function_ref` 这样的类型。

好了，我们已经在工厂注册了打开程序，现在我们用它来打开一个文件并从中提取一些文本：

```
auto document = document_opener.open("file.odt");
std::cout << document->extract_text().front();
```

就这些！如果你想为库用户提供一种注册自己的类型的方法，那么他们必须在运行时能够访问你的映射。你可以为他们提供一个 API，也可以将工厂定义为 `static`，允许他们从代码中的任何地方注册。

这就是工厂以及一步构建对象的方式。我们来讨论另一个流行的模式，当不适合用工厂的时候，可以使用它。

6.4.2 使用构建器

构建器（builder）类似于工厂，这是一种来自 GoF 的创建型模式。与工厂不同，它们可以帮助你构建更复杂的对象：那些不能在单一步骤中构建的对象，比如由许多不同的部件组装起来的类型。它们还提供了一种自定义对象构造方法的方法。在本例中，我们将跳过设计构建器的复杂层次结构。相反，我们将展示构建器如何发挥作用，而把实现层次结构留作练习。

当对象不能在一个步骤中生成时，就需要构建器，拥有一个流式接口（fluent interface）可以使它们使用得更舒服。我们来演示一下如何使用 CRTP 创建流式的构建器层次结构。

在本例中，我们将创建一个 CRTP GenericItemBuilder——作为构建器基类，以及 FetchingItemBuilder（一个更具体的 CRTP，可以使用远程地址获取数据，如果支持这样的特性的话）。这种具体的类甚至可以存在于不同的库中，例如，使用在构造时可能不可用的各种 API。

为了演示，我们使用第 5 章中 Item 实例：

```
struct Item {
  std::string name;
  std::optional<std::string> photo_url;
  std::string description;
  std::optional<float> price;
  time_point<system_clock> date_added{};
  bool featured{};
};
```

如果你愿意，可以让默认构造函数私有化并使构建器成为友元，从而强制使用构建器来构建 Item 实例：

```
template <typename ConcreteBuilder> friend class GenericItemBuilder;
```

构建器的实现像下面这样开始构建：

```
template <typename ConcreteBuilder> class GenericItemBuilder {
public:
  explicit GenericItemBuilder(std::string name)
      : item_{.name = std::move(name)} {}
protected:
  Item item_;
```

虽然通常不建议创建受保护的成员，但我们希望子类构建器能够访问 item。另一种方法是在派生的方法中只使用基类的公共方法。

我们在构建器的构造函数中使用这个名称，因为它是来自用户的单个输入，需要在我们创建 item 时进行设置。这样，我们就确保它会被设置。另一种选择是在构建的最后阶段（即对象可以被用户使用时），对它进行检查。在我们的例子中，构建步骤可以如下实现：

```
Item build() && {
  item_.date_added = system_clock::now();
  return std::move(item_);
}
```

当调用这个方法时，我们强制构建器被“消耗”，它必须是一个右值。这意味着我们可以在一行中使用构建器，也可以在最后一步中移动它来标记它工作的结束。然后，我们设置 item 的创建时间，并将其移动到构建器外面。

构建器的 API 可以提供以下函数：

```
ConcreteBuilder &&with_description(std::string description) {
  item_.description = std::move(description);
  return static_cast<ConcreteBuilder &&>(*this);
}
```

```
ConcreteBuilder &&marked_as_featured() {
  item_.featured = true;
  return static_cast<ConcreteBuilder &&>(*this);
}
```

每个函数都返回具体（派生）的构建器对象作为右值引用。也许与直觉相反，这里这种返回类型应该优于直接返回值。这是为了避免在构建时出现不必要的 item_ 副本。另外，由左值引用返回可能会导致悬空引用，并将使调用 build() 变得更加困难，因为返回的左值引用与预期的右值引用不匹配。

最终的构建器类型可能如下所示：

```
class ItemBuilder final : public GenericItemBuilder<ItemBuilder> {
  using GenericItemBuilder<ItemBuilder>::GenericItemBuilder;
};
```

这个类重用了来自泛型构建器的构造函数。它可以这样使用：

```
auto directly_loaded_item = ItemBuilder{"Pot"}
                                .with_description("A decent one")
                                .with_price(100)
                                .build();
```

如你所见，最终的接口可以使用函数链调用，方法名称使整个调用流式地读取，因此该接口称为流式接口。

如果我们不直接加载每个 item，而是使用构建器来从远程终端加载部分数据，那该怎么办呢？我们可以这样定义它：

```
class FetchingItemBuilder final
    : public GenericItemBuilder<FetchingItemBuilder> {
public:
  explicit FetchingItemBuilder(std::string name)
      : GenericItemBuilder(std::move(name)) {}

  FetchingItemBuilder&& using_data_from(std::string_view url) && {
    item_ = fetch_item(url);
    return std::move(*this);
  }
};
```

我们还使用 CRTP 来继承泛型构建器，并指定一个名称。然而，这一次，我们使用自己的函数扩展了基类构建器，以获取内容并将它们放在正在构建的 item 中。多亏了 CRTP，当我们调用基类构建器中的函数时，我们将得到派生类的函数，这使得接口更容易使用。它可以通过以下方式进行调用：

```
auto fetched_item =
    FetchingItemBuilder{"Linen blouse"}
        .using_data_from("https://example.com/items/linen_blouse")
        .marked_as_featured()
        .build();
```

如果需要经常创建不可变对象，构建器也可以派上用场。由于构建器可以访问类的私有成员，因此它可以对其进行修改，即使该类没有提供任何 setter。当然，这并不是使用构建器的唯一好处。

使用组合和原型进行构建

有一种情况需要使用构建器，即创建组合对象的时候。组合是一种设计模式，它将一组对象视为一个对象，所有这些对象都共享相同的接口（或相同的基类）。例如，一个图可以由子图组成，一个文档可以嵌套其他文档。当在这样的对象上调用 print() 时，它的所有子对象都会调用各自的 print() 函数，以便输出整个组合对象。构建器模式对于创建每个子对象并将它们全部组合在一起非常有用。

原型是另一种可以用于构造对象的模式。如果类型重新创建的代价很高，或者你只想构建一个基类对象，那么你可能希望使用此模式。它其实提供了一种克隆对象的方法，之后你可以直接使用克隆的对象或按需对其进行修改。在多态层次结构下，只需添加 clone()，如下所示：

```
class Map {
public:
    virtual std::unique_ptr<Map> clone() const;
    // ... other members ...
};
class MapWithPointsOfInterests {
public:
    std::unique_ptr<Map> clone() override const;
    // ... other members ...
private:
    std::vector<PointOfInterest> pois_;
};
```

MapWithPointsOfInterests 对象也可以克隆这些点，所以我们不需要手动重新添加每个点。这样，我们就可以在最终用户创建自己的映射时，为他们提供一些默认值。注意，在某些情况下，一个简单的拷贝构造函数就足够了，不需要使用原型。

我们现在已经介绍了对象的创建。在这个过程中我们提到了变体（variant），所以为什么不重新审视一下它们，看看它们还能如何帮助我们呢？

6.5　在 C++ 中跟踪状态和访问对象

状态是一种设计模式，用来在对象的内部状态改变时帮助改变对象的行为。不同状态的行为应该相互独立，这样添加新状态就不会影响当前状态。我们可以在有状态对象上实现所有行为，但这种简单方式缺乏伸缩性，难以扩展。使用状态模式，可以通过引入新的状态类并定义它们之间的转换来添加新的行为。在本节中，我们将展示一种利用 std::variant 和静态多态双重调度来实现状态与状态机的方法。换句话说，我们将以 C++ 的方式把状态模式和访问者模式结合起来，构建一个有限状态机。

首先，我们来定义一下状态。在本示例中，我们对商店中商品的状态进行建模，如下所示：

```
namespace state {

struct Depleted {};

struct Available {
  int count;
};

struct Discontinued {};
} // namespace state
```

状态可以有自己的属性，比如库存的数量。此外，与动态多态的不同，它们不需要从公共基类继承。相反，它们都存储在一个变体中，如下所示：

```
using State = std::variant<state::Depleted, state::Available,
state::Discontinued>;
```

除了状态之外，我们还需要状态转换事件，如下所示：

```
namespace event {

struct DeliveryArrived {
  int count;
};

struct Purchased {
  int count;
};

struct Discontinued {};

} // namespace event
```

如你所见，事件也可以有属性，并且不会从公共基类继承。现在，我们需要实现状态之间的转换，操作方法如下：

```
State on_event(state::Available available, event::DeliveryArrived
delivered) {
  available.count += delivered.count;
  return available;
}

State on_event(state::Available available, event::Purchased purchased) {
  available.count -= purchased.count;
  if (available.count > 0)
    return available;
  return state::Depleted{};
}
```

如果购买了东西，状态可以改变，也可以保持不变。我们还可以使用模板来同时处理几个状态：

```
template <typename S> State on_event(S, event::Discontinued) {
  return state::Discontinued{};
}
```

如果一种商品停产了，那么它现在处于什么状态并不重要。现在，我们来实现最后一个支持的转换：

```
State on_event(state::Depleted depleted, event::DeliveryArrived delivered)
{
  return state::Available{delivered.count};
}
```

我们需要解决的下一个难题是如何通用地在一个对象中定义多个调用操作符，以便可以调用最匹配的重载。我们将使用它来调用刚刚定义的转换。我们的辅助函数可能看起来类似如下代码：

```
template<class... Ts> struct overload : Ts... { using Ts::operator()...; };
template<class... Ts> overload(Ts...) -> overload<Ts...>;
```

我们使用变量模板、折叠表达式和类模板参数推断（Class Template Argument Deduction，CTAD）创建了一个overload结构体，它将提供在构造期间传递给它的所有调用操作符。关于这一点更深入的解释，以及另一种实现访问的方法，请参阅“进一步阅读”部分Bartłomiej Filipek的博客文章。

我们现在可以开始实现状态机了：

```
class ItemStateMachine {
public:
  template <typename Event> void process_event(Event &&event) {
    state_ = std::visit(overload{
        [&](const auto &state) requires std::is_same_v<
            decltype(on_event(state, std::forward<Event>(event))), State> {
          return on_event(state, std::forward<Event>(event));
        },
        [](const auto &unsupported_state) -> State {
          throw std::logic_error{"Unsupported state transition"};
        }
      },
      state_);
  }

private:
  State state_;
};
```

process_event函数将接受我们定义的事件。它将使用当前状态和传递的事件调用适当的on_event函数，并切换到新状态。如果根据给定的状态和事件找到了一个on_event重载，则调用第一个lambda。否则，约束将无法得到满足，第二个更通用的重载将被调用。这意味着如果存在不支持的状态转换，我们将抛出一个异常。

现在，我们提供一种报告当前状态的方法：

```
std::string report_current_state() {
  return std::visit(
      overload{[](const state::Available &state) -> std::string {
                 return std::to_string(state.count) +
                 " items available";
               },
               [](const state::Depleted) -> std::string {
                 return "Item is temporarily out of stock";
```

```
            },
            [](const state::Discontinued) -> std::string {
              return "Item has been discontinued";
            }},
        state_);
}
```

在这里，我们使用重载传递三个 lambda，每个都返回一个访问状态对象生成的报告字符串。我们现在可以调用解决方案了：

```
auto fsm = ItemStateMachine{};
std::cout << fsm.report_current_state() << '\n';
fsm.process_event(event::DeliveryArrived{3});
std::cout << fsm.report_current_state() << '\n';
fsm.process_event(event::Purchased{2});
std::cout << fsm.report_current_state() << '\n';
fsm.process_event(event::DeliveryArrived{2});
std::cout << fsm.report_current_state() << '\n';
fsm.process_event(event::Purchased{3});
std::cout << fsm.report_current_state() << '\n';
fsm.process_event(event::Discontinued{});
std::cout << fsm.report_current_state() << '\n';
// fsm.process_event(event::DeliveryArrived{1});
```

在运行后，这将产生以下输出：

```
Item is temporarily out of stock
3 items available
1 items available
3 items available
Item is temporarily out of stock
Item has been discontinued
```

也就是说，如果取消对最后一行的注释引入不支持的状态转换，将在最后抛出一个异常。

这个解决方案比基于动态多态性的解决方案性能更高，尽管支持的状态和事件仅限于在编译时提供的。有关状态、变体和各种访问方式的更多信息，请参见“进一步阅读”部分中的 Mateusz Pusz 在 2018 年 CppCon 的演讲。

在我们结束这一章之前，我们想让你了解的最后一件事就是处理内存。我们开始学习最后一节吧！

6.6 有效地处理内存

即使内存比较大，看看如何使用它也是个好主意。通常，内存吞吐量是现代系统的性能瓶颈，所以充分利用它总是很重要的。执行过多的动态分配可能会降低程序的速度，并导致内存碎片化。我们来学习一些缓解这些问题的方法。

6.6.1 使用 SSO/SOO 减少动态分配

动态分配有时会给你带来其他麻烦，而不仅仅是在构建对象却内存不足时抛出问题。

它们通常会消耗CPU周期，并可能导致内存碎片。幸运的是，有一种方法可以防止它的发生。如果你曾经使用过`std::string`（GCC 5.0之后），那么你很可能使用过称为“小字符串优化”（Small String Optimization，SSO）的优化。这是一个名为“小对象优化”（Small Object Optimization，SOO）的更一般优化的例子，SOO可以在诸如Abseil的inline vector等类型中被看到。其主要思想非常简单：如果动态分配的对象足够小，那么它应该存储在拥有它的类中，而不是被动态分配。对于`std::string`，通常要存储容量、长度和实际的字符串。如果字符串足够短（在使用GCC的情况下，在64位平台上是15个字节），它将存储在其中一些成员中。

将对象存储在适当的位置，而不是将它们分配到其他地方并只存储它们的指针还有一个好处：减少指针追踪。每次需要访问存储在指针后面的数据时，就会增加CPU缓存的压力以及从主存中获取数据的风险。如果这是一种常见的模式，特别是如果CPU的预取器没有推断出所指向的地址时，它可能会影响应用程序的整体性能。使用SSO和SOO等技术在减少这些问题方面是非常有效的。

6.6.2 通过COW来节省内存

如果在GCC 5.0之前使用GCC的`std::string`，你可能使用过一种名为“写时复制”（Copy-On-Write，COW）的优化方式。当COW的字符串实现使用相同的底层字符数组创建多个实例时，它实际上共享相同的内存地址。当字符串被写入时，底层的存储将被复制——因此而得名。

这种技术有助于节省内存，保持缓存热度，并且通常在单个线程上提供可靠的性能。不过，在多线程上下文中使用它时要谨慎一些。使用锁可能会非常影响性能。与其他与性能相关的主题一样，最好衡量一下在你自己的情况下，它是不是最佳工具。

现在，我们来讨论C++17的一个特性，它可以帮助你通过动态分配实现良好的性能。

6.6.3 使用多态分配器

我们正在讨论的特性是多态分配器（polymorphic allocator），具体来说是`std::pmr::polymorphic_allocator`和多态的`std::pmr::memory_resource`类（分配器用它们来分配内存）。

本质上，它使你可以轻松地把内存资源链接在一起，以充分利用内存。内存链可以很简单，它可以保留一大块内存并将其分配出去，如果内存耗尽了，则只需调用new和delete重新分配资源并删除之前的。内存链也可以更复杂：你可以构建一个内存资源的长链来处理不同大小的内存池，在需要时提供线程安全，绕过堆直接使用系统的内存，返回最后释放的内存以保持缓存热度，或者做其他花哨的操作。并非所有这些功能标准多态内存资源都提供，但由于它们的设计，它们很容易扩展。

我们先讨论一下内存竞技场（memory arenas）。

1. 使用内存竞技场

一个内存竞技场也被称为一个区域，是在有限的时间内存在的一大块内存。你可以使用它来分配在竞技场的生命周期中使用的较小的对象。竞技场中的对象可以像正常情况一样被释放，也可以使用"一次性内存清理"（winking out）技术一次性被清除。我们稍后会描述它。

与正常的分配和释放相比，竞技场有几个很大的优势——它们提高了性能，因为它们限制了需要获取上游资源的内存分配。它们还减少了内存碎片，因为任何可能产生的碎片都会在竞技场内产生。一旦竞技场的内存被释放，碎片也就不存在了。一个好主意是为每个线程创建单独的竞技场。如果一个线程使用一个竞技场，就不需要使用任何锁或其他线程安全机制了，从而减少了线程争用，带来很好的性能提升。

如果程序是单线程的，那么提高其性能的一个低成本解决方案如下：

```
auto single_threaded_pool = std::pmr::unsynchronized_pool_resource();
std::pmr::set_default_resource(&single_threaded_pool);
```

如果不显式地设置任何资源，那么默认资源将是 `new_delete_resource`，它会像常规的 `std::allocator` 一样调用 `new` 和 `delete`，提供一样的线程安全性（和开销）。

如果使用前面的代码片段，那么使用 `pmr` 分配器完成的所有分配都将没有锁。不过，你仍然需要实际使用 `pmr` 类型。例如，要在标准容器中做到这一点，只需将 `std::pmr::polymorphic_allocator<T>` 作为分配器模板参数。许多标准容器都具有启用了 `pmr` 的类型别名。接下来创建的两个变量是相同类型的，它们都将使用默认的内存资源：

```
  auto ints = std::vector<int,
std::pmr::polymorphic_allocator<int>>(std::pmr::get_default_resource());
  auto also_ints = std::pmr::vector<int>{};
```

但是，第一个方法显式地传递资源。现在，我们来浏览一下 `pmr` 中的可用资源。

2. 使用单调的内存资源

我们首先讨论的是 `std::pmr::monotonic_buffer_resource`。它是一种只分配内存，而不进行任何释放的资源。它只在资源被销毁或显式调用 `release()` 时才会释放内存。伴随着线程安全的缺失，这使得此种类型的性能非常好。如果应用程序偶尔需要执行一个在给定线程上执行大量分配的任务，之后立即释放使用的所有对象，那么使用单调资源将产生很大的收益。它也是资源链的一个重要的基础组成部分。

3. 使用池资源

两个资源的常见组合是在单调缓冲区资源之上使用池资源。标准池资源创建包括不同大小内存块（chunk）的池。`std::pmr` 中有两种类型，当只有一个线程分配和释放时使用 `unsynchronized_pool_resource`，而 `synchronized_pool_resource` 用于多线程。与全局分配器相比，这两种方法都能提供更好的性能，特别是当使用单调缓冲区作为其上游资源时。如果你想知道如何把它们链接起来，那么请参考下面的代码：

```
  auto buffer = std::array<std::byte, 1 * 1024 * 1024>{};
  auto monotonic_resource =
      std::pmr::monotonic_buffer_resource{buffer.data(), buffer.size()};
  auto pool_options = std::pmr::pool_options{.max_blocks_per_chunk = 0,
      .largest_required_pool_block = 512};
  auto arena =
      std::pmr::unsynchronized_pool_resource{pool_options,
&monotonic_resource};
```

我们创建了一个 1 MB 的缓冲区以供竞技场重用。将它传递给一个单调资源，然后将其传递给一个非同步的池资源，创建一个简单而高效的分配器链，它在所有初始缓冲区用完之前不会调用 new。

我们可以将 std::pmr::pool_options 对象传递给池类型，以限制给定大小的块的最大个数（max_blocks_per_chunk）或最大块的大小（largest_required_pool_block）。传递 0 则使用默认实现。在使用 GCC 库的情况下，每个内存块（chunk）的实际块（block）个数因块的大小而不同。如果超过了最大大小，则池资源将直接从其上游资源中进行分配。如果初始内存耗尽，它还会进入上游资源。在这种情况下，它会分配以几何倍数增长的内存块。

4. 编写自己的内存资源

如果标准内存资源无法满足你的所有需求，那么可以简单地创建自定义资源。例如，一个好的优化（不是所有标准库实现都提供）是跟踪最后释放的给定大小的内存块，并在给定大小的下一次分配时返回它们。这个最近使用的缓存可以帮助你增加数据缓存的热度，这应该有助于提高应用程序的性能。你可以将它看作一组针对内存块的后进先出（Last In First Out，LIFO）队列。

有时，你可能还希望调试内存的分配和释放。在下面的代码片段中，我编写了一个简单的资源，可以帮助你完成此任务：

```
class verbose_resource : public std::pmr::memory_resource {
  std::pmr::memory_resource *upstream_resource_;
public:
  explicit verbose_resource(std::pmr::memory_resource *upstream_resource)
      : upstream_resource_(upstream_resource) {}
```

这个具体资源继承自多态基类资源。它还接受一个上游资源，它将把上游资源用于实际分配。它必须实现三个私有函数——一个用于分配，一个用于释放，一个用于比较资源的实例。下面是第一个：

```
private:
  void *do_allocate(size_t bytes, size_t alignment) override {
    std::cout << "Allocating " << bytes << " bytes\n";
    return upstream_resource_->allocate(bytes, alignment);
  }
```

它所做的就是在标准输出上输出分配大小，然后使用上游资源来分配内存。下一个也是类似的：

```
void do_deallocate(void *p, size_t bytes, size_t alignment) override {
  std::cout << "Deallocating " << bytes << " bytes\n";
  upstream_resource_->deallocate(p, bytes, alignment);
}
```

它记录释放多少内存并使用上游资源来执行任务。下面是最后一个：

```
[[nodiscard]] bool
do_is_equal(const memory_resource &other) const noexcept override {
  return this == &other;
}
```

我们只需比较这些实例的地址，就可以知道它们是否相等。[[nodiscard]] 属性可以帮助我们确保调用者实际获取到了返回值，这可以帮助避免意外误用我们的函数。

就是这样。对于像 pmr 分配器这样的强大特性，API 现在已经没那么复杂了，不是吗？

除了跟踪分配之外，我们还可以使用 pmr 来防止在不应该分配时进行分配。

5. 确保没有意外的内存分配

特殊的 std::pmr::null_memory_resource() 将在有人尝试使用它分配内存时抛出异常。你可以通过将其设置为 pmr 的默认资源来防止进行任何分配：

```
std::pmr::set_default_resource(null_memory_resource());
```

你还可以使用它来限制不应该发生的上游分配，代码如下：

```
  auto buffer = std::array<std::byte, 640 * 1024>{}; // 640K ought to be
enough for anybody
  auto resource = std::pmr::monotonic_buffer_resource{
      buffer.data(), buffer.size(), std::pmr::null_memory_resource()};
```

如果有人试图分配超过设置的缓冲区大小的内存，会抛出 std::bad_alloc。

我们来继续讨论本章中的最后一个主题。

6. 一次性内存清理

有时，不像单调缓冲区资源那样需要释放内存，因为这种方式性能仍不够好。“一次性内存清理”（winking out）的特殊技术在这里会有帮助。对象的“一次性内存清理”意味着它们不仅不会一个接一个地被释放，甚至它们的析构函数也不会被调用。这些对象只是蒸发了，从而节省了通常用来为竞技场中的每个对象及其成员（以及成员的成员）调用析构函数的时间。

这是一个高级主题。使用这种技术时要小心，只有在可能的收益足够大的情况下才使用它。

这种技术可以节省宝贵的 CPU 周期，但并不总是适合使用它。如果对象处理内存以外的资源，就要避免使用一次性内存清理技术，否则，就会导致资源泄漏。如果你依赖于对象的析构函数所发挥的任何其他作用，情况也是如此。

现在，我们来看一次性内存清理（winking out）的例子：

```
auto verbose = verbose_resource(std::pmr::get_default_resource());
auto monotonic = std::pmr::monotonic_buffer_resource(&verbose);
std::pmr::set_default_resource(&monotonic);

auto alloc = std::pmr::polymorphic_allocator{};
auto *vector = alloc.new_object<std::pmr::vector<std::pmr::string>>();
vector->push_back("first one");
vector->emplace_back("long second one that must allocate");
```

在这里，我们手动创建了一个多态分配器，它将使用我们的默认资源——一个单调资源，且每次访问上游资源时都会记录下来。为了创建对象，我们将使用 C++20 中引入的 pmr 新特性，即 new_object 函数。我们创建了一个字符串向量。我们可以使用 push_back 传递第一个字符串，因为它足够小，可以放到小字符串缓冲区（归功于 SSO）。第二个字符串需要使用默认资源分配一个字符串，然后才能使用 push_back 将它传递给向量。对它调用 emplace_back 会使字符串在向量的函数中被构造（而不是在调用之前），因此它将使用向量的分配器。最后，我们不会在任何地方调用已分配对象的析构函数，而是在退出作用域时立即释放所有内容。这应该会给我们一个难以超越的性能表现。

最后，我们来总结一下我们所学到的东西。

6.7　总结

在本章中，我们详细介绍了 C++ 中的各种习语和模式。你现在应该能够写出流畅的、符合习语的 C++ 代码了。我们揭示了执行自动清理的方法。现在，你可以编写能正确移动、复制和交换的更安全的类型。你学习了如何使用 ADL 来优化编译时间和编写自定义点。我们讨论了如何在静态多态性和动态多态性之间进行选择。你还学习了如何向类型中引入策略，何时使用类型擦除技术。

此外，我们还讨论了如何使用工厂和流式构建器来创建对象，揭示了内存竞技场的神秘魔法。使用变体等工具编写状态机也不再神秘。

除此之外，我们还讨论了一些额外的主题。第 7 章将介绍构建软件和打包软件的相关内容。

问题

1. 三法则、五法则、零开销法则分别指什么？
2. 分别在什么时候使用 niebloid 和隐藏友元？
3. 如何改进 Array 接口以更好地为生产做好准备？
4. 什么是折叠表达式？

5. 什么时候不应该使用静态多态性？
6. 如何在一次性内存清理例子中再节省一次分配？

进一步阅读

- *tag_invoke: A general pattern for supporting customisable functions*, Lewis Baker, Eric Niebler, Kirk Shoop, ISO C++ proposal, `https://wg21.link/p1895`
- *tag_invoke :: niebloids evolved*, Gašper Ažman for the Core C++ Conference, YouTube video, `https://www.youtube.com/watch?v=oQ26YL0J6DU`
- *Inheritance Is The Base Class of Evil*, Sean Parent for the GoingNative 2013 Conference, Channel9 video, `https://channel9.msdn.com/Events/GoingNative/2013/Inheritance-Is-The-Base-Class-of-Evil`
- *Modern C++ Design*, Andrei Alexandrescu, Addison-Wesley, 2001
- *How Non-Member Functions Improve Encapsulation*, Scott Meyers, Dr. Dobbs article, `https://www.drdobbs.com/cpp/how-non-member-functions-improve-encapsu/184401197`
- *Returning a Status or a Value*, Status User Guide, Abseil documentation, `https://abseil.io/docs/cpp/guides/status#returning-a-status-or-a-value`
- `function_ref`, GitHub repository, `https://github.com/TartanLlama/function_ref`
- *How To Use std::visit With Multiple Variants*, Bartłomiej Filipek, post on Bartek's coding blog, `https://www.bfilipek.com/2018/09/visit-variants.html`
- CppCon 2018: Mateusz Pusz, *Effective replacement of dynamic polymorphism with std::variant*, YouTube video, `https://www.youtube.com/watch?v=gKbORJtnVu8`

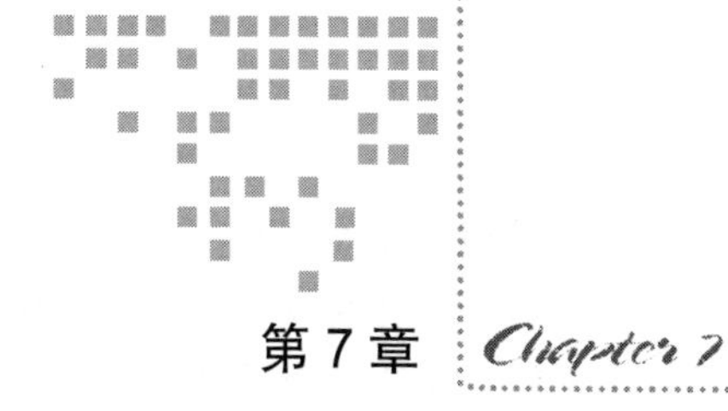

第 7 章 Chapter 7

构建和打包

作为一名架构师，你需要了解组成构建过程的所有元素。本章将解释组成构建过程的所有元素。从编译器标志到自动化脚本等，我们将引导你了解每个可能的模块、服务和手工代码的版本，并将它们存储在一个随时准备部署的中心位置。我们将主要使用 CMake。

在阅读完本章之后，你将知道如何编写构建和打包项目的最佳代码。

7.1 技术要求

要复制本章中的示例，你应该安装最新版本的 GCC、Clang、CMake 3.15（或更高版本）、Conan，以及 Boost 1.69。

本章中的源代码片段可以在 https://github.com/PacktPublishing/Software-Architecture-with-Cpp/tree/master/Chapter07 上找到。

7.2 充分利用编译器

编译器是每个程序员工具集中最重要的工具之一。这就是充分了解编辑器可以在许多不同的方面以及在无数的场合帮助你的原因。本节将描述一些使用它们的有效技巧。这只会触及冰山一角，因为关于这些工具及其可用标志、优化、功能和其他细节可以写成一整本书。GCC 甚至有一个 wiki 页面，上面列出了关于编译器的书籍，见本章末尾的“进一步阅读”部分。

7.2.1 使用多个编译器

在构建过程中应该考虑的一件事是使用多个编译器（而不仅仅是一个），原因是它可以带来好几个好处。其中之一是，它们可以检测到代码中的不同问题。例如，MSVC 在默认情况下启用了符号检查。使用多个编译器可以帮助你解决将来可能遇到的潜在可移植性问题，特别是当你决定在不同的操作系统上编译代码时，例如从 Linux 移植到 Windows 等。为了使这项任务变得轻松一些，你应该努力编写可移植的、符合 ISO C++ 标准的代码。Clang 的好处之一是，它比 GCC 更努力地遵守 C++ 标准。如果你正在使用 MSVC，请尝试添加 `/permissive-` 选项（自 Visual Studio 17 开始可用；对使用 15.5+ 版本创建的项目默认启用）。对于 GCC，在为代码选择 C++ 标准时，尽量不要使用 GNU 版本（例如，首选 `-std=c++17` 而不是 `-std=gnu++17`）。如果性能对你很重要，那么能够使用多个编译器来构建软件也将允许你选择一个能够为你的特定用例提供最快二进制文件的编译器。

无论你为 release 构建选择了哪个编译器，都请考虑使用 Clang 进行开发。它运行在 macOS、Linux 和 Windows 上，支持与 GCC 相同的标志，旨在提供最短的构建时间和简洁的编译错误提示。

如果你正在使用 CMake，那么有两种常见的方法可以添加另一个编译器。一种是在调用 CMake 时传递适当的编译器，比如：

```
mkdir build-release-gcc
cd build-release-gcc
cmake .. -DCMAKE_BUILD_TYPE=Release -DCMAKE_C_COMPILER=/usr/bin/gcc -
DCMAKE_CXX_COMPILER=/usr/bin/g++
```

也可以在调用 CMake 之前只设置 CC 和 CXX，但这些变量并非在所有平台（如 macOS）上都能用。

另一种方法是使用工具链文件。如果你只需要使用不同的编译器，这可能有点大材小用了，但当你想要交叉编译时，这却是首选解决方案。要使用工具链文件，应该将其作为 CMake 参数传递：`-DCMAKE_TOOLCHAIN_FILE=toolchain.cmake`。

7.2.2 减少构建时间

每年，程序员都会花费无数的时间来等待他们的构建完成。减少构建时间是提高整个团队生产力的一种简单方法，所以我们来讨论一下。

1. 使用速度快的编译器

实现更快构建的最简单方法之一是升级编译器。例如，通过将 Clang 升级到 7.0.0，你可以使用**预编译的头文件**（PreCompiled Header，PCH）减少多达 30% 的构建时间。自 Clang 9 以来，它包含了 `-ftime-trace` 选项，可以为你提供有关它所处理的所有文件的编译时间的信息。其他编译器也有类似的开关，如 GCC 的 `-ftime-report` 或 MSVC 的 `/Bt` 和

/d2cgsummary。通常，你可以通过切换编译器获得更快的编译速度，这在开发机器上特别有用，例如，Clang 编译代码的速度通常比 GCC 快。

有了快速的编译器，我们来看需要编译什么。

2. 重新思考模板

编译过程的不同部分需要不同的时间来完成。这对于编译时构造尤其重要。Odin Holmes 的实习生 Chiel Douwes，以各种模板操作的编译时成本为基准创建了所谓的 Chiel 规则。这和其他基于类型的模板元编程技巧，可以在 Odin Holmes 的“Type Based Template Metaprogramming is Not Dead”讲座中看到。从最快到最慢，它们如下：

- 查找带缓存的（memoized）类型（例如，模板实例化）。
- 向别名调用添加参数。
- 向类型中添加参数。
- 调用别名。
- 实例化类型。
- 实例化函数模板。
- 使用 SFINAE（Substitution Failure Is Not An Error，替换失败不是错误）。

为了演示此规则，请考虑以下代码：

```
template<bool>
 struct conditional {
     template<typename T, typename F>
     using type = F;
 };

 template<>
 struct conditional<true> {
     template<typename T, typename F>
     using type = T;
 };

 template<bool B, typename T, typename F>
 using conditional_t = conditional<B>::template type<T, F>;
```

它定义了 conditional 模板别名，该别名存储了一个如果 B 为真则解析为 T，否则解析为 F 的类型。编写这种程序的传统方法如下：

```
template<bool B, class T, class F>
 struct conditional {
     using type = T;
 };

 template<class T, class F>
 struct conditional<false, T, F> {
     using type = F;
 };

 template<bool B, class T, class F>
 using conditional_t = conditional<B,T,F>::type;
```

但是，第二种方法编译速度比第一种慢，因为它依赖于创建模板实例而不是类型别名。现在，我们来看可以使用哪些工具及其特性来降低编译时间。

3. 使用工具

一种可以使构建速度更快的常用技术是使用**单个编译单元构建**（single compilation unit build）或**统一构建**（unity build）。它不会加快每个项目的速度，但如果你的头文件中有大量的代码，它可能值得一试。统一构建会在一个翻译单元中包含所有的 .cpp 文件。另一个类似的想法是使用预编译的头文件。像 CMake 中的 Cotire 这样的插件将为你处理这两种技术。CMake 3.16 还增加了对统一构建的本地支持，你可以对一个目标启用 [`set_target_properties(<target> PROPERTIES UNITY_BUILD ON)`]，或通过将 `CMAKE_UNITY_BUILD` 设置为 `true` 进行全局启用。如果只想用 PCH，则可以看看 CMake 3.16 的 `target_precompile_headers`。

如果你觉得你在 C++ 文件中包含了太多内容，请考虑使用名为 include-what-you-use 的工具来整理它们。优先前向声明（forward declaring）类型和函数而不是包括头文件也对减少编译时间有很大帮助。

如果项目需要很长时间来链接，也有一些方法可以处理这个问题。使用不同的链接器（如 LLVM 的 LLD 或 GNU 的 Gold）有很大的帮助，因为它们允许多线程链接。如果你无法负担不同的链接器，那么可以尝试使用 `-fvisibility-hidden` 或 `-fvisibility-inlines-hidden` 等标记，并使用源代码中适当的注释标记希望在共享库中可见的函数。这样，链接器的工作就会更少。如果你正在使用链接时优化，请尝试只针对性能关键的构建部分：计划剖析的以及对生产力比较重要的部分。否则，可能会浪费开发人员的时间。

如果使用的是 CMake，并且没有绑定到特定的生成器（例如，CLion 要求使用 `Code::Blocks` 生成器），那么可以用更快的生成器替换默认的 Make 生成器。Ninja 是一个很好的选择，因为它是专门为了减少构建时间而创造的。要使用它，只需在调用 CMake 时加入 `-G Ninja`。

还有两个不错的工具，它们肯定能有所帮助。其中一个是 Ccache。它是一个运行 C 和 C++ 编译输出缓存的工具。如果你试图构建相同的东西两次，它将从缓存中获得结果，而不是实施编译。它保留统计信息，如缓存命中和缓存缺失，可以记住在编译特定文件时应该发出的警告，并且有许多配置选项，这些选项可以存储在 `~/.ccache/ccache.conf` 文件中。要获得它的统计数据，只需运行 `ccache -- show-stats`。

第二个工具是 IceCC（或 Icecream）。它是 distcc 的一个分支，本质上是一个在主机之间分发构建的工具。IceCC 可以让使用自定义工具链更容易。它在每个主机上运行 iceccd 守护程序和管理整个集群的 icecc-scheduler 服务。与 distcc 不同，调度程序确保只使用每台机器上的空闲周期，这样就不会让其他人的工作站过载。

要同时使用 IceCC 和 Ccache 来帮助 CMake 构建，只需将 - DCMAKE_C_COMPILER_LAUNCHER="ccache;icecc"- DCMAKE_CXX_COMPILER_LAUNCHER="ccache;icecc" 添加到 CMake 调用。如果是在 Windows 上编译，则可以使用 clcache 和 Incredibuild 或其他替代方案，而不是上述两个工具。

现在你知道了如何快速地构建，我们继续讨论另一个重要的主题。

7.2.3 查找潜在的代码问题

如果代码有 bug，即使是最快的构建也没有多大价值。有几十个标志可以警告你代码中存在潜在问题。本节将尝试探索应该考虑启用哪些标志。

首先，我们从一个稍微不同的问题开始：如何避免对来自其他库的代码问题发出警告。对无法真正解决的问题发出警告是没有用的。幸运的是，有一些编译器开关可以用来禁用这样的警告。例如，在 GCC 中，有两种类型的 include 文件：常规文件（使用 -I 传递）和系统文件（使用 -isystem 传递）。如果使用后者指定目录，则不会从它所包含的头文件中收到警告。MSVC 有一个类似 -isystem 的 /external:I。此外，它还有其他处理外部包含文件的标志，例如 /external:anglebrackets，它告诉编译器将使用尖括号包含的所有文件视为外部文件，从而对它们禁用警告。你可以为外部文件指定警告级别。你还可以使用 /external:templates- 来保留代码触发的模板实例化警告。如果你正在寻找一种可移植的方法来将包含文件的路径标记为 system/external，并且你正在使用 CMake，那么可以将 SYSTEM 关键字添加到 target_include_directories 命令中。

说到可移植性，如果想适配 C++ 标准，请考虑在 GCC 或 Clang 的编译选项中添加 -pedantic，在 MSVC 中添加 /permissive- 选项。这样，你就会了解到你可能正在使用的每一个非标准扩展。如果你正在使用 CMake，请为每个目标添加 set_target_properties(<target> PROPERTIESCXX_EXTENSIONS OFF)，以禁用特定于编译器的扩展。

如果你正在使用 MSVC，请尽量用 /W4 编译代码，因为它启用了大多数重要的警告。对于 GCC 和 Clang，尝试使用 -Wall -Wextra -Wconversion - Wsign-conversion。对第一个选项，尽管它的名字包含 all，但只启用一些常见的警告。第二个选项则增加了另一些警告。第三个基于 Scott Meyers 的一本很棒的书 *Effective C++* 的技巧（这是一套很好的警告，但需检查它们是否超过了你的需要）。后两个是关于类型转换和符号转换的。所有这些标志一起创建了一个健全的安全网，当然，你可以寻找更多的标志来启用。Clang 有一个 -Weverything 标志。尝试定期运行使用这个标志的构建，以发现可能值得在代码库中启用的新的、潜在的警告。你可能会惊讶于使用这个标志得到了多少条消息，尽管启用一些警告标志可能带来很多麻烦。MSVC 对应的标志名为 /Wall。表 7.1 给出了前面没有启用的其他有趣的选项。

表 7.1 其他编译器选项

编译器	标　志	含　义
GCC/Clang	-Wduplicated-cond	在 if 和 else-if 代码块中使用相同的条件时发出警告
	-Wduplicated-branches	如果两个分支包含相同的源代码，则发出警告
	-Wlogical-op	当逻辑操作中的操作数相同以及应该使用位操作符时发出警告
	-Wnon-virtual-dtor	当类有虚函数而没有虚析构函数时，发出警告
	-Wnull-dereference	警告 null 解引用，此检查在未优化的构建中可能不生效
	-Wuseless-cast	当转换为相同类型时发出警告
	-Wshadow	一组警告：声明掩盖了其他之前的声明
MSVC	/w44640	警告非线程安全的静态成员初始化

最后值得一提的是：使用 -Werror（对于 MSVC，为 /WX）还是不使用 -Werror？这取决于个人偏好，因为提示错误而不是警告优缺点都有。优点是，你不会让任何启用的警告溜过去。CI 构建将失败，代码将无法编译。在运行多线程构建时，你不会在快速传递的编译消息中丢失任何警告。然而，它也有一些缺点。如果编译器启用了任何新的警告或检测到了更多问题，则无法升级编译器。依赖关系也是如此，它们可能会弃用之前提供的一些函数。如果项目的其他部分使用了代码中的任何内容，则无法弃用它们。幸运的是，你总是可以使用混合解决方案：尽量使用 -Werror 进行编译，但当你需要做它禁止的事情时禁用它。这需要纪律，在触发任何新的警告时，你可能需要费一番功夫去消除它们。

7.2.4 使用以编译器为中心的工具

如今，相比于几年前，编译器允许做更多的事情。这要归功于 LLVM 和 Clang 的引入。通过提供 API 和易于重用的模块化架构，引发了诸如 sanitizers、自动重构或代码补全引擎等工具的蓬勃发展。你应该考虑利用编译器基础设施所提供的东西。使用 clang-format 确保代码库中的所有代码都符合给定的标准。考虑使用预提交工具添加预提交钩子，以便在提交前重新格式化代码。你还可以混用 Python 和 CMake 格式化程序。使用 clang-tidy 静态分析代码——这是一种真正理解代码而不是仅仅进行推理的工具。这个工具可以为你执行很多不同的检查，所以一定要根据自己的特定需求自定义列表和选项。你还可以在启用 sanitizers 的情况下，每晚或每周进行软件测试。这样，你就可以检测线程问题、未定义行为问题、内存访问问题、管理问题等。如果 release 构建禁用了断言，那么使用 debug 构建运行测试也很有价值。

如果你认为可以做更多的工作，那么你可以考虑使用 Clang 的基础设施编写自己的代码重构工具。如果你想了解如何创建自己的基于 LLVM 的工具，那么可以看看 clang-rename 工具。对 clang-tidy 额外的检查和修复工具也不是那么难创建，它们可以让你节省很多体力劳动。

你可以将许多工具集成到构建过程中。现在，我们来讨论一下这个过程的核心：构建系统。

7.3 抽象构建过程

本节将深入研究 CMake 脚本，这是 C++ 项目广泛使用的、事实上的标准构建系统生成器。

7.3.1 认识 CMake

CMake 是构建系统生成器，而不是构建系统本身，这意味着什么？简单来说，CMake 可以用来生成各种类型的构建系统。你可以使用它来生成 Visual Studio 项目、Makefile 项目、基于 Ninja 的项目、Sublime 项目、Eclipse 项目等。

CMake 附带了一组其他工具，例如用于执行测试的 CTest 以及用于打包和创建设置程序的 CPack。CMake 本身也允许导出和安装目标。

CMake 的生成器可以是单配置的，如 Make 或 NMAKE，也可以是多配置的，如 Visual Studio。对于单配置生成器，应该在文件夹中首次运行生成时传递 `CMAKE_BUILD_TYPE` 标志。例如，要配置 debug 构建，可以运行 `cmake <project_directory> - DCMAKE_BUILD_TYPE=Debug`。其他预定义配置包括 `Release`、`RelWithDebInfo`（带调试符号的 release 构建）和 `MinSizeRel`（针对二进制文件大小优化的 release 构建）。要保持源目录干净，请始终创建单独的构建文件夹，并从那里运行 CMake 生成。

虽然可以添加自己的构建类型，但你确实应该尽量不这样做，因为这使得使用某些 IDE 更加困难，而且不易扩展。一个更好的选择是使用选项（`option`）。

CMake 文件可以按两种样式编写：一种是基于变量的过时样式，另一种是基于目标的现代 CMake 样式。我们在这里只关注后者。尽量避免通过全局变量设置，因为这将在你希望重用目标时出问题。

1. 创建 CMake 项目

每个 CMake 项目在其最上层的 `CMakeLists.txt` 文件中都应该有以下几行内容：

```
cmake_minimum_required(VERSION 3.15...3.19)

project(
   Customer
   VERSION 0.0.1
   LANGUAGES CXX)
```

设置最小和最大支持版本很重要，因为它将通过设置策略影响 CMake 的行为。如果需要，你也可以手动设置它们。

项目的定义指定了它的名称、版本（将用于填充一些变量），以及 CMake 用于构建项目的编程语言（它将填充更多的变量并找到所需的工具）。

典型的 C++ 项目具有以下目录：

- ❑ `cmake`：存放 CMake 脚本。
- ❑ `include`：存放公共头文件，通常包含用项目命名的子文件夹。

- src：存放源文件和私有头文件。
- test：用于测试。

你可以使用 CMake 目录来存储自定义的 CMake 模块。为了方便地从这个目录访问脚本，你可以将它添加到 CMake 的 include() 搜索路径，像这样：

```
list(APPEND CMAKE_MODULE_PATH "${CMAKE_CURRENT_LIST_DIR}/cmake"
```

当包含 CMake 模块时，可以省略 .cmake 后缀。这意味着 include(CommonCompileFlags.cmake) 等于 include(CommonCompileFlags)。

2. 区分 CMake 目录变量

在 CMake 中浏览目录有一个常见的陷阱，但并不是每个人都能意识到。在编写 CMake 脚本时，请尝试区分以下内置变量：

- PROJECT_SOURCE_DIR：CMake 脚本最近一次运行 project 命令的目录。
- PROJECT_BINARY_DIR：类似上一条，是关于构建目录树的。
- CMAKE_SOURCE_DIR：最上层源代码目录（这可能在另一个将我们的项目添加为依赖项或添加到子目录的项目中）。
- CMAKE_BINARY_DIR：类似 CMAKE_SOURCE_DIR，但是关于构建目录树的。
- CMAKE_CURRENT_SOURCE_DIR：对应于当前 CMakeLists.txt 文件的源代码目录。
- CMAKE_CURRENT_BINARY_DIR：对应于 CMAKE_CURRENT_SOURCE_DIR 的二进制（构建）文件目录。
- CMAKE_CURRENT_LIST_DIR：CMAKE_CURRENT_LIST_FILE 的目录。如果当前 CMake 脚本被包含在另一个源代码目录中，它可能与当前源代码目录不同（这对于被包含的 CMake 模块而言，很常见）。

在清除陷阱之后，我们开始浏览这些目录。

在最上层的 CMakeLists.txt 文件中，你可能想调用 add_subdirectory(src)，以便让 CMake 开始处理该目录。

3. 指定 CMake 目标

在 src 目录中，应该有另一个 CMakeLists.txt 文件，这次可能定义了一两个目标。我们为本书前面提到的多米尼加博览会系统的客户微服务添加一个可执行文件：

```
add_executable(customer main.cpp)
```

源文件可以在前面的代码行中指定，也可以在以后使用 target_sources 来指定。

一个常见的 CMake 反模式是使用 globs 来指定源文件。使用它们的一大缺点是，CMake 在重新运行生成之前不知道是否添加了文件。这样做的一个常见结果是，如果你从代码库中提取更改并简单地构建，你可能会错过编译和运行新的单元测试或其他代码。即使在 CONFIGURE_DEPENDS 中使用了 globs，构建时间也会变长，因为 globs 必须作为每个构建的一部分进行检查。此外，该标志可能无法可靠地与所有的生成器一起工作。即使是 CMake 的作者也不鼓励使用它，反而支持显式地声明源文件。

我们已经定义了源文件。现在，我们指定目标需要 C++17 编译器的支持：

```
target_compile_features(customer PRIVATE cxx_std_17)
```

PRIVATE 关键字指定这是一个内部需求，也就是说，只对这个特定目标可见，而对任何依赖于它的其他目标不可见。如果你正在编写一个为用户提供 C++17 API 的库，那么你可以使用 INTERFACE 关键字。若要同时指定接口和内部需求，则可以使用 PUBLIC 关键字。当用户链接到我们的目标时，CMake 也会自动要求支持 C++17。如果你正在编写一个未构建的目标（即仅包含头文件的库或导入的目标），那么使用 INTERFACE 关键字通常就足够了。

你还应注意到，指定目标想要使用 C++17 特性并不强制执行 C++ 标准，也不禁止对目标进行编译器扩展。如果想做这些事情，你应该调用以下内容：

```
set_target_properties(customer PROPERTIES
     CXX_STANDARD 17
     CXX_STANDARD_REQUIRED YES
     CXX_EXTENSIONS NO
 )
```

如果你希望将一组编译器标志传递给每个目标，则可以将它们存储在一个变量中。如果你想创建一个目标（该目标包含设置为 INTERFACE 的标志，没有任何源文件），并在 target_link_libraries 中使用这些目标，则可以使用以下代码：

```
target_compile_options(customer PRIVATE ${BASE_COMPILE_FLAGS})
```

除了添加链接器标志，该命令还自动传播 include 目录、选项、宏和其他属性。说到链接，我们创建一个我们将链接的库：

```
add_library(libcustomer lib.cpp)
add_library(domifair::libcustomer ALIAS libcustomer)
set_target_properties(libcustomer PROPERTIES OUTPUT_NAME customer)
# ...
target_link_libraries(customer PRIVATE libcustomer)
```

add_library 可用于创建静态库、共享库、对象库和接口库（仅包含头文件），以及定义任何导入的库。

它的别名（ALIAS）版本创建了一个命名空间的目标，这有助于调试许多 CMake 问题，是推荐的现代 CMake 实践。

因为我们已经给目标提供了一个 lib 前缀，所以我们将输出名称设置为 libcustomer.a 而不是 liblibcustomer.a 。

最后，我们将可执行文件与添加的库链接起来。尝试始终为 target_link_libraries 命令指定 PUBLIC、PRIVATE 或 INTERFACE 关键字，因为这对于 CMake 有效管理目标依赖项的传递性至关重要。

4. 指定输出目录

一旦使用 cmake --build. 等命令构建代码，你可能想知道在哪里可以找到构建结果。默认情况下，CMake 会在源目录的匹配目录中创建它们。例如，如果你有一个带有 add_executable 指令的 src/CMakeLists.txt 文件，那么默认情况下，二进制文件将出现在构建目录的 src 子目录中。我们可以使用以下代码来覆盖这个目录：

```
set(CMAKE_RUNTIME_OUTPUT_DIRECTORY ${PROJECT_BINARY_DIR}/bin)
set(CMAKE_ARCHIVE_OUTPUT_DIRECTORY ${PROJECT_BINARY_DIR}/lib)
set(CMAKE_LIBRARY_OUTPUT_DIRECTORY ${PROJECT_BINARY_DIR}/lib)
```

这样，二进制文件和 DLL 文件将被放置在项目的构建目录的 bin 子目录中，而静态库和共享 Linux 库将被放置在 lib 子目录中。

7.3.2 使用生成器表达式

以一种同时支持单配置生成器和多配置生成器的方式设置编译标志可能很微妙，因为 CMake 在配置时（而不是构建 / 安装时）执行 if 语句和许多其他构造。

这意味着以下是一个 CMake 反模式：

```
if(CMAKE_BUILD_TYPE STREQUAL Release)
   target_compile_definitions(libcustomer PRIVATE RUN_FAST)
endif()
```

相反，生成器表达式是实现相同目标的正确方式，因为它们在后面才被处理。我们来看它们在实践中的应用。假设你要为 Release 配置添加一个预处理器定义，那么你可以编写以下内容：

```
target_compile_definitions(libcustomer PRIVATE
"$<$<CONFIG:Release>:RUN_FAST>")
```

只有在构建选定配置时，它才会解析为 RUN_FAST。对于其他配置，它将解析为一个空值。它同时适用于单配置生成器和多配置生成器。不过，这并不是生成器表达式的唯一用例。

在我们的项目构建期间使用以及被其他项目在安装期间使用时，目标的某些方面可能会有所不同，例如 include 目录。在 CMake 中，处理这一问题的一种常见方法如下：

```
target_include_directories(
   libcustomer PUBLIC $<INSTALL_INTERFACE:include>
                      $<BUILD_INTERFACE:${PROJECT_SOURCE_DIR}/include>)
```

本例中有两个生成器表达式。第一个告诉我们，当安装时，include 文件可以在 include 目录中找到，相对于安装前缀（安装的根目录）。如果不是在安装，此表达式将变成空的。这就是用另一个表达式来构建的原因。这个目录将解析为上次使用 project() 的目录的 include 子目录。

不要使用具有模块之外的路径的 target_include_directories。如果这样做，就是在窃取某人的头文件，而不是显式地声明库/目标依赖项。这是一个 CMake 反模式。

CMake 定义了许多生成器表达式，可以用于查询编译器和平台，以及目标（如全名、对象文件列表、属性值等）。除这些之外，还有一些运行布尔操作、if 语句、字符串比较等的表达式。

对于更复杂的例子——假设你希望有一组跨目标使用且依赖于所使用的编译器的编译标志，你可以按照如下方式定义它：

```
list(
   APPEND
   BASE_COMPILE_FLAGS
"$<$<OR:$<CXX_COMPILER_ID:Clang>,$<CXX_COMPILER_ID:AppleClang>,$<CXX_COMPIL
ER_ID:GNU>>:-Wall;-Wextra;-pedantic;-Werror>"
   "$<$<CXX_COMPILER_ID:MSVC>:/W4;/WX>")
```

如果编译器是 Clang、AppleClang 或 GCC，则附加一组标志，如果正在使用 MSVC，则附加另一组标志。请注意，我们用分号分隔标志，因为 CMake 就是这样分隔列表中的元素的。

现在，我们来看如何为项目添加外部代码。

7.4 使用外部模块

有几种方法可以获取所依赖的外部项目。例如，可以将它们添加为 Conan 依赖项，也可以使用 CMake 的 find_package 查找操作系统提供的或以其他方式安装的版本，还可以自己获取并编译该依赖项。

这部分的关键信息是：如果可以的话，应该使用 Conan。这样，你将使用与项目及其依赖项目要求相匹配的版本。

如果想支持多个平台，甚至同一发行版的多个版本，那么使用 Conan 或自己编译都是最好的选择。这样，你将使用相同的依赖项版本，而不管使用哪种操作系统编译。

我们来讨论几种获取 CMake 本身提供的依赖项的方法，然后再探讨使用名为 Conan 的多平台软件包管理器。

7.4.1 获取依赖项

从源代码中准备依赖项的一种方法可能是使用 CMake 内置的 FetchContent 模块。它将下载依赖项，然后将它们构建为常规目标。

该特性在 CMake 3.11 中引入。它是 ExternalProject 模块的替代品，因为 ExternalProject 模块有很多缺陷。其中之一是，它在构建期间克隆外部代码库，因此 CMake

无法推断外部项目定义的目标以及它们的依赖关系。这使得许多项目求助于手动定义这些外部目标的 include 目录和库路径，并完全忽略了它们所需的接口编译标志和依赖项。而 `FetchContent` 没有这样的问题，所以建议使用它来代替 `ExternalProject`。

在我们展示如何使用它之前，你必须知道 FetchContent 和 ExternalProject（以及使用 Git 子模块等类似的方法）都有一个重要的缺陷。如果有许多依赖项使用同一第三方库，那么你可能会拥有同一个项目的多个版本，比如 Boost。使用像 Conan 这样的软件包管理器可以避免这些问题。

我们来举例演示如何使用上述 `FetchContent` 特性将 GTest 集成到项目中。首先，创建一个 `FetchGTest.cmake` 文件，并将其放在源代码树中的 `cmake` 目录中。`FetchGTest` 脚本的定义如下：

```
include(FetchContent)

FetchContent_Declare(
  googletest
  GIT_REPOSITORY https://github.com/google/googletest.git
  GIT_TAG dcc92d0ab6c4ce022162a23566d44f673251eee4)

FetchContent_GetProperties(googletest)
if(NOT googletest_POPULATED)
  FetchContent_Populate(googletest)
  add_subdirectory(${googletest_SOURCE_DIR} ${googletest_BINARY_DIR}
                   EXCLUDE_FROM_ALL)
endif()

message(STATUS "GTest binaries are present at ${googletest_BINARY_DIR}")
```

首先，我们包含了内置的 `FetchContent` 模块。加载模块后，我们使用 `FetchContent_Declare` 声明该依赖项。我们命名依赖项，并指定 CMake 将克隆的代码库，以及它将签出（check out）的版本。

现在，我们可以读取外部库的属性，并填充它们（如果还没有做的话）。一旦有了源代码，我们就可以使用 `add_subdirectory` 来处理它们。当我们运行 `make all` 等命令时，如果某个目标不是其他目标需要依赖的，`EXCLUDE_FROM_ALL` 选项将告诉 CMake 不要构建这些目标。在成功处理目录后，脚本将输出一条消息，说明构建 GTest 库后将使用的存储目录。

如果你不喜欢在构建项目时构建依赖项，那么也许下一种集成依赖项的方法更适合你。

7.4.2 使用查找脚本

假设依赖项已在主机上的某个地方，你可以调用 `find_package` 来搜索它。如果依赖项提供了配置文件或目标文件（稍后将详细介绍），那么你只需写下这条简单的命令。当然，假设这些依赖项已经在机器上。如果没有，则需要在对项目运行 CMake 之前安装它们。

要创建前面的文件，依赖项需要使用 CMake，但情况并非总是如此。如何处理那些不使用 CMake 的库？如果这个库很受欢迎，那么很可能有人已经创建了可供使用的查找脚本。1.70 版本之前的 Boost 库是这种方法的常见示例。CMake 附带一个 `FindBoost` 模块，你可以通过运行 `find_package(Boost)` 来执行它。

要使用前面的模块找到 Boost，首先需要在系统上安装它。之后，在 CMake 列表中，你应该设置你认为合理的选项。例如，要使用没有静态链接到 C++ 运行时的动态多线程 Boost 库，请指定以下内容：

```
set(Boost_USE_STATIC_LIBS OFF)
set(Boost_USE_MULTITHREADED ON)
set(Boost_USE_STATIC_RUNTIME OFF)
```

然后，你需要实际搜索该库，如下所示：

```
find_package(Boost 1.69 EXACT REQUIRED COMPONENTS Beast)
```

在这里，我们指定我们只使用 Beast，它是一个很好的网络库，也是 Boost 的一部分。一旦找到，便可以把它链接到目标：

```
target_link_libraries(MyTarget PUBLIC Boost::Beast)
```

现在你知道了如何正确地使用查找脚本，接下来我们学习如何自己编写查找脚本。

7.4.3　编写查找脚本

如果依赖项既没有提供配置文件和目标文件，也没有人为它编写查找模块，那么你可以自己编写这样的模块。

这不是大家经常做的事情，所以我们尽量快速过一下这个主题。关于这个主题的深入描述，你可以阅读官方 CMake 文档中的指南，或者看一些使用 CMake 安装的查找模块（通常在 UNIX 系统上的 `/usr/share/cmake-3.17/Modules` 目录中）。为简单起见，我们假设你希望找到的依赖项只有一个配置，但是你可能会分别找到 `Release` 和 `Debug` 版本的二进制文件。这将导致不同的目标以及设置不同的相关变量。

脚本名称决定要传递给 `find_package` 的参数，例如，如果你希望以 `find_package(Foo)` 结束，那么脚本应该命名为 `FindFoo.cmake`。

一个好的做法是将 `reStructuredText` 部分（section）作为脚本的开头，描述脚本实际做什么，它将设置哪些变量等。这种描述的一个例子如下：

```
#.rst:
# FindMyDep
# ----------
#
# Find my favourite external dependency (MyDep).
#
# Imported targets
# ^^^^^^^^^^^^^^^^
```

```
#
# This module defines the following :prop_tgt:`IMPORTED` target:
#
# ``MyDep::MyDep``
#   The MyDep library, if found.
#
```

通常，你还需要描述脚本将设置的变量：

```
# Result variables
# ^^^^^^^^^^^^^^^^
#
# This module will set the following variables in your project:
#
# ``MyDep_FOUND``
#   whether MyDep was found or not
# ``MyDep_VERSION_STRING``
#   the found version of MyDep
```

如果 MyDep 本身有依赖项，那么现在是时候找到它们了：

```
find_package(Boost REQUIRED)
```

现在我们可以寻找库了。一种常见的方法是使用 pkg-config：

```
find_package(PkgConfig)
pkg_check_modules(PC_MyDep QUIET MyDep)
```

如果 pkg-config 有关于依赖项的信息，它将设置一些我们可以用来找到依赖项的变量。

一个好主意可能是设置一个变量，使脚本的用户可以通过设置它来指向库的位置。根据 CMake 的惯例，它应该被命名为 MyDep_ROOT_DIR。为了给 CMake 提供这个变量，用户可以使用 -DMyDep_ROOT_DIR=some/path 来调用 CMake，在其构建目录中修改 CMakeCache.txt 中的变量，或者使用 ccmake 或 cmake-gui 程序。

现在，我们可以使用上述路径搜索依赖项的头文件和库了：

```
find_path(MyDep_INCLUDE_DIR
   NAMES MyDep.h
   PATHS "${MyDep_ROOT_DIR}/include" "${PC_MyDep_INCLUDE_DIRS}"
   PATH_SUFFIXES MyDep
)

find_library(MyDep_LIBRARY
   NAMES mydep
   PATHS "${MyDep_ROOT_DIR}/lib" "${PC_MyDep_LIBRARY_DIRS}"
)
```

然后，我们还需要设置已找到的版本，正如我们在脚本头中承诺的那样。为了使用从 pkg-config 找到的版本，我们可以编写以下内容：

```
set(MyDep_VERSION ${PC_MyDep_VERSION})
```

我们也可以从头文件、库的存储路径或使用其他方法手动提取版本。完成之后，我们利用 CMake 的内置脚本来判断在处理 find_package 调用的所有可能参数时是否成功找到了所需的库：

```
include(FindPackageHandleStandardArgs)

find_package_handle_standard_args(MyDep
         FOUND_VAR MyDep_FOUND
         REQUIRED_VARS
         MyDep_LIBRARY
         MyDep_INCLUDE_DIR
         VERSION_VAR MyDep_VERSION
         )
```

由于我们决定提供一个目标，而不仅仅是一堆变量，现在是时候来定义它了：

```
if(MyDep_FOUND AND NOT TARGET MyDep::MyDep)
     add_library(MyDep::MyDep UNKNOWN IMPORTED)
     set_target_properties(MyDep::MyDep PROPERTIES
             IMPORTED_LOCATION "${MyDep_LIBRARY}"
             INTERFACE_COMPILE_OPTIONS "${PC_MyDep_CFLAGS_OTHER}"
             INTERFACE_INCLUDE_DIRECTORIES "${MyDep_INCLUDE_DIR}"
             INTERFACE_LINK_LIBRARIES Boost::boost
             )
endif()
```

最后，我们对不想处理我们内部使用的变量的用户隐藏这些变量：

```
mark_as_advanced(
 MyDep_INCLUDE_DIR
 MyDep_LIBRARY
 )
```

现在，我们有了完整的查找模块，它可以按照以下方式使用：

```
find_package(MyDep REQUIRED)
target_link_libraries(MyTarget PRIVATE MyDep::MyDep)
```

这就是自己编写查找模块的方法。

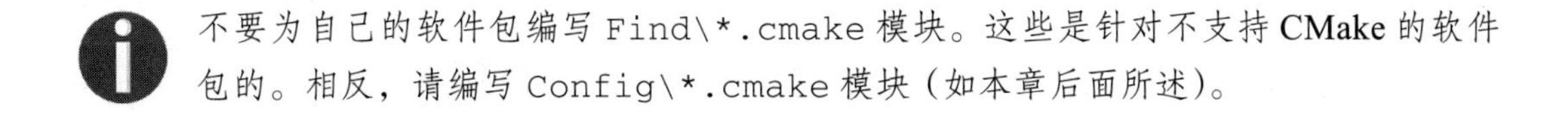
不要为自己的软件包编写 `Find\*.cmake` 模块。这些是针对不支持 CMake 的软件包的。相反，请编写 `Config\*.cmake` 模块（如本章后面所述）。

现在，我们演示如何使用适当的软件包管理器，而不是自己动手实现管理。

7.4.4 使用 Conan 软件包管理器

Conan 是一个针对本地包的开源的、去中心化的软件包管理器。它支持多个平台和编译器，可以与多个构建系统集成。

如果软件包还没有在你的环境中构建，那么 Conan 将在你的机器上构建它，而不是下载已经构建的版本。构建后，你可以将其上传到公共代码库、`conan_server` 实例或 Artifactory 服务器。

1. 准备 Conan 配置文件

如果这是你第一次运行 Conan，那么它将根据你的环境创建一个默认的配置文件。如果你想修改它的一些设置，可以创建一个新的配置文件，也可以更新默认的配置文件。假设我们使用的是 Linux，并且希望使用 GCC 9.x 编译所有内容，我们可以运行以下内容：

```
conan profile new hosacpp
conan profile update settings.compiler=gcc hosacpp
conan profile update settings.compiler.libcxx=libstdc++11 hosacpp
conan profile update settings.compiler.version=10 hosacpp
conan profile update settings.arch=x86_64 hosacpp
conan profile update settings.os=Linux hosacpp
```

如果依赖项来自其他代码库而不是默认的库，那么我们可以使用 `conan remote add <repo> <repo_url>` 添加这些库。例如，你可能希望使用它来配置你公司自己的。

现在我们已经设置了 Conan，接下来我们将展示如何使用 Conan 来获取依赖项，并将它们整合到 CMake 脚本中。

2. 指定 Conan 依赖项

我们的项目依赖于 C++ REST SDK。要告诉 Conan 这些依赖项，我们需要创建一个名为 `conanfile.txt` 的文件。在我们的例子中，它将包含以下内容：

```
[requires]
cpprestsdk/2.10.18
[generators]
CMakeDeps
```

你可以在这里指定任意数量的依赖项。它们都可以有固定版本、固定版本的范围，或一个标签（比如 latest）。在 `@` 符号之后，你可以找到拥有该包的公司，以及允许你选择该包的特定版本（通常是 stable 和 testing 版本）的通道。

`[generators]` 部分用来指定要使用的构建系统。对于 CMake 项目，应该使用 `CMakeDeps`。你还可以生成许多其他东西，包括生成编译器参数、CMake 工具链文件、Python 虚拟环境等。

在我们的例子中，我们没有指定任何其他选项，但你可以轻松地添加，并为软件包及其依赖项配置变量。例如，要将依赖项编译为静态库，我们可以编写以下内容：

```
[options]
cpprestsdk:shared=False
```

一旦有了 `conanfile.txt`，就可以告诉 Conan 使用它了。

3. 安装 Conan 依赖项

要在 CMake 代码中使用 Conan 软件包，必须首先安装它们。在 Conan 中，这意味着下载源代码并构建它们（或下载预先构建的二进制文件），并且创建我们将在 CMake 中使用的配置文件。为了让 Conan 在我们创建构建目录后为我们处理这个问题，我们应该进入该目录并运行以下命令：

```
conan install path/to/directory/containing/conanfile.txt --build=missing -s
build_type=Release -pr=hosacpp
```

默认情况下，Conan 希望将所有的依赖项作为预构建的二进制文件下载。如果服务器没有预先构建它们，Conan 就会构建它们，通过我们传入的 --build=missing 标志。我们指定要使用与配置文件中相同的编译器和环境构建 release 版本。只需调用另一个将 build_type 设置为其他 CMake 构建类型的命令，就可以为多个构建类型安装软件包。如果需要，这可以帮助你在不同构建类型之间快速切换。如果你想使用默认的配置文件（Conan 可以自动检测到的那个），那就不要传递 -pr 标志。

如果计划使用的 CMake 生成器在 conanfile.txt 中未指定，那么我们可以将其附加到前面的命令中。例如，要使用 compiler_args 生成器，应该附加 --generator compiler_args。稍后，你可以通过向编译器调用传递 @conanbuildinfo.args 来使用它生成的内容。

4. 使用来自 CMake 的 Conan 目标

一旦 Conan 下载、构建和配置了依赖项，我们就需要告诉 CMake 使用它们。

如果使用 CMakeDeps 生成器的话，请确保指定一个 CMAKE_BUILD_TYPE 值。在其他情况下，CMake 将无法使用 Conan 配置的软件包。示例调用（来自运行 Conan 的同一目录）如下：

```
cmake path/to/directory/containing/CMakeLists.txt -
DCMAKE_BUILD_TYPE=Release
```

这样，我们将在 release 模式下构建项目，我们必须使用通过 Conan 安装的一种类型。要找到依赖项，可以使用 CMake 的 find_package：

```
list(APPEND CMAKE_PREFIX_PATH "${CMAKE_BINARY_DIR}")
find_package(cpprestsdk CONFIG REQUIRED)
```

首先，我们将根构建目录添加到 CMake 软件包配置文件的路径中。然后，我们查找由 Conan 生成的软件包配置文件。

为了将 Conan 定义的目标作为目标的依赖项，最好使用带命名空间的目标名称：

```
target_link_libraries(libcustomer PUBLIC cpprestsdk::cpprest)
```

这样，当没有找到软件包时，CMake 的配置过程会报错。如果没有别名，在尝试链接时就会报错。现在，我们已经按照希望的方式编译并链接了目标，是时候对它们进行测试了。

7.4.5 添加测试

CMake 有自己的测试驱动程序，名为 CTest。从 CMakeList 中添加新的测试套件很容易，可以自己添加，也可以使用测试框架提供的许多集成工具添加。本书后面将深入讨论测试，但这里先展示一下如何基于 GoogleTest 测试框架（GTest）快速、干净地添加单元测试。

通常，要在 CMake 中定义测试，需要编写以下内容：

```
if(CMAKE_PROJECT_NAME STREQUAL PROJECT_NAME)
  include(CTest)
  if(BUILD_TESTING)
    add_subdirectory(test)
  endif()
endif()
```

前面的代码片段将首先检查测试的是不是正在构建的主项目。通常，你只想为自己的项目运行测试，甚至忽略了为使用的第三方组件构建测试。这就是要检查项目名称的原因。

如果要运行测试，则需要包括 CTest 模块。这将加载 CTest 提供的整个测试基件，定义它的附加目标，并调用名为 enable_testing 的 CMake 函数，该函数将启用 BUILD_TESTING 标志。这个标志是缓存的，因此你可以在构建项目生成构建系统时，通过传递 -DBUILD_TESTING=OFF 参数给 CMake 来禁用所有测试。

所有这些缓存的变量实际上都存储在构建目录中一个名为 CMakeCache.txt 的文本文件中。你可以修改里面的变量来更改 CMake 的行为，在你删除该文件之前，它不会覆盖里面的设置。你可以使用 ccmake、cmake-gui 来完成此操作，也可以手动完成此操作。

如果 BUILD_TESTING 为 true，则只需处理测试目录中的 CMakeLists.txt 文件。它看起来可能是这样的：

```
include(FetchGTest)
include(GoogleTest)

add_subdirectory(customer)
```

第一个 include调用提供我们前面描述的 GTest 的脚本。在获取 GTest 之后，当前的 CMakeLists.txt 通过调用 include(GoogleTest) 来加载在 GoogleTest CMake 模块中定义的一些辅助函数。这将使我们能够更容易地将我们的测试集成到 CTest 中。最后，我们通过调用 add_subdirectory(customer) 来告诉 CMake 深入到包含测试的目录中。

test/customer/CMakeLists.txt 文件将简单地添加一个带有测试的可执行文件，该测试是用我们预定义的标志集编译的，并链接到被测试模块和 GTest。然后，我们调用 CTest 辅助函数，这些辅助函数可以发现已定义的测试。所有这些只用四行 CMake 代码即可实现：

```
add_executable(unittests unit.cpp)
target_compile_options(unittests PRIVATE ${BASE_COMPILE_FLAGS})
target_link_libraries(unittests PRIVATE domifair::libcustomer gtest_main)
gtest_discover_tests(unittests)
```

现在，只需进入构建目录并调用以下内容即可构建和执行测试：

```
cmake --build . --target unittests
ctest # or cmake --build . --target test
```

我们可以为 CTest 传递一个 -j 标志。它的工作原理就像使用 Make 或 Ninja 调用一样——并行化测试执行。如果想要有一个更短的构建命令，只需运行构建系统，也就是调用 make。

在脚本中，通常最好使用较长的命令形式，这将使脚本独立于所使用的构建系统。

一旦测试通过了，就可以考虑将它们提供给更广泛的用户。

7.5 重用高质量代码

CMake 有内置的实用程序，在分发构建结果时有很大帮助。本节将描述如何安装和导出这些实用程序以及它们之间的区别，同时展示如何使用 CPack 来打包代码。下一节将介绍如何使用 Conan 来打包代码。

安装和导出对于微服务本身而言并不是那么重要，但如果要提供库供其他人重用，那么它是非常有用的。

7.5.1 安装

如果你已经编写或使用过 Makefile，那么你很可能曾经调用过 `make install`，并看到过项目的可交付软件是如何在操作系统目录或你选择的另一个目录中安装的。如果你在 CMake 中使用 `make`，那么使用本节中的步骤将允许你以同样的方式安装可交付软件。当然，如果不是，你仍然可以调用安装目标。除此之外，在这两种情况下，你都可以很容易地利用 CPack 基于安装命令创建包。

如果使用的是 Linux，通过调用以下命令，根据操作系统的约定预设一些安装目录可能是一个好主意：

```
include(GNUInstallDirs)
```

这将使安装程序使用一个由 `bin`、`lib` 和类似的其他目录组成的目录结构。这样的目录也可以使用一些 CMake 变量手动设置。

创建安装目标还包括另外几个步骤。首先是定义想要安装的目标，在我们的例子中该定义如下：

```
install(
   TARGETS libcustomer customer
   EXPORT CustomerTargets
   LIBRARY DESTINATION ${CMAKE_INSTALL_LIBDIR}
   ARCHIVE DESTINATION ${CMAKE_INSTALL_LIBDIR}
   RUNTIME DESTINATION ${CMAKE_INSTALL_BINDIR})
```

这告诉 CMake 将本章前面定义的库和可执行文件导出为 `CustomerTargets`，使用我们之前设置的目录。

如果你计划将库的不同配置安装到不同的文件夹中，那么可以使用前面命令的一些调用，如：

```
install(TARGETS libcustomer customer
        CONFIGURATIONS Debug
        # destinations for other components go here...
        RUNTIME DESTINATION Debug/bin)
install(TARGETS libcustomer customer
        CONFIGURATIONS Release
        # destinations for other components go here...
        RUNTIME DESTINATION Release/bin)
```

你可以注意到，我们为可执行文件和库指定了目录，但没有为 include 文件指定目录。我们需要在另一个命令中指定，像下面这样：

```
install(DIRECTORY ${PROJECT_SOURCE_DIR}/include/
        DESTINATION include)
```

这意味着最上层 include 目录的内容将被安装在安装根目录下的 include 目录中。第一个路径之后的斜线修复了一些路径问题，所以请注意使用它。

我们有了一组目标，现在需要生成一个文件，另一个 CMake 项目可以读取该文件来理解我们的目标。这可以通过以下方式来完成：

```
install(
    EXPORT CustomerTargets
    FILE CustomerTargets.cmake
    NAMESPACE domifair::
    DESTINATION ${CMAKE_INSTALL_LIBDIR}/cmake/Customer)
```

这个命令获取我们的目标集合，并创建一个 `CustomerTargets.cmake` 文件，该文件将包含目标及其需求的所有信息。每个目标都有一个名称空间前缀，例如 `customer` 变成了 `domifair::customer`。生成的文件将安装在库文件夹的子目录中。

为了允许依赖的项目使用 CMake 的 `find_package` 命令找到目标，我们需要提供一个 `CustomerConfig.cmake` 文件。如果目标没有依赖项，则可以将前面的目标直接导出到该文件中，而不是 `targets` 文件中。否则，应该编写自己的配置文件，使其包括前面的 `targets` 文件。

在本例中，我们希望重用一些 CMake 变量，所以需要创建一个模板并使用 `configure_file` 命令来填充它：

```
configure_file(${PROJECT_SOURCE_DIR}/cmake/CustomerConfig.cmake.in
               CustomerConfig.cmake @ONLY)
```

`CustomerConfig.cmake.in` 文件将首先处理依赖项：

```
include(CMakeFindDependencyMacro)

find_dependency(cpprestsdk 2.10.18 REQUIRED)
```

`find_dependency` 宏是 `find_package` 的包装器，它将在配置文件中被使用。虽然我们依赖 Conan 为我们提供 `conanfile.txt` 中定义的 C++ REST SDK 2.10.18，但这里我们需要再次指定依赖项。我们的软件包可以在另一台机器上使用，所以我们要求依赖项也安装在那里。如果要在目标机器上使用 Conan，可以像下面这样安装 C++ REST SDK：

```
conan install cpprestsdk/2.10.18
```

在处理依赖项之后，配置文件模板将包括之前创建的 targets 文件：

```
if(NOT TARGET domifair::@PROJECT_NAME@)
   include("${CMAKE_CURRENT_LIST_DIR}/@PROJECT_NAME@Targets.cmake")
endif()
```

当 configure_file 执行时，它将把所有 @VARIABLES@ 替换为我们项目中定义的与它们匹配的 ${VARIABLES} 的内容。通过这种方式，基于 CustomerConfig.cmake.in 文件模板，CMake 将创建一个 CustomerConfig.cmake 文件。

当使用 find_package 查找依赖项时，通常需要指定要查找的软件包的版本。为了在软件包中支持此功能，我们必须创建一个 CustomerConfigVersion.cmake 文件。CMake 为我们提供了一个辅助函数，它将为我们创建这个文件。它的使用方式如下：

```
include(CMakePackageConfigHelpers)
write_basic_package_version_file(
  CustomerConfigVersion.cmake
  VERSION ${PACKAGE_VERSION}
  COMPATIBILITY AnyNewerVersion)
```

PACKAGE_VERSION 变量将根据我们在最上层 CMakeLists.txt 文件的最上面调用 project 时传递的 VERSION 参数进行填充。

AnyNewerVersion COMPATIBILITY 意味着软件包将被任何包搜索接受，如果它是更新的或相同的请求版本。其他选项包括 SameMajorVersion、SameMinorVersion 和 ExactVersion。

一旦我们创建了配置文件和配置版本文件，我们告诉 CMake，它们应该与二进制文件和目标文件一起安装：

```
install(FILES ${CMAKE_CURRENT_BINARY_DIR}/CustomerConfig.cmake
              ${CMAKE_CURRENT_BINARY_DIR}/CustomerConfigVersion.cmake
        DESTINATION ${CMAKE_INSTALL_LIBDIR}/cmake/Customer)
```

我们最后应该安装的是项目的许可证。我们将利用 CMake 的命令来安装文件，将它们放在文档目录中：

```
install(
   FILES ${PROJECT_SOURCE_DIR}/LICENSE
   DESTINATION ${CMAKE_INSTALL_DOCDIR})
```

这就是在操作系统的根目录中成功创建安装目标所需要知道的全部内容。你可能会问如何将软件包安装到另一个目录中，例如仅针对当前用户的目录。为此，你需要设置 CMAKE_INSTALL_PREFIX 变量，例如，在生成构建系统时。

注意，如果我们不安装到 UNIX 树的根目录中，则必须为依赖的项目提供到安装目录的路径，例如通过设置 CMAKE_PREFIX_PATH。

现在，我们来看另一种可以重用上面构建的内容的方法。

7.5.2 导出

导出是一种将本地构建包的信息添加到 CMake 包注册表中的技术。当你希望目标即使没有安装也在构建目录中可见时，导出就很有用。导出的一个常见用途是，当你在开发机器上签出（check out）几个项目，并在本地构建它们时。

从 CMakeLists.txt 文件添加对这种机制的支持很容易。在我们的例子中，可以这样做：

```
export(
   TARGETS libcustomer customer
   NAMESPACE domifair::
   FILE CustomerTargets.cmake)

set(CMAKE_EXPORT_PACKAGE_REGISTRY ON)
export(PACKAGE domifair)
```

通过这种方式，CMake 将创建一个类似于 7.5.1 节的目标文件，在我们提供的命名空间中定义库和可执行目标。在 CMake 3.15 中，包注册表默认是禁用的，所以我们需要通过设置适当的前置变量来启用它。然后，就可以通过导出软件包将目标的信息直接放到注册表中。

请注意，我们现在有了一个没有匹配配置文件的 targets 文件。这意味着，如果目标依赖于外部库，则必须在找到软件包之前找到它们。在我们的例子中，调用必须按以下顺序进行：

```
find_package(cpprestsdk 2.10.18)
find_package(domifair)
```

首先，我们找到 C++ REST SDK，然后才会寻找依赖于它的软件包。这就是开始导出目标之前需要知道的全部内容。比安装它们要容易得多，不是吗？

现在，我们继续用第三种方式将目标暴露给外部世界。

7.5.3 使用 CPack

本节将描述如何使用 CMake 附带的打包工具 CPack。

CPack 允许你轻松地创建各种格式的软件包，从 ZIP 和 TGZ 归档到 DEB 和 RPM 软件包，甚至还有安装向导，如 NSIS 或一些特定于 OS X 的安装向导。一旦确定了安装逻辑，集成工具就不难了。我们来展示一下如何使用 CPack 来打包项目。

首先，我们需要指定 CPack 在创建软件包时使用的变量：

```
set(CPACK_PACKAGE_VENDOR "Authors")
set(CPACK_PACKAGE_CONTACT "author@example.com")
set(CPACK_PACKAGE_DESCRIPTION_SUMMARY
    "Library and app for the Customer microservice")
```

我们需要手工提供一些信息，但是可以根据我们在定义项目时指定的版本来填充一些变量。还有更多的 CPack 变量，你可以在本章末尾的“进一步阅读”部分的 CMake 链接中阅读这些变量。其中一些通常用于所有包生成器，而有些是特定于少数包生成器的。例如，如果你计划使用安装程序，那么你可以设置以下两个：

```
set(CPACK_RESOURCE_FILE_LICENSE "${PROJECT_SOURCE_DIR}/LICENSE")
set(CPACK_RESOURCE_FILE_README "${PROJECT_SOURCE_DIR}/README.md")
```

一旦设置了所有这些有趣的变量，就可以选择供 CPack 使用的生成器了。我们先在 CPACK_GENERATOR 中放一些基础的生成器，CPACK_GENERATOR 是 CPack 需要依赖的一个变量：

```
list(APPEND CPACK_GENERATOR TGZ ZIP)
```

这将使 CPack 根据本章前面定义的安装步骤生成 TGZ 和 ZIP 两种类型的归档。

你可以根据不同情况选择不同的包生成器，例如，根据正在运行的机器上可用的工具。例如，在 Windows 上，构建 Windows 安装程序，而如果在安装了适当工具的 Linux 上，则创建 DEB 或 RPM 软件包。如果正在运行 Linux，则可以检查是否安装了 dpkg，如果安装了，就创建 DEB 软件包：

```
 if(UNIX)
   find_program(DPKG_PROGRAM dpkg)
   if(DPKG_PROGRAM)
     list(APPEND CPACK_GENERATOR DEB)
     set(CPACK_DEBIAN_PACKAGE_DEPENDS "${CPACK_DEBIAN_PACKAGE_DEPENDS}
libcpprest2.10 (>= 2.10.2-6)")
     set(CPACK_DEBIAN_PACKAGE_SHLIBDEPS ON)
   else()
     message(STATUS "dpkg not found - won't be able to create DEB
packages")
   endif()
```

我们使用 CPACK_DEBIAN_PACKAGE_DEPENDS 变量，这要求 DEB 软件包需要首先安装 C++ REST SDK。

对于 RPM 软件包，你可以手动检查 rpmbuild：

```
 find_program(RPMBUILD_PROGRAM rpmbuild)
   if(RPMBUILD_PROGRAM)
     list(APPEND CPACK_GENERATOR RPM)
     set(CPACK_RPM_PACKAGE_REQUIRES "${CPACK_RPM_PACKAGE_REQUIRES} cpprest
>= 2.10.2-6")
   else()
     message(STATUS "rpmbuild not found - won't be able to create RPM
packages")
   endif()
 endif()
```

这些生成器提供了大量其他有用的变量，如果你想了解更多，请随时查看 CMake 的文档。

关于变量的最后一点是，你还可以使用它们来避免意外地打包不需要的文件。这可以通过以下方法来实现：

```
set(CPACK_SOURCE_IGNORE_FILES /.git /dist /.*build.* /\\\\.DS_Store)
```

一旦有了这些，我们就可以在 CMake 列表中包含 CPack 了：

```
include(CPack)
```

记住，最后一步一定要这样做，因为 CMake 不会将你接下来要使用的变量传播到 CPack。

要运行它，可以直接调用 `cpack` 或更长的 `cmake --build . --target package`（以检查是否有什么东西需要先重新构建）。如果只需要重新构建一种类型的包，则可以使用 `-G` 标志轻松地覆盖生成器，例如，用 `-G DEB` 构建 DEB 包，用 `-G WIX -C Release` 打包 release 版 MSI 可执行文件，用 `-G DragNDrop` 生成 DMG 安装程序。

现在，我们来讨论一种更原始的构建软件包的方式。

7.6 使用 Conan 打包

我们已经展示了如何使用 Conan 来安装依赖项。现在，我们来深入探讨如何创建 Conan 软件包。

我们在项目中创建一个新的最上层目录，简单地命名为 `conan`，我们将在那里存储使用这个工具打包时所需的文件：用于构建软件包的脚本和测试它的环境。

7.6.1 创建 conanfile.py 脚本

所有 Conan 软件包所需的最重要的文件是 `conanfile.py`。在我们的例子中，我们希望使用 CMake 变量来填写它的一些详细信息，所以我们创建一个 `conanfile.py.in` 文件。我们通过为 `CMakeLists.txt` 文件添加以下内容来使用 `conanfile.py.in` 创建上述文件：

```
configure_file(${PROJECT_SOURCE_DIR}/conan/conanfile.py.in
               ${CMAKE_CURRENT_BINARY_DIR}/conan/conanfile.py @ONLY)
```

文件的开头是一些无趣的 Python 导入语句，比如 Conan 在 CMake 项目上要求的那些：

```
import os
from conans import ConanFile, CMake
```

现在，我们需要创建一个类来定义软件包：

```
class CustomerConan(ConanFile):
    name = "customer"
    version = "@PROJECT_VERSION@"
    license = "MIT"
    author = "Authors"
    description = "Library and app for the Customer microservice"
    topics = ("Customer", "domifair")
```

首先，我们从一堆通用变量开始，从 CMake 代码中获取项目版本。通常，`description` 是一个多行字符串。`topics` 对于在诸如 JFrog's Artifactory 的网站上找到我们需要的库很有用，并且可以告诉读者我们的软件包是关于什么的。现在，我们来看其他变量：

```
    homepage = "https://example.com"
    url =
"https://github.com/PacktPublishing/Hands-On-Software-Architecture-with-Cpp
/"
```

`homepage` 应该指向项目的主页：文档、教程、FAQ 和类似的内容被放置在那里。`url`

是软件包代码库的位置。许多开源库的代码在一个 repo 中，打包代码在另一个 repo 中。常见的情况是，软件包由中央 Conan 包服务器构建。在我们的例子中，url 应该指向 https://github.com/conan-io/conan-center-index。

接下来，我们可以指定构建软件包的方式了：

```
settings = "os", "compiler", "build_type", "arch"
options = {"shared": [True, False], "fPIC": [True, False]}
default_options = {"shared": False, "fPIC": True}
generators = "CMakeDeps"
keep_imports = True  # useful for repackaging, e.g. of licenses
```

settings 将决定是需要构建软件包，还是下载已经构建的版本。

options 和 default_options 可以是任意值。shared 和 fPIC 是大多数软件包都提供的选项，所以我们也遵循这个惯例。

现在我们已经定义了变量，接下来我们开始编写 Conan 用来打包软件的方法吧。首先，我们指定软件包的消费者应该链接的库：

```
def package_info(self):
    self.cpp_info.libs = ["customer"]
```

self.cpp_info 对象允许设置更多的内容，但这里的是必须设置的。请查看 Conan 文档了解其他属性。

接下来，我们指定其他软件包需要什么：

```
def requirements(self):
    self.requires.add('cpprestsdk/2.10.18')
```

这一次，我们直接从 Conan 那里获取 C++ REST SDK，而不是指定操作系统的软件包管理器应该依赖哪些软件包。现在，我们指定 CMake 应该如何（以及在哪里）生成构建系统：

```
def _configure_cmake(self):
    cmake = CMake(self)
    cmake.configure(source_folder="@CMAKE_SOURCE_DIR@")
    return cmake
```

在我们的例子中，我们只需将它指向源目录。一旦配置了构建系统，我们就需要实际构建我们的项目：

```
def build(self):
    cmake = self._configure_cmake()
    cmake.build()
```

Conan 也支持不基于 CMake 的构建系统。在构建完软件包之后，就要开始打包了，这要求我们提供另一种方法：

```
def package(self):
    cmake = self._configure_cmake()
    cmake.install()
    self.copy("license*", ignore_case=True, keep_path=True)
```

请注意我们是如何使用相同的 `_configure_cmake()` 函数来构建和打包项目的。除了安装二进制文件外，我们还指定了应该部署许可证的位置。最后，我们告诉 Conan 在安装软件包时应该复制什么：

```
    def imports(self):
        self.copy("license*", dst="licenses", folder=True,
ignore_case=True)

        # Use the following for the cmake_multi generator on Windows
and/or Mac OS to copy libs to the right directory.
        # Invoke Conan like so:
        #   conan install . -e CONAN_IMPORT_PATH=Release -g cmake_multi
        dest = os.getenv("CONAN_IMPORT_PATH", "bin")
        self.copy("*.dll", dst=dest, src="bin")
        self.copy("*.dylib*", dst=dest, src="lib")
```

前面的代码指定了在安装库时解包许可证文件、库和可执行文件的位置。

现在我们知道了如何构建 Conan 软件包，接下来我们来看如何测试它是否按预想的工作。

7.6.2 测试 Conan 软件包

一旦 Conan 构建了软件包，就应该测试它是否构建正确。为此，我们首先在 conan 目录中创建 `test_package` 子目录。

它还将包含一个 `conanfile.py` 脚本，但这次是一个更短的脚本。它的启动方式如下：

```
import os

from conans import ConanFile, CMake, tools
class CustomerTestConan(ConanFile):
     settings = "os", "compiler", "build_type", "arch"
     generators = "CMakeDeps"
```

这里没什么花哨的。现在，我们应该提供构建测试包的逻辑：

```
def build(self):
    cmake = CMake(self)
    # Current dir is "test_package/build/<build_id>" and
    # CMakeLists.txt is in "test_package"
    cmake.configure()
    cmake.build()
```

我们很快就会编写 `CMakeLists.txt` 文件。但首先，需要先写下面两个方法：`imports` 和 `test`。`imports` 方法可以按如下写法编写：

```
def imports(self):
    self.copy("*.dll", dst="bin", src="bin")
    self.copy("*.dylib*", dst="bin", src="lib")
    self.copy('*.so*', dst='bin', src='lib')
```

软件包测试逻辑的核心——`test` 方法如下：

```
def test(self):
    if not tools.cross_building(self.settings):
        self.run(".%sexample" % os.sep)
```

我们只想在为本地架构构建时运行它。否则，我们很可能无法运行已编译的可执行文件。

现在，我们来定义 CMakeLists.txt 文件：

```
cmake_minimum_required(VERSION 3.12)
project(PackageTest CXX)

list(APPEND CMAKE_PREFIX_PATH "${CMAKE_BINARY_DIR}")

find_package(customer CONFIG REQUIRED)

add_executable(example example.cpp)
target_link_libraries(example customer::customer)


# CTest tests can be added here
```

就这么简单。我们链接到提供的所有 Conan 库（在我们的例子中，只有 Customer 库）。

最后，我们编写 example.cpp 文件，以检查软件包是否成功创建：

```
#include <customer/customer.h>

int main() { responder{}.prepare_response("Conan"); }
```

在开始运行所有这些之前，我们需要在 CMake 列表的主分支中进行一些小的更改。现在，我们来看如何从 CMake 文件正确导出 Conan 目标。

7.6.3 将 Conan 打包代码添加到 CMakeLists

还记得我们在 7.5 节中编写的安装逻辑吗？如果你依赖 Conan 进行打包，那么可能不需要运行简单的 CMake 导出和安装逻辑。假设你只想在不使用 Conan 的情况下导出和安装，那么你需要修改 7.5.1 节中描述的 CMakeLists 部分，使其看起来与以下内容类似：

```
if(NOT CONAN_EXPORTED)
   install(
     EXPORT CustomerTargets
     FILE CustomerTargets.cmake
     NAMESPACE domifair::
     DESTINATION ${CMAKE_INSTALL_LIBDIR}/cmake/Customer)

   configure_file(${PROJECT_SOURCE_DIR}/cmake/CustomerConfig.cmake.in
                  CustomerConfig.cmake @ONLY)

   include(CMakePackageConfigHelpers)
   write_basic_package_version_file(
     CustomerConfigVersion.cmake
     VERSION ${PACKAGE_VERSION}
     COMPATIBILITY AnyNewerVersion)

   install(FILES ${CMAKE_CURRENT_BINARY_DIR}/CustomerConfig.cmake
                 ${CMAKE_CURRENT_BINARY_DIR}/CustomerConfigVersion.cmake
         DESTINATION ${CMAKE_INSTALL_LIBDIR}/cmake/Customer)
```

```
 endif()

 install(
   FILES ${PROJECT_SOURCE_DIR}/LICENSE
   DESTINATION
$<IF:$<BOOL:${CONAN_EXPORTED}>,licenses,${CMAKE_INSTALL_DOCDIR}>)
```

添加 if 语句和生成器表达式是拥有干净软件包的合理代价，这就是我们需要做的一切。

最后一件让我们更轻松的事情是**构建**一个目标，以创建 Conan 软件包。我们可以这样定义它：

```
add_custom_target(
   conan
   COMMAND
     ${CMAKE_COMMAND} -E copy_directory
${PROJECT_SOURCE_DIR}/conan/test_package/
     ${CMAKE_CURRENT_BINARY_DIR}/conan/test_package
   COMMAND conan create . customer/testing -s build_type=$<CONFIG>
   WORKING_DIRECTORY ${CMAKE_CURRENT_BINARY_DIR}/conan
   VERBATIM)
```

现在，当我们运行 cmake --build . --target conan（如果使用的是生成器并且需要一个简短的调用，那么可以运行 ninja conan）时，CMake 将把 test_package 目录复制到 build 文件夹，构建 Conan 软件包，并使用复制的文件对其进行测试。

我们在这里描述的只是创建 Conan 软件包的冰山一角。更多相关信息，请参阅 Conan 文档，见“进一步阅读”部分。

7.7 总结

在本章中，你学习了许多关于构建和打包代码的知识。你现在能够编写更快构建的模板代码，知道如何选择工具来更快地编译代码（你将在第 8 章中了解更多相关工具的信息），并且知道何时使用前向声明而不是 #include 指令。

除此之外，你现在可以使用现代 CMake 定义构建目标和测试套件，使用 find 模块和 FetchContent 管理外部依赖项，创建各种格式的软件包和安装程序，使用 Conan 安装依赖项并创建自己的工件。

在第 8 章中，我们将研究如何编写易于测试的代码。只有当拥有良好的测试覆盖率时，持续集成和持续部署才有用。不进行全面测试的持续部署会更快地在生产环境中引入新的 bug。这不是我们设计软件架构的目标。

问题

1. 在 CMake 中，安装和导出目标之间有什么区别？

2. 如何使模板代码的编译速度更快?
3. 如何在 Conan 中使用多个编译器?
4. 如果想用 pre-C++11 GCC ABI 编译 Conan 依赖项，该怎么做?
5. 如何确保在 CMake 中强制执行某个特定的 C++ 标准?
6. 如何在 CMake 中构建文档并将之与 RPM 软件包一起发布?

进一步阅读

- List of compiler books on GCC's wiki: `https://gcc.gnu.org/wiki/ListOfCompilerBooks`
- *Type Based Template Metaprogramming is Not Dead*, a lecture by Odin Holmes, C++Now 2017: `https://www.youtube.com/watch?v=EtU4RDCCsiU`
- The Modern CMake online book: `https://cliutils.gitlab.io/modern-cmake`
- Conan documentation: `https://docs.conan.io/en/latest/`
- CMake documentation on creating find scripts: `https://cmake.org/cmake/help/v3.17/manual/cmake-developer.7.html?highlight=find#a-sample-find-module`

第三部分 Part 3

架构的质量属性

这一部分更侧重于使软件项目成功的高级概念。在可能的情况下，我们还将展示有助于保持我们想要达到的高质量的工具。

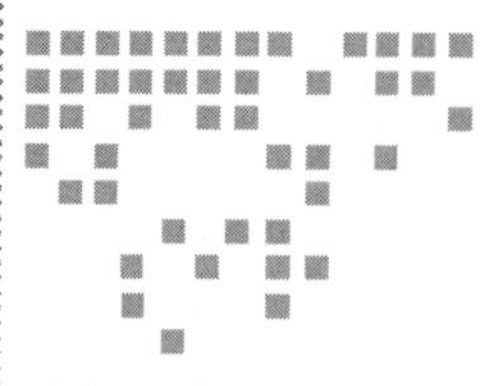

Chapter 8 第8章

编写可测试代码

测试代码的能力是软件产品最重要的质量属性。如果没有适当的测试，重构代码或改进代码（如安全性、可伸缩性或性能）的成本将非常高昂。本章将介绍如何设计和管理自动化测试，以及如何在必要时正确使用伪装（fake）和模拟（mock）。

8.1 技术要求

本章的示例代码见 https://github.com/PacktPublishing/Software-Architecture-with-Cpp/tree/master/Chapter08。

本章示例中使用的软件如下：

- GTest 1.10+。
- Catch2 2.10+。
- CppUnit 1.14+。
- Doctest 2.3+。
- Serverspec 2.41+。
- Testinfra 3.2+。
- Goss 0.3+。
- CMake 3.15+。
- Autoconf。
- Automake。
- Libtool。

8.2　为什么要测试代码

软件工程和软件架构是非常复杂的问题，处理不确定性自然是要确保自己免受潜在风险的影响。我们一直在为人寿保险、健康保险和汽车保险买单。然而，当谈到软件开发时，我们往往会忘记所有的安全预防措施，只希望获得乐观的结果。

我们知道事情不仅可能会出错，而且一定会出错，但令人难以置信的是，测试软件仍然是一个有争议的话题。无论是由于缺乏技能还是由于缺乏预算，仍然有一些项目甚至缺乏最基本的测试。当客户决定更改需求时，简单的更正可能会导致无休止的返工。

当第一次返工发生时，由于没有实现适当的测试而节省的时间就会被抵消。如果你认为这种返工不会很快发生，那么你就大错特错了。在如今的敏捷环境中，返工是我们日常生活的一部分。我们对世界和客户变化的了解意味着需求会发生变化，随之而来的是对代码进行更改。

因此，测试的主要目的是在项目后期为你节约宝贵的时间。当然，当你必须实现各种测试而不是只关注功能时，这便是一项早期投资，但这是一种你不会后悔的投资。就像保险单一样，当事情按照计划进行时，虽然测试会耗费一些预算，但当坏事情发生时，就会得到一笔丰厚的补偿。

8.2.1　测试金字塔

在设计或实现软件系统时，你可能会遇到不同类型的测试。每种测试的用途略有不同。它们的分类如下：

- 单元测试：代码。
- 集成测试：设计。
- 系统测试：需求。
- 验收测试（端到端或 E2E 测试）：客户需求。

这种区分是武断的，你可能还经常看到其他分类形式，如下所示：

- 单元测试。
- 服务测试。
- UI 测试（端到端或 E2E 测试）。

在这里，单元测试指的是与前面的单元测试。服务测试是指集成测试和系统测试。UI 测试是指验收测试。图 8.1 显示了测试金字塔。

图 8.1　测试金字塔

值得注意的是，单元测试不仅是构建成本最低的，而且它们的执行速度也非常快，并且通常可以并行运行。这意味着它们有助于形成优秀的持续集成门控机制。不仅如此，它们还经常提供关于系统健康状况的最佳反馈。更高级别的测试不仅更难正确编写，而且它们也可能不那么健壮。这可能导致测试结果抖动，每测试几次就会失败一次。如果更高级别测试中的故障与单元测试级别的任何故障都无关，则问题可能出在测试本身，而不是被测试的系统上。

我们不是说更高级别的测试完全没有用处，你应该只专注于编写单元测试。事实并非如此。金字塔有它的形状，单元测试构成了测试的坚实基础。然而，在这个基础上，还应该拥有适当比例的更高级别的测试。毕竟，不难想象所有单元测试都通过，但本身并没有为客户提供任何价值的系统是怎样的。一个极端的例子是一个完美工作却没有任何用户界面（无论是图形界面还是 API）的后端。当然，它通过了所有的单元测试，但这没有意义！

正如你想象的那样，测试金字塔反过来便是“冰锥”，它是一个反模式。违反测试金字塔模式通常会导致脆弱的代码和难以跟踪的错误。这使得调试成本更高，也不会节省测试开发工作。

8.2.2 非功能性测试

我们已经介绍了所谓的功能性测试，其目的是检查被测试系统是否满足功能性需求。但除了功能性需求之外，我们可能还需要控制其他类型的需求。其中一些是：

- **性能**：应用程序可能按照功能方面的要求运行，但由于性能较弱，最终用户仍然无法使用。第 11 章将聚焦改善性能的方法。
- **耐久性**：即使系统性能很好，也不意味着它能够承受持续的高负载。当它发生故障时，它能在组件故障中幸存吗？当我们接受每一个软件都是脆弱的并且在任何给定时刻都可能损坏的想法时，我们就会开始设计可以容错的系统。这是 Erlang 生态系统所接受的概念，但这个概念本身并不局限于那个环境。第 13 章和第 15 章将进一步提到设计容错系统以及混沌工程的作用。
- **安全性**：现在，不必重复安全至关重要的话。但是，由于它仍然没有得到应有的严肃对待，因此这里将再次强调一次。连接到网络的每个系统都可能——而且很可能——被破坏。在开发早期执行安全测试与其他类型的测试具有相同的好处：你可以在问题变得太严重而无法修复之前发现它。
- **可用性**：性能差可能会让最终用户不愿意使用产品，但可用性差甚至可能会阻止用户访问所述产品。虽然性能过载可能会导致可用性问题，但也有其他原因可能导致可用性丢失。
- **完整性**：客户数据不仅应该免受外部攻击者的攻击，还应该不会因软件故障而发生任何更改或丢失。防止位损坏、快照和备份是防止完整性丢失的方法。通过将当前版本与以前录制的快照进行比较，可以确定差异是仅由所执行的操作导致的还是由错误导致的。
- **易用性**（usability）：即使产品满足前面的所有需求，但如果它有一个笨重的界面，需要不直观地交互，用户可能仍然不满意。易用性测试主要是手动执行的。每当系统的 UI 或工作流发生变化时，都需要进行易用性评估。

8.2.3 回归测试

回归测试通常是端到端测试，应该可以防止你两次犯相同的错误。当发现生产系统中的错误时，应用修补程序之后就将它抛之脑后是不行的。

你需要做的事情之一是编写回归测试，以防止相同的错误再次进入生产系统。好的回归测试甚至可以防止同类错误进入生产系统。毕竟，一旦你知道自己做错了什么，你就可以想象出其他把事情搞砸的方法。你可以做的另一件事情是执行根因分析。

8.2.4 根因分析

根因分析是一个帮助你发现问题的原始根源而不仅仅是其表现形式的过程。执行根因分析的最常见方法是使用丰田公司著名的 5 个为什么（5Whys）的方法。这种方法可以剥离问题的所有表层，揭示隐藏在其下的根本原因。你可以通过在每一层问“为什么”来做到这一点，直到找到正在寻找的根本原因。

我们来看一个实际例子。

问题：我们没有收到某些交易的付款：

1）**为什么**？系统没有向客户发送适当的电子邮件。

2）**为什么**？电子邮件发送系统不支持客户姓名中的特殊字符。

3）**为什么**？电子邮件发送系统未正确测试。

4）**为什么**？由于需要开发新功能，没有时间进行适当的测试。

5）**为什么**？我们对功能的开发时间估计不准确。

在本例中，时间估计问题可能是导致在生产系统中发现错误的根本原因。但它也可能是另一个待剥离的问题。该框架为你提供了一种启发式方法，该方法在大多数情况下都应该有效，但如果你不能完全确定所获得的正是所寻找的，则可以继续剥离其他层，直到找到导致所有问题的原因。

鉴于许多错误都是由完全相同且通常可重复的根本原因导致的，因此找到根本原因是非常有益的，因为这样可以防止自己未来在几个不同层次上犯相同的错误。这是应用于软件测试和解决问题时的纵深防御原则。

8.2.5 进一步改进的基础工作

测试代码可以防止发生意外错误，但它也带来了不同的可能性。当代码被测试用例覆盖时，你不必担心重构。重构是将执行其工作的代码转换为功能相似但具有更好的内部组织的代码的过程。你可能想知道为什么需要更改代码的组织。这有几个原因。

首先，代码可能不再可读，这意味着每次修改都会花费太多时间。其次，随着时间的推移，代码集成了太多的变通方法和特殊情况，修复错误将使其他功能表现异常。这两个原因都可以归结为生产力原因。从长远来看，重构代码将使维护成本更低。

但除了生产力之外，你可能还希望提高性能。这可能意味着提高运行时性能（应用程序在生产环境中的行为）或编译时性能（这基本上是生产力提高的另一种形式）。

你可以通过用更高效的算法替换当前的次优算法或者通过更改正在重构的模块中使用的数据结构来重构运行时性能。

用于编译时性能的重构通常包括将部分代码移动到不同的编译单元、重新组织头文件或减少依赖项。

无论最终目标是什么，重构通常都是一项风险很大的业务。你采用的大多数可正常工作的版本，重构后可能会更好，也可能更差。你怎么知道你会遇到哪个情况？在这里，测试便可以发挥作用了。

如果当前的功能集被彻底覆盖，并且你希望修复最近发现的错误，那么需要做的就是添加另一个测试用例，该测试用例将在那时失败。当整个测试套件再次通过时，就意味着重构工作是成功的。

最坏的情况是，如果不能在指定的时间范围内满足所有测试用例，则必须中止重构过程。如果想提高性能，则需要执行类似的过程，但不是单元测试（或端到端测试），而是将重点放在性能测试上。

随着最近帮助重构的自动化工具的兴起（例如 ReSharper C++，见 https://www.jetbrains.com/resharper-cpp/features/ReSharper C++:）以及代码维护，你甚至可以将部分代码外包给外部软件服务。像 Renovate（https://renovatebot.com/）、Dependabot（https://dependabot.com）和 Greenkeeper（https://greenkeeper.io/）这样的服务可能很快就会支持 C++ 依赖项。具有可靠的测试覆盖率将使你能够使用它们，而不必担心在依赖项更新期间破坏应用程序。

由于在安全漏洞方面使依赖项保持最新是你应该始终考虑的事项，因此这样的服务可以显著减轻负担。测试不仅可以防止你出错，还可以减少引入新功能所需的工作。它还可以帮助你改进代码库，并使其保持稳定和安全！

既然我们理解了测试的必要性，肯定想开始编写自己的测试。可以在没有任何外部依赖项的情况下编写测试。然而，我们希望只关注测试逻辑，对管理测试结果和报告的细节不感兴趣，因此，我们将选择一个测试框架来为我们处理这项烦琐的工作。下一节将介绍一些流行的测试框架。

8.3 测试框架

至于框架，目前事实上的标准是谷歌的 GTest。它们与对应的 GMock 一起形成了一个小的工具套件，允许你遵循 C++ 测试的最佳实践。

GTest/GMock 组合的其他流行替代品有 Catch2、CppUnit 和 Doctest。CppUnit 已经存在很长时间了，但它缺乏最新的版本，这意味着我们不建议将其用于新的项目。Catch2 和 Doctest 都支持现代 C++ 标准，特别是 C++14、C++17 和 C++20。

为了比较这些测试框架，我们将使用相同的代码库。以它为基础，我们将在每个框架中实现测试。

8.3.1　GTest 示例

下面是用 GTest 编写的客户库的示例测试：

```
#include "customer/customer.h"

#include <gtest/gtest.h>

TEST(basic_responses,
given_name_when_prepare_responses_then_greets_friendly) {
  auto name = "Bob";
  auto code_and_string = responder{}.prepare_response(name);
  ASSERT_EQ(code_and_string.first, web::http::status_codes::OK);
  ASSERT_EQ(code_and_string.second, web::json::value("Hello, Bob!"));
}
```

在测试期间通常完成的大多数任务都已被抽象化。我们主要关注提供想要测试的动作（prepare_response）和所期待的行为（两行 ASSERT_EQ）。

8.3.2　Catch2 示例

下面是用 Catch2 编写的客户库的示例测试：

```
#include "customer/customer.h"

#define CATCH_CONFIG_MAIN // This tells Catch to provide a main() - only do
                          // this in one cpp file
#include "catch2/catch.hpp"
TEST_CASE("Basic responses",
          "Given Name When Prepare Responses Then Greets Friendly") {
  auto name = "Bob";
  auto code_and_string = responder{}.prepare_response(name);
  REQUIRE(code_and_string.first == web::http::status_codes::OK);
  REQUIRE(code_and_string.second == web::json::value("Hello, Bob!"));
}
```

它看起来与前一个非常相似。一些关键字不同（TEST 和 TEST_CASE），检查结果的方法略有不同（REQUIRE(a==b) 而不是 ASSERT_EQ(a,b)）。两者都非常紧凑，可读性也很强。

8.3.3　CppUnit 示例

下面是用 CppUnit 编写的客户库的示例测试。我们将它分成几个片段。

以下代码块为使用 CppUnit 库中的构造做了准备：

```
#include <cppunit/BriefTestProgressListener.h>
#include <cppunit/CompilerOutputter.h>
#include <cppunit/TestCase.h>
#include <cppunit/TestFixture.h>
```

```
#include <cppunit/TestResult.h>
#include <cppunit/TestResultCollector.h>
#include <cppunit/TestRunner.h>
#include <cppunit/XmlOutputter.h>
#include <cppunit/extensions/HelperMacros.h>
#include <cppunit/extensions/TestFactoryRegistry.h>
#include <cppunit/ui/text/TextTestRunner.h>

#include "customer/customer.h"

using namespace CppUnit;
using namespace std;
```

接下来，我们必须定义测试类并实现执行测试用例的方法。之后，我们必须注册该类，以便可以在测试运行程序中使用它：

```
class TestBasicResponses : public CppUnit::TestFixture {
  CPPUNIT_TEST_SUITE(TestBasicResponses);
  CPPUNIT_TEST(testBob);
  CPPUNIT_TEST_SUITE_END();

 protected:
  void testBob();
};

void TestBasicResponses::testBob() {
  auto name = "Bob";
  auto code_and_string = responder{}.prepare_response(name);
  CPPUNIT_ASSERT(code_and_string.first == web::http::status_codes::OK);
  CPPUNIT_ASSERT(code_and_string.second == web::json::value("Hello,
Bob!"));
}

CPPUNIT_TEST_SUITE_REGISTRATION(TestBasicResponses);
```

最后，我们必须提供测试运行程序的行为：

```
int main() {
  CPPUNIT_NS::TestResult testresult;

  CPPUNIT_NS::TestResultCollector collectedresults;
  testresult.addListener(&collectedresults);

  CPPUNIT_NS::BriefTestProgressListener progress;
  testresult.addListener(&progress);

  CPPUNIT_NS::TestRunner testrunner;
testrunner.addTest(CPPUNIT_NS::TestFactoryRegistry::getRegistry().makeTest(
));
  testrunner.run(testresult);

  CPPUNIT_NS::CompilerOutputter compileroutputter(&collectedresults,
std::cerr);
  compileroutputter.write();

  ofstream xmlFileOut("cppTestBasicResponsesResults.xml");
  XmlOutputter xmlOut(&collectedresults, xmlFileOut);
  xmlOut.write();
```

```
  return collectedresults.wasSuccessful() ? 0 : 1;
}
```

与前两个示例相比，这里有许多样板。但是，测试本身看起来与前面的示例非常相似。

8.3.4　Doctest 示例

下面是用 Doctest 编写的客户库的示例测试：

```
#include "customer/customer.h"

#define DOCTEST_CONFIG_IMPLEMENT_WITH_MAIN
#include <doctest/doctest.h>

TEST_CASE("Basic responses") {
  auto name = "Bob";
  auto code_and_string = responder{}.prepare_response(name);
  REQUIRE(code_and_string.first == web::http::status_codes::OK);
  REQUIRE(code_and_string.second == web::json::value("Hello, Bob!"));
}
```

同样，它非常干净，且很容易理解。Doctest 的主要卖点是，与其他类似功能的备选方案相比，它在编译时和运行时都是最快的。

8.3.5　测试编译时代码

模板元编程允许我们编写在编译期间（而非在执行期间）执行的 C++ 代码。C++11 中增加的 constexpr 关键字允许我们使用更多在编译期间执行的 C++ 代码，而 C++20 中的 consteval 关键字旨在让我们更好地控制代码的求值方式。

编译时编程的问题之一是没有简单的方法来测试它。虽然用于执行时代码的单元测试框架非常丰富（正如我们刚刚看到的），但关于编译时编程的资源并不多。部分原因可能是编译时编程仍然被认为是复杂的，并且只面向专家。

尽管有些事情不容易实现，但这并不意味着它们无法实现。就像执行时测试依赖于在运行时检查的断言一样，你可以使用 static_assert 检查编译时代码是否有正确行为，static_assert 是在 C++11 中与 constexpr 一起引入的。

下面是使用 static_assert 的简单示例：

```
#include <string_view>

constexpr int generate_lucky_number(std::string_view name) {
  if (name == "Bob") {
    number = number * 7 + static_cast<int>(letter);
  }
  return number;
}

static_assert(generate_lucky_number("Bob") == 808);
```

因为我们可以在编译时计算这里测试的每个值，所以可以有效地使用编译器作为测试框架。

8.4　模拟和伪装

只要正在测试的函数与外部世界交互不多，测试就相当容易。当正在测试的单元与第三方组件（如数据库、HTTP 连接和特定文件）有交互时，就开始出现问题了。

一方面，你希望了解代码在各种情况下的行为。另一方面，你不希望等待数据库启动，并且肯定不希望有几个数据库包含不同版本的数据，以便可以检查所有必要的条件。

如何处理这种情况呢？方法是不执行触发所有这些副作用的实际代码，而是使用测试替身（test double）。测试替身是代码中模拟实际 API 的构造，只是它们不执行模拟函数或对象的操作。

最常见的测试替身是模拟对象（mock）、伪装对象（fake）和存根（stub）。许多人往往会混淆它们，因为它们很相似，但其实它们并不相同。

8.4.1　不同的测试替身

模拟对象（mock）是一种测试替身，它注册所有接收的调用，但仅此而已。它们不会返回任何值，也不会以任何方式更改状态。当有第三方框架来调用代码时，它们非常有用。通过使用模拟对象，我们可以观察所有的调用，从而验证框架的行为是否符合预期。

存根（stub）在实现时稍微复杂一些。它们返回值，但这些值是预定义的。令人惊讶的是，`StubRandom.randomInteger()` 方法总是返回相同的值（例如 3），但当我们测试返回值的类型或它确实能返回一个值时，它可能是一个够用的存根实现。具体的值可能没有那么重要。

最后，伪装对象（fake）是能够工作的实现对象，其行为与实际的生产实现非常相似。主要的区别是，伪装对象可以采用各种快捷方式，例如避免调用生产数据库或文件系统。

在实现**命令查询分离**（Command Query Separation，CQS）设计模式时，通常需要使用存根进行双重查询，使用模拟对象下发命令。

8.4.2　测试替身的其他用途

除测试之外，也可以在有限范围内使用伪装对象。在内存中处理数据而不依赖数据库访问对于原型开发很有用，在遇到性能瓶颈时也非常有用。

8.4.3　编写测试替身

要编写测试替身，我们通常使用外部库，就像我们对单元测试所做的那样。一些流行的解决方案如下：

- GoogleMock（也叫 gMock），它现在是 GoogleTest 库的一部分（https://github.com/google/googletest）。
- Trompeloeil，它专注于 C++14，能够与许多测试库（如 Catch2、Doctest 以及 GTest）很好地集成（https://github.com/rollbear/trompeloeil）。

下面几小节中的代码将展示如何使用 GoogleMock 和 Trompeloeil。

1. GoogleMock 示例

由于 GoogleMock 是 GoogleTest 的一部分，因此我们将它们放在一起展示：

```
#include "merchants/reviews.h"

#include <gmock/gmock.h>
#include <merchants/visited_merchant_history.h>

#include "fake_customer_review_store.h"

namespace {

class mock_visited_merchant : public i_visited_merchant {
 public:
  explicit mock_visited_merchant(fake_customer_review_store &store,
                                 merchant_id_t id)
      : review_store_{store},
        review_{store.get_review_for_merchant(id).value()} {
    ON_CALL(*this, post_rating).WillByDefault([this](stars s) {
      review_.rating = s;
      review_store_.post_review(review_);
    });
    ON_CALL(*this, get_rating).WillByDefault([this] { return
review_.rating; });
  }

  MOCK_METHOD(stars, get_rating, (), (override));
  MOCK_METHOD(void, post_rating, (stars s), (override));

 private:
  fake_customer_review_store &review_store_;
  review review_;
};

} // namespace

class history_with_one_rated_merchant : public ::testing::Test {
 public:
  static constexpr std::size_t CUSTOMER_ID = 7777;
  static constexpr std::size_t MERCHANT_ID = 1234;
  static constexpr const char *REVIEW_TEXT = "Very nice!";
  static constexpr stars RATING = stars{5.f};

 protected:
  void SetUp() final {
    fake_review_store_.post_review(
        {CUSTOMER_ID, MERCHANT_ID, REVIEW_TEXT, RATING});

    // nice mock will not warn on "uninteresting" call to get_rating
    auto mocked_merchant =
        std::make_unique<::testing::NiceMock<mock_visited_merchant>>(
            fake_review_store_, MERCHANT_ID);

    merchant_index_ = history_.add(std::move(mocked_merchant));
```

```
  }

  fake_customer_review_store fake_review_store_{CUSTOMER_ID};
  history_of_visited_merchants history_{};
  std::size_t merchant_index_{};
};

TEST_F(history_with_one_rated_merchant,
       when_user_changes_rating_then_the_review_is_updated_in_store) {
  const auto &mocked_merchant = dynamic_cast<const mock_visited_merchant
&>(
      history_.get_merchant(merchant_index_));
  EXPECT_CALL(mocked_merchant, post_rating);

  constexpr auto new_rating = stars{4};
  static_assert(RATING != new_rating);
  history_.rate(merchant_index_, stars{new_rating});
}

TEST_F(history_with_one_rated_merchant,
when_user_selects_same_rating_then_the_review_is_not_updated_in_store) {
  const auto &mocked_merchant = dynamic_cast<const mock_visited_merchant
&>(
      history_.get_merchant(merchant_index_));
  EXPECT_CALL(mocked_merchant, post_rating).Times(0);

  history_.rate(merchant_index_, stars{RATING});
}
```

GTest 是编写本书时最流行的 C++ 测试框架。它与 GMock 的集成意味着 GMock 可能已经在你的项目中可用。这种组合使用起来很直观，且功能齐全，因此如果你已经在使用 GTest，就没理由寻找替代方案了。

2. Trompeloeil 示例

为了将此示例与前一个示例进行对比，这一次，我们将 Trompeloeil 用作测试替身，将 Catch2 用作测试框架：

```
#include "merchants/reviews.h"

#include "fake_customer_review_store.h"

// order is important
#define CATCH_CONFIG_MAIN
#include <catch2/catch.hpp>
#include <catch2/trompeloeil.hpp>

#include <memory>

#include <merchants/visited_merchant_history.h>

using trompeloeil::_;

class mock_visited_merchant : public i_visited_merchant {
 public:
  MAKE_MOCK0(get_rating, stars(), override);
  MAKE_MOCK1(post_rating, void(stars s), override);
```

```
};

SCENARIO("merchant history keeps store up to date", "[mobile app]") {
  GIVEN("a history with one rated merchant") {
    static constexpr std::size_t CUSTOMER_ID = 7777;
    static constexpr std::size_t MERCHANT_ID = 1234;
    static constexpr const char *REVIEW_TEXT = "Very nice!";
    static constexpr stars RATING = stars{5.f};

    auto fake_review_store_ = fake_customer_review_store{CUSTOMER_ID};
    fake_review_store_.post_review(
        {CUSTOMER_ID, MERCHANT_ID, REVIEW_TEXT, RATING});

    auto history_ = history_of_visited_merchants{};
    const auto merchant_index_ =
        history_.add(std::make_unique<mock_visited_merchant>());

    auto &mocked_merchant = const_cast<mock_visited_merchant &>(
        dynamic_cast<const mock_visited_merchant &>(
            history_.get_merchant(merchant_index_)));

    auto review_ = review{CUSTOMER_ID, MERCHANT_ID, REVIEW_TEXT, RATING};
    ALLOW_CALL(mocked_merchant, post_rating(_))
        .LR_SIDE_EFFECT(review_.rating = _1;
                        fake_review_store_.post_review(review_););
    ALLOW_CALL(mocked_merchant, get_rating()).LR_RETURN(review_.rating);

    WHEN("a user changes rating") {
      constexpr auto new_rating = stars{4};
      static_assert(RATING != new_rating);

      THEN("the review is updated in store") {
        REQUIRE_CALL(mocked_merchant, post_rating(_));
        history_.rate(merchant_index_, stars{new_rating});
      }
    }
    WHEN("a user selects same rating") {
      THEN("the review is not updated in store") {
        FORBID_CALL(mocked_merchant, post_rating(_));
        history_.rate(merchant_index_, stars{RATING});
      }
    }
  }
}
```

Catch2 的一个重要特点是它可以很容易地编写行为驱动开发风格的测试，如这里所示的测试。如果你喜欢这种风格，那么 Catch2 和 Trompeloeil 将是一个很好的选择，因为它们融合得很好。

8.5 测试驱动的类设计

仅区分不同类型的测试并学习特定的测试框架是不够的。当你开始测试实际的代码时，很快就会注意到并不是所有的类都可以轻松地测试。有时，你可能觉得需要访问私有属性或方法。如果你想维护好的架构的原则，请抵制这种冲动！相反，可以考虑通过类型的公共 API 测试可用的业务需求，或者重构类型以便有另一个代码单元可供测试。

8.5.1 测试和类设计冲突时

你可能面临的问题不是测试框架不充分。通常，你遇到的是类设计不当。即使类可能行为正确，并且可能看起来正确（通过测试），但它们的设计并不正确。

然而，这是一个好消息。这意味着你可以在麻烦发生之前修复问题。当你稍后开始基于类设计构建类层次结构时，类设计可能会困扰你。在测试实现期间修复设计只会减少可能的技术债务。

8.5.2 防御性编程

与它的名字暗示的不同，防御性编程并不是一种保障安全的功能。它旨在防止在使用类和函数时违背类或函数的本意，这便是其名称的由来。它与测试没有直接关系，但它是一种很好的设计模式，因为它提高了代码的质量，使项目经得起未来的考验。

防御性编程从使用静态类型开始。如果你创建了一个将自定义类型作为参数处理的函数，则必须确保没有人会使用某些意外值来调用它。用户必须有意识地检查函数期望的内容，并相应地准备输入。

在 C++ 中，我们还可以在编写模板代码时利用类型安全功能。当我们为客户的评论创建容器时，我们可以接受任何类型的列表并从中复制。为了获得更好的错误提示和精心编制的检查机制，我们可以编写以下代码：

```
class CustomerReviewStore : public i_customer_review_store {
 public:
  CustomerReviewStore() = default;
  explicit CustomerReviewStore(const std::ranges::range auto
&initial_reviews) {
    static_assert(is_range_of_reviews_v<decltype(initial_reviews)>,
                  "Must pass in a collection of reviews");
    std::ranges::copy(begin(initial_reviews), end(initial_reviews),
                      begin(reviews_));
  }
 // ...
 private:
  std::vector<review> reviews_;
};
```

`explicit` 关键字保护我们避免进行不需要的隐式转换。通过指定输入参数满足范围（range）概念，我们确保只使用有效的容器进行编译。由于使用了概念（concept），我们可以从对无效使用的防御中获得更清晰的错误提示。在代码中使用 `static_assert` 也是一种很好的防御措施，因为它允许我们在需要时提供很好的错误提示。`is_range_of_reviews` 检查可以按如下方式实现：

```
template <typename T>
```

```
constexpr bool is_range_of_reviews_v =
    std::is_same_v<std::ranges::range_value_t<T>, review>;
```

通过这种方式，我们确保得到的范围实际上包含我们想要的类型的评论。

静态类型无法阻止将无效的运行时值传递给函数。这就是为什么下一种形式的防御性编程是检查前置条件。这样，一旦出现有问题的迹象，代码就会失败，这总比把返回的无效值传播到系统其他部分要好。在 C++ 中有契约（contract）之前，我们可以使用前面提到的 GSL 库来检查代码的前置和后置条件：

```
void post_review(review review) final {
  Expects(review.merchant);
  Expects(review.customer);
  Ensures(!reviews_.empty());

  reviews_.push_back(std::move(review));
}
```

在这里，通过使用 `Expects` 宏，我们正在检查传入的评论是否确实具有商家和评论者集合的 ID。除了防止不存在 ID 的情况，我们还保护了自己，以防在使用 `Ensures` 后置条件宏时向存储写入评论失败。

谈到运行时检查，首先想到的事情之一是检查一个或多个属性是不是 `nullptr`。防范这个问题的最好方法是区分可空资源（那些可以将 `nullptr` 作为值的资源）和不可空资源。有一个很好的工具可以用于此处，它是 `std::optional`，由 C++17 的标准库提供。如果可以，请在你设计的所有 API 中使用它。

8.5.3　无聊的重复——先写测试

这已经说过很多次了，但许多人还是会“忘记”这一规则。当实际编写测试时，你必须做的第一件事是降低创建难以测试的类的风险。从 API 的使用开始，你需要调整实现以更好地服务于 API。这样，通常就会得到更易于使用和测试的 API。当你实现**测试驱动开发**（Test-Driven Development，TDD）或在编写代码之前编写测试时，你最终也会实现依赖注入，这意味着你的类可以更松散地耦合。

反过来，即首先编写类，然后才向它们添加单元测试可能产生更容易编写但更难测试的代码。当测试变得更加困难时，你可能会很想跳过测试。

8.6　自动化测试以实现持续集成和持续部署

第 9 章将重点讨论持续集成和持续部署（CI/CD）。要使 CI/CD 管道正常工作，需要有一组测试，以便在错误进入生产环境之前捕获它们。应该确保所有业务需求都正确地表示为测试。

测试在几个级别上都很有用。通过上一节中提到的行为驱动开发，业务需求构成了自动化测试的基础。但你正在构建的系统并非仅由业务需求组成。首先，你希望确保所有第三方集成都按预期工作。其次，你希望确保所有子组件（如微服务）都可以彼此交互。最后，你希望确保正在构建的函数和类没有任何你能想象得到的错误。

你可以自动化的每个测试都是CI/CD管道的候选测试。它们中的每一个在这个管道中都有自己的位置。例如，在部署为验收测试之后，端到端测试才最有意义。而单元测试在编译后直接执行时才最有意义。毕竟，我们的目标是一旦发现可能偏离规范的情况，就立即中断执行。

你不必在每次运行CI/CD管道时运行所有已自动化的测试。如果每个管道的运行时间相对较短，则更好。理想情况下，它应该在提交后的几分钟内完成。那么，如果我们希望保持运行时间最短，该如何确保所有代码都得到了适当的测试?

一种答案是，根据不同的目的准备不同的测试套件。例如，你可以对功能分支的代码提交进行最少的测试。由于每天都有许多代码提交到功能分支，这意味着它们将只进行短暂的测试，并且很快地得到结果。然后，将功能分支合并到共享开发分支需要稍大一点的测试用例集，这样就可以确保没有破坏其他团队成员将使用的内容。最后，要将开发分支合并到生产分支，需要运行一组更广泛的测试用例。毕竟，我们希望彻底测试生产分支，即使测试需要相当长的时间。

另一种答案是，为CI/CD使用精简的测试用例集和额外的连续测试过程。该过程定期运行，并对特定环境的当前状态执行深入检查。这些测试可以是安全测试和性能测试，因此可以评估待提升环境的合格性。

当我们选择一个环境并承认该环境具有成为更成熟环境的所有质量特征时，环境提升就会发生。例如，该开发环境可以成为下一个暂存（staging）环境，而暂存环境可以成为下一个生产环境。如果这种提升自动进行，则在细微差异（如域名或流量）使新提升的环境无法通过测试时，自动回滚也是一种良好的做法。

这还提供了另一个重要的实践：始终在生产环境中运行测试。当然，这样的测试必须是侵入性最小的，但它们应该告诉你系统在任何给定时间都正常运行。

8.6.1 测试基础设施

如果要将配置管理、基础设施即代码或不可变部署的概念加入应用程序的软件架构中，则还应该考虑测试基础设施。有几个工具可以用来完成这项工作，包括Serverspec、Testinfra、Goss和Terratest，它们是一些比较流行的工具。

这些工具的作用范围略有不同，如下所述：

- Serverspec和Testinfra更多地关注对通过配置管理器（如Salt、Ansible、Puppet和Chef）配置的服务器的实际状态的测试。它们分别用Ruby和Python编写，并插入语言的测试引擎，如Serverspec的RSPec和Testinfra的Pytest。
- Goss在作用范围和形式上都有点不同。除了测试服务器之外，你还可以使用Goss来测试项目中使用的带有 dgoss 包装器的容器。至于它的形式，它没有使用 Serverspec 或 Testinfra 中的命令式代码。相反，与 Ansible 或 Salt 类似，它使用 YAML 文件来描述我们想要检查的状态。如果你已经在使用声明式的配置管理方法（如前面提到的 Ansible 或 Salt），那么 Goss 可能更直观，因此更适合用来进行测试。

- Terratest 是一个允许你对“基础设施即代码”工具——如 Packer 和 Terraform（因此得名）的输出进行测试的工具。就像 Serverspec 和 Testinfra 使用它们的语言测试引擎为服务器编写测试一样，Terratest 利用 Go 的测试包来编写测试用例。

我们来看如何使用这些工具来验证部署是否按照计划进行（至少从基础设施的角度来看）。

8.6.2　使用 Serverspec 进行测试

下面是 Serverspec 测试的示例，该测试检查特定版本中 Git 和 Let’s Encrypt 配置文件的可用性：

```
# We want to have git 1:2.1.4 installed if we're running Debian
describe package('git'), :if => os[:family] == 'debian' do
  it { should be_installed.with_version('1:2.1.4') }
end
# We want the file /etc/letsencrypt/config/example.com.conf to:
describe file('/etc/letsencrypt/config/example.com.conf') do
  it { should be_file } # be a regular file
  it { should be_owned_by 'letsencrypt' } # owned by the letsencrypt user
  it { should be_mode 600 } # access mode 0600
  it { should contain('example.com') } # contain the text example.com
                                       # in the content
end
```

即使对那些日常不使用 Ruby 的人，Ruby DSL 语法也应该是可读的。你可能需要习惯编写代码。

8.6.3　使用 Testinfra 进行测试

下面是 Testinfra 测试的示例，该测试检查特定版本中 Git 和 Let’s Encrypt 配置文件的可用性：

```
# We want Git installed on our host
def test_git_is_installed(host):
    git = host.package("git")
    # we test if the package is installed
    assert git.is_installed
    # and if it matches version 1:2.1.4 (using Debian versioning)
    assert git.version.startswith("1:2.1.4")
# We want the file /etc/letsencrypt/config/example.com.conf to:
def test_letsencrypt_file(host):
    le = host.file("/etc/letsencrypt/config/example.com.conf")
    assert le.user == "letsencrypt" # be owned by the letsencrypt user
    assert le.mode == 0o600 # access mode 0600
    assert le.contains("example.com") # contain the text example.com in the
contents
```

Testinfra 使用简单的 Python 语法。它应该是可读的，但就像 Serverspec 一样，你可能需要参加培训才能自信地编写测试。

8.6.4 使用 Goss 进行测试

下面是用于 Goss 的 YAML 文件的示例，该文件检查特定版本中 Git 和 Let's Encrypt 配置文件的可用性：

```
# We want Git installed on our host
package:
  git:
    installed: true # we test if the package is installed
  versions:
  - 1:2.1.4 # and if it matches version 1:2.1.4 (using Debian versioning)
file:
  # We want the file /etc/letsencrypt/config/example.com.conf to:
  /etc/letsencrypt/config/example.com.conf:
    exists: true
  filetype: file # be a regular file
  owner: letsencrypt # be owned by the letsencrypt user
  mode: "0600" # access mode 0600
  contains:
  - "example.com" # contain the text example.com in the contents
```

YAML 的语法可能只需要最少的准备就可以读取和编写。但是，如果项目已经使用 Ruby 或 Python，那么在编写更复杂的测试时，你可能希望继续用 Serverspec 或 Testinfra。

8.7 总结

本章着重介绍如何测试软件不同部分的架构和技术。我们学习了测试金字塔，以了解不同类型的测试如何对软件项目的整体健康和稳定性做出贡献。由于测试可以是功能性的，也可以是非功能性的，因此我们考察了这两种类型的一些示例。

从本章中要记住的最重要的一点是：测试不是结束。我们想要进行测试，并不是因为它们带来了即时价值，而是因为我们可以在重构或更改系统现有部分的行为时使用它们来检查已知的回归。当我们想要执行根因分析时，测试也被证明是有用的，因为它们可以快速验证不同的假设。

在建立了理论需求之后，我们展示了可以用于编写测试替身的不同测试框架和库的示例。尽管首先编写测试并在以后实现它们需要一些实践，但它有一个很重要的好处，即类设计更好了。

最后，为了强调现代架构不仅仅是软件代码，我们还研究了一些用于测试基础设施和部署的工具。在第 9 章中，我们将看到持续集成和持续部署如何为应用程序带来更好的服务质量和健壮性。

问题

1. 测试金字塔的底层是什么？
2. 有哪些类型的非功能性测试？
3. 著名的根因分析方法的名称是什么？
4. 是否可以在 C++ 中测试编译时代码？
5. 当为具有外部依赖项的代码编写单元测试时，应该使用什么？
6. 单元测试在持续集成 / 持续部署中的作用是什么？
7. 哪些工具允许你测试基础设施代码？
8. 在单元测试中访问类的私有属性和方法是一个好主意吗？

进一步阅读

- Testing C++ Code: `https://www.packtpub.com/application-development/modern-c-programming-cookbook`
- Test Doubles: `https://martinfowler.com/articles/mocksArentStubs.html`
- Continuous Integration/Continuous Deployment: `https://www.packtpub.com/virtualization-and-cloud/hands-continuous-integration-and-delivery` and `https://www.packtpub.com/virtualization-and-cloud/cloud-native-continuous-integration-and-delivery`

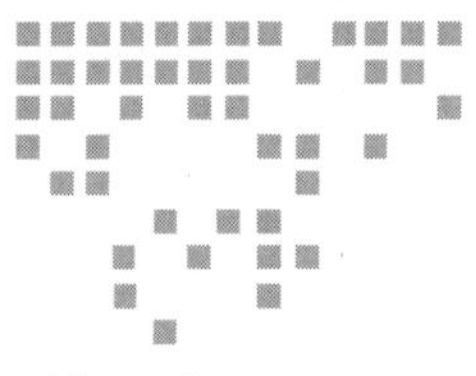

Chapter 9 第9章

持续集成和持续部署

在第 7 章中，我们学习了应用程序可以使用的不同构建系统和不同打包系统。**持续集成**（CI）和**持续部署**（CD）允许我们使用构建和打包知识来提高服务质量和我们正在开发的应用程序的健壮性。

CI 和 CD 都依赖良好的测试覆盖率。CI 主要使用单元测试和集成测试，而 CD 更多地依赖冒烟测试（smoke test）和端到端测试。你已经在第 8 章中了解了很多有关测试的知识。有了这些知识，就可以构建 CI/CD 管道了。

9.1 技术要求

本章的示例代码见 https://github.com/PacktPublishing/Software-Architecture-with-Cpp/tree/master/Chapter09。

要理解本章中解释的概念，你需要安装以下工具：

- 免费 GitLab 账户。
- Ansible 2.8+。
- Terraform 0.12+。
- Packer 1.4+。

9.2 CI 简介

CI 是缩短集成周期的过程。在传统软件中，许多不同的功能可以单独开发，并且只能在发布之前集成，而在使用 CI 开发的项目中，集成可以一天发生几次。通常，开发人员所做的每个更改都在提交到中央代码库的同时进行测试和集成。

由于测试发生在刚开发之后，因此反馈循环要快得多。这使得开发人员更容易修复错误（因为他们仍然记得更改了什么）。与传统的发布前测试方法相比，CI可以节省大量工作并提高软件的质量。

9.2.1 早发布，常发布

你听说过“早发布，常发布”这句话吗？这是一种强调短周期发布的重要性的软件开发哲学。反过来，较短的发布周期在规划、开发和验证之间提供了更短的反馈循环。当某处有问题时，问题应该尽早发生，这样修复问题的成本才相对较小。

Eric S.Raymond在1997年题为“ The Cathedral and The Bazaar”的论文中推广了这种哲学（也称为ESR）。还有一本同名的书，里面有作者的这篇文章和其他文章。考虑到ESR在开源运动中的活动，“早发布，常发布”的口号成了开源项目运作方式的同义词。

几年后，同样的原则超越了开源项目。随着人们对敏捷方法（如Scrum）的兴趣不断增加，“早发布，常发布”口号成了以产品增量结束的开发冲刺（sprint）的同义词。当然，这个增量是一个软件版本，但通常在冲刺期间有许多其他版本。

如何实现如此短的发布周期呢？一个方法是尽可能地依赖自动化。理想情况下，对代码存储库的每次提交都应该以某个版本结束。这个版本最终是否面向客户是另一回事。重要的是，每次代码更改都可以产生可用的产品。

当然，对所有开发人员来说，构建并向公众发布每项代码更改都是一项乏味的工作。即使所有内容都是脚本化的，也会给日常琐事增加不必要的开销。这就是你希望设置CI系统以自动化发布的原因。

9.2.2 CI的优点

CI是集成多个开发人员的成果的概念，至少每天如此。如前所述，有时它可能意味着一天发生几次。每次的提交代码都是单独集成和验证的。构建系统检查是否可以在没有错误的情况下构建代码。打包系统可以创建一个软件包，该软件包可以保存为工件（artifact），甚至可以在以后使用CD进行部署。最后，自动测试检查是否有与更改代码相关的已知回归。现在，我们来详细看看它的优点：

- CI允许快速解决问题。如果某个开发人员在行尾忘记了写分号，CI系统上的编译器将在其他开发人员收到此错误代码之前立即捕获该错误，从而避免阻碍其他开发人员工作。当然，开发人员应该始终构建代码更改并在提交之前对其进行测试，但在开发人员的机器上，微小的错误可能不会被注意到，并且无论如何都会进入共享代码库。
- CI可以防止常见的“在我的机器上没问题”的借口。如果开发人员忘记提交必要的文件，CI系统将无法构建代码更改，再次阻止它们进一步传播，以免对整个团队造成危害。开发人员环境的特殊配置也不再是问题。如果代码更改构建在开发人员的计算机和 CI 系统这两台机器上，那么我们可以安全地假设它也应该构建在其他机器上。

9.2.3 门控机制

如果我们希望 CI 带来的价值不仅仅是构建软件包，那么就需要一个门控机制。这种门控机制将允许我们区分好的代码更改和坏的代码更改，从而使应用程序免受可能导致其无用的修改的影响。为了实现这一点，我们需要一套全面的测试。这样的测试套件允许我们在代码更改有问题时自动识别，而且能够快速完成。

对于单个组件，单元测试扮演着门控机制的角色。CI 系统可以丢弃任何未通过单元测试的更改或任何未达到特定代码覆盖率阈值的更改。在构建单个组件时，CI 系统还可以使用集成测试来进一步确保更改是稳定的，不仅可以单独使用，跟原来的系统结合在一起也可以正常运行。

9.2.4 使用 GitLab 实现管道

本章将使用流行的开源工具构建完整的 CI/CD 管道，包括门控机制、自动部署，并展示基础设施自动化的概念。

第一个这样的工具是 GitLab。你可能听说过它是 Git 托管解决方案，但实际上，它远不止于此。GitLab 有几种发行版：

- 你可以自己托管的开源解决方案。
- 自托管付费版本，比开源社区版本提供更多功能。
- 软件即服务（Software as a Service，SaaS）管理的托管（https://gitlab.com）。

对于本书的要求，每个发行版都具有所有必要的功能。因此，我们将专注于 SaaS 版本，因为使用它需要的准备最少。

尽管 https://gitlab.com 主要针对开源项目，如果你不想分享成果，还可以创建私有项目和代码库。这使我们能够在 GitLab 中创建新的私有项目，并用第 7 章中已经演示过的代码填充它。

许多现代 CI/CD 工具可以代替 GitLab CI/CD 工作，例如 GitHub Actions、Travis CI、CircleCI 和 Jenkins。我们选择了 GitLab，因为它既可以以 SaaS 形式使用，也可以在本地使用，因此可以适应许多不同的用例。

我们将使用以前的构建系统在 GitLab 中创建一个简单的 CI 管道。这些管道在 YAML 文件中描述为一系列步骤和元数据。构建所有需求的示例管道以及第 7 章中的示例项目如下所示：

```yaml
# We want to cache the conan data and CMake build directory
cache:
  key: all
  paths:
```

```
    - .conan
    - build

# We're using conanio/gcc10 as the base image for all the subsequent
commands
default:
  image: conanio/gcc10

stages:
  - prerequisites
  - build

before_script:
  - export CONAN_USER_HOME="$CI_PROJECT_DIR"

# Configure conan
prerequisites:
  stage: prerequisites
  script:
    - pip install conan==1.34.1
    - conan profile new default || true
    - conan profile update settings.compiler=gcc default
    - conan profile update settings.compiler.libcxx=libstdc++11 default
    - conan profile update settings.compiler.version=10 default
    - conan profile update settings.arch=x86_64 default
    - conan profile update settings.build_type=Release default
    - conan profile update settings.os=Linux default
    - conan remote add trompeloeil
https://api.bintray.com/conan/trompeloeil/trompeloeil || true

# Build the project
build:
  stage: build
  script:
- sudo apt-get update && sudo apt-get install -y docker.io
- mkdir -p build
- cd build
- conan install ../ch08 --build=missing
- cmake -DBUILD_TESTING=1 -DCMAKE_BUILD_TYPE=Release ../ch08/customer
- cmake --build .
```

将前面的文件保存为 Git 代码库根目录中的 `.gitlab-ci.yml` 将自动启用 GitLab 中的 CI，并在每次后续提交代码更改时运行管道。

9.3 审查代码更改

代码审查既可以与 CI 系统一起使用，也可以不与它们一起使用。它们的主要目的是重复检查引入代码的每个更改，以确保它是正确的，符合应用程序的架构，并且遵循项目的指导原则和最佳实践。

如果不使用 CI 系统，审查者通常会手动测试更改并验证其是否按预期工作。CI 可以减轻这种负担，让软件开发人员专注于代码的逻辑结构。

9.3.1 自动门控机制

自动测试只是门控机制的一个例子。当它们的质量足够高时，它们可以保证代码按照设计工作。但正确工作的代码和好的代码之间仍然存在差异。到目前为止，你已经从本书中了解到，如果代码实现了几个方面的价值，则可以认为它是好的。功能正确只是其中之一。

还有其他工具可以帮助实现代码库的预期标准。其中一些已经在前面的章节中介绍过，因此在这里我们不深入讨论细节。请记住，在 CI/CD 管道中使用代码检查工具（linter）、代码格式化程序和静态分析工具是一种很好的实践。虽然静态分析可以充当门控机制，但你可以对进入中央代码库的每个代码更改提交进行检查和格式化，以使其与代码库的其余部分保持一致。关于 linter 和格式化程序的更多信息，请见“附录”部分。

理想情况下，该机制只需检查代码是否已经格式化，因为格式化步骤应该由开发人员在将代码推送到代码库之前完成。当使用 Git 作为版本控制系统时，Git Hooks 机制可以防止在运行必要的工具之前提交代码。

但自动化分析只能做到这一点。你可能还需要检查代码的功能是否完整，是否没有已知的错误和漏洞，以及是否符合编码标准。这就需要手动检查发挥作用了。

9.3.2 代码审查——手动门控机制

代码更改的手动检查通常被称为代码审查。代码审查的目的是识别问题，包括特定子系统的实现问题和应用程序总体架构的遵守问题。自动性能测试可能会发现，也可能不会发现给定功能的潜在问题。而人眼通常可以发现问题的次优解决方案。无论是错误的数据结构还是具有不必要的高计算复杂度的算法，好的架构师都应该能够发现问题。

但执行代码审查并不仅仅是架构师的工作。同行审查（即由作者的同行执行的代码审查）在开发过程中也有一定的地位。这样的审查是有价值的，不仅仅因为它允许同事互相在彼此的代码中发现错误，更重要的是，它可以让许多队友突然意识到其他人在做什么。这样，当团队中有人缺席时（无论是因为长时间的会议、休假还是工作轮换），其他成员才可以代替缺失的成员。即使他们不是该领域的专家，至少也都知道有趣的代码位于何处，并且能够记住代码的最后更改，包括更改发生的时间以及这些更改的范围和内容。

随着越来越多的人了解应用程序内部，团队也更有可能找出一个组件中最近的更改和新发现的错误之间的关系。尽管团队中的每个人都有不同的经验，但当每个人都非常了解代码时，便可以发挥各自的长处来解决问题。

因此，代码审查可以检查更改是否适合架构，以及其实现是否正确。我们将这种代码审查称为架构审查或专家审查。

另一种类型的代码审查，即同行审查，不仅有助于发现错误，还可以提高团队内部对其他成员正在处理的内容的意识。如果需要，你还可以在处理与外部服务集成的更改时执行不同类型的专家审查。

由于每个接口都是潜在问题的来源，因此接近接口级别的更改应被视为特别危险的。建议让接口另一侧的专家来补充通常的同行审查。例如，如果你正在编写生产者的代码，那么请向消费者征求审查意见。这样，就可以确保不会错过一些你认为不太可能发生，但另一方却经常使用的重要用例。

9.3.3　代码审查的不同方法

你通常会异步地进行代码审查。这意味着被审查的代码更改的作者和审查者之间的通信不会实时发生。相反，每个参与者在给定的时间发布他们的评论和建议。一旦没有更多的评论，作者就可以重新编写原始的代码更改，并再次将其交付审查。这可能需要进行尽可能多次，直到每个人都认为不需要进一步更正为止。

当代码更改特别有争议并且异步代码审查花费太多时间时，同步地执行代码审查是有益的。这意味着举行一次会议（当面或远程）来解决反对意见。特别是当代码更改与某个初始决策相矛盾时，由于在实施更改时会引入新知识，因此通常会发生这种情况。

有一些专门用于代码审查的工具。更常见的情况是，你希望使用内置于代码库服务器中的工具，其中包括以下服务：

- ❑ GitHub。
- ❑ Bitbucket。
- ❑ GitLab。
- ❑ Gerrit。

前面的服务都提供了 Git 托管和代码审查功能，其中一些甚至进一步提供了整个 CI/CD 管道、问题管理功能、wiki 页面等。

使用代码托管和代码审查的组合功能时，默认工作流是将代码更改作为单独的分支推送，然后要求项目所有者在称为“拉请求”（pull request）——又称合并请求（merge request）——的过程中合并更改。尽管名称很奇特，但拉请求或合并请求会通知项目所有者有希望与主分支合并的代码。这意味着审查者应该审查代码更改，以确保一切正常。

9.3.4　使用拉请求进行代码审查

使用 GitLab 等系统创建拉请求或合并请求非常容易。首先，当我们从命令行将新分支推送到中央代码库时，可以看到以下消息：

```
remote:
remote: To create a merge request for fix-ci-cd, visit:
remote:
https://gitlab.com/hosacpp/continuous-integration/merge_requests/new?merge_
request%5Bsource_branch%5D=fix-ci-cd
remote:
```

如果你以前启用了 CI 功能（通过添加 `.gitlab-ci.yml` 文件），你还将看到新推送的分支已经受到 CI 进程的影响。这甚至会在打开合并请求之前发生，这意味着你可以推迟标记同事，直到从 CI 中获得每个自动检查都已通过的信息。

打开合并请求的两个主要方法如下：

- 通过推送消息中提到的链接。
- 导航到 GitLab UI 中的合并请求，并选择“创建合并请求”按钮或“新建合并请求”按钮。

提交合并请求时，在完成所有相关字段后，你将看到 CI 管道的状态也可见。如果管道失败，是不可能合并代码更改的。

9.4 测试驱动的自动化

CI 主要关注集成部分，这意味着关注构建不同子系统的代码，并确保它们能够一起工作。虽然没有严格要求测试来实现这一目的，但在没有测试的情况下运行 CI 似乎是一种浪费。没有自动测试的 CI 更容易将细微的错误引入代码，同时提供虚假的安全感。

这就是 CI 经常与持续测试携手并进的原因之一。

9.4.1 行为驱动开发

到目前为止，我们已经成功地建立了一条管道，我们可以称之为“连续构建”。我们对代码所做的每个更改最终都会被编译，但我们不会进一步测试它。现在是时候介绍连续测试了。对低级别代码进行的测试也将充当门控机制，以自动拒绝所有不满足需求的更改。

如何检查给定的更改是否满足需求？最好通过基于这些需求编写的测试来实现。实现这一点的方法之一是遵循**行为驱动开发**（Behavior-Driven Development，BDD）。BDD 的概念鼓励敏捷项目中不同参与者之间进行深度协作。

不同于传统方法（在传统方法中，测试由开发人员或 QA 团队编写），使用 BDD，测试由以下人员协作创建：

- 开发人员。
- QA 工程师。
- 业务代表。

为 BDD 指定测试的最常见方法是使用 Cucumber 框架，该框架使用简单的英语短语来描述系统各部分的行为。这些短语句子遵循特定的模式，可以转换为工作代码，与所选的测试框架集成。

Cucumber 框架中有对 C++ 的官方支持，它基于 CMake、Boost、GTest 和 GMock。在以 cucumber 格式（使用称为 Gherkin 的特定领域语言）指定所需的行为之后，我们还需要提供所谓的步骤定义。步骤定义是与 cucumber 规范中描述的操作相对应的实际代码。例如，考虑以 Gherkin 表示的以下行为：

```
# language: en
Feature: Summing
In order to see how much we earn,
Sum must be able to add two numbers together

Scenario: Regular numbers
  Given I have entered 3 and 2 as parameters
  When I add them
  Then the result should be 5
```

我们可以把它保存为 sum.feature 文件。为了生成有效的带测试的 C++ 代码，我们将使用适当的步骤定义：

```
#include <gtest/gtest.h>
#include <cucumber-cpp/autodetect.hpp>

#include <Sum.h>

using cucumber::ScenarioScope;

struct SumCtx {
  Sum sum;
  int a;
  int b;
  int result;
};

GIVEN("^I have entered (\\d+) and (\\d+) as parameters$", (const int a,
const int b)) {
    ScenarioScope<SumCtx> context;

    context->a = a;
    context->b = b;
}

WHEN("^I add them") {
    ScenarioScope<SumCtx> context;

    context->result = context->sum.sum(context->a, context->b);
}

THEN("^the result should be (.*)$", (const int expected)) {
    ScenarioScope<SumCtx> context;

    EXPECT_EQ(expected, context->result);
}
```

在从头构建应用程序时，遵循 BDD 模式是一个好主意。本书旨在展示可以在这样的初始项目中使用的最佳实践。但这并不意味着不能在现有项目中尝试我们的示例。CI 和 CD 可以在项目生命周期的任何给定时间添加。尽可能频繁地运行测试没有什么害处，因此仅因连续测试而使用 CI 系统几乎总是一个不错的主意。

即使没有行为测试，也不需要担心。你可以稍后添加它们，目前只需关注已经拥有的那些测试。无论是单元测试还是端到端测试，任何有助于评估应用程序状态的东西都是好的门控机制的候选者。

9.4.2 编写 CI 测试

对于 CI，最好专注于单元测试和集成测试。它们在尽可能低的级别上工作，这意味着它们通常可以快速执行，并且具有最小的需求。理想情况下，所有单元测试都应该是自包含的（没有像工作数据库那样的外部依赖项），并且能够并行运行。这样，当问题出现在单元测试能够捕获它的级别时，便可以在几秒内标记出有问题的代码。

有人说，单元测试只有在解释语言或具有动态类型的语言中才有意义。这么说的理由是，C++ 已经通过类型系统和编译器检查错误代码的方式内置了测试。虽然类型检查确实可以捕获一些需要在动态类型语言中进行单独测试的错误，但这不应该是不编写单元测试的借口。毕竟，单元测试的目的不是验证代码可以在没有问题的情况下执行。我们编写单元测试来确保代码不仅可以执行，还可以满足所有业务需求。

作为一个极端的例子，请看以下两个函数。它们的语法都是正确的，并且使用了适当的类型。然而，仅通过观察它们就可能猜出哪一个正确，哪一个不对。单元测试有助于捕获这种错误行为：

```
int sum (int a, int b) {
 return a+b;
}
```

前面的函数返回所提供的两个参数的总和。下面的函数仅返回第一个参数的值：

```
int sum (int a, int b) {
  return a;
}
```

虽然类型匹配且编译器不报错，但这段代码没有执行其任务。为了区分有用的代码和错误的代码，我们使用测试和断言。

9.4.3 持续测试

我们已经建立了一个简单的 CI 管道，因此通过测试扩展它是非常容易的。因为我们已经在构建和测试的过程中使用了 CMake 和 CTest，所以需要做的就是向管道中添加另一个步骤，以执行测试。此步骤如下所示：

```
# Run the unit tests with ctest
test:
  stage: test
  script:
    - cd build
    - ctest .
```

因此，整个管道将为：

```
cache:
  key: all
  paths:
    - .conan
    - build

default:
```

```
  image: conanio/gcc9

stages:
  - prerequisites
  - build
  - test # We add another stage that tuns the tests

before_script:
  - export CONAN_USER_HOME="$CI_PROJECT_DIR"

prerequisites:
  stage: prerequisites
  script:
    - pip install conan==1.34.1
    - conan profile new default || true
    - conan profile update settings.compiler=gcc default
    - conan profile update settings.compiler.libcxx=libstdc++11 default
    - conan profile update settings.compiler.version=10 default
    - conan profile update settings.arch=x86_64 default
    - conan profile update settings.build_type=Release default
    - conan profile update settings.os=Linux default
    - conan remote add trompeloeil
https://api.bintray.com/conan/trompeloeil/trompeloeil || true

build:
  stage: build
  script:
    - sudo apt-get update && sudo apt-get install -y docker.io
    - mkdir -p build
    - cd build
    - conan install ../ch08 --build=missing
    - cmake -DBUILD_TESTING=1 -DCMAKE_BUILD_TYPE=Release ../ch08/customer
    - cmake --build .

# Run the unit tests with ctest
test:
  stage: test
  script:
    - cd build
    - ctest .
```

这样，每次代码更改提交不仅要接受构建过程，还要接受测试。如果其中一个步骤失败，我们将被通知哪个步骤是失败的根源，并且可以在仪表板中看到哪些步骤是成功的。

9.5　将部署作为代码管理

随着代码更改测试通过，现在是将它们部署到运行环境的时候了。

有许多工具可以帮助我们进行部署。我们决定使用 Ansible 进行演示，因为这不需要在目标机器上进行任何设置，除了安装 Python（大多数 UNIX 系统都已经安装了）。为什么使用 Ansible 呢？因为它在配置管理领域非常流行，并且由值得信赖的开源公司（Red Hat）支持。

9.5.1 使用 Ansible

为什么不使用已经可用的工具，如 Bourne shell 脚本或 PowerShell 呢？对于简单的部署，使用 shell 脚本可能更好。但随着部署过程变得越来越复杂，使用 shell 的条件语句处理每个可能的初始状态变得更加困难。

Ansible 特别擅长处理初始状态之间的差异。传统的 shell 脚本使用命令形式（移动该文件、编辑该文件、运行特定命令），与之不同的是，Ansible 剧本（playbook）使用声明形式（确保文件在此路径中可用，确保文件包含指定的行，确保程序正在运行，确保程序成功完成）。

这种声明式方法也有助于实现幂等性（idempotence）。幂等性是函数的一个特性，描述的是多次使用函数将获得与单次使用完全相同的结果。如果 Ansible 剧本第一次运行时对配置引入了一些更改，则后续运行时都将以所需的状态开始。这可以防止 Ansible 执行其他更改。

换句话说，当调用 Ansible 时，它将首先评估你希望配置的所有机器的当前状态：

- 如果其中任何一个需要更改，则 Ansible 将仅运行实现期望状态需要的任务。
- 如果没有必要修改某些东西，则 Ansible 不会去碰它。只有当期望状态和实际状态不同时，你才会看到 Ansible 采取行动使实际状态收敛到由剧本内容描述的期望状态。

9.5.2 Ansible 如何与 CI/CD 管道相匹配

Ansible 的幂等性使得它成为 CI/CD 管道中使用的一个很好的工具。毕竟，即使两次运行，结果也没有任何变化，也不会有多次运行同一 Ansible 剧本的风险。如果将 Ansible 用于部署代码，则创建 CD 只是准备适当验收测试（如冒烟测试或端到端测试）的问题。

声明式方法可能需要你更改考虑部署的方式，但考虑到所获得的好处，这是值得的。除了运行剧本之外，你还可以使用 Ansible 在远程机器上执行一次性命令，但这里不会介绍这种用法，因为它对部署没有真正的帮助。

使用 Ansible 的 `shell` 模块可以执行 shell 的所有操作。这是因为，你在剧本中编写任务时，指定了它们使用的模块及各自的参数。其中一个模块是前面提到的 `shell` 模块，它只是在远程机器上的 shell 中执行提供的参数。但使 Ansible 不仅方便而且跨平台（至少在涉及不同 UNIX 发行版时）的是操作常见概念（如用户管理、包管理和类似实例）的模块的可用性。

9.5.3 使用组件创建部署代码

除了标准库中提供的常规模块外，还有允许代码重用的第三方组件。你可以单独测试这些组件，这也使部署代码更加健壮。这样的组件称为角色。它们包含一组任务，使机器适合担任特定角色，如 Web 服务器、数据库或 docker。虽然一些角色使机器准备提供特定的服务，但其他角色可能很抽象，例如流行的 ansible-hardening 角色。这是由 OpenStack 团队创建的，它使得用此角色侵入受保护的机器变得更加困难。

当你开始理解 Ansible 使用的语言时，所有的剧本将不再仅仅是脚本。反过来，它们将成为部署过程的文档。你可以通过运行 Ansible 逐字使用它们，也可以阅读所描述的任务并手动执行所有操作（例如，在脱机机器上）。

在团队中使用 Ansible 进行部署存在一个风险。一旦开始使用它，你必须确保团队中的每个人都能够使用它并修改相关任务。DevOps 是整个团队必须遵循的实践，它不能仅部分实现。当应用程序的代码发生很大变化，需要在部署端进行适当的更改时，负责应用程序中的代码更改的人员也应该提供部署代码中的更改方式。当然，这是测试可以验证的，因此门控机制可以拒绝不完整的更改。

Ansible 的一个值得注意的方面是，它可以在推拉（push and pull）模型中运行：

- 推模型在自己的计算机或 CI 系统中运行 Ansible 时使用。Ansible 通过 SSH 连接到目标机器，并在其上执行必要的步骤。
- 拉模型由目标机器启动。Ansible 的组件 `ansible-pull` 直接在目标机器上运行，并检查代码库以确定是否对特定分支进行了更新。刷新本地剧本后，Ansible 将照常执行所有步骤。这一次，组件控制和实际执行都发生在同一台机器上。大多数时候，你都希望定期运行 `ansible-pull`，例如在 cron 作业中运行。

9.6 构建部署代码

使用 Ansible 进行部署至少包括将单个二进制文件复制到目标机器，然后运行该二进制文件的过程。我们可以通过以下 Ansible 代码实现这一点：

```
tasks:
  # Each Ansible task is written as a YAML object
  # This uses a copy module
  - name: Copy the binaries to the target machine
    copy:
      src: our_application
      dest: /opt/app/bin/our_application
  # This tasks invokes the shell module. The text after the `shell:` key
  # will run in a shell on target machine
  - name: start our application in detached mode
    shell: cd /opt/app/bin; nohup ./our_application </dev/null >/dev/null
2>&1 &
```

每个任务都以连字符开头。对于每个任务，你需要指定它使用的模块（如 `copy` 模块或 `shell` 模块）及参数。任务也可能有一个 `name` 参数，这样更容易单独引用任务。

9.7 构建 CD 管道

我们已经到了可以使用本章中介绍的工具安全地构建 CD 管道的地步。我们已经知道 CI 是如何运行的，以及它如何帮助拒绝不适合发布的更改。9.4 节介绍了使拒绝过程更健壮的不同方法。通过冒烟测试或端到端测试，我们可以超越 CI，检查整个部署的服务是否满足需求。使用部署代码，我们不仅可以自动化部署过程，还可以在测试刚开始失败时准备回滚。

9.7.1 持续部署和持续交付

巧合的是，缩写 CD 可以表示两种不同的意思。持续交付（Continuous Delivery，CD）和持续部署（Continuous Deployment，CD）的概念非常相似，但它们有一些细微的区别。本书中，我们重点关注持续部署的概念。这是一个自动化的过程，从一个人将代码更改推送到中央代码库中开始，在所有测试都通过的情况下将更改成功部署到生产环境中时结束。因此，我们可以说这是一个端到端的过程，因为开发人员的工作一路传送到客户，而没有人工干预（当然，在代码审查之后）。你可能听说过术语 GitOps 与这种方法相关。由于所有操作都是自动化的，因此推送到 Git 中的指定分支会触发部署脚本。

持续交付不会走那么远。与持续部署一样，它具有一个能够发布最终产品并对其进行测试的管道，但最终产品永远不会自动交付给客户。它可以首先被交付给 QA，也可以被交付给业务部门供内部使用。理想情况下，一旦内部客户接受，交付的工件就可以部署在生产环境中。

9.7.2 构建示例 CD 管道

我们再次将所有这些技能结合在一起，使用 GitLab CI 作为示例来构建我们的管道。在测试步骤之后，我们将再添加两个步骤，一个创建软件包，另一个使用 Ansible 部署该软件包。

打包步骤所需的全部代码如下：

```
# Package the application and publish the artifact
package:
  stage: package
  # Use cpack for packaging
  script:
    - cd build
    - cpack .
  # Save the deb package artifact
  artifacts:
    paths:
      - build/Customer*.deb
```

当我们添加包含工件定义的打包步骤时，我们将能够从仪表板下载它们。

这样，我们可以在部署步骤中调用 Ansible：

```
# Deploy using Ansible
deploy:
  stage: deploy
  script:
    - cd build
    - ansible-playbook -i localhost, ansible.yml
```

最终管道如下所示：

```
cache:
  key: all
  paths:
    - .conan
    - build

default:
  image: conanio/gcc9

stages:
  - prerequisites
  - build
  - test
  - package
  - deploy

before_script:
  - export CONAN_USER_HOME="$CI_PROJECT_DIR"

prerequisites:
  stage: prerequisites
  script:
    - pip install conan==1.34.1
    - conan profile new default || true
    - conan profile update settings.compiler=gcc default
    - conan profile update settings.compiler.libcxx=libstdc++11 default
    - conan profile update settings.compiler.version=10 default
    - conan profile update settings.arch=x86_64 default
    - conan profile update settings.build_type=Release default
    - conan profile update settings.os=Linux default
    - conan remote add trompeloeil
https://api.bintray.com/conan/trompeloeil/trompeloeil || true

build:
  stage: build
  script:
    - sudo apt-get update && sudo apt-get install -y docker.io
    - mkdir -p build
    - cd build
    - conan install ../ch08 --build=missing
    - cmake -DBUILD_TESTING=1 -DCMAKE_BUILD_TYPE=Release ../ch08/customer
    - cmake --build .

test:
  stage: test
  script:
    - cd build
    - ctest .

# Package the application and publish the artifact
package:
  stage: package
  # Use cpack for packaging
  script:
    - cd build
    - cpack .
```

```
  # Save the deb package artifact
  artifacts:
    paths:
      - build/Customer*.deb

# Deploy using Ansible
deploy:
  stage: deploy
  script:
    - cd build
    - ansible-playbook -i localhost, ansible.yml
```

要查看整个示例，请转到 9.1 节提到的代码库。

9.8 使用不可变基础设施

如果你对 CI/CD 管道有足够的信心，则可以更进一步。你可以部署系统工件，而不是应用程序工件。它们有什么区别呢？我们将在下面的小节中了解这一点。

9.8.1 什么是不可变基础设施

前面，我们关注的是如何使应用程序的代码可部署在目标基础设施上。我们通过 CI 系统创建软件包（如容器），然后通过 CD 过程部署这些软件包。每次管道运行时，基础设施都保持不变，但软件不同。

关键是，如果你使用的是云计算，则可以像对待其他工件一样对待基础设施。例如，你可以将整个**虚拟机**（Virtual Machine，VM）部署为 AWS EC2 实例，而不是部署容器。你可以预先构建这样的 VM 映像，作为 CI 流程的另一个元素。这样，版本化的 VM 映像以及部署它们所需的代码将成为工件，而不是容器本身。

有两个工具（都是由 HashiCorp 编写的）可以针对性地处理这个场景。Packer 能以可重复的方式创建 VM 映像，将所有指令存储为代码（通常以 JSON 文件形式表示）。Terraform 是一种**基础设施即代码**工具，这意味着它用于提供所有必要的基础设施资源。我们将使用 Packer 的输出作为 Terraform 的输入。这样，Terraform 将创建由以下内容组成的整个系统：

- 实例组。
- 负载均衡器。
- VPC。
- 使用包含我们自己的代码的 VM 时的其他云组件。

本节的标题可能会使你困惑。为什么它被称为**不可变基础设施**，而我们显然主张在每次提交后更改整个基础设施？如果你学习过函数式语言，那么不变性的概念可能会更清楚。

可变对象是状态可以改变的对象。在基础设施中，这很容易理解：你可以登录到 VM 并下载更新版本的代码。这样，状态就与之前不相同了。

不可变对象是状态不能改变的对象。这意味着我们没有办法登录机器和更改东西。一旦我们从映像部署了 VM，它就会一直这样，直到我们销毁它。这听起来可能非常麻烦，但事实上，它解决了软件维护的一些问题。

9.8.2 不可变基础设施的好处

首先，不可变基础设施使配置漂移（configuration drift）的概念过时了。它没有配置管理，因此也不会有漂移。它的升级也更安全，因为它不能处于中间状态。中间状态是一种既不是前一个版本也不是下一个版本的状态，而是介于两者之间的状态。部署过程提供两种信息：机器创建并能运行，或者部署没完成。没有其他可能。

为了使不可变基础设施在不影响正常运行时间的情况下工作，还需要保持：

- 负载均衡。
- 一定程度的冗余。

毕竟，升级过程会删除整个实例。你不能依赖这台机器的地址或这台机器特有的任何东西。相反，你至少需要有第二台机器来处理工作负载，同时将另一台替换为较新的版本。升级完一台机器后，可以对另一台重复相同的过程。这样，便可以有两个升级的实例，而不会丢失服务。这种策略称为滚动升级（rolling upgrade）策略。

正如你可以从该过程中认识到的那样，不可变基础设施在处理无状态服务时工作得最好。当服务具有某种形式的持久性时，正确实现就变得更加困难。在这种情况下，通常必须将持久性级别拆分为单独的对象，例如，包含所有应用程序数据的 NFS 卷。这样的卷可以在实例组中的所有机器上共享，并且每个新出现的机器都可以访问前一次运行应用程序留下的公共状态。

9.8.3 使用 Packer 构建实例映像

考虑到示例应用程序已经是无状态的，我们可以继续在其上构建不可变的基础设施。由于 Packer 生成的工件是 VM 映像，因此我们必须决定要使用的格式和构建器。

我们将示例重点放在 AWS 上，同时记住，类似的方法也可以适用于其他支持的供应商。简单的 Packer 模板如下所示：

```
{
  "variables": {
    "aws_access_key": "",
    "aws_secret_key": ""
  },
  "builders": [{
    "type": "amazon-ebs",
    "access_key": "{{user `aws_access_key`}}",
    "secret_key": "{{user `aws_secret_key`}}",
    "region": "eu-central-1",
    "source_ami": "ami-0f1026b68319bad6c",
    "instance_type": "t2.micro",
    "ssh_username": "admin",
    "ami_name": "Project's Base Image {{timestamp}}"
  }],
```

```
  "provisioners": [{
    "type": "shell",
    "inline": [
      "sudo apt-get update",
      "sudo apt-get install -y nginx"
    ]
  }]
}
```

前面的代码将使用 EBS 构建器为 AWS 构建映像。该映像将驻留在 `eu-central-1` 区域中，并基于 `ami-5900cc36`（Debian Jessie 映像）。我们希望构建器是 `t2.micro` 实例（这是 AWS 中的 VM 大小）。为了准备映像，我们运行两条 `apt-get` 命令。

我们还可以重用前面定义的 Ansible 代码，并且可以将 Ansible 作为提供者，而不是使用 Packer 来提供应用程序。代码将显示如下：

```
{
  "variables": {
    "aws_access_key": "",
    "aws_secret_key": ""
  },
  "builders": [{
    "type": "amazon-ebs",
    "access_key": "{{user `aws_access_key`}}",
    "secret_key": "{{user `aws_secret_key`}}",
    "region": "eu-central-1",
    "source_ami": "ami-0f1026b68319bad6c",
    "instance_type": "t2.micro",
    "ssh_username": "admin",
    "ami_name": "Project's Base Image {{timestamp}}"
  }],
  "provisioners": [{
    "type": "ansible",
    "playbook_file": "./provision.yml",
    "user": "admin",
    "host_alias": "baseimage"
  }],
  "post-processors": [{
    "type": "manifest",
    "output": "manifest.json",
    "strip_path": true
  }]
}
```

这些更改位于 `provisioners` 块中，并且还添加了一个新块，即 `post-processors`。这一次，我们没有使用 shell 命令，而是使用另一个为我们运行 Ansible 的提供者。这里的 `post-processors` 以机器可读的格式生成结果。一旦 Packer 构建完所需的工件，它将返回其 ID，并将其保存在 `manifest.json` 中。对于 AWS，这将意味着一个 AMI ID，我们可以将其提供给 Terraform。

9.8.4 利用 Terraform 协调基础设施

第一步是使用 Packer 创建映像。在此之后，我们希望部署映像以使用它。我们可以使用 Terraform 根据 Packer 模板中的映像构建 AWS EC2 实例。

Terraform 代码示例如下所示：

```
# Configure the AWS provider
provider "aws" {
  region = var.region
  version = "~> 2.7"
}

# Input variable pointing to an SSH key we want to associate with the
# newly created machine
variable "public_key_path" {
  description = <<DESCRIPTION
Path to the SSH public key to be used for authentication.
Ensure this keypair is added to your local SSH agent so provisioners can
connect.
Example: ~/.ssh/terraform.pub
DESCRIPTION

  default = "~/.ssh/id_rsa.pub"
}
# Input variable with a name to attach to the SSH key
variable "aws_key_name" {
  description = "Desired name of AWS key pair"
  default = "terraformer"
}

# An ID from our previous Packer run that points to the custom base image
variable "packer_ami" {
}

variable "env" {
  default = "development"
}

variable "region" {
}

# Create a new AWS key pair cotaining the public key set as the input
# variable
resource "aws_key_pair" "deployer" {
  key_name = var.aws_key_name

  public_key = file(var.public_key_path)
}

# Create a VM instance from the custom base image that uses the previously
created key
# The VM size is t2.xlarge, it uses a persistent storage volume of 60GiB,
# and is tagged for easier filtering
resource "aws_instance" "project" {
  ami = var.packer_ami

  instance_type = "t2.xlarge"

  key_name = aws_key_pair.deployer.key_name

  root_block_device {
    volume_type = "gp2"
```

```
    volume_size = 60
  }

  tags = {
    Provider = "terraform"
    Env = var.env
    Name = "main-instance"
  }
}
```

这将使用此密钥对创建新密钥对和 EC2 实例。EC2 实例基于作为变量提供的 AMI。调用 Terraform 时，我们将设置此变量，使其指向 Packer 生成的映像。

9.9 总结

到目前为止，你应该已经了解了从长远来看，在项目开始时实现 CI 可以帮助你节省时间。它还可以减少正在进行的工作，特别是与 CD 配合时。在本章中，我们提供了一些有用的工具，它们可以帮助你实现这两个过程。

我们展示了 GitLab CI 如何允许在 YAML 文件中编写管道。我们讨论了代码审查的重要性，解释了各种形式的代码审查之间的差异。我们介绍了 Ansible，它有助于配置管理和部署代码的创建。最后，我们尝试了 Packer 和 Terraform，将重点从创建应用程序转移到创建系统。

本章中的知识并不是 C++ 语言独有的，你可以在使用其他技术以其他语言编写的项目中使用它。你应该记住的重要事情是：所有应用程序都需要测试。编译器或静态分析器不足以验证软件。作为架构师，你必须不仅考虑项目（应用程序本身），还要考虑产品（运行应用程序的系统）。交付工作代码已不再足够。理解基础设施和部署过程至关重要，因为它们是现代系统的新基石。

第 10 章将重点介绍软件的安全性，涉及源代码、操作系统以及与外部服务以及最终用户的可能交互方面的安全。

问题

1. CI 在开发过程中是如何节省时间的？
2. 是否需要单独的工具来实现 CI 和 CD？
3. 什么时候在会议中执行代码审查才有意义？
4. 在 CI 期间，可以使用哪些工具来评估代码的质量？
5. 谁参与指定 BDD 方案？
6. 何时考虑使用不可变基础设施？什么时候会把它排除在外？
7. 如何描述 Ansible、Packer 和 Terraform 之间的差别？

进一步阅读

- **持续集成 / 持续部署 / 持续交付：**
  - https://www.packtpub.com/virtualization-and-cloud/hands-continuous-integration-and-delivery
  - https://www.packtpub.com/virtualization-and-cloud/cloud-native-continuous-integration-and-delivery
- Ansible:
  - https://www.packtpub.com/virtualization-and-cloud/mastering-ansible-third-edition
  - https://www.packtpub.com/application-development/hands-infrastructure-automation-ansible-video
- Terraform:
  - https://www.packtpub.com/networking-and-servers/getting-started-terraform-second-edition
  - https://www.packtpub.com/big-data-and-business-intelligence/hands-infrastructure-automation-terraform-aws-video
- Cucumber:
  - https://www.packtpub.com/web-development/cucumber-cookbook
- GitLab:
  - https://www.packtpub.com/virtualization-and-cloud/gitlab-quick-start-guide
  - https://www.packtpub.com/application-development/hands-auto-devops-gitlab-ci-video

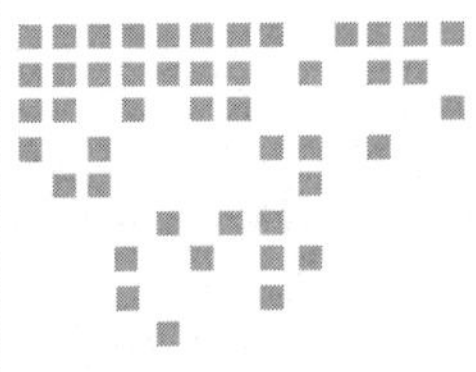

Chapter 10 第10章

代码安全性和部署安全性

建立适当的测试后，有必要执行安全审计，以确保应用程序不会被用于恶意目的。本章将描述如何评估代码库（包括内部开发的软件和第三方模块）的安全性，还将展示如何从代码级别和操作系统级别改进现有软件。

你将学习如何设计以每个级别（从代码开始，一直到依赖项、架构和部署）的安全性为重点的应用程序。

10.1 技术要求

本章中的示例要求编译器最低具有以下版本：

- GCC 10+。
- Clang 3.1+。

本章中的代码已放在 GitHub 上，见 https://github.com/PacktPublishing/Software-Architecture-with-Cpp/tree/master/Chapter10。

10.2 代码安全性检查

本章提供了关于如何检查代码、依赖项和环境中的潜在威胁的信息。然而，请记住，遵循本章中概述的每个步骤并不一定能保护你免受所有可能问题的影响。我们的目标是向你展示一些可能的危险以及处理它们的方法。鉴于此，你应该始终有意识地关注系统的安全性，并将安全审计作为例行事件。

在互联网变得无处不在之前，软件作者并不关心他们软件设计的安全性。毕竟，如果用户提供了格式错误的数据，用户最多使自己的计算机崩溃。为了使用软件漏洞访问受保护的数据，攻击者必须获得对保存数据的机器的物理访问。

即使在设计网络软件时，安全性通常也是事后考虑的。以**超文本传输协议**（HyperText Transfer Protocol，HTTP）为例，尽管它允许对某些资产进行密码保护，但所有数据都以纯文本格式传输，这意味着同一网络上的每个人都可以窃听正在传输的数据。

如今，我们应该从设计的第一阶段开始就拥抱安全性，并在软件开发、运行和维护的每个阶段都牢记这一点。我们每天生产的大多数软件都旨在以某种方式与其他现有系统连接。

如果忽略了安全措施，不仅会让我们自己，也会让我们的合作伙伴面临潜在的攻击、数据泄露风险，最终还可能面临诉讼。请记住，未能保护个人资料可能导致数百万美元的罚款。

10.2.1　强调安全性的设计

如何设计安全架构？做到这一点最好的方法是像潜在的攻击者一样思考。有许多方法可以将盒子打开，但通常你会寻找不同元素间的缝隙（如果是盒子，这可能在盒子的盖子和底部之间）。

在软件架构中，元素之间的连接称为接口。由于它们的主要作用是与外部世界交互，因此它们是整个系统中最脆弱的部分。确保接口受到保护、直观和健壮，将避免软件被以最明显的方式破坏。

1. 使接口易于使用，不易误用

要以易于使用和难以误用的方式设计接口，请考虑以下练习。假设你是接口的用户，想要实现一个使用支付网关的网上商店，或者想要实现与本书示例系统的客户 API 连接的 VR 应用程序。

作为接口设计的一般规则，应避免以下特征：

- 传递给函数 / 方法的参数太多。
- 参数的名称不明确。
- 使用输出参数。
- 参数依赖于其他参数。

为什么这些特征被认为是有问题的？

- 对于第一个特征，不仅很难记住参数的含义，而且很难记住它们的顺序。这可能导致用法错误，进而可能导致崩溃和安全问题。
- 第二个特征与第一个特征相似，会降低接口的直观性，用户更容易出错。
- 第三个特征是第二个特征的变体，且增加了理解难度。用户不仅必须记住哪些参数

是输入参数，哪些是输出参数，而且还必须记住应该如何处理输出。谁管理资源的创建和删除？这是如何实现的？它背后的内存管理模型是什么？

使用现代 C++，返回包含所有必要数据的值比以往任何时候都容易。可以使用 pair、tuple 和 vector，没有理由使用输出参数。除此之外，返回值有助于遵循不修改对象状态的实践。这反过来又减少了与并发相关的问题。

- 最后一个特征引入了不必要的认知负担，如前面的例子所示，这可能导致错误，最终导致失败。这样的代码也很难测试和维护，因为每次更改都必须考虑到所有可能的组合。未能正确处理任何组合都是对系统的潜在威胁。

前面的规则适用于接口的外部。你还应该对接口的内部应用类似的措施，验证输入，确保值正确合理，并防止不必要地使用接口提供的服务。

2. 启用自动资源管理机制

内存泄漏、数据争用和死锁也可能导致系统不稳定。所有这些症状都是资源管理不善的表现。尽管资源管理是一个难题，但有一种机制可以帮助你减少这方面的问题。这种机制之一是自动资源管理。

资源是你通过操作系统获得访问权限的东西，你必须确保正确使用它。资源可能包括使用动态分配的内存、打开的文件、套接字、进程或线程。所有这些都需要在获取和释放时采取特定的操作。其中一些还需要在其生命周期内采取具体操作。未能在适当的时间释放这些资源会导致泄漏。由于资源通常是有限的，因此从长远来看，当无法创建新资源时，资源泄漏将会导致意外的行为。

资源管理在 C++ 中非常重要，因为与许多其他高级语言不同，C++ 中没有垃圾回收机制，并且由软件开发人员全程负责资源的处理。了解资源的生命周期有助于创建安全且稳定的系统。

资源管理最常见的习惯用法是**资源获取即初始化**（Resource Acquisition Is Initialization，RAII）。尽管它起源于 C++，但它也被用于其他语言，如 Vala 和 Rust。这种习惯用法使用对象的构造函数和析构函数来分别分配和释放资源。通过这种方式，我们可以保证当持有资源的对象超出作用域时，将正确释放正在使用的资源。

标准库中使用此习惯用法的一些示例有 std::unique_ptr 和 std::shared_ptr 智能指针类型。其他示例包括互斥锁（std::lock_guard、std::unique_lock，以及 std:shared_lock）或文件（std::ifstream 和 std::ofstream）。

我们稍后将详细讨论的**指南支持库**（Guidelines Support Library，GSL）也实现了一个特别有用的自动资源管理准则。通过在代码中使用 gsl::finally() 函数，我们创建了一个 gsl::final_action() 对象，并附加了一些代码。当调用对象的析构函数时，将执行该代码。这意味着代码将在函数成功返回时以及在异常期间发生栈展开时执行。

这种方法不应该使用得太频繁，因为通常在设计类时考虑 RAII 才更好。但如果你正在与第三方模块交互，并且希望确保包装器的安全，那么 finally() 可以帮助你实现这一点。

例如，假设我们有一个支付运营商，该运营商只允许每个账户单并发登录。如果不想阻塞用户未来的付款，则应该在处理完交易后立即注销。当我们运气很好，一切都按照我们的设计进行时，这不是问题。但在发生异常的情况下，我们也希望安全并正确地释放资源。下面是使用 gsl::finally() 的方法：

```
TransactionStatus processTransaction(AccountName account, ServiceToken
token,
Amount amount)
{
  payment::login(account, token);
  auto _ = gsl::finally([] { payment::logout(); });
  payment::process(amount); // We assume this can lead to exception

  return TransactionStatus::TransactionSuccessful;
}
```

无论在调用 payment::process() 期间发生了什么，我们至少可以保证，一旦超出 processTransaction() 的作用域，就会立即注销用户。

简而言之，使用 RAII 让你在类设计阶段更多地考虑资源管理，同时你可以完全控制代码，而无须过多考虑在意图不再清楚时何时使用接口。

3. 并发的缺点及其处理方法

虽然并发提高了性能和资源利用率，但它也使代码的设计和调试变得更加困难。这是因为，与单线程代码流不同，操作的时间不能预先确定。在单线程代码中，你可以写入资源，也可以读取资源，但你总是知道操作的顺序，因此可以预测对象的状态。

对于并发，多个线程或进程可以同时读取或修改对象。如果修改不是原子的，我们可能会遇到某种常见的更新问题。请考虑以下代码：

```
TransactionStatus chargeTheAccount(AccountNumber acountNumber, Amount
amount)
{
  Amount accountBalance = getAcountBalance(accountNumber);
  if (accountBalance > amount)
  {
    setAccountBalance(accountNumber, accountBalance - amount);
    return TransactionStatus::TransactionSuccessful;
  }
  return TransactionStatus::InsufficientFunds;
}
```

从非并发代码调用 chargeTheAccount 函数时，一切都没问题。我们的程序将检查账户余额，并在可能的情况下收取费用。然而，并发执行可能会导致余额为负。这是因为两个线程可能一个接一个地调用 getAccountBalance()，这将返回相同的余额，例如 20。执行该调用后，两个线程都会检查当前余额是否大于交易金额。最后，在检查后，它们将修改账户余额。假设两次交易的金额都是 10，每个线程都将余额设置为 20–10=10。两次操作后，账户的余额为 10，尽管它实际应该为 0！

为了缓解类似的问题，我们可以使用互斥锁和临界区、CPU 提供的原子操作或并发安全数据结构等解决方案。

互斥锁、临界区和其他类似的并发设计模式可以防止多个线程修改（或读取）数据。尽管它们在设计并发应用程序时很有用，但也存在与之相关的权衡。它们有效地使部分代码成为单线程的，这是因为互斥锁保护的代码只允许单个线程执行它，所有其他线程都必须等待互斥锁被释放。因为我们引入了等待的概念，所以降低了代码的性能，即使我们最初的目标是使其性能更高。

原子操作意味着使用单条 CPU 指令来获得所需的效果。该术语可以表示转换为单条 CPU 指令的任何高级操作。当单条指令实现的功能比通常可能实现的更多时，它们特别有趣。例如，**比较和交换**（Compare-And-Swap，CAS）是一条指令，它将内存位置与给定值进行比较，并仅在比较成功时将该位置的内容修改为新值。自从 C++11 以来，有一个 `<std::atomic>` 头文件可用，它包含几个原子数据类型和操作。例如，CAS 的实现是一组 `compare_and_exchange_*` 函数。

最后，并发安全数据结构（也称为并发数据结构）为需要某种同步的数据结构提供安全抽象。例如，Boost.Lockfree（https://www.boost.org/doc/libs/1_66_0/doc/html/lockfree.html）库提供了并发队列和栈，供多个生产者和多个消费者使用。libcds（https://github.com/khizmax/libcds）提供了有序的列表、集合和映射，但截至撰写本书时，它已经有几年没有更新了。

设计并发处理时要记住的有用规则如下：

- 首先考虑是否需要并发。
- 按值传递数据，而不是按指针或引用传递数据，可以防止其他线程读取该值时对其进行修改。
- 如果数据的大小使得按值共享不切实际，请使用 `shared_ptr`。这样，更容易避免资源泄漏。

10.2.2 安全编码、指南和 GSL

标准 C++ 基金会发布了一组指南，以记录构建 C++ 系统的最佳实践。它是在 GitHub 上发布的 Markdown 文档（https://github.com/isocpp/CppCoreGuidelines）。它是一个不断发展的文档，没有发布时间表（与 C++ 标准本身不同）。这些指南是针对现代 C++ 的，即至少实现 C++11 功能的代码库。

指南中提出的许多规则涵盖了本章中提出的主题。例如，与接口设计、资源管理和并发相关的规则。指南的编辑是 Bjarne Stroustrup 和 Herb Sutter，他们都是 C++ 社区中受人尊敬的成员。

我们不会详细描述这些指南，建议读者自行阅读。本书的灵感来自那里提出的许多规则，我们在示例中遵循了这些规则。

为了简化这些规则在各种代码库中的用法，微软发布了**指南支持库**（GSL），作为开源项目托管在 https://github.com/microsoft/GSL。它是一个仅有头文件的库，你可以将其包含在项目中以使用定义的类型。你可以包括整个 GSL，也可以选择仅按计划使用某些类型。

该库的另一个有趣之处是，它使用 CMake 进行构建，使用 Travis 进行持续集成，使用 Catch 进行单元测试。因此，这是第 7 ～ 9 章内容的一个很好的例子。

10.2.3　防御性编程，验证一切

前面，我们提到了防御性编程方法。尽管该方法严格来说不是保证安全的特性，但它碰巧有助于创建健壮的接口。这样的接口反过来又增加了系统的整体安全性。

作为一种很好的启发式方法，你可以将所有外部数据视为不安全的。我们所说的外部数据是指通过某种接口（编程接口或用户界面）进入系统的每个输入。为了表示这一点，你可以在类型前面添加前缀 `Unsafe`，如下所示：

```
RegistrationResult registerUser(UnsafeUsername username, PasswordHash
passwordHash)
{
  SafeUsername safeUsername = username.sanitize();
  try
  {
    std::unique_ptr<User> user = std::make_unique<User>(safeUsername,
passwordHash);
    CommitResult result = user->commit();
    if (result == CommitResult::CommitSuccessful)
    {
      return RegistrationResult::RegistrationSuccessful;
    }
    else
    {
      return RegistrationResult::RegistrationUnsuccessful;
    }
  }
  catch (UserExistsException _)
  {
    return RegistrationResult::UserExists;
  }
}
```

如果你已经阅读了这些指南，就会知道通常应该避免直接使用 C API。C API 中的某些函数可能以不安全的方式使用，需要特别小心才能避免出问题。更好的做法是使用 C++ 中的相应概念，确保更好的类型安全和保护（例如，防止缓冲区溢出）。

防御性编程的另一个方面是重用现有代码。每次尝试实现某项技术时，请确保在你之前没有其他人实现过它。在学习新的编程语言时，自己编写排序算法可能是一个有趣的挑战，但对于生产代码，最好使用标准库中提供的排序算法。密码哈希也是如此。毫无疑问，你可以找到一些巧妙的方法来计算密码哈希并将它们存储在数据库中，但通常更明智的做法是使用经过验证的方法 `bcrypt`。（不要忘记同行审查！）请记住，代码重用假设你以与自己的代

码相同的尽职调查来检查和审计第三方解决方案。我们将在 10.3 节中深入探讨这个主题。

值得注意的是，防御性编程不应该变成“偏执”编程。检查用户输入是一件明智的事情，而在初始化之后断言初始化的变量是否仍然等于原始值则有点过了。你希望控制数据和算法，以及第三方解决方案的完整性，而不是通过语言特性来验证编译器的正确性。

简而言之，从安全性和可读性的角度来看，使用 C++ 核心指南中提供的 `Expects()` 和 `Ensures()`，并通过类型和类型转换来区分不安全数据和安全数据是一个好主意。

10.2.4 最常见的漏洞

要检查代码是否可以抵御最常见的漏洞，应该首先了解所述漏洞。毕竟，只有了解进攻方式，才可能进行防御。**开放 Web 应用安全项目**（Open Web Application Security Project，OWASP）编目了最常见的漏洞，并将其发布在 https://www.owasp.org/index.php/Category:OWASP_Top_Ten_Project。在编写本书时，漏洞如下：

- **注入**：通常称为 SQL 注入，但不仅限于 SQL。当不受信任的数据直接传递给解释器（如 SQL 数据库、NoSQL 数据库、shell 或 eval 函数）时，便会出现此漏洞。攻击者可能通过这种方式访问系统中应该受到保护的部分。
- **破坏身份验证**：如果身份验证未正确实现，攻击者可能会使用漏洞来破坏机密数据或冒充其他用户。
- **敏感数据暴露**：加密和适当的访问权限不严密可能会导致敏感数据被公开暴露。
- **XML 外部实体**（XML external Entity，XXE）：一些 XML 处理器可能会泄露服务器文件系统的内容或允许远程代码执行。
- **破坏访问控制**：当访问控制未正确实施时，攻击者可能会获得对应该受到限制的文件或数据的访问权限。
- **安全性配置错误**：使用不安全的默认值和对配置的不适当关注是最常见的漏洞来源。
- **跨站点脚本**（XSS）：包含和执行不受信任的外部数据，特别是使用 JavaScript，它允许控制用户的 Web 浏览器。
- **不安全的反序列化**：一些有缺陷的解析器可能成为拒绝服务攻击或远程代码执行的牺牲品。
- **使用具有已知漏洞的组件**：现代应用程序中的许多代码都是第三方组件。应定期审计和更新这些组件，因为单个依赖项中的已知安全缺陷可能会导致整个应用程序和数据受到危害。幸运的是，有一些工具可以帮助自动化这一点。
- **日志记录和监控不足**：如果系统受到攻击，并且日志记录和监控不是非常彻底，攻击者可能会获得更深的访问权限，而且不会被注意到。

我们不会详细讨论所提到的每个漏洞。这里我们想强调的是，通过遵循前面提到的防御性编程技术，可以防止注入、XML 外部实体和不安全的反序列化漏洞出现。通过将所有外部数据视为不安全的，你可以在开始实际处理之前，通过删除所有不安全的内容来对系统进行净化。

对于日志记录和监控不足漏洞，我们将在第 15 章中详细介绍。在这里，我们将介绍一些可能的可观察性方法，包括日志、监控和分布式跟踪。

10.3　检查依赖项是否安全

在计算机的早期，所有程序都是没有任何外部依赖项的整体。自操作系统诞生以来，所有重要的软件都很少没有依赖项。这些依赖项有两种形式，包括外部依赖项和内部依赖项：

- 外部依赖项是指那些应该存在于应用程序环境中的依赖项，例如上述操作系统、动态链接库和其他应用程序（如数据库）。
- 内部依赖项是指我们想要重用的模块，因此这通常指静态库或仅有头文件的库。

这两种依赖项都会带来潜在的安全风险。由于每一行代码都会增加漏洞的风险，因此拥有的组件越多，系统受到攻击的可能性就越高。下面我们将探讨如何检查软件确实容易受到已知漏洞的影响。

10.3.1　通用漏洞披露

检查软件是否存在已知安全问题的第一个地方是**通用漏洞披露**（Common Vulnerabilities and Exposures，CVE）列表，该列表位于 https://cve.mitre.org/。该列表由几个被称为 CVE 编号机构（CNA）的组织不断更新。这些机构包括供应商和项目、漏洞研究人员、国家和行业 CERT 以及漏洞奖励计划。

该网站还提供了一个搜索引擎。通过此引擎，你可以使用以下几种方法来了解漏洞：

- 输入漏洞编号。这些编号的前缀为 CVE，例如 CVE-2014-6271（臭名昭著的 ShellShock）或 CVE-2017-5715（也称为 Spectre）。
- 输入漏洞通用名称，如前面提到的 ShellShock 或 Spectre。
- 输入要审计的软件的名称，例如 Bash 或 Boost。

对于每个搜索结果，你可以看到相应的描述以及对其他 bug 跟踪器和相关资源的引用列表。描述通常列出受漏洞影响的版本，因此你可以检查计划使用的依赖项是否已经修补了漏洞。

10.3.2　自动扫描器

有一些工具可以帮助你审计依赖项列表。OWASP 依赖项检查就是这样一个工具（https://www.owasp.org/index.php/OWASP_Dependency_ Check）。尽管它仅正式支持 Java 和 .NET，但对 Python、Ruby、Node.js 和 C++（与 CMake 或 autoconf 一起使用时）也有实验性的支持。除了作为独立工具工作外，它还集成了**持续集成 / 持续部署**（CI/CD）软件，如 Jenkins、SonarQube 和 CircleCI。

另一个允许检查依赖项已知漏洞的工具是 Snyk。这是一个具有多个支持级别的商业产品。它比 OWASP 依赖项检查工具功能更多，因为 Snyk 还可以审计容器映像和许可证合规性问题。它还提供了与第三方解决方案的更多集成。

10.3.3 自动化依赖项升级管理

监控依赖项漏洞只是确保项目安全的第一步。在此之后，你需要采取行动并手动更新受损的依赖项。如你所料，也有专门用于此目的的自动化解决方案，其中之一是 Dependabot，它可以扫描源代码库，并在有可用的安全相关更新时发出拉请求。在编写本书时，Dependabot 还不支持 C++。然而，它可以与应用程序可能使用的其他语言一起使用。除此之外，它还可以扫描 Docker 容器基本映像中的漏洞。

自动化依赖项管理需要成熟的测试支持。在没有测试的情况下切换依赖项版本可能会导致程序不稳定和错误。避免与依赖项升级相关问题的一种保护是使用包装器来与第三方代码交互。这样的包装器可能有自己的测试套件，当接口在升级过程中中断时，该测试套件会立即通知我们。

10.4 强化代码

通过使用现代 C++ 构造（而不是旧的 C 等价结构），可以减少代码中常见的安全漏洞的数量。然而，在某些情况下，即使是更安全的抽象也被证明是脆弱的。仅选择更安全的实现，觉得自己已经尽了最大努力是不够的。大多数时候，有一些方法可以进一步加强代码。

但什么是代码强化呢？根据定义，它是减少系统漏洞接触面的过程。通常，这意味着关闭不使用的功能，并将目标放在更简单而不是复杂的系统上。它可能还意味着使用工具来增加现有函数的健壮性。

当应用于操作系统级别时，此类工具可能意味着内核补丁、防火墙和**入侵检测系统**（Intrusion Detection System，IDS）。在应用程序级别，它可能意味着各种缓冲区溢出和下溢保护机制，使用容器和虚拟机（VM）进行权限分离和进程隔离，或强制加密通信和存储。

本节将重点讨论应用程序级别的一些示例，而下一节将重点介绍操作系统级别的示例。

10.4.1 面向安全的内存分配器

如果你认真考虑使应用程序免受堆相关攻击（例如堆溢出、释放后使用或重复释放），则可以考虑将标准内存分配器替换为面向安全的版本。你可能感兴趣的两个项目是：

- FreeGuard（见 https://github.com/UTSASRG/FreeGuard 和 https://arxiv.org/abs/1709.02746）。
- GrapheneOS 项目的 `hardened_malloc`（https://github.com/GrapheneOS/hardened_malloc）。

FreeGuard于 2017 年发布，自那时以来，除了零星的错误修复外，没有看到太多变化。而 hardened_malloc 正在积极发展。这两个分配器都被作为标准 malloc() 的直接替代品。只需设置 LD_PRELOAD 环境变量或将库添加到 /etc/preload.so 配置文件，就可以在不修改应用程序的情况下使用它们。FreeGuard 目标系统是 64 位 x86 上带 Clang 编译器的 Linux 系统，而 hardened_malloc 旨在实现更广泛的兼容性，尽管目前主要支持 Android 的 Bionic、musl 和 glibc。hardened_malloc 也基于 OpenBSD 的 alloc，OpenBSD 本身是以安全性为中心的项目。

你可以替换更安全的集合，而不是替换内存分配器。SaferCPlusPlus（https://duneroadrunner.github.io/SaferCPlusPlus/）项目为 std::vector<>、std::array<> 和 std::string 提供了替代品，可用作现有代码中的直接替换。该项目还包括基本类型的替代品，以防止未初始化的使用或符号不匹配，同时包括并发数据类型以及指针和引用的替换。

10.4.2　自动检查

有些工具对确保正在构建的系统的安全性特别有用。我们将在下一节介绍它们。

1. 编译器警告

虽然编译器警告本身不一定是一个工具，但可以使用和调整编译器警告，以从 C++ 编译器中获得更好的输出，而编译器是每个 C++ 开发人员都将使用的一个工具。

由于编译器已经可以进行比标准要求的更深入的检查，因此建议利用这种可能性。当使用 GCC 或 Clang 等编译器时，建议的设置涉及 -Wall -Wextra 标志。这将生成更多的诊断，并在代码不遵循诊断时发出警告。如果想更严格一些，还可以启用 -Werror，这将把所有警告转化为错误，并防止编译未通过增强诊断的代码。如果希望严格遵守标准，则可以使用 -pedantic 和 -pedantic -errors 标志，它们将保持与标准的一致性。

使用 CMake 进行构建时，可以在编译期间使用以下函数启用这些标志：

```
add_library(customer ${SOURCES_GO_HERE})
target_include_directories(customer PUBLIC include)
target_compile_options(customer PRIVATE -Werror -Wall -Wextra)
```

这样，除非修复编译器报告的所有警告（转换成了错误），否则编译将失败。

你还可以在 OWASP（https://www.owasp.org/index.php/C-Based_Toolchain_Hardening）以及 Red Hat（https://developers.redhat.com/blog/2018/03/21/compiler-and-linker-flags-gcc/）的这些文章中找到工具链强化的建议设置。

2. 静态分析

一类可以使代码更安全的工具是所谓的**静态应用程序安全测试**（Static Application Security Testing，SAST）工具。它们是只关注安全方面的静态分析工具的变体。

SAST 工具可以很好地集成到 CI/CD 管道中，因为它们只读取源代码。它的输出通常也适用于 CI/CD，因为它突出了在源代码特定位置发现的问题。另外，静态分析可能会忽略许多类型的问题，这些问题不能自动被发现，或者不能仅通过静态分析找到。这些工具也不会注意到与配置相关的问题，因为配置文件不在源代码中表示。

C++ SAST 工具包括以下开源解决方案：

- Cppcheck（http://cppcheck.sourceforge.net/），一种通用静态分析工具，专注于低误报率。
- Flawfinder（https://dwheeler.com/flawfinder/），似乎没有得到积极维护。
- LGTM（https://lgtm.com/help/lgtm/about-lgtm），支持几种不同的语言，具有自动分析拉请求的功能。
- SonarQube（https://www.sonarqube.org/），具有强大的 CI/CD 集成和语言覆盖率，也提供商业版本。

还有一些商业解决方案：

- Checkmarx CxSAST（https://www.checkmarx.com/products/static-application-security-testing/），承诺零配置和广泛的语言覆盖。
- CodeSonar（https://www.grammatech.com/products/codesonar），重点深入分析和发现大多数缺陷。
- Klocwork（https://www.perforce.com/products/klocwork），专注于准确性。
- Micro Focus Fortify（https://www.microfocus.com/en-us/products/static-code-analysis-sast/overview），由同名制造商提供广泛的语言支持和其他工具集成。
- Parasoft C/C++test（https://www.parasoft.com/products/ctest），一个用于静态和动态分析、单元测试、跟踪等的集成解决方案。
- MathWorks 的 Polyspace Bug Finder（https://www.mathworks.com/products/polyspace-bug-finder.html），集成了 Simulink 模型。
- Veracode Static Analysis（https://www.veracode.com/products/binary-static-analysis-sast），用于静态分析的 SaaS 解决方案。
- WhiteHat Sentinel Source（https://www.whitehatsec.com/platform/static-application-security-testing/），也专注于消除误报。

3. 动态分析

就像对源代码执行静态分析一样，对产生的二进制文件执行的是动态分析。名称中的“动态”是指在处理实际数据的过程中会观察代码。当关注安全性时，这类工具也可以称为**动态应用程序安全测试**（Dynamic Application Security Testing，DAST）。

与 SAST 相比，它们的主要优势是可以找到许多从源代码分析角度看不到的代码流。当然，这也带来了一个缺点，即你必须运行应用程序才能执行该分析。正如我们所知，运行应用程序可能会消耗时间和内存。

DAST 工具通常关注与 Web 相关的漏洞，如 XSS、SQL（和其他）注入或敏感信息泄露。下面我们将更多地关注更通用的动态分析工具之一 Valgrind。

Valgrind 和 Application Verifier

Valgrind 通常被视为内存泄漏调试工具。事实上，它是一个工具框架，可以用来构建动态分析工具，但不一定与内存问题相关。除内存错误检测器之外，这套工具目前还包括线程错误检测器、缓存和分支预测分析器以及堆分析器。它支持类 UNIX 操作系统（包括 Android）的各种平台。

本质上，Valgrind 类似 VM，它首先将二进制文件转换为称为中间表示的更简单形式。它不在实际的处理器上运行程序，而在该 VM 下执行，以便可以分析和验证每个调用。

如果在 Windows 上开发，则可以使用 Application Verifier（AppVerifier），而不是 Valgrind。AppVerifier 可以帮助你检测稳定性和安全性问题。它可以监控正在运行的应用程序和用户模式驱动程序，以查找内存问题，如内存泄漏和堆损坏、线程和锁问题、句柄的无效使用等。

过滤器

过滤器（Sanitizer）是基于代码编译时工具的动态测试工具。它们可以帮助你提升系统的整体稳定性和安全性，并避免未定义的行为。在 https://github.com/google/sanitizers，你可以找到 LLVM（Clang 所基于的）和 GCC 的实现。它们解决了内存访问、内存泄漏、数据竞争和死锁、未初始化的内存使用以及未定义行为等问题。

AddressSanitizer（ASan）保护代码免受与内存寻址相关的问题（例如全局缓冲区溢出、释放后使用或返回后使用栈）的影响。尽管它是同类解决方案中速度最快的一种，但它仍然使速度变成了原来的二分之一。最好在运行测试和进行开发时使用它，但在生产构建中关闭它。构建中可以通过将 `-fsanitize=address` 标志添加到 Clang 打开它。

AddressSanitizerLeakSanitizer(LSan）与 ASan 集成以发现内存泄漏问题。默认情况下，它在 x86_64 Linux 和 x86_64 macOS 上启用。它需要设置环境变量 `ASAN_OPTIONS=detect_leaks=1`。LSan 在该过程结束时执行泄漏检测。LSan 也可以在没有 AddressSanitizer 的情况下用作独立库，但这种模式的测试要少得多。

ThreadSanitizer（TSan）检测并发问题，如数据争用和死锁问题。你可以通过 Clang 的 `-fsanitize=thread` 标志来启用它。

MemorySanitizer（MSan）专注于与访问未初始化内存相关的错误。它实现了 Valgrind 的一些功能。MSan 支持 64 位 x86、ARM、PowerPC 和 MIPS 平台。你可以使用 Clang 的 `-fsanitize=memory -fPIE -pie` 标志来启用它（这也会打开位置无关的可执行文件，我们将在后面讨论这个概念）。

硬件辅助 Address Sanitizer（HardWare-Assisted Address Sanitizer，HWASan）类似于常规 ASan。主要区别是在可能的情况下使用硬件辅助。目前，该功能仅在 64 位 ARM 架构上可用。

UndefinedBehaviorSanitizer（UBSan）查找未定义行为的其他可能原因，如整数溢出、除零或不正确的移位操作。你可以使用 Clang 的 `-fsanitize=undefined` 标志来启用它。

尽管过滤器可以帮助你发现许多潜在的问题，但它们最多和运行的测试一样好。使用过滤器时，请记住保持测试的代码覆盖率较高，否则，可能会得到错误的安全感。

模糊测试

作为 DAST 工具的一个子类别，模糊测试（fuzz-testing）检查在遇到无效、意外、随机或恶意格式的数据时应用程序的行为。当对跨越信任边界的接口（如最终用户文件上传表单或输入）使用时，这种检查特别有用。

此类别中的一些有趣的工具包括：

- Peach Fuzzer（https://www.peach.tech/products/peach-fuzzer/）。
- PortSwigger Burp（https://portswigger.net/burp）。
- OWASP Zed Attack Proxy 项目（https://www.owasp.org/index.php/ OWASP_Zed_Attack_Proxy_Project）。
- Google 的 ClusterFuzz（https://github.com/google/clusterfuzz）以及 OSS-Fuzz（https://github.com/google/oss-fuzz）。

10.4.3 进程隔离和沙箱

如果要在自己的环境中运行未验证的软件，可能需要将其与系统的其余部分隔离。沙箱化执行代码的一些方法是通过 VM、容器或微 VM，如 AWS Lambda 使用的 Firecracker（https://firecracker-microvm.github.io/）实现的。

这样，某个应用程序的崩溃、泄漏和安全问题就不会传播到整个系统，避免使整个系统变得无用或受损。由于每个进程都有自己的沙箱，因此最坏的情况是仅丢失这一个服务。

对于 C 和 C++ 代码，还有由 Google 领导的开源项目 Sandboxed API（SAPI，见 https://github.com/google /sandboxed-api）。它允许为库而不是整个进程构建沙箱。它是谷歌自己的 Chrome 和 Chromium Web 浏览器使用的。

尽管 VM 和容器可以是进程隔离策略的一部分，但不要将它们与微服务混淆，微服务通常使用类似的构建块。微服务是一种架构设计模式，它们并不等同于更好的安全性。

10.5 强化环境

即使你采取了必要的预防措施来确保依赖项和代码没有已知的漏洞，仍然存在一个可能危害安全策略的地方。所有应用程序都需要执行环境，包括容器、VM 或操作系统。有时，这也可能包括底层基础设施。

当运行应用程序的操作系统可以开放访问时，即使把应用程序强化到最大限度也是不够的。这样，攻击者可以直接从系统或基础设施级别获得对数据的未经授权的访问，而不是以应用程序为目标。

本节将重点介绍一些可以在此最低执行级别应用的强化技术。

10.5.1 静态链接与动态链接

链接是编译后发生的过程，即将编写的代码与各种依赖项（如标准库）结合在一起。链接可以在构建时、加载时（操作系统执行二进制文件时）或运行时发生，就像插件和其他动态依赖项一样。最后两个用例只能使用动态链接。

那么，动态链接和静态链接之间的区别是什么？使用静态链接，可以将所有依赖项的内容复制到生成的二进制文件中。当加载程序时，操作系统会将这个二进制文件放在内存中并执行它。静态链接由名为链接器的程序执行，作为构建过程的最后一步。

因为每个可执行文件都必须包含所有依赖项，所以静态链接的程序往往很大。这也有其好处，由于执行问题所需的一切都已经在同一位置，因此执行速度可以更快，并且将程序加载到内存中所需的时间总是相同的。依赖项中的任何更改都需要重新编译和重新链接，在不更改生成的二进制文件的情况下，无法升级依赖项。

在动态链接中，生成的二进制文件包含你编写的代码，但不包含依赖项的内容，只有对需要单独加载的实际库的引用。在加载期间，动态加载程序的任务是找到适当的库，并将它们与二进制文件一起加载到内存中。当几个应用程序同时运行，并且每个应用程序都使用类似的依赖项（例如 JSON 解析库或 JPEG 处理库）时，动态链接的二进制文件将使用较少的内存。这是因为只有给定库的单个副本可以加载到内存中。相反，对于静态链接的二进制文件，相同的库将作为生成的二进制文件的一部分反复加载。当你需要升级依赖项时，可以在不影响系统的其他组件的情况下进行升级。下次将应用程序加载到内存中时，它将自动引用新升级的组件。

静态链接和动态链接也具有安全含义。获取动态链接应用程序的未授权访问更加容易。这可以通过将受损的动态库替换为常规库，或者通过将某些库预加载到每个新执行的进程中来实现。

当将静态链接与容器相结合时，可以获得小型安全的沙箱执行环境。你甚至可以更进一步，将这种容器与基于微内核的 VM 一起使用，以显著减少攻击面。

10.5.2 地址空间布局随机化

地址空间布局随机化（Address Space Layout Randomization，ASLR）是一种用于防止基于内存的攻击的技术。它将程序和数据的标准内存布局替换为随机布局。这意味着攻击者无法可靠地跳转到没有 ASLR 的系统上可能存在的特定函数。

与**非执行**（No-Execute，NX）位支持结合使用时，此技术可以更加有效。非执行位将内存中的某些页面（例如堆和栈）标记为仅包含无法执行的数据。非执行位支持已经在大多数主流操作系统中实现，并且可以在硬件支持它时使用。

10.5.3 DevSecOps

要在可预测的基础上交付软件增量，最好接受 DevOps 哲学。简而言之，DevOps 意味着通过鼓励业务、软件开发、软件运营、质量保证和客户之间的通信来打破传统模式。DevSecOps 是 DevOps 的一种形式，它强调在流程的每个步骤中都需要考虑安全性。

这意味着你正在构建的应用程序从一开始就具有内置的可观察性，利用 CI/CD 管道，并定期扫描漏洞。DevSecOps 为开发人员在底层基础设施的设计中提供了发言权，并为运营专家在组成应用程序的软件包的设计中提供了发言权。由于每个增量都代表一个工作系统（尽管不是全功能的），因此会定期执行安全审计，所以比正常情况花费的时间更少。这会导致更快、更安全的发布，并允许对安全事件做出更快的反应。

10.6 总结

在本章中，我们讨论了安全系统的不同方面。由于安全性是一个复杂的主题，因此不能仅从自己的应用程序的角度来处理它。所有应用程序都在某些环境中运行，因此重要的是控制该环境并根据要求对其进行塑造，或者通过沙箱和隔离代码来保护应用程序免受环境的影响。

阅读本章后，你可以在依赖项和自己的代码中搜索漏洞了。你知道如何设计系统来增强安全性，以及使用什么工具来发现可能的缺陷。保持安全是一个持续的过程，但良好的设计可以进一步减少工作。

第 11 章将讨论可伸缩性和扩展系统时可能面临的各种挑战。

问题

1. 为什么安全性在现代系统中很重要？
2. 并发的挑战是什么？
3. C++ 核心指南是什么？
4. 安全编码和防御性编程之间的区别是什么？
5. 如何检查软件是否包含已知漏洞？
6. 静态分析和动态分析之间的区别是什么？
7. 静态链接和动态链接之间的区别是什么？
8. 如何使用编译器修复安全问题？
9. 如何在 CI 管道中有意识地实现安全性？

进一步阅读

- **一般的网络安全（cybersecurity）：**
  - https://www.packtpub.com/eu/networking-and-servers/hands-cybersecurity-architects

  - https://www.packtpub.com/eu/networking-and-servers/information-security-handbook
  - https://www.owasp.org/index.php/Main_Page
  - https://www.packtpub.com/eu/networking-and-servers/practical-security-automation-and-testing
- **并发：**
  - https://www.packtpub.com/eu/application-development/concurrent-patterns-and-best-practices
  - https://www.packtpub.com/eu/application-development/mastering-c-multithreading
- **操作系统强化：**
  - https://www.packtpub.com/eu/networking-and-servers/mastering-linux-security-and-hardening

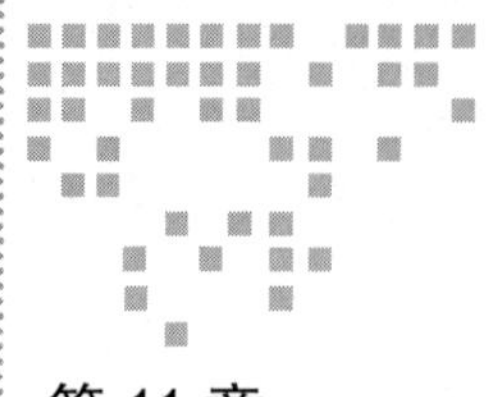

Chapter 11 第 11 章

性　　能

选择 C++ 作为项目关键编程语言的最常见原因之一是性能要求。就性能而言，C++ 具有明显的优势，但要达到最好的效果需要理解相关的问题。本章将重点介绍如何提高 C++ 软件的性能。首先，我们将介绍测量性能的工具，展示一些提高单线程计算速度的技术。然后，我们将讨论如何利用并行计算。最后，我们将展示如何使用 C++20 的协程进行非抢占多任务处理。

11.1　技术要求

要重复本章中的示例，应安装以下组件：

- CMake 3.15+。
- 支持 C++20 的范围和协程的编译器，例如 GCC 10+。

本章的源代码见 https://github.com/PacktPublishing/Software-Architecture-with-Cpp/tree/master/Chapter11。

11.2　性能测量

为了有效地提高代码的性能，必须先测量它的性能。在不知道实际瓶颈在哪里的情况下，可能最终优化了错误的位置，不但浪费时间，还会因辛勤工作却几乎没有收获而感到惊讶和沮丧。在这一节中，我们将展示如何使用基准测试来正确地测量性能，如何成功地分析代码，以及如何深入了解分布式系统中的性能。

11.2.1 执行准确且有意义的测量

为了实现准确且可重复的测量，你可能还希望将机器设置为性能模式，而不是通常默认的节能模式。如果想要系统具有延迟低，你可能希望在基准测试的计算机上以及生产环境中永久禁用节能模式。许多时候，这可能意味着进入 BIOS 并正确配置服务器。请注意，如果使用公有云提供程序，则这可能行不通。如果你在计算机上具有 root/admin 权限，则操作系统通常可以控制某些设置。例如，通过运行以下命令，可以强制 CPU 在 Linux 系统上以其最大频率运行：

```
sudo cpupower frequency-set --governor performance
```

此外，为了获得有意义的结果，你可能希望在尽可能类似于生产环境的系统上执行测量。除配置之外，RAM 的不同速度、CPU 缓存的数量和 CPU 的微架构等方面也可能会影响结果，导致你得到错误的结论。硬盘驱动器设置，甚至所使用的网络拓扑和硬件也是如此。在其上构建的软件也发挥着关键作用：从所使用的固件，到操作系统和内核，一直到软件栈，再到依赖项。最好有与生产环境相同的第二个环境，并使用相同的工具和脚本进行管理。

现在，我们有了一个坚实的环境来进行测量，我们来看可以实际测量什么。

11.2.2 利用不同类型的测量工具

有几种测量性能的方法，每种方法侧重于不同的范围。

基准测试可以用于在预测试中对系统的速度进行计时。通常，它们会得到完成时间或其他性能指标，如每秒处理的订单数。有几种类型的基准测试：

- **微基准测试**（microbenchmark），你可以使用它来测量小代码片段的执行速度。我们将在下一节中介绍它们。
- **模拟**（simulation），即用人工数据进行更大规模的综合测试。如果你不能访问目标数据或目标硬件，则它们可能很有用。例如，当你计划检查正在使用的硬件的性能，但它尚不存在时，或者当你计划处理传入流量，但只能假设流量的大致情况时。
- **重放**（replay），一种非常准确的衡量现实工作负载下的性能的方法。其思想是记录进入生产系统的所有请求或工作负载，通常带有时间戳。这样的转储随后可以“重放”到基准系统中，并考虑它们之间的时间差，以检查其性能。这样的基准测试可以很好地查看代码或环境的潜在更改如何影响系统的延迟和吞吐量。
- **行业标准**，一种查看产品与其竞争对手相比表现如何的好方法。此类基准测试的示例包括 CPU 的 SuperPi、显卡的 3D Mark 和人工智能处理器的 ResNet-50。

除基准测试之外，另一种在测量性能时非常宝贵的工具是分析器（profiler）。分析器没有只提供总体性能指标，而是允许你检查代码正在做什么并查找瓶颈。它们对于捕获会降低系统速度的意外事件非常有用。我们将在本章后面详细地介绍它们。

掌握系统性能的最后一种方法是跟踪。跟踪本质上是一种记录执行期间系统行为的方法。通过监控请求完成各种处理步骤（例如由不同类型的微服务处理）所需的时间，你可以深入了解系统的哪些部分需要改进性能，或者系统处理不同类型请求的能力：要么是不同类型的请求，要么是被接受或拒绝的请求。我们将在本章后面介绍跟踪。

现在，我们再详细介绍下微基准测试。

11.2.3 使用微基准测试

微基准测试用于测量“微”代码片段的执行速度。如果你想知道如何实现给定的功能，或者不同的第三方库处理相同任务的速度有多快，那么它们是完成这项工作的完美工具。虽然它们不能代表真实的环境，但它们非常适合执行这样的小实验。

现在，我们来展示如何使用最常用的框架之一——Google Benchmark，在 C++ 中创建微基准测试来运行这些实验。

1. 设置 Google Benchmark

我们首先使用 Conan 将库引入代码。将以下内容放在 conanfile.txt：

```
[requires]
benchmark/1.5.2

[generators]
CMakeDeps
```

我们将使用 CMakeDeps 生成器，因为它是 Conan 2.0 中推荐的 CMake 生成器。它依赖于 CMake 的 find_package 功能来使用依赖项管理器安装的软件包。要在其发行版本中安装依赖项，请运行以下命令：

```
cd <build_directory>
conan install <source_directory> --build=missing -s build_type=Release
```

如果你正在使用自定义 Conan 配置文件，请记住也在此处添加它。

从 CMakeLists.txt 文件中使用它也非常简单，如下所示：

```
list(APPEND CMAKE_PREFIX_PATH "${CMAKE_BINARY_DIR}")
find_package(benchmark REQUIRED)
```

首先，我们将构建目录添加到 CMAKE_PREFIX_PATH，以便 CMAKE 可以找到由 Conan 生成的配置文件和目标文件。接下来，我们使用它们来找到依赖项。

当我们要创建几个微基准测试时，可以使用 CMake 函数来帮助定义它们：

```
function(add_benchmark NAME SOURCE)
  add_executable(${NAME} ${SOURCE})
  target_compile_features(${NAME} PRIVATE cxx_std_20)
  target_link_libraries(${NAME} PRIVATE benchmark::benchmark)
endfunction()
```

该函数能够创建单翻译单元（single-translation-unit）微基准测试，每个都使用 C++20 并链接到 Google Benchmark 库。现在，我们使用它来创建第一个微基准测试可执行文件：

```
add_benchmark(microbenchmark_1 microbenchmarking/main_1.cpp)
```

现在，我们准备在源文件中放入一些代码。

2. 编写第一个微基准测试

我们将尝试通过基准测试测量在有序向量中使用二分法完成查找相较于线性遍历查找的速度。我们从创建有序向量的代码开始：

```
using namespace std::ranges;

template <typename T>
auto make_sorted_vector(std::size_t size) {
  auto sorted = std::vector<T>{};
  sorted.reserve(size);

  auto sorted_view = views::iota(T{0}) | views::take(size);
  std::ranges::copy(sorted_view, std::back_inserter(sorted));
  return sorted;
}
```

我们的向量将包含 `size` 个元素，其中所有从 0 到 `size-1` 的数字都是升序的。现在，我们指定要查找的元素和容器大小：

```
constexpr auto MAX_HAYSTACK_SIZE = std::size_t{10'000'000};
constexpr auto NEEDLE = 2137;
```

正如你所看到的，我们将对从干草堆查找一根针所需的时间进行基准测试。简单线性搜索可以如下实现：

```
void linear_search_in_sorted_vector(benchmark::State &state) {
  auto haystack = make_sorted_vector<int>(MAX_HAYSTACK_SIZE);
  for (auto _ : state) {
    benchmark::DoNotOptimize(find(haystack, NEEDLE));
  }
}
```

在这里，我们可以看到 Google Benchmark 的首次使用。每个微基准测试都应该接受 `State` 作为参数。这种特殊类型执行以下操作：

- 包含执行的迭代次数和测量计算时间的信息。
- 统计处理的字节数（如果需要的话）。
- 可以返回其他状态信息，例如是否需要进一步运行（通过 `KeepRunning()` 成员函数）。
- 可以用于暂停和恢复迭代的计时（分别通过 `PauseTiming()` 和 `ResumeTiming()` 函数）。

我们将根据运行该特定基准测试所允许的总时间来测量循环中的代码的运行速度，并根据需要进行尽可能多的迭代。干草堆的创建在循环之外，不会被测量。

在循环内部，有一个名为 `DoNotOptimize` 的接收器助手。它的目的是确保编译器不会删除我们的计算，因为编译器可以证明它们与其他代码是不相关的。在我们的例子中，它将必要地标记 `std::find` 的结果，因此查找目标的实际代码不会被优化掉。使用诸如 objdump 之类的工具或 Godbolt 和 QuickBench 之类的站点，你可以查看想要运行的代码是否被优化掉。QuickBench 的另一个优势是可以在云中运行基准测试并在线共享其结果。

回到我们手头的任务，我们有一个用于线性搜索的微基准测试，因此我们在另一个微基准测试中测量二分搜索的时间：

```
void binary_search_in_sorted_vector(benchmark::State &state) {
  auto haystack = make_sorted_vector<int>(MAX_HAYSTACK_SIZE);

  for (auto _ : state) {
    benchmark::DoNotOptimize(lower_bound(haystack, NEEDLE));
  }
}
```

新基准测试与旧基准测试非常相似，仅使用的函数有所不同：lower_bound 将执行二分搜索。请注意，与我们的基本示例类似，我们甚至不检查迭代器是否返回指向向量中的有效元素或其末尾。使用 lower_bound 时，我们可以检查迭代器下的元素是否确实是我们正在寻找的元素。

现在我们有了微基准测试函数，接下来我们通过添加以下内容来创建实际的基准测试：

```
BENCHMARK(binary_search_in_sorted_vector);
BENCHMARK(linear_search_in_sorted_vector);
```

如果默认的基准测试设置没有问题，那么这就是你需要通过的所有内容。最后，我们添加一个 main() 函数：

```
BENCHMARK_MAIN();
```

就这么简单！你也可以将程序链接到 benchmark_main。使用 Google Benchmark 的 main() 函数的优点是可以为我们提供一些默认选项。如果编译基准测试并将 --help 作为参数进行运行，你将看到以下内容：

```
benchmark [--benchmark_list_tests={true|false}]
          [--benchmark_filter=<regex>]
          [--benchmark_min_time=<min_time>]
          [--benchmark_repetitions=<num_repetitions>]
          [--benchmark_report_aggregates_only={true|false}]
          [--benchmark_display_aggregates_only={true|false}]
          [--benchmark_format=<console|json|csv>]
          [--benchmark_out=<filename>]
          [--benchmark_out_format=<json|console|csv>]
          [--benchmark_color={auto|true|false}]
          [--benchmark_counters_tabular={true|false}]
          [--v=<verbosity>]
```

这是一组很好的特性。例如，在设计实验时，可以使用 benchmark_format 开关来获得 CSV 输出，以便更容易地绘制图表。

现在，我们通过运行不带命令行参数编译的可执行文件来查看基准测试。运行 /microbenchmark_1 的可能输出如下：

```
2021-02-28T16:19:28+01:00
Running ./microbenchmark_1
Run on (8 X 2601 MHz CPU s)
Load Average: 0.52, 0.58, 0.59
--------------------------------------------------------------------------
Benchmark                                Time             CPU   Iterations
--------------------------------------------------------------------------
linear_search_in_sorted_vector         984 ns          984 ns       746667
binary_search_in_sorted_vector        18.9 ns         18.6 ns     34461538
```

从关于运行环境的一些数据（基准测试时间、可执行文件名、服务器的 CPU 和当前负载）开始，我们得到定义的每个基准测试的结果。对于每个基准测试，我们获得每次迭代的平均时钟时间（wall time）、CPU 时间以及基准测试工具为我们运行的迭代次数。默认情况下，单个迭代越长，它将经历的迭代数越少。迭代更多次可以确保获得更稳定的结果。

3. 将任意参数传递给微基准测试

如果我们要测试更多处理当前问题的方法，则可以寻找一种方法来重用基准测试代码，并将其传递给用于执行查找的函数。Google Benchmark 有一个可以使用的功能。该框架实际上允许我们通过将参数作为附加参数添加到函数签名中来将它们传递给基准测试。

我们来看使用此功能时基准测试的统一签名：

```
void search_in_sorted_vector(benchmark::State &state, auto finder) {
  auto haystack = make_sorted_vector<int>(MAX_HAYSTACK_SIZE);
  for (auto _ : state) {
    benchmark::DoNotOptimize(finder(haystack, NEEDLE));
  }
}
```

你可以注意到函数的新 finder 参数，它在我们之前调用 find 或 lower_bound 的位置使用。现在，我们可以使用与上次不同的宏来制作两个微基准测试：

```
BENCHMARK_CAPTURE(search_in_sorted_vector, binary, lower_bound);
BENCHMARK_CAPTURE(search_in_sorted_vector, linear, find);
```

BENCHMARK_CAPTURE 宏接受函数、名称后缀和任意数量的参数。如果有更多内容，可以在这里传递。基准测试函数可以是常规函数或模板，两者都支持。现在，我们来看运行代码时会得到什么：

```
--------------------------------------------------------------------------
Benchmark                                Time             CPU   Iterations
--------------------------------------------------------------------------
search_in_sorted_vector/binary        19.0 ns         18.5 ns     28000000
search_in_sorted_vector/linear         959 ns          952 ns       640000
```

可以看到，传递给函数的参数不是名称的一部分，而函数名和后缀是。

现在，我们来看如何进一步定制基准测试。

4. 将数字参数传递给微基准测试

在设计像我们这样的实验时，一个常见的需求是在不同大小的参数下检查它。这种需求可以用 Google Benchmark 以多种方式解决。最简单的方法是在 BENCHMARK 宏返回的对象上添加对 Args() 的调用。通过这种方式，我们可以传递一组值用于给定的微基准测试。要使用传递的值，我们需要更改基准测试函数：

```
void search_in_sorted_vector(benchmark::State &state, auto finder) {
  const auto haystack = make_sorted_vector<int>(state.range(0));
  const auto needle = 2137;
  for (auto _ : state) {
    benchmark::DoNotOptimize(finder(haystack, needle));
  }
}
```

对 state.range(0) 的调用将读取传递的第 0 个参数。它支持任意数字。在我们的示例中，它用于参数化干草堆的大小。如果我们想改为传递一系列值集，该怎么办？这样，我们可以更容易地看到更改大小对性能的影响。我们可以在基准测试上调用 Range，而不是调用 Args：

```
constexpr auto MIN_HAYSTACK_SIZE = std::size_t{1'000};
constexpr auto MAX_HAYSTACK_SIZE = std::size_t{10'000'000};

BENCHMARK_CAPTURE(search_in_sorted_vector, binary, lower_bound)
    ->RangeMultiplier(10)
    ->Range(MIN_HAYSTACK_SIZE, MAX_HAYSTACK_SIZE);
BENCHMARK_CAPTURE(search_in_sorted_vector, linear, find)
    ->RangeMultiplier(10)
    ->Range(MIN_HAYSTACK_SIZE, MAX_HAYSTACK_SIZE);
```

我们使用预定义的最小值和最大值来指定范围边界。然后，告诉基准测试乘以 10 而不是默认值来创建范围。当我们运行这样的基准测试时，可以得到以下结果：

```
--------------------------------------------------------------------------
Benchmark                                   Time        CPU      Iterations
--------------------------------------------------------------------------
search_in_sorted_vector/binary/1000        0.2 ns    19.9 ns     34461538
search_in_sorted_vector/binary/10000       24.8 ns   24.9 ns     26352941
search_in_sorted_vector/binary/100000      26.1 ns   26.1 ns     26352941
search_in_sorted_vector/binary/1000000     29.6 ns   29.5 ns     24888889
search_in_sorted_vector/binary/10000000    25.9 ns   25.7 ns     24888889
search_in_sorted_vector/linear/1000        482 ns     474 ns      1120000
search_in_sorted_vector/linear/10000       997 ns    1001 ns       640000
search_in_sorted_vector/linear/100000      1005 ns   1001 ns       640000
search_in_sorted_vector/linear/1000000     1013 ns   1004 ns       746667
search_in_sorted_vector/linear/10000000    990 ns    1004 ns       746667
```

在分析这些结果时，你可能想知道为什么线性搜索没有表现出线性增长。这是因为我们寻找的针是固定的，它位于固定的位置。如果干草堆包含针，则无论干草堆大小如何，我们都需要相同数量的操作来找到它，因此执行时间不再增长（但仍然可能小范围波动）。

为什么不动一动针的位置呢？

以编程方式生成传递的参数

在简单的函数中生成干草堆大小和针位置可能是最容易的。Google Benchmark 允许这样的场景，所以我们展示一下它们在实践中是如何工作的。

我们首先重写基准测试函数，以使用每次迭代中传递的两个参数：

```
void search_in_sorted_vector(benchmark::State &state, auto finder) {
  const auto needle = state.range(0);
  const auto haystack = make_sorted_vector<int>(state.range(1));
  for (auto _ : state) {
    benchmark::DoNotOptimize(finder(haystack, needle));
  }
}
```

如你所见，state.range(0) 将标记针位置，而 state.range(1) 为干草堆大小。这意味着我们每次需要传递两个值。我们创建一个生成它们的函数：

```
void generate_sizes(benchmark::internal::Benchmark *b) {
  for (long haystack = MIN_HAYSTACK_SIZE; haystack <= MAX_HAYSTACK_SIZE;
       haystack *= 100) {
    for (auto needle :
         {haystack / 8, haystack / 2, haystack - 1, haystack + 1}) {
      b->Args({needle, haystack});
    }
  }
}
```

我们不使用 Range 和 RangeMultiplier，而是编写一个循环来生成干草堆大小，这一次每次迭代时将它们增加 100。说到针，我们在干草堆均匀地设置三个位置，在干草垛之外设置一个位置。我们在每次循环迭代时调用 Args，传递生成的两个值。

现在，我们将生成器函数应用于我们定义的基准测试：

```
BENCHMARK_CAPTURE(search_in_sorted_vector, binary,
lower_bound)->Apply(generate_sizes);
BENCHMARK_CAPTURE(search_in_sorted_vector, linear,
find)->Apply(generate_sizes);
```

使用这样的函数可以很容易地将同一个生成器传递给许多基准测试。这些基准测试的可能结果如下：

```
------------------------------------------------------------------------------
Benchmark                                          Time        CPU   Iterations
------------------------------------------------------------------------------
search_in_sorted_vector/binary/125/1000         20.0 ns    20.1 ns     37333333
search_in_sorted_vector/binary/500/1000         19.3 ns    19.0 ns     34461538
search_in_sorted_vector/binary/999/1000         20.1 ns    19.9 ns     34461538
search_in_sorted_vector/binary/1001/1000        18.1 ns    18.0 ns     40727273
search_in_sorted_vector/binary/12500/100000     35.0 ns    34.5 ns     20363636
search_in_sorted_vector/binary/50000/100000     28.9 ns    28.9 ns     24888889
search_in_sorted_vector/binary/99999/100000     31.0 ns    31.1 ns     23578947
search_in_sorted_vector/binary/100001/100000    29.1 ns    29.2 ns     23578947
// et cetera
```

现在，我们有一个非常明确的实验来执行搜索。作为练习，你可以在自己的机器上运行该实验，看一看完整的结果，并尝试从结果中得出一些结论。

5. 选择要进行微基准测试和优化的内容

进行这样的实验可能有教育意义，甚至会上瘾。然而，请记住，微基准测试不应该是项目中唯一的性能测试方法。正如 Donald Knuth 的名言所言：

> 我们应该先忽略细微的效率问题（比方说 97% 的时间）：过早的优化是万恶之源。

这意味着你应该只对重要的代码进行微基准测试，特别是关键路径（hot path）上的代码。更大的基准测试，以及跟踪和分析，可以用于查看何时何地进行优化，而不是过早地猜测和优化。首先，要了解软件是如何执行的。

关于上述名言，我们还想再提一点。这并不意味着你一开始就应该带着消极情绪。数据结构或算法选择不当，甚至散布在各处小的低效代码，有时会影响系统的整体性能。例如，执行不必要的动态分配，虽然一开始看起来不那么糟糕，但随着时间的推移，会导致堆碎片化，如果应用程序长时间运行，会给你带来严重的麻烦。过度使用基于节点的容器也会导致更多缓存无法命中。长话短说，如果很轻松就可以编写高效代码，那就去做吧。

现在，我们来学习一下，如果项目有需要持续保证高性能的地方，该怎么做。

6. 使用基准测试创建性能测试

类似于进行单元测试以进行精密测试，以及进行功能性测试以进行更大规模的代码正确性测试，你可以使用微基准测试和更大的基准测试来测试代码的性能。

如果你对某些代码路径的执行时间有严格的限制，则进行测试以确保满足限制可能非常有用。即使你没有这样的特定约束，也可能有兴趣监控性能随着代码更改的变化。如果在更改后，代码的运行速度比之前慢了（超过一定的阈值），则测试可能被标记为失败。

尽管这也是一个有用的工具，但请记住，这样的测试很容易产生温水煮青蛙效应：随着时间的推移，性能的缓慢下降可能不会被注意到，因此请务必偶尔监控执行时间。将性能测试引入 CI 时，请确保始终在同一环境中运行它们，以获得稳定的结果。

现在，我们讨论性能工具箱中的下一个工具。

11.2.4 性能分析

虽然基准测试和跟踪可以在一定范围提供概览和特定结果，但性能分析器可以帮助你分析这些结果的来源。如果你需要详细了解性能并改进它，那么性能分析器是一个必要的工具。

1. 选择要使用的性能分析器类型

有两种类型的性能分析器可用：检测分析器和采样分析器。Callgrind 是比较著名的检测分析器，它是 Valgrind 套件的一部分。检测分析器有许多开销，因为它们需要检测代码，以查看调用的函数以及每个函数需要多少成本。这样，它们产生的结果甚至包含最小的函数，但执行时间可能会被分析器开销所扭曲。它还有偶尔无法捕获输入 / 输出（I/O）速度和抖动的缺点。它们会降低执行速度，因此，虽然它们可以告诉你调用特定函数的频率，但它们不会告诉你速度变慢是否由等待磁盘读取所致。

由于检测分析器的缺陷，通常最好使用采样分析器。值得一提的两个是用于 Linux 系统的开源工具 perf 和英特尔的专有工具 VTune（对开源项目免费）。尽管由于采样的性质，它们有时可能会错过关键事件，但它们通常会让你更好地了解代码耗费时间的位置。

如果决定使用 perf，你应该知道可以通过调用 `perf stat` 来使用它，这将为你提供 CPU 缓存使用情况等统计信息的快速概述，或者使用 `perf record -g` 和 `perf report -g` 来捕获和分析结果。

如果你想对 perf 有充分的了解，请观看 Chandler Carruth 的视频——其中展示了该工具的可能性和使用方法，或者查看其教程，见“进一步阅读”。

2. 准备性能分析器并处理结果

在分析结果时，你可能经常希望先进行一些准备、清理和处理。例如，如果代码大部分时间都在原地转圈，你可能希望将其过滤掉。在启动分析器之前，确保编译或下载尽可能多的调试符号，包括代码、依赖项、甚至操作系统库和内核的。此外，禁用帧指针优化也很重要。在 GCC 和 Clang 上，可以通过传递 `-fno-omit-frame-pointer` 标志来完成此操作。它不会对性能产生太大的影响，但可以提供关于代码执行的更多数据。当谈到结果的后处理时，如果使用 perf，通常最好根据结果创建火焰图。Brendan Gregg 的工具很适合做火焰图。火焰图是一种简单而有效的工具，可以查看哪些执行步骤花费了太多时间，因为图上每个项的宽度都对应于资源使用情况。你可以看到 CPU 使用情况的火焰图，以及内存使用情况、分配和页面错误等资源的火焰图或代码未执行时所花费的时间的火焰图，例如在系统调用期间保持阻塞、互斥锁、I/O 操作等的时间。还有一些方法可以在生成的火焰图上执行 diff 操作。

3. 分析结果

请记住，并不是所有的性能问题都会出现在这样的图上，并且不是所有的问题都可以使用分析器找到。虽然根据一些经验，设置线程的相关性或更改在特定 NUMA 节点上执行的线程可能会使你受益，但忘记禁用节能配置或启用 / 禁用超线程带来的收益可能并不总是那么明显。有关你正在运行的硬件的信息也很有用。有时，你可能会看到 CPU 的 SIMD 寄存器正在使用中，但代码仍然无法全速运行：你可能正在使用 SSE 指令而不是 AVX 指令，使用 AVX 而不是 AVX2，或使用 AVX2 而不是 AVX512。在分析结果时，了解 CPU 能够运行哪些特定指令是非常重要的。

解决性能问题也需要一些经验。经验有时会导致错误的假设。例如，在许多情况下，使用动态多态性会损害性能；而在某些情况下，它不会降低代码的速度。在得出结论之前，分析代码并了解编译器优化代码的各种方法以及这些方法的限制可能是值得的。特别是谈到虚拟化时，当你不希望其他类型分别继承和重写虚成员函数类时，将这些类标记为 `final` 通常是有益的。在许多情况下，这都有助于编译器编译。

如果编译器“看到”对象的类型，则它们也可以更好地进行优化：创建类型并调用其虚成员函数，编译器应该能够推断出应该调用哪个函数。GCC 往往能比其他编译器更好地进行去虚化（devirtualize）。

与本节中介绍的其他类型的工具一样，不要只依赖于分析器。分析结果的改进并不能保证系统变得更快。更好看的分析结果仍然不能告诉你全貌。一个组件有更好的性能并不一定意味着整个系统的性能提高。这就是最后一种工具可以发挥作用的地方。

11.2.5 跟踪

我们将在本节中讨论的最后一种工具主要用于分布式系统。当查看通常部署在云中的整个系统时，在一台机器上评测软件无法告诉你全部情况。在这种情况下，最好的选择是跟踪流经系统的请求和响应。

跟踪是记录代码执行情况的一种方法。当请求（有时是响应）必须流经系统的许多部分时，跟踪是常用的手段。通常，这样的消息会沿着路由进行跟踪，并在感兴趣的执行点添加时间戳。

关联 ID

关联 ID 经常被加到时间戳中。基本上，它们是分配给每条跟踪消息的唯一标识符。它们的目的是将系统的不同组件（如不同的微服务）在处理同一传入请求期间生成的日志关联起来，有时还关联它导致的事件。这样的 ID 应该随同消息一起传递，例如，通过附加到其 HTTP 头。即使原始请求不存在了，也可以将其关联 ID 添加到生成的每个响应中。

使用关联 ID，你可以跟踪给定请求的消息在系统中的传播，以及系统的不同部分处理它所需的时间。通常，你希望在整个过程中收集额外的数据，如用于执行计算的线程、为给定请求生成的响应类型和计数，或者它所经过的机器名称。

Jaeger 和 Zipkin（或其他 OpenTracing 替代方案）等工具可以帮助你快速向系统添加跟踪支持。

现在，我们来处理一个不同的主题，并简单探讨下代码生成。

11.3 帮助编译器生成高性能代码

有许多东西可以帮助编译器生成高效的代码。一些归结为正确地控制编译器，另一些则需要以编译器友好的方式编写代码。

知道在关键路径上需要做什么并有效地设计它也很重要。例如，尝试避免在那里进行虚分派（除非你可以证明它正在被去虚化），并尝试避免在其上分配新内存。通常，巧妙地设计代码以避免加锁（或至少使用无锁算法）是有帮助的。一般来说，任何可能使性能劣化的事情都应该放在关键路径之外。让指令和数据缓存都处于热状态确实会有回报。即使是 `[[likely]]` 和 `[[unlikely]]` 这样的属性，也会提示编译器应该执行哪个分支，这有时会发生很大变化。

11.3.1　优化整个程序

提高 C++ 项目性能的一种有趣的方法是启用**链接时优化**（Link-Time Optimization，LTO）。在编译期间，编译器不知道代码将如何与其他对象文件或库链接。许多优化机会仅出现在这一点上：当链接时，工具可以看到程序的各个部分相互交互的更大图景。通过启用 LTO，有时可以用很少的成本获得显著的性能改进。在 CMake 项目中，可以通过设置全局 `CMAKE_INTERPROCEDURAL_OPTIMIZATION` 标志或在目标上设置 `INTERPROCEDURAL_OPTIMIZATION` 属性来启用 LTO。

使用 LTO 的一个缺点是它使构建过程更长。为了减少开发人员的这一成本，你可能希望仅为经历性能测试或即将发布的构建启用此优化。

11.3.2　基于真实世界的使用模式进行优化

优化代码的另一种有趣的方法是使用**性能分析文件引导优化**（Profile-Guided Optimization，PGO）。这种优化实际上分两步。第一步，你需要使用额外的标志来编译代码，这些标志会让可执行文件在运行时收集特殊的分析信息。然后，你应该在预期的生产负载下执行它。完成后，可以使用收集的数据再次编译可执行文件，这次传递一个不同的标志，该标志指示编译器使用收集到的数据来生成更适合性能分析结果的代码。这样，你将得到一个二进制文件，该文件会根据特定工作负载进行调整。

11.3.3　编写缓存友好的代码

上述类型的优化都可以使用，但在优化系统性能时，还有一件更重要的事情需要记住：缓存友好性。使用平面的数据结构而不是基于节点的数据结构意味着在运行时执行较少的指针跟踪，这有助于提高性能。使用内存中连续的数据，无论是向前还是向后读取，都意味着 CPU 的内存预取器可以在使用之前加载它，这通常会产生巨大的差异。基于节点的数据结构和提到的指针跟踪会触发随机内存访问模式，这可能会“混淆”预取器，并使其无法预取正确的数据。

如果要查看某些性能结果，请参阅“进一步阅读”部分中的“C++ Containers Benchmark”。它比较了 `std::vector`、`std::list`、`std::deque` 和 `plf::colony` 的各种使用场景。你可能不熟悉最后一个，它是一个有趣的“袋子”型容器，可以快速插入和删除较大的数据。

从关联容器中进行选择时，你通常希望使用“平面”实现，而不是基于节点的实现。这意味着，你可能希望尝试 `tsl::hopscotch_map` 或 Abseil 的 `flat_hash_map` 和 `flat_hash_set`，而不是使用 `std::unordered_map` 和 `std::unordered_set`。

将较冷的指令（如异常处理代码）放入非内联函数中可以帮助增加指令缓存的热度。这样，用于处理罕见情况的冗长代码将不会加载到指令缓存中，从而为应该加载到缓存的更多代码留出空间，这也可以提高性能。

11.3.4 在设计代码时考虑数据

如果想高效使用缓存，另一种有用的技术是面向数据的设计。通常，在内存中连续存储经常使用的成员是一个好主意。较冷的数据通常可以放在另一个结构中，并且仅通过ID或指针与较热的数据连接。

有时，使用数组对象（而不是更常见的对象数组）可以获得更好的性能。不要以面向对象的方式编写代码，而是将对象的数据成员拆分为几个数组，每个数组包含多个对象的数据。换句话说，采用以下代码：

```
struct Widget {
    Foo foo;
    Bar bar;
    Baz baz;
};

auto widgets = std::vector<Widget>{};
```

考虑将其替换为以下内容：

```
struct Widgets {
    std::vector<Foo> foos;
    std::vector<Bar> bars;
    std::vector<Baz> bazs;
};
```

这样，当针对某些对象处理特定的数据点集时，缓存热度会增加，性能也会提高。如果你不知道这是否会从代码中产生更多的性能，请测量。

有时，对类型的成员进行重新排序也可以提高性能。你应该考虑数据成员类型的对齐。如果性能很重要，通常最好对它们进行排序，这样编译器就不需要在成员之间插入太多填充元素。得益于此，数据类型的大小可以更小，因此一个缓存行可以容纳许多这样的对象。请考虑以下示例（假设我们正在为x86_64架构进行编译）：

```
struct TwoSizesAndTwoChars {
    std::size_t first_size;
    char first_char;
    std::size_t second_size;
    char second_char;
};
static_assert(sizeof(TwoSizesAndTwoChars) == 32);
```

尽管每个`size_t`为8个字节，每个`char`仅为1个字节，但我们最终总共有32个字节！这是因为`second_size`必须从8字节对齐的地址开始，所以在`first_char`之后，我们得到7个字节的填充。`second_char`也是如此，因为类型需要与其最大的数据类型成员对齐。

我们能做得更好吗？我们尝试交换成员的顺序：

```
struct TwoSizesAndTwoChars {
    std::size_t first_size;
    std::size_t second_size;
    char first_char;
```

```
    char second_char;
};
static_assert(sizeof(TwoSizesAndTwoChars) == 24);
```

通过简单地将最大的成员放在前面，我们能够将数据结构的大小减少 8 个字节，即减少 25%。对于这样一个微不足道的变化来说，这并不坏。如果你的目标是将许多这样的结构打包在一个连续的内存块中并迭代它们，那么你可以看到该代码片段的性能大大提高。

现在，我们来谈一谈提高性能的另一种方法。

11.4 计算并行化

本节将讨论几种不同的并行计算方法。我们将首先比较线程和进程，然后展示 C++ 标准中可用的工具，最后将讨论一下 OpenMP 和 MPI 框架。

在开始之前，我们先讨论下如何估计并行化代码所能获得的最大可能收益。这里有两条定律。第一条是阿姆达尔定律（Amdahl's law）。它指出，如果我们想通过向程序中投入更多内核来加速程序，那么代码中必须保持顺序（不能并行化）的部分将限制可伸缩性。例如，如果 90% 的代码是可并行的，那么即使有无限的内核，仍然只能获得 10 倍的加速比。即使我们将执行这 90% 的代码的时间减少到零，剩余 10% 的代码也将始终保留在那里。

第二条定律是古斯塔夫森定律（Gustafson's law）。它指出，每一个足够大的任务都可以有效地并行化。这意味着通过增加问题的大小，我们可以获得更好的并行性（假设有空闲的计算资源可以使用）。换句话说，有时最好在同一时间段内添加更多的功能，而不是试图减少现有代码的执行时间。如果可以通过将内核加倍来将任务的时间减少一半，那么在某个时候，将它们一次又一次地加倍将使回报递减，这样它们的处理能力最好用在其他地方。

11.4.1 理解线程和进程之间的差异

为了有效地并行化计算，你还需要了解何时使用进程进行计算，以及何时使用线程。长话短说，如果你的唯一目标是并行化计算，那么最好从添加额外的线程开始，直到它们不会带来额外的好处为止。此时，再在网络中的其他计算机上添加更多进程，每个进程也具有多个线程。

为什么这样？因为进程比线程更重量级。生成进程并在它们之间切换比创建线程并在线程之间切换所需的时间更长。每个进程都需要自己的内存空间，而同一进程中的线程共享内存。此外，进程间通信速度比线程间传递变量慢。使用线程比使用进程更容易，因此开发速度也更快。

然而，进程也在单个应用程序的范围内使用。它们非常适合隔离可以独立运行的组件（它的崩溃不会导致整个应用程序崩溃）。具有单独的内存还意味着一个进程不能窥探另一个进程的内存，这在需要运行可能是恶意的第三方代码时非常有用。这两个就是将它们用在 Web 浏览器和其他应用程序中的原因。除此之外，还可以使用不同的操作系统权限或特权运行不同的进程，这是多线程无法实现的。

现在，我们讨论一种在单个机器范围内并行化计算的简单方法。

11.4.2 使用标准并行算法

如果你执行的计算可以并行化，那么有两种方法可以使其发挥优势。一种方法是用可并行化的算法替换对标准库算法的常规调用。如果你不熟悉并行算法（它们是在 C++17 中添加的，本质上是相同的算法），那么可以向它们传递执行策略。有四种执行策略：

- ❑ `std::execution::seq`：用于以非并行方式执行算法的普通旧策略。这个我们已经熟悉了。
- ❑ `std::execution::par`：一种并行策略，表示可以并行执行，通常使用后台线程池。
- ❑ `std::execution::par_unseq`：一种并行策略，表示执行可以并行化和矢量化。
- ❑ `std::execution::unseq`：C++20 的家族成员。该策略表明执行可以矢量化，但不能并行化。

如果前面的策略对你来说不够，则可以通过标准库实现提供其他策略。未来可能增加的功能包括 CUDA、SyCL、OpenCL，甚至是人工智能处理器。

现在，我们来看并行算法的运行情况。例如，要以并行方式对向量排序，可以编写以下内容：

```
std::sort(std::execution::par, v.begin(), v.end());
```

简单易行。尽管在许多情况下，这将产生更好的性能，但在某些情况下，最好以传统方式执行算法。为什么？因为在更多线程上调度需要额外的工作和同步。此外，根据应用程序的架构，它可能会影响其他现有线程的性能，并刷新其内核的数据缓存。一如既往，先测量。

11.4.3 使用 OpenMP 和 MPI 进行并行计算

使用标准并行算法的另一种选择是利用 OpenMP 的 pragma。它们是一种简单的方法，只需添加几行代码即可并行化许多类型的计算。如果你想在集群中分发代码，则可能希望了解 MPI 能做什么。这两者也可以结合在一起使用。

使用 OpenMP，你可以使用各种 pragma 轻松地并行化代码。例如，可以在 `for` 循环之前加上 `#pragma openmp parallel for`，以使用并行线程执行它。该库可以做更多的事情，例如在 GPU 和其他加速器上执行计算。

将 MPI 集成到项目中比仅添加适当的 pragma 更困难。在这里，你需要使用代码库中的 MPI API 在进程之间发送或接收数据（使用 `MPI_send` 和 `MPI_Recv` 之类的调用），或者执行各种收集和减少操作（调用 `MPI_Bcast` 和 `MPI_reduce` 等）。可以使用称为“通信器”的对象进行点对点或点对所有集群的通信。

根据算法实现，MPI 节点都可以执行相同的代码，也可以在需要时有所不同。节点将根据其等级（计算开始时分配的唯一编号）了解其行为。说到这一点，要使用 MPI 启动进程，应该通过包装器运行它，如下所示：

```
$ mpirun --hostfile my_hostfile -np 4 my_command --with some ./args
```

这将逐个从所述文件中读取主机，连接到每个主机，并在每个主机上运行 my_command 的四个实例，并传递参数。

MPI 有许多实现，其中最值得注意的是 OpenMPI（不要将其与 OpenMP 混淆）。在一些有用的特性中，它提供了容错性。毕竟，节点宕机的情况并不罕见。

本节中我们要提到的最后一个工具是 GNU Parallel，如果你想通过生成并行进程来轻松跨越执行工作的进程，你可能会发现它很有用。它既可以在单个计算机上使用，也可以跨计算集群使用。

说到执行代码的不同方式，我们来讨论 C++20 中的另一个大主题：协程。

11.5 使用协程

协程（coroutine）是可以暂停执行并稍后恢复执行的函数。它们允许以与编写同步代码非常类似的方式编写异步代码。与使用 std::async 编写异步代码相比，这允许编写更容易理解和维护的干净代码。不再需要编写回调，也不再需要处理带有 promise 和 future 的 std::async 的冗长问题。

除此之外，它们还可以为你提供更好的性能。基于 std::async 的代码在切换线程和等待时通常有更多的开销。即使与调用函数的开销相比，协程也可以非常便宜地恢复和挂起（见图 11.1），这意味着它们可以产生更好的延迟和吞吐量。此外，它们的设计目标之一是高度可扩展，甚至可以扩展到数十亿个并发协程。

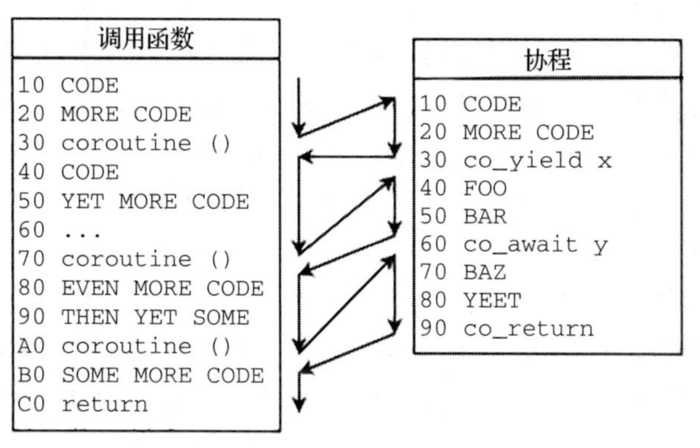

图 11.1 调用和执行协程与使用常规函数不同，因为它们可以挂起和恢复

C++ 协程是无栈的，这意味着它们的状态不存储在调用线程的栈中。这给了它们一个有趣的特性：几个不同的线程可以执行同一个协程。换句话说，即使看起来协程函数体是按顺序执行的，但它的各部分可以在不同的线程中执行。这使得可以将函数的一部分留在专用

线程上执行。例如，I/O 操作可以在专用 I/O 线程中完成。

要检查函数是不是 C++ 协程，需要在其主体中查找以下关键字：

- co_await，用于挂起协程。
- co_yield，用于向调用者返回值并挂起协程。类似于生成器中使用的 Python 的 yield 关键字。允许延迟生成值。
- co_return，它返回一个值并完成协程的执行。这是一个与 return 关键字等价的协程。

每当函数体具有其中一个关键字时，函数就会自动成为协程。尽管这意味着它是一个实现细节，但还有一个提示：协程返回类型必须满足某些要求，我们稍后将对此进行讨论。

协程是 C++ 世界中的"一等公民"。这意味着你可以获取它们的地址，将它们用作函数参数，从函数中返回它们，并将它们存储在对象中。

在 C++ 中，你甚至可以在 C++20 之前编写协程。这得益于 Boost.Coroutine2 或 Bloomberg 的 Quantum。后者甚至被用于实现 CoroKafka——一个使用协程有效处理 Kafka 流的库。随着标准 C++ 协程的出现，新的库开始涌现。现在，我们将展示其中一个。

11.5.1 区分 cppcoro 实用程序

从头开始编写基于协程的代码很难。C++20 只提供了编写协程的基本实用程序，因此我们需要一组原语来编写自己的协程。Lewis Baker 创建的 cppcoro 库是 C++ 最常用的协程框架之一。在本节中，我们将展示该库，并演示如何在编写基于协程的代码时使用它。

库提供的协程类型如下：

- task<>：用于安排稍后执行的工作——在共同等待（co_awaited）时开始执行。
- shared_task<>：多个协程可以等待的任务。可以复制它，以便多个协程引用相同的结果。本身不提供任何线程安全性。
- 生成器（generator）：延迟和同步地生成一系列 T。它实际上是一个 std::range，有一个返回迭代器的 begin() 和一个返回哨兵的 end()。
- 迭代生成器（recursive_generator）：类似于 generator<T>，但可以生成 T 或 recursive_generator<T>。有一些额外的开销。
- 异步生成器（async_generator）：类似于 generator<T>，但值可以异步生成。这意味着，与普通生成器不同，异步生成器可以在内部使用 co_await。

你应该将这些类型用作协程的返回类型。通常，在生成器（返回前面的生成器类型之一的协程）中，你希望使用 co_yield 返回值（类似于 Python 生成器）。然而，在任务中，通常希望用 co_await 调度工作。

该库实际上提供了比前面的协程类型更多的编程抽象。它还提供以下类型：

- 可以调用 co_await 的可等待（Awaitable）类型，例如协程风格的事件和同步原语：互斥锁、锁存器、屏障等。
- 与取消相关的实用程序（Cancellation-related utility），本质上允许你取消协程的执行。

- 调度器（Scheduler）——允许你通过它们调度工作的对象，例如 static_thread_pool，或用于调度特定线程上的工作的对象。
- I/O 和网络实用程序（I/O and networking utility），允许你读取和写入文件和 IP 套接字。
- 元函数和概念（Meta-function and concept），例如 awaitable_traits、Awaitable 和 Awaiter。

除了前面的实用程序之外，cppcoro 还为我们提供了一些函数——用于使用其他类和指导执行的实用程序，例如：

- sync_wait：阻塞，直到传递的可等待对象（awaitable）完成。
- when_all 和 when_all_ready：返回一个可等待对象，当所有传递的可等待对象完成时完成。两者之间的区别在于处理次级可等待对象的失败。即使在失败的情况下，when_all_ready 也将完成，调用者可以检查每个结果，而如果任何子可等待对象抛出一个异常，when_all 将重新抛出异常（但无法知道是哪个抛出了异常）。它还将取消未完成的任务。
- fmap：类似于函数式编程，将函数应用于可等待对象。你可以将其视为将一种任务转换为另一种任务。例如，可以通过调用 fmap(serialize,my_coroutine()) 来序列化协程返回的类型。
- resume_on：指示协程在某些工作完成后使用哪个调度器继续执行。这使你能够在某些执行上下文中执行某些工作，例如在专用 I/O 线程上执行与 I/O 相关的任务。注意，这意味着单个 C++ 函数（协程）可以在单独的线程上执行其某个部分。可以进行类似于 std::ranges 的“管道”计算。
- schedule_on：指示协程使用哪个调度器来启动某些工作。通常用作 auto foo = co_await schedule_on(scheduler, do_work());。

在开始一起使用这些实用程序之前，我们再聊一下可等待对象。

11.5.2 可等待对象和协程

除 cppcoro 之外，标准库还提供了两个不那么重要的可等待对象：suspend_never 和 suspend_always。通过查看它们，我们可以看到如何在需要时实现我们自己的可等待对象：

```
struct suspend_never {
    constexpr bool await_ready() const noexcept { return true; }
    constexpr void await_suspend(coroutine_handle<>) const noexcept {}
    constexpr void await_resume() const noexcept {}
};

struct suspend_always {
    constexpr bool await_ready() const noexcept { return false; }
    constexpr void await_suspend(coroutine_handle<>) const noexcept {}
    constexpr void await_resume() const noexcept {}
};
```

输入 co_await 时，告诉编译器首先调用 awaiter 的 await_ready()。如果它通过返回 true 来表示 awaiter 已准备就绪，则将调用 await_resume()。await_resume() 的返回类型应该是 awaiter 实际生成的类型。如果 awaiter 尚未就绪，程序将执行 await_suspend()。完成后，我们有三种情况：

- await_suspend 返回 void：执行之后将暂停。
- await_suspend 返回 bool：执行是否暂停取决于返回的值。
- await_suspend 返回 std::coroutine_handle<PromiseType>：另一个协程将恢复。

协程在幕后还有很多工作。即使协程不使用 return 关键字，编译器也会在后台生成代码，使它们能够编译和工作。当使用 co_yield 等关键字时，会将它们重写为对辅助类型的成员函数的调用。例如，对 co_yield x 的调用等价于 co_await promise.yield_value(x)。如果想了解更多正在发生的事情，并编写自己的协程类型，请参阅“进一步阅读”部分的文章“Your First Coroutine”。

现在我们使用所有这些知识来编写自己的协程。我们将创建一个简单的应用程序，模拟执行有意义的工作。它将使用线程池用一些数字填充向量。

我们的 CMake 目标如下所示：

```
add_executable(coroutines_1 coroutines/main_1.cpp)
target_link_libraries(coroutines_1 PRIVATE cppcoro fmt::fmt
Threads::Threads)
target_compile_features(coroutines_1 PRIVATE cxx_std_20)
```

我们将链接到 cppcoro 库。在本例中，我们使用的是 Andreas Buhr 的 cppcoro 分支，因为它是 Lewis Baker 代码库的一个维护良好的分支，支持 CMake。

我们还将链接到优秀的文本格式 {fmt} 库。如果标准库提供 C++20 的字符串格式，那么你可以使用它。

最后，我们需要一个线程库——毕竟，我们希望使用线程池中的多个线程。

我们从一些常量和 main 函数开始实现：

```
inline constexpr auto WORK_ITEMS = 5;

int main() {
  auto thread_pool = cppcoro::static_thread_pool{3};
```

我们希望使用三个池线程生成五个项目。cppcoro 的线程池是安排工作的一种简单方法。默认情况下，它创建的线程数与机器的硬件线程数相同。接下来，我们需要具体说明我们的工作：

```
fmt::print("Thread {}: preparing work\n", std::this_thread::get_id());
auto work = do_routine_work(thread_pool);

fmt::print("Thread {}: starting work\n", std::this_thread::get_id());
const auto ints = cppcoro::sync_wait(work);
```

我们将在代码中添加日志消息，以便可以更好地查看哪个线程中发生了什么。这有助于我们更好地理解协程是如何工作的。我们通过调用名为 do_routine_work 的协程来创建工作。它返回我们使用 sync_wait 阻塞函数运行的协程。协程在实际被等待之前不会执行。这意味着我们的实际工作将在这个函数调用中开始。

我们记录下结果：

```
fmt::print("Thread {}: work done. Produced ints are: ",
           std::this_thread::get_id());
for (auto i : ints) {
  fmt::print("{}, ", i);
}
fmt::print("\n");
```

这里没有魔法。我们定义 do_routine_work 协程：

```
cppcoro::task<std::vector<int>>
do_routine_work(cppcoro::static_thread_pool &thread_pool) {
  auto mutex = cppcoro::async_mutex{};
  auto ints = std::vector<int>{};
  ints.reserve(WORK_ITEMS);
```

它返回一个任务，该任务产生一些整数。因为我们将使用线程池，所以我们使用 cppcoro 的 async_mutex 来同步线程。现在开始使用池：

```
fmt::print("Thread {}: passing execution to the pool\n",
           std::this_thread::get_id());

co_await thread_pool.schedule();
```

你可能会感到惊讶，schedule() 调用没有传入任何可执行的调用。在协程的情况下，我们实际上正在使当前线程暂停协程并开始执行其调用程序。这意味着它现在将等待协程执行完成（在 sync_wait 调用的某处）。

同时，池中的线程将恢复协程——只需继续执行其主体，如下所示：

```
fmt::print("Thread {}: running first pooled job\n",
           std::this_thread::get_id());

std::vector<cppcoro::task<>> tasks;
for (int i = 0; i < WORK_ITEMS; ++i) {
  tasks.emplace_back(
      cppcoro::schedule_on(thread_pool, fill_number(i, ints, mutex)));
}
co_await cppcoro::when_all_ready(std::move(tasks));
co_return ints;
```

我们创建了一个要执行的任务向量。每个任务在互斥对象下填充一个整数。schedule_on 调用使用池中的另一个线程运行填充协程。最后，我们等待所有结果。此时，任务开始执行。由于协程是一项任务，因此我们使用 co_return。

别忘了使用 co_return 返回生成的值。如果我们从示例中删除了 co_return ints; 这一行，那么将只返回一个默认构造的向量。程序将运行，愉快地输出空向量，退出并返回代码 0。

最后一步是实现生成数字的协程：

```
cppcoro::task<> fill_number(int i, std::vector<int> &ints,
                            cppcoro::async_mutex &mutex) {
  fmt::print("Thread {}: producing {}\n", std::this_thread::get_id(), i);
  std::this_thread::sleep_for(
      std::chrono::milliseconds((WORK_ITEMS - i) * 200));
```

这是一个不返回任何值的任务。相反，它会将其添加到向量中。它的工作实际上将通过小睡几毫秒来完成。醒来后，协程将继续努力工作：

```
{
  auto lock = co_await mutex.scoped_lock_async();
  ints.emplace_back(i);
}
```

它将锁定互斥锁。在本例中，这只是一个 await。当互斥锁被锁定时，它将向向量添加一个数字——与调用它时使用的数字相同。

请记住 co_await。如果你忘记了，而可等待对象允许这样做（也许是因为不消耗每个可等待对象），那么你可能会跳过一些关键的计算。在我们的示例中，这可能意味着不锁定互斥锁。

现在，我们完成协程的实现：

```
fmt::print("Thread {}: produced {}\n", std::this_thread::get_id(), i);
co_return;
```

只是一个简单的状态输出函数和一个 co_return，它将协程标记为完成。一旦它返回，就可以销毁协程框架，释放它占用的内存。

就这些。现在，我们运行代码，看看会发生什么：

```
Thread 140471890347840: preparing work
Thread 140471890347840: starting work
Thread 140471890347840: passing execution to the pool
Thread 140471890282240: running first pooled job
Thread 140471890282240: producing 4
Thread 140471881828096: producing 1
Thread 140471873373952: producing 0
Thread 140471890282240: produced 4
Thread 140471890282240: producing 3
Thread 140471890282240: produced 3
Thread 140471890282240: producing 2
Thread 140471881828096: produced 1
Thread 140471873373952: produced 0
Thread 140471890282240: produced 2
Thread 140471890347840: work done. Produced ints are: 4, 3, 1, 0, 2,
```

主线程用于在池中启动工作，然后等待结果的到来。然后，池中的三个线程产生了数字。调度的最后一个任务实际上是运行的第一个任务，它产生了数字 4。这是因为它一直在执行 do_routine_work：首先，它调度了池中的所有其他任务，然后在调用 when_all_ready 时开始执行第一个任务。稍后，继续执行第一个空闲线程在池中调度的下一个任务，直到填满整个向量。最后，返回到主线程。

这就是我们的简短示例。到此，我们结束了本章的最后一节。现在，我们总结一下学到的东西。

11.6 总结

在本章中，我们了解了哪些类型的工具可以帮助我们实现更好的代码性能。我们学习了如何进行实验、编写性能测试和查找性能瓶颈。现在，你可以使用 Google Benchmark 编写微基准测试了。此外，我们讨论了如何分析代码性能以及如何（及为什么）实现系统的分布式跟踪。我们还讨论了使用标准库实用程序和外部解决方案并行化计算。最后，我们介绍了协程。现在，你知道 C++20 给协程表带来了什么，以及在 cppcoro 库中可以找到什么。你还学会了如何编写自己的协程。

当涉及性能时，首先进行测量，然后进行优化。这将帮助你最大限度地提高性能。

这就是性能——本书中讨论的最后一个质量属性。在第 12 章中，我们将进入服务和云的世界。我们将从面向服务的架构开始讨论。

问题

1. 我们可以从本章的微基准测试的性能结果中学到什么？
2. 遍历多维数组的方式对性能而言是否重要？为什么？
3. 在协程示例中，为什么不能在 `do_routine_work` 函数中创建线程池？
4. 如何修改协程示例，使其使用生成器而不仅仅是任务？

进一步阅读

- When can the C++ compiler devirtualize a call?, blog post, Arthur O'Dwyer, `https://quuxplusone.github.io/blog/2021/02/15/devirtualization/`
- CppCon 2015: Chandler Carruth "Tuning C++: Benchmarks, and CPUs, and Compilers! Oh My!", YouTube video, `https://www.youtube.com/watch?v=nXaxk27zwlk`
- Tutorial, Perf Wiki, `https://perf.wiki.kernel.org/index.php/Tutorial`
- CPU Flame Graphs, Brendan Gregg, `http://www.brendangregg.com/FlameGraphs/cpuflamegraphs.html`
- C++ Containers Benchmark, blog post, Baptiste Wicht, `https://baptiste-wicht.com/posts/2017/05/cpp-containers-benchmark-vector-list-deque-plf-colony.html`
- Your First Coroutine, blog post, Dawid Pilarski, `https://blog.panicsoftware.com/your-first-coroutine`

第四部分 Part 4

云原生设计原则

这一部分重点介绍起源于分布式系统和云环境的现代架构风格。它展示了面向服务的架构、包括容器在内的微服务，以及各种消息传递系统等概念。

Chapter 12 第12章

面向服务的架构

分布式系统的一个非常常见的架构是面向服务的架构（Service-Oriented Architecture，SOA）。这并不是一项新发明，因为这种架构风格几乎和计算机网络一样古老。从**企业服务总线**（Enterprise Service Bus，ESB）到云原生微服务，SOA 有很多类型。

如果你的应用程序包括 Web、移动或物联网（Internet-of-Things，IoT）接口，那么本章将帮助你了解如何以模块化和可维护性为重点构建它们。由于当前大多数系统都以客户端 – 服务器（或其他网络拓扑）的方式工作，因此了解 SOA 原则将有助于设计和改进此类系统。

12.1 技术要求

本章中介绍的大多数示例不需要任何特定的软件。对于 AWS API 示例，需要适用于 C++AWS SDK（https://aws.amazon.com/sdk-for-cpp/）。

本章中的代码已放在 GitHub（https://github.com/PacktPublishing/Software-Architecture-with-Cpp/tree/master/Chapter12）上。

12.2 理解面向服务的架构

面向服务的架构是软件设计的一个例子，其特点是松散耦合的组件相互提供服务。这些组件通常通过网络使用共享通信协议。在这种设计中，服务是指可以在原始组件之外访问的功能单元。组件的一个示例是响应地理坐标提供该区域地图的地图服务。

根据定义，服务有四个属性：

- ❑ 它是具有已定义结果的业务活动的表示。
- ❑ 它是独立的。
- ❑ 它对用户来说是不透明的。
- ❑ 它可以由其他服务组成。

12.2.1　实现方法

面向服务的架构没有规定如何实现面向服务。这一术语可能适用于许多不同的实现。已有关于某些方法是否应该被视为面向服务的架构方法的讨论。我们不想参与这些讨论，只想强调一些通常被称为 SOA 方法的方法。

我们来比较一下。

1. 企业服务总线

当提到面向服务的架构时，企业服务总线（ESB）通常是第一个被想到的。这是实现 SOA 最古老的方法之一。

ESB 与计算机硬件架构进行了类比。硬件架构使用 PCI 等计算机总线来实现模块化。这样，只要每个人都遵守总线要求的标准，第三方供应商就可以独立于主板制造商实现模块（如显卡、声卡或 I/O 接口）。

与 PCI 非常相似，ESB 架构旨在构建一种标准的通用方式，以允许松散耦合服务之间的交互。预计这些服务将独立开发和部署。它还应该可以组合异构服务。

与 SOA 一样，ESB 不是由任何全球标准定义的。为了实现 ESB，需要在系统中构建一个额外的组件。这个组件就是总线。ESB 上的通信是事件驱动的，通常通过面向消息的中间件和消息队列实现，我们将在后面的章节中讨论。

企业服务总线组件提供以下功能：

- ❑ 控制服务的部署和版本。
- ❑ 维护服务冗余。
- ❑ 在服务之间路由消息。
- ❑ 监控和控制消息交换。
- ❑ 解决组件之间的争用问题。
- ❑ 提供公共服务，如事件处理、加密或消息队列。
- ❑ 落地服务质量（Quality Of Service，QOS）。

实现企业服务总线功能的产品既有专有的商业产品，也有开源产品。以下是一些流行的开源产品：

- ❑ Apache Camel。
- ❑ Apache ServiceMix。
- ❑ Apache Synapse。

- JBoss ESB。
- OpenESB。
- Red Hat Fuse（基于 Apache Camel）。
- Spring Integration。

最受欢迎的商业产品如下：

- IBM Integration Bus（取代了 IBM WebSphere ESB）。
- Microsoft Azure Service Bus。
- Microsoft BizTalk Server。
- Oracle Enterprise Service Bus。
- SAP Process Integration。

与本书中介绍的所有模式和产品一样，在决定使用特定架构之前，你必须考虑其优点和缺点。引入企业服务总线的好处有：

- 更好的服务可伸缩性。
- 分布式工作负载。
- 可以专注于配置，而不是在服务中定制集成。
- 设计松散耦合服务方法的更简单。
- 服务是可替换的。
- 内置冗余功能。

它的缺点主要涉及以下方面：

- 单点故障——ESB 组件故障意味着整个系统中断。
- 配置更复杂，这会影响维护。
- ESB 提供的消息队列、消息转换和其他服务可能会降低性能，甚至成为性能瓶颈。

2. Web 服务

Web 服务是另一种流行的面向服务架构实现。根据其定义，Web 服务是由一台机器向另一台机器（或操作员）提供的服务，它们之间通过万维网协议进行通信。尽管万维网的管理机构 W3C 也允许使用 FTP 或 SMTP 等协议，但 Web 服务通常使用 HTTP 进行传输。

尽管可以使用专有解决方案实现 Web 服务，但大多数实现都基于开放协议和标准。尽管许多方法通常被称为 Web 服务，但它们之间有本质上的区别。在本章后面，我们将详细描述各种方法。现在，我们先关注一下它们的共同特点。

Web 服务的优点如下：

- 使用流行的 Web 标准。
- 有许多工具。
- 可扩展性强。

它的缺点如下：

- 开销很大。

- 一些实现太复杂（例如 SOAP/WSDL/UDDI 规范）。

3. 消息传递和流

在介绍企业服务总线架构时，我们提到了消息队列和消息代理。除了作为 ESB 实现的一部分之外，消息传递系统也可以是独立的架构元素。

消息队列

消息队列是用于进程间通信（Inter-Process Communication，IPC）的组件。顾名思义，它们使用队列数据结构在不同进程之间传递消息。通常，消息队列是**面向消息中间件**（Message-Oriented Middleware，MOM）设计的一部分。

在最低级别上，消息队列在 UNIX 规范中可用，无论是在 System V 还是在 POSIX 中。虽然在单个机器上实现 IPC 时它很有趣，但我们关注的是适合分布式计算的消息队列。

目前，开源软件中使用了三种与消息队列相关的标准：

- **高级消息队列协议**（Advanced Message Queuing Protocol，AMQP），一种在 7 层 OSI 模型的应用层上运行的二进制协议。流行的实现包括：
  - Apache Qpid。
  - Apache ActiveMQ。
  - RabbitMQ。
  - Azure Event Hubs。
  - Azure Service Bus。
- **流式文本定向消息传递协议**（Streaming Text Oriented Messaging Protocol，STOMP），一种类似于 HTTP 的基于文本的协议（使用 `CONNECT`、`SEND`、`SUBSCRIBE` 等动词）。流行的实现包括：
  - Apache ActiveMQ。
  - RabbitMQ。
  - syslog-ng。
- MQTT，一种针对嵌入式设备的轻量级协议。流行的实现包括家庭自动化解决方案，例如：
  - OpenHAB。
  - Adafruit IO。
  - IoT Guru。
  - Node-RED。
  - Home Assistant。
  - Pimatic。
  - AWS IoT。
  - Azure IoT Hub。

消息代理

消息代理（message broker）处理消息传递系统中消息的转换、验证和路由。与消息队列一样，它们也是MOM的一部分。

使用消息代理可以最小化应用程序对系统其他部分的感知，从而设计松散耦合的系统。消息代理承担了与消息的公共操作相关的所有负担。它被称为**发布–订阅**（Publish-Subscribe，PubSub）设计模式。

代理通常管理接收方的消息队列，但也能够执行其他功能，例如：

- 将消息从一种表示形式转换为另一种表示形式。
- 验证消息发送方、收件方或内容。
- 将消息路由到一个或多个目标。
- 聚合、分解和重新组合传输中的消息。
- 从外部服务检索数据。
- 通过与外部服务的交互增强和丰富消息。
- 处理和响应错误和其他事件。
- 提供不同的路由模式，如PubSub。

消息代理的流行实现如下：

- Apache ActiveMQ。
- Apache Kafka。
- Apache Qpid。
- Eclipse Mosquitto MQTT Broker。
- NATS。
- RabbitMQ。
- Redis。
- AWS ActiveMQ。
- AWS Kinesis。
- Azure Service Bus。

4. 云计算

云计算是一个有很多不同含义的广义术语。最初，术语“云”指的是架构不必太担心的抽象层，这可能意味着服务器和网络基础设施由专门的运营团队管理。后来，服务供应商开始将云计算这一术语应用于它们自己的产品，这些产品抽象了底层基础设施及其所有复杂性。不必单独配置每个基础设施，可以使用简单的**应用程序编程接口**（Application Programming Interface，API）来设置所有必要的资源。

如今，云计算已经发展到包括许多新的应用程序架构方法。它可能包括：

- 托管服务，如数据库、缓存层和消息队列。

- 可扩展的工作负载编排。
- 容器部署和编排平台。
- 无服务器计算平台。

考虑采用云时最重要的一点是，在云中托管应用程序需要专门为云设计的架构。通常，这还意味着专门为给定云厂商设计的架构。

这意味着选择云厂商不仅是在给定时刻决定一个选择是否优于另一个。这还意味着要考虑未来更换供应商的成本是否可能太大，而无法保证这一举措。供应商之间的切换需要进行架构更改，对于正在工作的应用程序，这些更改代价可能会超过切换带来的预期节省成本。

云架构设计还有另一个后果。对于已经存在的应用程序，这意味着为了利用云的优势，应用程序必须首先重新构建甚至重写。迁移到云不仅仅是将二进制文件和配置文件从本地主机复制到云厂商管理的虚拟机。这样的方法只会浪费金钱，因为只有当应用程序可扩展且支持云计算时，云计算才具有成本效益。

云计算不一定意味着使用外部服务和从第三方供应商租赁机器。还有一些解决方案，如 OpenStack，它们可以在本地运行，允许你使用已有的服务器来利用云计算的优势。

我们将在本章后面介绍托管服务。容器、云原生设计和无服务器架构在本书后面有自己的专用章节。

5. 微服务

关于微服务是不是 SOA 的一部分，有一些争论。大多数时候，术语 SOA 相当于 ESB 设计。微服务在许多方面与 ESB 相反。这导致人们认为微服务是一种不同于 SOA 的模式，是软件架构演进的下一步。

我们认为，它们实际上是一种现代 SOA 方法，旨在消除 ESB 中的一些问题。毕竟，微服务非常符合面向服务架构的定义。

微服务是第 13 章的主题。

12.2.2 面向服务的架构的好处

将系统功能划分为多个服务有几个好处。首先，每个服务都可以单独维护和部署。这有助于团队专注于给定的任务，而无须了解系统内每个可能的交互。它还支持敏捷开发，因为测试只需要覆盖特定的服务，而不是整个系统。

第二个好处是，服务的模块化有助于创建分布式系统。使用网络（通常基于 Internet 协议）作为通信手段，可以在不同的机器之间分割服务，以提供可伸缩性、冗余性和更好的资源利用率。

当每个服务有许多生产者和许多消费者时，实现新功能和维护现有软件将是一项艰巨的任务。这就是 SOA 鼓励使用文档化和版本化 API 的原因。

另一种使生产者和消费者更容易进行交互的方法是使用已建立的协议来描述在不同服务之间传递数据和元数据的方法。这些协议包括 SOAP、REST 或 gRPC。

API 和标准协议的使用使创建新服务变得容易，这些服务比现有服务提供更多价值。考虑到我们有一个返回地理位置的服务 *A*，以及另一个提供给定位置当前温度的服务 *B*，因此我们可以调用 *A* 并在对 *B* 的请求中使用它的响应。这样，我们就可以获得当前位置的当前温度，而无须自己实现整个逻辑。

我们不知道这两个服务的所有复杂性和实现细节，因此我们将它们视为“黑盒”。这两个服务的维护者还可以引入新功能并发布新版本的服务，而无须通知我们。

使用面向服务的架构进行测试和实验也比使用单体应用程序更容易。在一个地方进行一个小的更改不需要重新编译整个代码库。通常可以使用客户端工具以特别的方式调用服务。

让我们回到天气和地理位置服务的示例。如果两个服务都公开了 REST API，那么我们只需要使用 cURL 客户端来手动发送适当的请求，就可以构建一个原型。当我们确认响应令人满意时，就可以开始编写代码，使整个操作自动化并可能将结果作为另一个服务公开。

为了获得 SOA 的好处，我们需要记住所有服务都必须是松散耦合的。如果服务依赖于彼此的实现，那么它们不再松散耦合，而是紧密耦合。理想情况下，任何给定的服务都可以由不同的类似服务替换，而不会影响整个系统的运行。

在天气和地理位置示例中，这意味着用不同的语言重新实现位置服务（例如从 Go 切换到 C++）不应影响该服务的下游用户，只要他们使用已建立的 API。

通过发布新的 API 版本，仍有可能在 API 中引入突破性的更改。连接到版本 1.0 的客户端将观察到遗留行为，而连接到 2.0 的客户端将从错误修复、更好的性能以及其他以兼容性为代价的改进中获益。

对于依赖 HTTP 的服务，API 版本控制通常发生在 URI 级别。因此，调用 https://service.local/v1/customer 时可以访问 1.0、1.1 或 1.2 版 API，而 2.0 版 API 位于 https://service.local/v2/customer。API 网关、HTTP 代理或负载均衡器能够将请求路由到适当的服务。

12.2.3 SOA 面临的挑战

引入抽象层总是要付出代价的。同样的规则也适用于面向服务的架构。在查看企业服务总线、Web 服务或消息队列和代理时，很容易看到抽象的代价。不太明显的是，微服务也是有代价的。它们的代价与使用的**远程过程调用**（Remote Procedure Call，RPC）框架以及与服务冗余和功能重复相关的资源消耗有关。

与 SOA 相关的另一个挑战是缺乏统一的测试框架。开发应用程序服务的各个团队可能使用其他团队不知道的工具。与测试相关的其他问题是，组件的异构性和可互换性意味着需要测试大量的组合。一些组合可能会引入通常观察不到的边界情况。

由于有关特定服务的知识主要集中在一个团队中，因此很难理解整个应用程序是如何工作的。

当 SOA 平台在应用程序的生命周期内开发时，它可能会引入所有服务更新其版本的需求，以适配最近的平台开发。这意味着开发人员将专注于确保其应用程序在平台更改后正确运行，而不是引入新功能。在极端情况下，对于那些没有看到新版本的服务，维护成本可能会大幅上升，并且会不断修补以符合平台要求。

面向服务的架构也遵循康威定律（见第 2 章）。

12.3 采用消息传递原则

正如我们在本章前面提到的，消息传递有许多不同的用例，从物联网和传感器网络到在云中运行的基于微服务的分布式应用程序。

消息传递的好处之一是，它是一种连接使用不同技术实现的服务的中立方式。在开发 SOA 时，每个服务通常都由一个专门的团队开发和维护。团队可以选择它们觉得合适的工具，包括编程语言、第三方库和构建系统。

维护一套统一的工具可能会适得其反，因为不同的服务可能有不同的要求。例如，信息亭（kiosk）应用程序可能需要**图形用户界面**（Graphical User Interface，GUI）库，如 Qt。作为同一应用程序的一部分的硬件控制器有其他要求，可能链接硬件制造商的第三方组件。这些依赖项可能会对两个组件施加一些不能同时满足的约束（例如，GUI 应用程序可能需要最新的编译器，而硬件对应程序可能固定使用较旧的编译器）。我们可以使用消息传递系统来解耦这些组件，使它们具有独立的生命周期。

消息传递系统的一些用例包括：

- 财务运营。
- 车队监控。
- 物流捕获。
- 处理传感器。
- 数据订单履行。
- 任务排队。

以下各节将重点介绍为低开销而设计的消息传递系统，以及为分布式系统使用代理的消息传递系统。

12.3.1 低开销消息传递系统

低开销消息传递系统通常用于需要较小占用空间或低延迟的环境。这些通常是传感器网络、嵌入式解决方案和物联网设备。它们在基于云的分布式服务中不太常见，但仍有可能在此类解决方案中使用。

1. MQTT

MQTT 代表**消息队列遥测传输**（Message Queuing Telemetry Transport）。它是 OASIS 和 ISO 下的开放标准。MQTT 通常在 TCP/IP 上使用 PubSub 模型，但它也可以用于其他传输协议。

顾名思义，MQTT 的设计目标是低代码占用和在低带宽位置运行。有一个单独的规范，叫作 MQTT-SN，它代表传感器网络的 MQTT。它专注于没有 TCP/IP 栈的电池供电嵌入式设备。

MQTT 使用一个消息代理，它从客户端接收所有消息并将这些消息路由到它们的目的地。QoS 在三个级别上提供：

- 最多一次交付（无担保）。
- 至少一次交付（确认交付）。
- 正好一次交付（保证交付）。

MQTT 在各种物联网应用中特别受欢迎，这不足为奇。它由 OpenHAB、Node-RED、Pimatic、Microsoft Azure IoT Hub 和 Amazon IoT 支持。它在即时通信中也很流行，在 ejabberd 和 Facebook Messanger 中都有使用。其他用例包括汽车共享平台、物流和运输。

支持该标准的两个最流行的 C++ 库是 Eclipse Paho 与基于 C++14 和 Boost.Asio 的 mqtt_cpp。对于 Qt 应用程序，还有 qmqtt。

2. ZeroMQ

ZeroMQ 是一个无代理消息队列。它支持常见的消息传递模式，如 PubSub、客户端 / 服务器等模式。它独立于特定的传输，可以与 TCP、WebSocket 或 IPC 一起使用。

包含在名称中的主要思想是，ZeroMQ 需要零代理和零管理。它还提倡提供零延迟，这意味着不会因代理的存在而增加延迟。

底层库是用 C 编写的，它有各种流行编程语言（包括 C++）的实现。C++ 最流行的实现是 cppzmq，它是一个面向 C++11 的头文件库。

12.3.2 代理消息传递系统

最流行的两个不注重低开销的消息传递系统是基于 AMQP 的 RabbitMQ 和 Apache Kafka。两者都是成熟的解决方案，在许多不同的设计中都非常流行。许多文章都关注 RabbitMQ 或 Apache Kafka 在特定领域的优势。

这是一个稍微不正确的观点，因为两个消息传递系统都基于不同的范例。Apache Kafka 专注于流式传输大量数据，并将流存储在持久性内存中，以便将来回放。RabbitMQ 通常用作不同微服务之间的消息代理或处理后台作业的任务队列。因此，RabbitMQ 中的路由比 Apache Kafka 中的路由高级得多。Kafka 的主要用例是数据分析和实时处理。

虽然 RabbitMQ 使用 AMQP（也支持其他协议，如 MQTT 和 STOMP），但 Kafka 使用自己的基于 TCP/IP 的协议。这意味着 RabbitMQ 可以与基于这些受支持协议的其他现有解决方案互操作。如果你编写的应用程序使用 AMQP 与 RabbitMQ 交互，那么以后应该可以将其迁移，以使用 Apache Qpid、Apache ActiveMQ 以及 AWS 或 Microsoft Azure 的托管解决方案。

伸缩性问题也可能会促使选择一个消息代理而不是另一个。Apache Kafka 的架构允许轻松地进行水平缩放，这意味着可以在现有的工作池中添加更多的机器。RabbitMQ 的设计考虑到了垂直缩放，这意味着向现有机器添加更多资源，而不是添加更多类似大小的机器。

12.4　使用 Web 服务

正如本章前面提到的，Web 服务的共同特点是它们基于 Web 标准。大多数时候，该标准是指超文本传输协议（HTTP），这是我们将重点关注的技术。虽然可以基于不同的协议实现 Web 服务，但此类服务非常罕见，因此不在我们的讨论范围内。

12.4.1　用于调试 Web 服务的工具

使用 HTTP 进行传输的主要好处之一是有广泛的工具可用。大多数情况下，测试和调试 Web 服务可能只需使用 Web 浏览器。除此之外，还有很多其他程序可能有助于自动化，包括：

- 标准 UNIX 文件下载器 `wget`。
- 现代 HTTP 客户端 `curl`。
- 流行的开源库，如 libcurl、curlpp、C++ REST SDK、cpr（C++ HTTP 请求库）和 NFHTTP。
- 测试框架，如 Selenium 或 Robot 框架。
- 浏览器扩展，如 Boomerang。
- 独立解决方案，如 Postman 和 Postwoman。
- 专用测试软件，包括 SoapUI 和 Katalon Studio。

基于 HTTP 的 Web 服务通过向使用适当 HTTP 动词（如 GET、POST 和 PUT）的 HTTP 请求返回 HTTP 响应来工作。请求和响应的形式以及它们应该传递的数据的语义因实现而异。

大多数实现可分为两类：基于 XML 的 Web 服务和基于 JSON 的 Web 服务。目前，基于 JSON 的 Web 服务正在取代基于 XML 的 Web 服务，但基于 XML 的 Web 服务仍然很常见。

为了处理用 JSON 或 XML 编码的数据，可能需要使用其他工具，如 xmllint、xmlstarlet、jq 和 libxml2。

12.4.2　基于 XML 的 Web 服务

第一批获得关注的 Web 服务主要基于 XML。当时，XML（eXtensible Markup Language,

可扩展标记语言）是分布式计算和 Web 环境中选择的交换格式。使用 XML 负载设计服务有几种不同的方法。

你可能希望与组织内部或外部开发的现有基于 XML 的 Web 服务进行交互。但是，我们建议你使用更轻量级的方法来实现新的 Web 服务，例如基于 JSON 的 Web 服务、REST Web 服务或 gRPC。

1. XML-RPC

最早出现的标准之一是 XML-RPC。该项目背后的想法是提供一种 RPC 技术，与当时流行的**通用对象模型**（Common Object Model，COM）和 CORBA 相竞争。其目的是使用 HTTP 作为传输协议，并使格式可读、可写、可被机器解析。为此，我们选择 XML 作为数据编码格式。

当使用 XML-RPC 时，希望执行远程过程调用的客户端向服务器发送 HTTP 请求。请求可能有多个参数。服务器以单个响应进行响应。XML-RPC 协议为参数和结果定义了几种数据类型。

尽管 SOAP 具有类似的数据类型，但它使用 XML 模式定义，这使得消息的可读性比 XML-RPC 中的消息要低得多。

与 SOAP 的关系

由于 XML-RPC 不再被主动维护，因此该标准没有任何现代 C++ 实现。如果你想用现代代码与 XML-RPC Web 服务交互，最好的方法可能是使用支持 XML-RPC 和其他 XML Web 服务标准的 gSOAP 工具包。

XML-RPC 的主要缺点是，它在发送简单的 XML 请求和响应时没有太大的价值，同时使消息显著变长。

随着标准的发展，它变成了 SOAP。作为 SOAP，它构成了 W3C Web 服务协议栈的基础。

2. SOAP

缩写 SOAP 代表**简单对象访问协议**（Simple Object Access Protocol）。该缩写在 1.2 版标准中被删除。这是 XML-RPC 标准的演变。

SOAP 由三个部分组成：

- SOAP 信封（SOAP envelope）：定义消息的结构和处理规则。
- SOAP 头：定义应用程序特定数据类型（可选）。
- SOAP 主体：承载远程过程调用和响应。

下面是使用 HTTP 作为传输协议的 SOAP 消息示例：

```
POST /FindMerchants HTTP/1.1
Host: www.domifair.org
Content-Type: application/soap+xml; charset=utf-8
Content-Length: 345
SOAPAction: "http://www.w3.org/2003/05/soap-envelope"

<?xml version="1.0"?>
```

```
<soap:Envelope xmlns:soap="http://www.w3.org/2003/05/soap-envelope">
 <soap:Header>
 </soap:Header>
 <soap:Body xmlns:m="https://www.domifair.org">
    <m:FindMerchants>
      <m:Lat>54.350989</m:Lat>
      <m:Long>18.6548168</m:Long>
      <m:Distance>200</m:Distance>
    </m:FindMerchants>
  </soap:Body>
</soap:Envelope>
```

该示例使用标准 HTTP 头和 POST 方法来调用远程过程。SOAP 特有的一个头是 SOAP-Action。它指向标识操作意图的 URI。由客户端决定如何解释这个 URI。

soap:Header 是可选的，因此我们将其留空。它与 soap:Body 一起包含在 soap:Envelope 中。主过程调用发生在 soap:Body 中。我们引入了自己的 XML 命名空间，该命名空间特定于多米尼加博览会应用程序。命名空间指向域的根。我们调用的过程是 FindMerchants，并且我们提供三个参数：纬度（Lat）、经度（Long）和距离（Distance）。

由于 SOAP 被设计为可扩展、传输中立和独立于编程模型，因此它还会导致其他相关标准的创建。这意味着在使用 SOAP 之前，通常需要学习所有相关的标准和协议。

如果应用程序大量使用 XML，并且开发团队熟悉所有术语和规范，那么这不是问题。但是，如果你只想为第三方开放一个 API，则更简单的方法是构建 REST API，因为它对于生产者和消费者来说都更容易学习。

WSDL

Web 服务描述语言（Web Services Description Language，WSDL）提供了如何调用服务以及如何形成消息的机器可读描述。与其他 W3C Web 服务标准一样，它是用 XML 编码的。

它通常与 SOAP 一起用于定义 Web 服务提供的接口以及这些接口的用法。

一旦用 WSDL 定义了 API，就可以使用自动化工具来创建代码。对于 C++，使用此类工具的一个框架是 gSOAP。它附带一个名为 wsdl2h 的工具，它将根据定义生成头文件。你可以使用另一个工具 soapcpp2 来生成从接口定义到实现的绑定。

不幸的是，由于消息的冗长，SOAP 服务的大小和带宽需求通常非常巨大。如果这不是问题，那么 SOAP 有它自己的用途。它允许进行同步和异步调用，以及有状态和无状态操作。如果需要严格、正式的通信方式，则可以考虑使用 SOAP。由于该协议引入了许多改进，因此只需确保使用该协议的 1.2 版。这里仅举几个例子，改进之一是增强了服务的安全性。另一个是服务本身的改进定义，这有助于进行互操作或正式定义传输方式（允许使用消息队列）。

UDDI

记录 Web 服务接口之后的下一步是“服务发现”（service discovery），它允许应用程序查找并连接到由其他方实现的服务。

通用描述、发现和集成（Universal Description，Discovery，and Integration，UDDI）是

可以手动或自动搜索的 WSDL 文件的注册中心。与本节讨论的其他技术一样，UDDI 也使用 XML 格式。

UDDI 注册中心可以通过 SOAP 消息进行查询，以实现自动服务发现。尽管 UDDI 提供了 WSDL 的逻辑扩展，但它在开放环境中的采用率还是令人失望的。你仍然可以找到公司内部使用的 UDDI 系统。

SOAP 库

SOAP 最流行的两个库是 Apache Axis 和 gSOAP。

Apache Axis 适用于实现 SOAP（包括 WSDL）和 REST Web 服务。值得注意的是，该库已经有十多年没有发布新版本了。

gSOAP 是一个工具包，它允许创建基于 XML 的 Web 服务并与之交互，重点关注 SOAP。它处理数据绑定、SOAP 和 WSDL 支持、JSON 和 RSS 解析、UDDI API 以及其他一些相关的 Web 服务标准。虽然它没有使用现代 C++ 特性，但它仍然被积极维护着。

12.4.3 基于 JSON 的 Web 服务

JSON 代表 **JavaScript 对象表示法**（JavaScript Object Notation）。与名称所暗示的相反，它并不局限于 JavaScript。它是独立于语言的。JSON 的解析器和序列化程序存在于大多数编程语言中。JSON 比 XML 紧凑得多。

它的语法源于 JavaScript，因为它是基于 JavaScript 子集的。

JSON 支持的数据类型如下：

- 数字：具体格式可能因实现而异，在 JavaScript 中，默认为双精度浮点类型。
- 字符串：Unicode 编码。
- 布尔值：使用 `true` 值和 `false` 值。
- 数组：可以为空。
- 对象：具有键值对的映射。
- `null`：表示空值。

第 9 章中介绍的 Packer 配置是 JSON文档的一个示例：

```
{
  "variables": {
    "aws_access_key": "",
    "aws_secret_key": ""
  },
  "builders": [{
    "type": "amazon-ebs",
    "access_key": "{{user `aws_access_key`}}",
    "secret_key": "{{user `aws_secret_key`}}",
    "region": "eu-central-1",
    "source_ami": "ami-5900cc36",
    "instance_type": "t2.micro",
    "ssh_username": "admin",
    "ami_name": "Project's Base Image {{timestamp}}"
  }],
```

```
  "provisioners": [{
    "type": "ansible",
    "playbook_file": "./provision.yml",
    "user": "admin",
    "host_alias": "baseimage"
  }],
  "post-processors": [{
    "type": "manifest",
    "output": "manifest.json",
    "strip_path": true
  }]
}
```

使用 JSON 作为格式的标准之一是 JSON-RPC 协议。

JSON-RPC

JSON-RPC 是一种 JSON 编码的远程过程调用协议，类似于 XML-RPC 和 SOAP。与它的 XML 前身不同，它只需要很少的开销。在保持 XML-RPC 的可读性的同时，它也非常简单。

以下是前面 SOAP 调用示例在 JSON-RPC 2.0 中的样子：

```
{
  "jsonrpc": "2.0",
  "method": "FindMerchants",
  "params": {
    "lat": "54.350989",
    "long": "18.6548168",
    "distance": 200
  },
  "id": 1
}
```

这个 JSON 文档仍然需要适当的 HTTP 头，但即使有了头，它仍然比 XML 文档小得多。唯一存在的元数据是具有 JSON-RPC 版本和请求 ID 的文件。`method` 和 `params` 字段几乎是不言自明的。而对于 SOAP，并不总是如此。

尽管该协议是轻量级的，易于实现且易于使用，但与 SOAP 和 REST Web 服务相比，它还没有被广泛采用。它发布的时间比 SOAP 晚得多，大约在 REST 服务开始流行时。虽然 REST 很快取得了成功（可能是由于其灵活性），但 JSON-RPC 未能获得类似的吸引力。

C++ 的两个有用的实现是 libjson-rpc-cpp 和 json-rpc-cxx。json-rpc-cxx 是前一个库的重新实现。

12.4.4　表述性状态转移

Web 服务的另一种方法是表述性状态转移（REpresentational State Transfer，REST）。符合这种架构风格的服务通常称为 REST 服务。REST 与 SOAP 或 JSON-RPC 之间的主要区别在于，REST 几乎完全基于 HTTP 和 URI 语义。

REST 是在实现 Web 服务时定义一组约束条件的架构风格。符合这种风格的服务称为

REST 风格。这些约束条件如下：

- 必须使用客户端 – 服务器模型。
- 无状态（客户端和服务器都不需要存储与其通信相关的状态）。
- 可缓存性（响应应定义为可缓存或不可缓存的，以从标准 Web 缓存中获益，从而提高可伸缩性和性能）。
- 分层系统（代理和负载均衡器不应影响客户端和服务器之间的通信）。

REST 使用 HTTP 作为传输协议，使用 URI 表示资源，使用 HTTP 动词操作资源或调用操作。对于每个 HTTP 方法的行为，没有标准，但最常达成一致的语义如下：

- POST：创建新资源。
- GET：检索现有资源。
- PATCH：更新现有资源。
- DELETE：删除现有资源。
- PUT：替换现有资源。

由于对 Web 标准的依赖，REST Web 服务可以重用现有组件，如代理、负载均衡器和缓存。由于开销低，这样的服务性能很好，也非常高效。

1. 描述语言

就像基于 XML 的 Web 服务一样，REST 服务可以用机器和人类可读的方式来描述。有一些竞争标准可用，其中 OpenAPI 是最流行的。

OpenAPI

OpenAPI 是由 OpenAPIInitiative 监督的规范，OpenAPIInitiative 是 Linux 基金会的一部分。它曾经被称为 Swagger 规范，因为它曾经是 Swagger 框架的一部分。

该规范与语言无关。它使用 JSON 或 YAML 输入来生成方法、参数和模型的文档。这样，使用 OpenAPI 有助于使文档和源代码保持最新。

有很多与 OpenAPI 兼容的工具，如代码生成器、编辑器、用户界面和模拟服务器。OpenAPI 生成器可以使用 cpp-restsdk 或 Qt5 为客户端实现生成 C++ 代码。它还可以使用 Pistache、Restbed 或 Qt5 QHTTPEngine 生成服务器代码。此外，还有一个方便的在线 OpenAPI 编辑器（见 https://editor.swagger.io/）。

用 OpenAPI 记录的 API 如下所示：

```
{
  "openapi": "3.0.0",
  "info": {
    "title": "Items API overview",
    "version": "2.0.0"
  },
  "paths": {
    "/item/{itemId}": {
      "get": {
        "operationId": "getItem",
```

```
          "summary": "get item details",
          "parameters": [
            "name": "itemId",
            "description": "Item ID",
            "required": true,
            "schema": {
              "type": "string"
            }
          ],
          "responses": {
            "200": {
              "description": "200 response",
              "content": {
                "application/json": {
                  "example": {
                    "itemId": 8,
                    "name", "Kürtőskalács",
                    "locationId": 5
                  }
                }
              }
            }
          }
        }
      }
    }
  }
```

前两个字段（openapi 和 info）是描述文档的元数据。paths 字段包含与 REST 接口的资源和方法相对应的所有可能路径。在前面的示例中，我们只记录了一个路径（/item）和一个方法（GET）。此方法将 itemId 作为必需参数。我们提供了一个可能的响应代码，即 200。该响应包含一个主体，即 JSON 文档。与 example 键相关联的值是成功响应的有效负载。

RAML

规范 RAML 代表 **RESTful API 建模语言**（RESTful API Modeling Language）。它使用 YAML 进行描述，并支持发现、代码重用和模式共享。

建立 RAML 的理由是，虽然 OpenAPI 是记录现有 API 的一个很好的工具，但在当时，它并不是设计新 API 的最佳方法。目前，该规范被视为 OpenAPIInitiative 的一部分。

RAML 文档可以转换为 OpenAPI，以利用可用的工具。

以下是 RAML 记录的 API 示例：

```
#%RAML 1.0

title: Items API overview
version: 2.0.0

annotationTypes:
  oas-summary:
    type: string
    allowedTargets: Method

/item:
```

```
  get:
    displayName: getItem
    queryParameters:
      itemId:
        type: string
    responses:
      '200':
        body:
          application/json:
            example: |
              {
                "itemId": 8,
                "name", "Kürtőskalács",
                "locationId": 5
              }
        description: 200 response
    (oas-summary): get item details
```

这个例子描述了前面用OpenAPI描述的相同接口。在YAML中序列化时，OpenAPI 3.0和RAML 2.0看起来非常相似。主要区别在于OpenAPI 3.0需要使用JSON模式来记录结构。使用RAML 2.0，你可以重用现有的XML模式定义（XML Schema Definition，XSD），这使得从基于XML的Web服务迁移或包含外部资源变得更加容易。

API蓝图

API蓝图提供了与前面两个规范不同的方法。它不依赖JSON或YAML，而是使用Markdown来记录数据结构和端点。

它的方法类似于测试驱动的开发方法，因为它鼓励在实现特性之前设计契约。这样，就更容易测试实现是否真正实现了契约。

与RAML一样，你可以将API蓝图规范转换为OpenAPI，也可以反过来将OpenAPI转换为API蓝图。此外，还有一个命令行界面和一个用于解析API蓝图的C++库（名为Drafter），你可以在代码中使用它。

API蓝图中记录的简单API示例如下：

```
FORMAT: 1A

# Items API overview

# /item/{itemId}

## GET

+ Response 200 (application/json)

        {
            "itemId": 8,
            "name": "Kürtőskalács",
            "locationId": 5
        }
```

在前面，我们看到指向`/item`端点的`GET`方法应该会产生响应代码`200`。下面是对应于服务通常返回的JSON消息。

API 蓝图允许编写更自然的文档。主要缺点是，它是迄今为止所描述的格式中最不受欢迎的。这意味着文档和工具的质量都远不及 OpenAPI。

RSDL

与 WSDL 类似，RSDL（RESTful Service Description Language，REST 服务描述语言）是 Web 服务的 XML 描述。它是独立于语言的，并且设计为既可供人阅读又可供机器阅读。

它比之前提到的其他方案更不受欢迎。它也很难阅读，特别是与 API 蓝图或 RAML 相比。

2. 超媒体作为应用程序状态引擎

尽管提供二进制接口（如基于 gRPC 的接口）可以产生出色的性能，但在许多情况下，你仍然希望具有 RESTful 接口的简单性。如果想要一个直观的基于 REST 的 API，那么**超媒体作为应用程序状态引擎**（Hypermedia As The Engine Of Application State，HATEOAS）是一个有用的实现原则。

正如你打开网页并基于所示的超媒体进行导航一样，你可以使用 HATEOAS 编写服务来实现相同的目标。这有利于服务器和客户端代码的解耦，允许客户端快速知道哪些请求是有效的，而二进制 API 通常不是这样的。该过程是动态的，并基于提供的超媒体。

如果采用典型的 REST 服务，则在执行操作时，将获得包含对象状态等数据的 JSON。除此之外，使用 HATEOAS 还可以获得一个链接（URL）列表，以展示可以在所述对象上运行的有效操作。链接（超媒体）是应用程序的引擎。换句话说，可用的操作由资源的状态决定。虽然在这种情况下，“超媒体”这个词听起来很奇怪，但它基本上意味着链接到资源，包括文本、图像和视频。

例如，如果我们有一个 REST 方法，它允许我们使用 PUT 方法添加一个商品（item），那么我们可以添加一个返回参数，该参数链接到以这种方式创建的资源。如果使用 JSON 进行序列化，则可以采用以下形式：

```
{
    "itemId": 8,
    "name": "Kürtőskalács",
    "locationId": 5,
    "links": [
        {
            "href": "item/8",
            "rel": "items",
            "type" : "GET"
        }
    ]
}
```

目前还没有一种普遍接受的序列化 HATEOAS 超媒体的方法。一方面，无论服务器如何实现，它都使实现更容易。另一方面，客户端需要知道如何解析响应以找到相关的遍历数据。

HATEOAS 的一个好处是，它可以在服务器端实现 API 更改，而不必破坏客户端代码。

当其中一个端点被重命名时，后续响应中将引用新的端点，因此会通知客户端将接下来的请求定向到何处。

相同的机制还可以提供诸如分页之类的功能，或者使其易于发现可用于给定对象的方法。回到商品示例，下面是发出 GET 请求后可能收到的响应：

```
{
    "itemId": 8,
    "name": "Kürtőskalács",
    "locationId": 5,
    "stock": 8,
    "links": [
        {
            "href": "item/8",
            "rel": "items",
            "type" : "GET"
        },
        {
            "href": "item/8",
            "rel": "items",
            "type" : "POST"
        },
        {
            "href": "item/8/increaseStock",
            "rel": "increaseStock",
            "type" : "POST"
        },
        {
            "href": "item/8/decreaseStock",
            "rel": "decreaseStock",
            "type" : "POST"
        }
    ]
}
```

在这里，我们得到了两种负责修改库存的方法的链接。如果库存不再可用，则响应如下（请注意，其中一种方法不再进行发布）：

```
{
    "itemId": 8,
    "name": "Kürtőskalács",
    "locationId": 5,
    "stock": 0,
    "links": [
        {
            "href": "items/8",
            "rel": "items",
            "type" : "GET"
        },
        {
            "href": "items/8",
            "rel": "items",
            "type" : "POST"
        },
        {
            "href": "items/8/increaseStock",
            "rel": "increaseStock",
```

```
            "type" : "POST"
        }
    ]
}
```

与 HATEOAS 相关的一个重要问题是，这两个设计原则似乎相互矛盾。如果始终以相同的格式呈现，那么添加可遍历超媒体将更容易使用。这里的表达自由使得编写不感知服务器实现的客户端变得更加困难。

并不是所有的 RESTful API 都能受益于这一原则——通过引入 HATEOAS，你承诺以特定的方式编写客户端，从而使它们能够从这种 API 风格中受益。

3. 用 C++ 实现 REST

Microsoft 的 C++ REST SDK 目前是在 C++ 应用程序中实现 RESTful API 的最佳方法之一。它也被称为 cpp-restsdk，是我们在本书中用于说明各种示例的库。

12.4.5 GraphQL

REST Web 服务的最新替代方案是 GraphQL。名称中的 QL 代表查询语言（Query Language）。在 GraphQL 中，客户端直接查询和操作数据，而不是依赖服务器来序列化并呈现必要的数据。除了责任倒置之外，GraphQL 还提供了一些机制，使数据处理变得更容易。类型化、静态验证、内省和模式都是规范的组成部分。

GraphQL 的服务器实现可用于许多语言，包括 C++。其中一个流行的实现是 Microsoft 的 cppgraphqlgen。还有许多工具可以帮助开发和调试。有趣的是，你可以使用 GraphQL 直接查询数据库，这要归功于 Hasura 或 PostGraphile 等产品，它们在 Postgres 数据库之上添加了 GraphQL API。

12.5 利用托管服务和云厂商

面向服务的架构可以扩展到当前流行的云计算。虽然企业服务总线的服务通常是在内部开发的服务，但通过云计算，你可以使用一个或多个云厂商提供的服务。

在为云计算设计应用程序架构时，在实施任何替代方案之前，应该始终考虑供应商提供的托管服务。例如，在你决定使用选定的插件托管自己的 PostgreSQL 数据库之前，请确保自己了解与供应商提供的托管数据库相比的权衡和成本。

当前的云环境提供了许多旨在处理流行用例的服务，例如：

- 存储（storage）。
- 关系数据库。
- 文档（NoSQL）数据库。
- 内存缓存。
- 电子邮件。

- ❑ 消息队列。
- ❑ 容器编排。
- ❑ 计算机视觉。
- ❑ 自然语言处理。
- ❑ 文本转语音和语音转文本。
- ❑ 监控、日志记录和跟踪。
- ❑ 大数据。
- ❑ 内容分发网络（Content Delivery Network，CDN）。
- ❑ 数据分析。
- ❑ 任务管理和调度。
- ❑ 身份管理。
- ❑ 密钥和机密管理。

由于有大量可用的第三方服务可供选择，因此云计算如何适合面向服务的架构便很清楚了。

12.5.1 作为 SOA 扩展的云计算

云计算是虚拟机托管的扩展。云计算供应商与传统 VPS 供应商的区别在于：

- ❑ 云计算是通过 API 提供的，API 本身就是一种服务。
- ❑ 除虚拟机实例之外，云计算还提供其他服务，如存储、托管数据库、可编程网络等。所有这些都可以通过 API 获得。

有几种方法可以使用云厂商的 API 在应用程序中发挥作用，我们现在将介绍这些方法。

1. 直接使用 API 调用

如果云厂商提供了可以使用你选择的语言访问的 API，那么你可以直接让应用程序与云资源进行交互。

假设有一个应用程序，它允许用户上传自己的图片。此应用程序使用云 API 为每个新注册的用户创建存储桶：

```
#include <aws/core/Aws.h>
#include <aws/s3/S3Client.h>
#include <aws/s3/model/CreateBucketRequest.h>

#include <spdlog/spdlog.h>
const Aws::S3::Model::BucketLocationConstraint region =
    Aws::S3::Model::BucketLocationConstraint::eu_central_1;

bool create_user_bucket(const std::string &username) {
  Aws::S3::Model::CreateBucketRequest request;

  Aws::String bucket_name("userbucket_" + username);
  request.SetBucket(bucket_name);
```

```
  Aws::S3::Model::CreateBucketConfiguration bucket_config;
  bucket_config.SetLocationConstraint(region);
  request.SetCreateBucketConfiguration(bucket_config);

  Aws::S3::S3Client s3_client;
  auto outcome = s3_client.CreateBucket(request);

  if (!outcome.IsSuccess()) {
    auto err = outcome.GetError();
    spdlog::error("ERROR: CreateBucket: {}: {}",
                  err.GetExceptionName(),
                  err.GetMessage());
    return false;
  }

  return true;
}
```

在本例中，我们有一个 C++ 函数，它创建一个 AWS S3 存储桶，以参数中提供的用户名命名。此存储桶配置为驻留在给定区域中。如果操作失败，我们希望获得错误消息并使用 spdlog 记录它。

2. 通过 CLI 工具使用 API 调用

某些操作不必在应用程序运行时执行。它们通常在部署期间运行，因此可以在 shell 脚本中自动运行。一个这样的用例是调用 CLI 工具来创建新的 VPC：

```
gcloud compute networks create database --description "A VPC to access the
database from private instances"
```

我们使用 Google Cloud Platform 的 gcloud CLI 工具创建名为 database 的网络，该网络将用于处理从私有实例到数据库的流量。

3. 使用与云 API 交互的第三方工具

我们看一个运行 HashiCorp Packer 来构建虚拟机实例映像的示例，该映像是用应用程序预先配置的：

```
{
   variables : {
     do_api_token : {{env `DIGITALOCEAN_ACCESS_TOKEN`}} ,
     region : fra1 ,
     packages : "customer"
     version : 1.0.3
  },
   builders : [
    {
       type : digitalocean ,
       api_token : {{user `do_api_token`}} ,
       image : ubuntu-20-04-x64 ,
       region : {{user `region`}} ,
       size : 512mb ,
       ssh_username : root
    }
  ],
```

```
  provisioners: [
    {
      type : file ,
      source : ./{{user `package`}}-{{user `version`}}.deb ,
      destination : /home/ubuntu/
    },
    {
      type : shell ,
      inline :[
        dpkg -i /home/ubuntu/{{user `package`}}-{{user `version`}}.deb
      ]
    }
  ]
}
```

在前面的代码中，我们提供了所需的凭据和区域，并使用构建器为我们准备来自Ubuntu映像的实例。我们感兴趣的实例需要512 MB RAM。我们首先向实例发送 .deb 软件包，然后执行shell命令来安装该包，从而提供该实例。

4. 访问云API

通过API访问云计算资源是区别于传统托管的最重要特征之一。使用API意味着你可以在没有操作员干预的情况下随意创建和删除实例。这样，就很容易实现应用程序的某些功能，如基于负载的自动缩放、高级部署（金丝雀发布或蓝绿部署）以及自动化开发和测试环境。

云厂商通常将其API公开为REST服务。除此之外，它们还经常为几种编程语言提供客户端库。虽然三个最流行的云厂商都支持C++作为客户端库，但小型供应商支持的可能有所不同。

如果你正在考虑将C++应用程序部署到云，并计划使用云API，请确保供应商已发布C++**软件开发工具包**（Software Development Kit，SDK）。在没有官方SDK的情况下仍然可以使用云API，例如使用CPP REST SDK库，但请记住，这需要更多的工作来实现。

要访问云SDK，你还需要访问控制。通常，有两种方法可以验证应用程序以使用云API：

- **通过提供API令牌**：API令牌应该是机密，并且永远不会作为版本控制系统的一部分或在编译的二进制文件中存储。为了防止被盗，还应在空闲时对其进行加密。

  将API令牌安全传递给应用程序的方法之一是通过安全框架（如HashiCorp Vault）。它是可编程的秘密存储，内置租用时间管理和密钥轮换。

- **通过托管在具有适当访问权限的实例上**：许多云厂商允许授予特定虚拟机实例的访问权限。这样，托管在此类实例上的应用程序就不必使用单独的令牌进行身份验证了。然后，访问控制基于发出云API请求的实例。

  这种方法更容易实现，因为它不必考虑机密管理的需要。缺点是，当实例受到危害时，访问权限将对在那里运行的所有应用程序可用，而不仅仅是你部署的应用程序。

5. 使用云CLI

云CLI通常被操作员用来与云API交互。它可以用于编写脚本或使用官方不支持的语言的云 API。

例如，以下 Bourne Shell 脚本在 Microsoft Azure 云中创建资源组，然后创建属于该资源组的虚拟机：

```
#!/bin/sh
RESOURCE_GROUP=dominicanfair
VM_NAME=dominic
REGION=germanynorth

az group create --name $RESOURCE_GROUP --location $REGION

az vm create --resource-group $RESOURCE_GROUP --name $VM_NAME --image
UbuntuLTS --ssh-key-values dominic_key.pub
```

在查找记录管理云资源方式的文档时，你将遇到许多使用云 CLI 的示例。即使你通常不使用 CLI，而是更喜欢 Terraform 之类的解决方案，手边有云 CLI 也可以帮助你调试基础设施问题。

6. 使用与云 API 交互的工具

你已经了解到在使用云厂商的产品时供应商锁定的危险。通常，每个云厂商将向所有其他供应商提供不同的 API 和不同的 CLI。有些情况下，较小的供应商提供抽象层，允许通过类似于知名供应商的 API 的 API 访问其产品。这种方法旨在帮助你将应用程序从一个平台迁移到另一个平台。

不过，这样的例子很少见，而且一般来说，一个供应商的服务交互工具与另一供应商的服务并不兼容。这不仅是在考虑从一个平台迁移到另一个平台时出现的问题，如果你希望在不同供应商云上托管应用程序，这也可能会出现问题。

为此，出现了一组新的工具，统称为**基础设施即代码**（Infrastructure as Code，IaC）工具，它们在不同的供应商之上提供了一个抽象层。这些工具也不一定局限于云厂商。它们通常是通用的，有助于自动化应用程序架构的许多不同层。

第 9 章中简要介绍了其中的一些。

12.5.2　云原生架构

新的工具允许架构师和开发人员对基础设施进行更多的抽象，并首先以云为中心进行构建。Kubernetes 和 OpenShift 等流行的解决方案正在推动这一趋势，但这一领域也包括许多较小的参与者。本书的第 15 章专门介绍云原生设计，并描述了构建应用程序的这种现代方法。

12.6　总结

在本章中，我们了解了实现面向服务架构的不同方法。由于服务可能以不同的方式与其环境交互，因此有许多架构模式可供选择。我们已经了解了最受欢迎的产品的优缺点。

我们关注了一些流行的架构实现：消息队列、REST Web 服务，以及托管服务和云平台。我们将在其他章节中介绍其他方法，例如微服务和容器。

在第 13 章中，我们将研究微服务。

问题

1. 在面向服务的架构中，服务的属性是什么？
2. Web 服务有哪些优点？
3. 微服务在何时不是一个好选择？
4. 消息队列有哪些用例？
5. 选择 JSON 而不是 XML 有哪些好处？
6. REST 如何建立在 Web 标准之上？
7. 云平台与传统托管有何不同？

进一步阅读

- *SOA Made Simple*: `https://www.packtpub.com/product/soa-made-simple/9781849684163`
- *SOA Cookbook*: `https://www.packtpub.com/product/soa-cookbook/9781847195487`

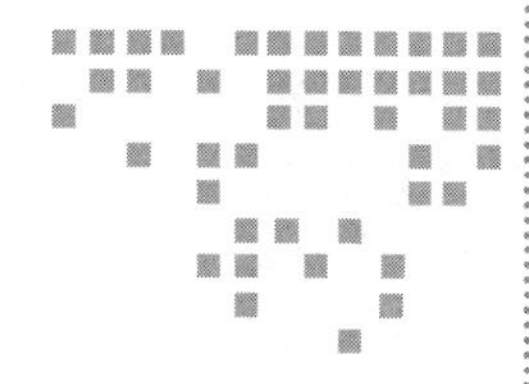

第 13 章 Chapter 13

微服务设计

随着微服务的日益普及，我们想在本书中用一整章来讨论它。在讨论架构时，你可能听到过“我们应该为此使用微服务吗?”之类疑问。本章将展示如何将现有应用程序迁移到微服务架构，以及如何构建利用微服务的新应用程序。

13.1 技术要求

本章中介绍的大多数示例不需要任何特定的软件。对于 `redis-cpp` 库，请检查 https://github.com/tdv/redis-cpp。

本章中的代码已放在 GitHub（https://github.com/PacktPublishing/Software-Architecture-with-Cpp/tree/master/Chapter13）上。

13.2 深入微服务

虽然微服务没有绑定到任何特定的编程语言或技术，但在实现微服务时，通常选择 Go 语言。这并不意味着其他语言不适合进行微服务开发——恰恰相反。C++ 的低计算和内存开销使其成为开发微服务的理想候选语言。

首先，我们先详细地看一下微服务的优点和缺点，然后再重点关注与微服务相关的设计模式（不同于第 4 章中介绍的一般设计模式）。

13.2.1 微服务的优点

你可能经常听到微服务最好的说法。的确，它们有一些优点。

1. 模块化

由于整个应用程序被分成许多相对较小的模块，因此更容易理解每个微服务的作用。自然，测试单个微服务也更容易。每个微服务通常具有有限的范围，这也有助于测试。毕竟，仅测试日历应用程序比测试整个**个人信息管理**（Personal Information Management，PIM）套件更容易。

然而，这种模块化是有代价的。团队可能对单个微服务有更好的理解，但同时也可能会发现更难理解整个应用程序是如何组成的。虽然不需要了解构成应用程序的微服务的所有内部细节，但组件之间的大量关联关系导致了一种认知挑战。在使用这种架构方法时，使用微服务契约是一种很好的做法。

2. 可伸缩性

扩展范围有限的应用程序更容易。其中一个原因是潜在的瓶颈较少。

缩放工作流的较小部分也更具成本效益。设想一个负责管理交易会的单体应用程序。一旦系统开始表现出性能问题，唯一的扩展方法就是引入一台更大的机器来运行该程序。这就是所谓的垂直缩放。

使用微服务，第一个优点是可以水平扩展，即引入更多机器而不是更大的机器（成本通常更低）。第二个优点是，只需要扩展应用程序中存在性能问题的部分。这也有助于节省基础设施费用。

3. 灵活性

如果设计得当，微服务不易被供应商绑定。当要切换其中一个第三方组件时，不必一次完成整个痛苦的迁移。微服务设计考虑到你需要使用接口，因此唯一需要修改的部分就是微服务和第三方组件之间的接口。

这些组件也可能一个接一个地迁移，其中一些仍然使用旧供应商的软件。这意味着你可以避免在多个地方同时引入具有破坏性变更的风险。此外，你可以将此与金丝雀部署模式相结合，以更精细的方式管理风险。

这种灵活性不仅与单个服务有关，它还可能意味着使用不同的数据库、不同的队列和消息传递解决方案，甚至是完全不同的云平台。虽然不同的云平台通常提供不同的服务和API来使用它们，但使用微服务架构，你可以逐个迁移工作负载，并在新平台上进行独立测试。

当由于性能问题、可伸缩性或可用依赖项而需要重写时，重写微服务要比重写单体服务快得多。

4. 与遗留系统集成

微服务不一定是一种要么全有要么全无的方法。如果应用程序经过了良好的测试，迁移到微服务可能会带来很多风险，那么就没有必要完全摒弃正常工作的解决方案。更好的做法是只拆分需要进一步开发的部分，并将其作为原始系统使用的微服务引入。

通过这种方法，你将获得与微服务相关的敏捷发布周期的好处，同时避免从头开始创建新的架构并重建整个应用程序。如果某些功能已经运行良好，那么最好关注如何在不破坏好的部分的情况下添加新功能，而不是从头开始。在这里要小心，因为从头开始经常用来形容自我膨胀！

5. 分布式开发

开发团队规模小、坐在一起进行开发的时代早已过去。即使在传统的公司，远程工作和分布式开发也已成事实。IBM、微软和英特尔等巨头都有来自不同地点的人员共同参与一个项目的情形。

微服务开发更适合更小、更敏捷的团队，这使得分布式开发更加容易。当不再需要促进 20 人或 20 人以上的团队之间的沟通时，建立自我组织的团队也更容易，因为需要的外部管理更少。

13.2.2　微服务的缺点

即使你认为由于微服务的优点，你可能需要使用它们，也请记住它们也有一些严重的缺点。简而言之，它们绝对不适合每个人。大公司通常可以抵消这些缺点，但小公司通常不够奢侈，无法抵消这种缺点。

1. 依赖成熟的 DevOps 方法

构建和测试微服务应该比在大型单体应用程序上执行类似操作快得多。但是，为了实现敏捷开发，这种构建和测试需要被更频繁地执行。

虽然在处理单体应用程序时手动部署可能是明智的，但如果将相同的方法应用于微服务，则会导致很多问题。

为了在开发中引入微服务，必须确保团队具有 DevOps 思维方式，并理解构建和运行微服务的需求。仅将代码交给其他人而忘记它是不够的。

DevOps 思维将帮助团队尽可能实现自动化。在没有持续集成 / 持续交付管道的情况下开发微服务可能是软件架构中最糟糕的一种做法。这种方法将突出微服务的所有其他缺点，而不会发挥其大部分优点。

2. 更难调试

微服务需要引入可观测性。如果没有它，当事情发生时，你永远不知道从哪里开始寻找潜在的根因。可观测性是一种推断应用程序状态的方法，无须运行调试器或将日志记录到正在运行工作负载的计算机。

日志聚合、应用程序指标、监控和分布式跟踪的组合是管理基于微服务的架构的先决条件。如果你认为自动伸缩和自我修复机制甚至可能会阻止你访问单个服务（如果它们开始崩溃的话），那么这一点尤其正确。

3. 额外开销

微服务应该是精简和灵活的。然而，基于微服务的架构通常需要额外的开销。第一层开销与用于微服务通信的附加接口有关。RPC 库、API 提供者和消费者不仅要乘以微服务的数量，还要乘以其副本的数量。第二层开销来自辅助服务，如数据库、消息队列等。这些服务还包括可观测性服务（通常由存储设施和收集数据的独立收集器组成）。

因更好的扩展优化而降低的成本可能会被运行整个服务组所需的额外成本抵消，而这些服务不会立即带来业务价值。此外，可能很难证明这些成本（基础设施和开发开销方面）的合理性。

13.2.3 微服务的设计模式

许多通用设计模式也适用于微服务，有一些设计模式与微服务密切相关。这里介绍的模式对于新建项目以及整体应用程序迁移都很有用。

1. 分解模式

这些模式与微服务的分解方式有关。我们希望确保架构稳定，服务松耦合。我们还希望确保服务具有内聚性和可测试性。最后，我们希望自主团队完全拥有一个或多个服务。

按业务能力分解

其中一种分解模式要求按业务能力进行分解。业务能力是指企业为了创造价值所做的事情，例如商家管理和客户管理。业务能力通常按层次结构组织。

应用此模式时面临的主要挑战是正确识别业务能力。这需要了解业务本身，并可能从与业务分析师的合作中受益。

按子域分解

另一种分解模式与**领域驱动设计**（Domain-Driven Design，DDD）方法有关。要定义服务，需要识别 DDD 子域。就像业务能力一样，识别子域需要了解业务上下文。

这两种方法的主要区别在于，按业务能力分解，重点更多地放在业务的组织（结构）上，而按子域分解，重点则放在业务试图解决的问题上。

2. 独立数据库模式

数据存储和处理在每个软件架构中都是一个复杂问题。错误的选择可能会影响可伸缩性、性能或维护成本。使用微服务，会因我们希望微服务松耦合而增加复杂性。

这便产生了一种设计模式，即每个微服务都连接到自己的数据库，因此它独立于其他服务引入的任何更改。虽然这种模式增加了一些开销，但它的好处是可以单独优化每个微服务的模式和索引。

由于数据库往往是相当庞大的基础设施，这种方法可能不可行，因此在微服务之间共享数据库是可以理解的。

3. 部署策略

对于在多个主机上运行的微服务，你可能想知道用哪种方式分配资源更好。我们来比较两种可能的方法。

每个主机单个服务

这种模式允许每个主机只为特定类型的微服务服务。主要的好处是，你可以调整机器以更好地适应工作负载，并且可以很好地隔离服务。当提供超大内存或快速存储时，应确保它仅用于需要它的微服务。该服务也无法消耗比配置的资源更多的资源。

这种方法的缺点是某些主机可能未得到充分利用。一种可能的解决方法是使用仍然满足微服务需求的最小机器，并在必要时对其进行扩展。然而，这种解决方法并不能解决主机本身增加额外开销的问题。

每个主机多个服务

另一种方法是每个主机托管多个服务。它的优点是有助于优化机器的利用率，但也有一些缺点。首先，不同的微服务可能需要进行不同的优化，因此在单个主机上托管它们仍然是很难的。此外，使用这种方法，你将失去对主机分配的控制，因此某个微服务中的问题可能会导致同一位置的微服务中断，即使原本（不部署在一起时）后者不会受到影响。

另一个问题是微服务之间存在依赖冲突。当微服务彼此不隔离时，部署时必须考虑可能的依赖关系。这种模式也不太安全。

4. 可观测模式

在 13.2.1 节中，我们提到模块化的微服务是有代价的。这个代价包括引入可观测性要求，否则可能会失去调试应用程序的能力。以下是一些与可观测性相关的模式。

日志聚合

微服务像单体应用程序一样使用日志记录功能。它不在本地存储日志，而是将日志聚合并转发到中央设施。这样，即使服务关闭，日志也可用。以集中方式存储日志也有助于关联不同微服务的数据。

应用程序指标

要根据数据做出决策，首先需要获得一些数据。收集应用程序指标有助于了解实际用户使用的应用程序的行为，而不是在集成测试中的行为。收集这些指标的方法是推送（应用程序主动调用性能监控服务）和拉取（性能监控服务定期检查配置的端点）。

分布式跟踪

分布式跟踪不仅有助于调查性能问题，而且有助于更好地了解真实流量下应用程序的行为。与从单个点收集信息的日志记录不同，跟踪关注的是从用户操作开始的单个事务的整个生命周期。

运行状况检查 API

由于微服务通常是自动化的，因此它们需要具备沟通内部状态的能力。即使进程存在于系统中，也不意味着应用程序可以运行。开放网络端口也是如此，应用程序可能正在侦听，但尚不能够响应。运行状况检查 API 为外部服务提供了一种确定应用程序是否做好处理工作负载的准备的方法。自我修复和自动伸缩机制通过运行状况检查来确定何时需要干预。基本前提是，当应用程序按预期运行时，给定端点（例如 `/health`）返回 HTTP 代码 `200`，如果发现问题，则返回其他代码（或根本不返回）。

既然你已经知道了微服务所有的优点、缺点和模式，接下来我们将展示如何拆分单体应用程序，并将各部分转化为微服务。所提出的方法并非仅限于微服务，它们在其他情况下也可能有用，包括适用于单体应用程序。

13.3 构建微服务

关于单体应用程序，有很多观点。一些架构师认为，单体本身就是错误的，因为它们不能很好地伸缩，是紧耦合的，难以维护。还有一些人声称，单体应用程序带来的性能优势足以抵消它们的缺点。事实上，紧耦合组件在网络、处理能力和内存方面的开销比松耦合组件少。

由于每个应用程序都有独特的业务需求，并且在涉及利益相关者时都在一个独特的环境中运行，因此对于哪种方法更适合没有通用的判断规则。更令人困惑的是，在最初从单体迁移到微服务之后，一些公司开始将微服务整合为宏观服务。这是因为维护数千个独立的软件实例的负担太大了，无法处理。

选择一种架构而不是另一种架构时，应该始终考虑业务需求并对不同替代方案进行仔细分析。将意识形态置于实用主义之前通常会在组织内造成大量浪费。当团队试图不惜一切代价坚持既定的方法，而不考虑其他解决方案或外部意见时，该团队就不再履行为正确的工作提供正确工具的义务。

如果你正在开发或维护一个单体应用程序，你可以考虑提高其可伸缩性。本节中介绍的技术旨在解决这个问题，同时如果你决定迁移到微服务，也可以使应用程序更容易迁移。

三个主要瓶颈源为：

- 内存。
- 存储。
- 计算。

我们将展示如何解决这些瓶颈，以开发基于微服务的可扩展解决方案。

13.3.1 外部内存管理

帮助微服务扩展的方法之一是将部分任务放在外部。内存管理和数据缓存是一项可能阻碍扩展工作的任务。

对于单体应用程序，将缓存数据直接存储在进程内存中不成问题，因为无论如何，进程将是唯一访问缓存的对象。但是，如果进程有多个副本，这种方法就会出现一些问题。

如果一个副本已经计算了一部分工作负载并将其存储在本地缓存中，该怎么办？另一个副本不知道这一事实，必须重新计算。这样，应用程序既浪费了计算时间（因为同一任务执行多次），也浪费了内存（因为每个副本都要单独存储一个结果）。

为了应对这些挑战，请考虑切换到外部内存存储，而不是在应用程序内部管理缓存。使用外部内存解决方案的一个好处是缓存的生命周期不再与应用程序的生命周期绑定。你可以重新启动和部署应用程序的新版本，已存储在缓存中的值将被保留。

这也可能导致启动时间更短，因为应用程序在启动期间不再需要执行计算。两个流行的解决方案是 Memcached 和 Redis。

1. Memcached

Memcached 于 2003 年发布，是两者中较早的产品。这是一个通用的分布式键值存储。该项目的最初目标是通过将缓存值存储在内存中来卸载 Web 应用程序中使用的数据库。Memcached 的设计就是分布式的。从 1.5.18 版开始，可以在不丢失缓存内容的情况下重新启动 Memcached 服务器。这通过使用 RAM 磁盘作为临时存储空间来实现。

它使用一个简单的 API，可以通过 telnet 或 netcat 操作，也可以使用许多流行编程语言的绑定。没有任何专门针对 C++ 的绑定，但可以使用 C/C++ `libmemcached` 库。

2. Redis

Redis 是一个比 Memcached 更新的项目，其初始版本于 2009 年发布。此后，Redis 在许多情况下取代了 Memcached。就像 Memcached 一样，它是一个通用的分布式内存键值存储。

与 Memcached 不同，Redis 还具有可选的数据持久性。Memcached 对简单字符串的键和值进行操作，而 Redis 还支持其他数据类型，例如：

- 字符串列表。
- 字符串集合。
- 已排序的字符串集合。
- 键和值为字符串的哈希表。
- 地理空间数据（自 Redis 3.2 以来）。
- 超级日志（HyperLogLogs）。

Redis 的设计使其成为缓存会话数据、缓存网页和实现排行榜的绝佳选择。除此之外，它还可以用于消息队列。流行的 Python 分布式任务队列库 Celery 将 Redis 与 RabbitMQ 和 Apache SQS 一起用作可能的代理。

微软、亚马逊、谷歌和阿里巴巴都提供基于 Redis 的托管服务，作为其云平台的一部分。

在 C++ 中，有许多 Redis 客户端的实现。两个比较有趣的实现是使用 C++17 编写的

redis-cpp 库（https://github.com/tdv/redis-cpp）和使用 Qt 工具包的 QRedisClient（https://github.com /uglide/qredisclient）。

以下来自官方文档的 redis-cpp 用法示例说明了如何使用它来设置和获取存储中的数据：

```
#include <cstdlib>
#include <iostream>

#include <redis-cpp/execute.h>
#include <redis-cpp/stream.h>

int main() {
  try {
    auto stream = rediscpp::make_stream("localhost", "6379");

    auto const key = "my_key";

    auto response = rediscpp::execute(*stream, "set", key,
                                      "Some value for 'my_key'", "ex",
                                      "60");

    std::cout << "Set key '" << key << "': "
              << response.as<std::string>()
              << std::endl;

    response = rediscpp::execute(*stream, "get", key);
    std::cout << "Get key '" << key << "': "
              << response.as<std::string>()
              << std::endl;
  } catch (std::exception const &e) {
    std::cerr << "Error: " << e.what() << std::endl;
    return EXIT_FAILURE;
  }
  return EXIT_SUCCESS;
}
```

如你所见，该库可以处理不同的数据类型。该示例将值设置为字符串列表。

3. 哪个内存缓存更好

对于大多数应用程序来说，Redis 都是比较好的选择。它有一个更好的用户社区，有很多不同的实现，并且得到了很好的支持。除此之外，它还具有快照、复制、事务和发布 / 订阅模型。在 Redis 中可以嵌入 Lua 脚本，对地理空间数据的支持使其成为支持地理信息的 Web 应用程序和移动应用程序的最佳选择。

但是，如果你的主要目标是在 Web 应用程序中缓存数据库查询的结果，那么 Memcached 是一个更简单的解决方案，开销更少。这意味着它能更好地使用资源，因为它不必存储类型元数据或在不同类型之间执行转换。

13.3.2 外部存储

在引入和扩展微服务时，另一个可能的限制是存储。传统上，使用本地块设备存储不属于数据库的对象（例如静态 PDF 文件、文档或图像）。即使在如今，块存储仍然非常受本地块设备和网络文件系统（如 NFS 或 CIFS）的欢迎。

虽然 NFS 和 CIFS 属于**网络连接存储**（Network-Attached Storage，NAS）领域，但也有与在不同级别上运行的概念相关的协议：**存储区域网络**（Storage Area Network，SAN）。其中流行的是 iSCSI、**网络块设备**（Network Block Device，NBD）、以太网 ATA、光纤通道协议和以太网光纤通道。

另一种方法是为分布式计算设计的集群文件系统：GlusterFS、CephFS 或 Lustre。然而，所有这些都作为块设备运行，向用户公开相同的 POSIX 文件 API。

作为 AWS 的一部分，人们提出了一种新的存储观点。Amazon **简单存储服务**（Simple Storage Service，S3）是对象存储。API 提供对存储在桶中的对象的访问。这与传统的文件系统不同，因为文件、目录或索引节点之间没有区别。有指向对象的桶和键，对象是服务存储的二进制数据。

13.3.3　外部计算

微服务的原则之一是，进程只负责完成工作流的一部分。从单体应用程序迁移到微服务时，自然需要定义可能的长时间运行的任务，并将其拆分到各个进程中。

这是任务队列背后的概念。任务队列处理任务管理的整个生命周期。你可以委托要执行的任务，然后由任务队列异步处理，而不是自己使用任务队列实现线程或多进程处理。该任务可以在与发起进程相同的机器上执行，但也可以在具有特殊要求的机器上运行。

任务及其结果是异步的，因此主进程中没有阻塞。Web 开发中流行的任务队列有 Celery（Python）、Sidekiq（Ruby）、Kue（Node.js）和 Machinery（Go）。它们都可以作为代理与 Redis 一起使用。不幸的是，没有任何类似的成熟解决方案可用于 C++。

如果你正在认真考虑采用此路线，一种可能的方法是直接在 Redis 中实现任务队列。Redis 及其 API 提供了支持这种行为的必要原语。另一种可能的方法是使用现有的任务队列，例如 Celery，并通过直接调用 Redis 来调用它们。然而，这并不可取，因为它依赖于任务队列的实现细节，而不是文档化的公共 API。还有一种方法是使用 SWIG 或类似方法提供的绑定来连接任务队列。

13.4　观测微服务

构建的每个微服务都需要遵循一般的架构设计模式。微服务和传统应用程序之间的主要区别是，前者需要实现可观测性。

本节重点介绍实现可观测性的一些方法。我们在这里描述了几个在设计系统时可能有用的开源解决方案。

13.4.1 日志记录

即使你从未设计过微服务，也应该熟悉日志记录。日志（或日志文件）存储系统中发生事件的信息。系统可能是指应用程序、运行应用程序的操作系统或用于部署的云平台。这些组件中的每一个都可以提供日志。

日志存储为单独的文件，因为它们提供发生的所有事件的永久记录。当系统无响应时，我们希望可以查询日志并找出停机的可能根因。

这意味着日志还提供审计跟踪。因为事件是按时间顺序记录的，所以我们能够通过检查记录的历史状态来了解系统的状态。

为了帮助调试，日志通常是人类可读的。日志有二进制格式，但在使用文件存储日志时，这种格式非常罕见。

1. 记录微服务日志

这种日志记录方法本身与传统方法没有太大区别。微服务通常将日志输出到 `stdout`，而不是使用文本文件在本地存储日志。然后，使用统一日志层来检索日志并处理它们。要实现日志记录，需要一个日志库，你可以根据需要进行配置。

2. 用 spdlog 记录 C++ 日志

`spdlog` 是 C++ 中流行且速度很快的日志库。它是用 C++11 构建的，可以用作头文件库或静态库（这减少了编译时间）。

`spdlog` 的有趣特性包括：

- 格式化。
- 多个接收器：
  - 循环覆盖文件（rotating files）。
  - 控制台（console）。
  - 系统日志（syslog）。
  - 自定义接收器（实现为单个功能）。
- 多线程和单线程版本。
- 可选异步模式。

`spdlog` 可能缺少的一个特性是对 Logstash 或 Fluentd 的直接支持。如果想使用这些聚合器，仍然可以配置 `spdlog` 使用文件接收器来输出，并使用 Filebeat 或 Fluent Bit 将文件内容转发到适当的聚合器。

3. 统一日志层

大多数时候，我们无法控制使用的所有微服务。有些微服务将使用一个日志库，而另一些微服务将使用另一个日志库。除此之外，格式可能完全不同，循环覆盖策略也可能完全不同。更糟糕的是，仍有操作系统事件需要与应用程序事件关联。这就是统一日志层发挥作用的地方。

统一日志层的一个目的是从不同的源收集日志。这种统一日志层工具提供了许多集成项，可以理解不同的日志记录格式和传输方式（如文件、HTTP 和 TCP）。

统一日志层还能够过滤日志。我们可能希望通过过滤来满足规定，匿名化客户的个人信息，或保护服务的实施细节。

为了便于以后查询日志，统一日志层还可以转换日志记录格式。即使你使用的不同服务以 JSON、CSV 和 Apache 格式存储日志，统一日志层解决方案也能够将它们全部结构化为 JSON 格式。

统一日志层的最终任务是将日志转发到下一个目的地。根据系统的复杂性，下一个目的地可能是存储设施或另一个过滤、翻译和转发设施。

这里有一些有趣的组件，可以帮助你构建统一日志层。

Logstash

Logstash 是最流行的统一日志层解决方案之一。目前，它由 Elasticsearch 背后的公司 Elastic 拥有。如果你听说过 ELK 栈（现在称为 Elastic Stack），那么就知道 Logstash 代表首字母缩略词中的“L”。

Logstash 是用 Ruby 编写的，然后被移植到 JRuby。不幸的是，这意味着它相当耗费资源。因此，不建议在每台机器上运行 Logstash。相反，它主要用作日志转发器，然后在每台机器上部署轻量级 Filebeat，只执行收集功能。

Filebeat

Filebeat 是 Beats 系列产品的一部分。它们的目标是为 Logstash 提供一个轻量级的替代方案，可以直接与应用程序一起使用。

通过这种方式，Beats 提供了可伸缩性好且低开销的特性，而 Logstash 集中完成所有繁重的工作，包括翻译、过滤和转发。

除了 Filebeat，Beats 系列的其他产品有：

- 用于性能度量的 Metricbeat。
- 用于网络数据的 Packetbeat。
- 用于审计数据的 Auditbeat。
- 用于正常运行时间监控的 Heartbeat。

Fluentd

Fluentd 是 Logstash的主要竞争对手。它也是一些云厂商选择的工具。

由于其使用插件的模块化方法，你可以找到数据源（如 Ruby 应用程序、Docker 容器、SNMP 或 MQTT 协议）、数据输出（如 Elastic Stack、SQL Database、Sentry、Datadog 或 Slack）以及其他几种过滤器和中间件的插件。

Fluentd 的资源应该比 Logstash 轻，但它仍然运行大规模部署的系统的完美解决方案。与 Fluentd 一起工作的 Filebeat 对应的是 Fluent Bit。

Fluent Bit

Fluent Bit 是用 C 语言编写的，它提供了一种更快、更轻的解决方案，可插入 Fluentd。作为日志处理器和转发器，它还具有许多输入和输出集成功能。

除了收集日志，Fluent Bit 还可以监控 Linux 系统上的 CPU 和内存指标。它可以与 Fluentd 一起使用，也可以直接转发到 Elasticsearch 或 InfluxDB。

Vector

虽然 Logstash 和 Fluentd 是稳定、成熟和久经考验的解决方案，但在统一日志层空间中也有新的方案。

其中之一是 Vector，它的目标是在单个工具中处理所有的可观测性数据。区别于竞争对手，它注重性能和正确性。这也反映在技术的选择上。Vector 将 Rust 用于引擎，将 Lua 用于脚本（与 Logstash 和 Fluentd 使用的自定义领域特定语言不同）。

在撰写本书时，它还没有达到稳定的 1.0 版本，所以在这一点上，它不应该被视为已经能用于生产环境了。

4. 日志聚合

日志聚合解决了另一个由过多数据引起的问题：如何存储和访问日志？虽然统一日志层使日志即使在机器停机的情况下也可用，但日志聚合的任务是帮助我们快速找到所需的信息。

允许存储、索引和查询大量数据的两种可能的产品是 Elasticsearch 和 Loki。

Elasticsearch

Elasticsearch 是最流行的自托管日志聚合解决方案。这是（前）ELK 栈中的“E”。它有一个基于 Apache Lucene 的强大搜索引擎。

作为该领域的事实标准，Elasticsearch 有很多集成项，得到了社区和商业服务的大力支持。一些云厂商将 Elasticsearch 作为托管服务提供，这使得在应用程序中引入 Elasticsearch 更加容易。除此之外，Elasticsearch 的制造公司 Elastic 提供了一个托管解决方案，该解决方案不与任何特定的云厂商绑定。

Loki

Loki 旨在解决 Elasticsearch 的一些缺点。Loki 重点关注水平可伸缩性和高可用性。它从一开始就是作为云原生解决方案构建的。

Loki 的设计灵感来自 Prometheus 和 Grafana。这并不奇怪，因为它是由负责 Grafana 的团队开发的。

虽然 Loki 应该是一个稳定的解决方案，但它不像 Elasticsearch 那样受欢迎，这意味着可能会缺少一些集成项，文档和社区支持也不会与 Elasticsearch 处于同一级别。Fluentd 和 Vector 都有支持 Loki 进行日志聚合的插件。

5. 日志可视化

最后，我们要考虑的是日志可视化。这有助于我们查询和分析日志。它以可访问的方式显示数据，以便所有相关方（如运营商、开发人员、QA 或业务部门）都可以对其进行检查。

日志可视化工具使我们能够创建仪表板，从而更容易地读取我们感兴趣的数据。通过这些工具，我们能够从简单的用户界面中探索事件、搜索相关数据并查找异常数据。

有两种产品专门用于日志可视化。

Kibana

Kibana 是 ELK 栈的最后一个元素。它在 Elasticsearch 之上提供了一种更简单的查询语言。尽管你可以使用 Kibana 查询和可视化不同类型的数据，但它主要用于日志。

与 ELK 栈的其他元素一样，它目前是可视化日志的事实标准。

Grafana

Grafana 是另一个数据可视化工具。直到最近，它主要关注性能指标的时间序列数据。然而，随着 Loki 的引入，它现在也可能用于日志。

它的优势之一是，它在构建时考虑了可插拔的后端，因此可以轻松切换存储来满足不同需求。

13.4.2　监控

监控是从系统中收集性能相关指标的过程。当与告警配合使用时，监控有助于我们了解系统何时按预期运行以及何时发生事故。

我们最感兴趣的三类指标如下：

- 可用性，它让我们知道哪些资源正在运行，哪些资源已崩溃或无响应。
- 资源利用率，它让我们深入了解系统的工作负载情况。
- 性能，它向我们展示了可以在何处以及如何提高服务质量。

监控的两种模型是推（push）和拉（pull）。在前者中，每个被监控对象（机器、应用程序和网络设备）都会定期将数据推送到中心点。在后者中，对象在配置的端点上呈现数据，而监控代理定期抓取数据。

拉模型使伸缩更容易。这样，多个对象就不会阻塞监控代理连接。相反，多个代理可以随时收集数据，从而更好地利用可用资源。

Prometheus 和 InfluxDB 是两个以 C++ 客户端库为特色的监控解决方案。Prometheus 是一个拉模型的例子，它专注于收集和存储时间序列数据。默认情况下，InfluxDB 使用推模型。除监控之外，它还适用于物联网、传感器网络和家庭自动化。

Prometheus 和 InfluxDB 通常与 Grafana 一起用于可视化数据和管理仪表板。两者都内置告警，但也可以通过 Grafana 与外部告警系统集成。

13.4.3　跟踪

跟踪提供的信息通常低于事件日志的级别。另一个重要区别是，跟踪存储每个事务的 ID，因此很容易将整个工作流可视化。此 ID 通常称为跟踪 ID、事务 ID 或关联 ID。

与事件日志不同，跟踪信息不应是人类可读的。它们由跟踪器处理。在实现跟踪时，必须使用与系统的所有可能元素（前端应用程序、后端应用程序和数据库）集成的跟踪解决方案。这样，跟踪才有助于查明性能滞后的确切原因。

1. OpenTracing

OpenTracing 是分布式跟踪的标准之一。这一标准是由 Jaeger 的作者提出的，Jaeger 是一个开源跟踪器。

除 Jaeger 之外，OpenTracing 还支持许多不同的跟踪器，并且它支持多种不同的编程语言，包括：

- Go。
- C++。
- C#。
- Java。
- JavaScript。
- Objective-C。
- PHP。
- Python。
- Ruby。

OpenTracing 最重要的特点是它与供应商无关。这意味着，一旦我们测试了应用程序，就不需要修改整个代码库来切换不同的跟踪器了。这样可以防止供应商锁定。

2. Jaeger

Jaeger 是一种跟踪程序，可用于各种后端，包括 Elasticsearch、Cassandra 和 Kafka。

它与 OpenTracing 原生兼容，这并不奇怪。由于它是云原生计算基金会资助的项目，因此它具有强大的社区支持，这也意味着与其他服务和框架集成良好。

3. OpenZipkin

OpenZipkin 是 Jaeger 的主要竞争对手。它在市场上存在很长时间了。虽然这意味着它是一个更成熟的解决方案，但与 Jaeger 相比，它的受欢迎程度正在下降。特别是，OpenZipkin 中的 C++ 没有得到积极维护，这可能会导致未来的维护问题。

13.4.4 集成可观测性解决方案

如果你不想自己构建可观测性层，那么可以考虑使用一些流行的商业解决方案。它们都以软件即服务模型运行。我们不会在这里进行详细的比较，因为在本书出版之后，这些产品可能会发生巨大变化。

这些服务如下：

- Datadog。

❑ Splunk。

❑ Honeycomb。

在本节中，你已经看到了如何在微服务中实现可观测性。接下来，我们将继续学习如何连接微服务。

13.5　连接微服务

微服务之所以如此有用，是因为它们可以以许多不同的方式与其他服务连接，从而创造新的价值。然而，由于微服务没有标准，因此没有一种标准的连接方式。

这意味着大多数时候，当我们想要使用特定的微服务时，我们必须学习如何与之交互。好消息是，尽管可以在微服务中实现通信方法，但大多数微服务都遵循一些流行的方法。

在围绕微服务设计架构时，如何连接微服务只是相关问题之一。另外的问题是与谁连接以及在哪里连接。这就是服务发现发挥作用的地方。通过服务发现，我们让微服务使用自动化方法来发现和连接应用程序中的其他服务。

这三个问题将是我们的下一个主题。我们将介绍现代微服务使用的一些最流行的通信和发现方法。

13.5.1　应用程序编程接口

就像软件库一样，微服务通常也公开应用程序编程接口（Application Programming Interface，API）。这些 API 使得与微服务通信成为可能。由于典型的通信方式利用计算机网络，因此最流行的 API 形式是 Web API。

在第 12 章中，我们已经介绍了 Web 服务的一些可能的方法。如今，微服务通常使用基于 REST 的 Web 服务。

13.5.2　远程过程调用

虽然 REST 等 Web API 允许轻松调试和良好的互操作性，但数据转换及使用 HTTP 进行数据传输的开销很大。

对于某些微服务来说，这种开销可能太大，因此会选择使用轻量级的远程过程调用（Remote Procedure Call，RPC）。

1. Apache Thrift

Apache Thrift 是一种接口描述语言和二进制通信协议。它被用作 RPC 方法，允许创建以多种语言构建的分布式可扩展服务。

它支持多种二进制协议和传输方法。每种编程语言都使用原生数据类型，因此即使在现有的代码库中也很容易引入。

2. gRPC

如果你真的关心性能，你会发现基于文本的解决方案不适合你。REST（无论多么优雅和多么容易理解）对于你的需求来说，可能太慢了。如果是这种情况，你应该尝试围绕二进制协议构建 API。其中日益流行的一个是 gRPC。

顾名思义，gRPC 是一个最初由 Google 开发的 RPC 系统。它使用 HTTP/2 进行传输，将 Protocol Buffers 作为**接口描述语言**（Interface Description Language，IDL）来实现多种编程语言之间的互操作性和数据序列化。你可以使用替代技术，例如 FlatBuffers。gRPC 既可以同步使用，也可以异步使用，允许创建简单服务和流式服务。

假设你决定使用 `protobufs`，那么 `Greeter` 服务的定义如下：

```
service Greeter {
 rpc Greet(GreetRequest) returns (GreetResponse);
}

message GreetRequest {
 string name = 1;
}

message GreetResponse {
 string reply = 1;
}
```

使用 `protoc` 编译器，你可以根据此定义创建数据访问代码。假设你希望为 `Greeter` 提供一个同步服务器，则可以通过以下方式创建服务：

```
class Greeter : public Greeter::Service {
  Status sendRequest(ServerContext *context, const GreetRequest
*request,
                     GreetReply *reply) override {
    auto name = request->name();
    if (name.empty()) return Status::INVALID_ARGUMENT;
    reply->set_result("Hello " + name);
    return Status::OK;
  }
};
```

然后，为其构建并运行服务器：

```
int main() {
  Greeter service;
  ServerBuilder builder;
  builder.AddListeningPort("localhost", grpc::InsecureServerCredentials());
  builder.RegisterService(&service);

  auto server(builder.BuildAndStart());
  server->Wait();
}
```

就这么简单。现在，我们来看一下使用此服务的客户端：

```
#include <grpcpp/grpcpp.h>

#include <string>
```

```
#include "grpc/service.grpc.pb.h"

using grpc::ClientContext;
using grpc::Status;

int main() {
  std::string address("localhost:50000");
  auto channel =
      grpc::CreateChannel(address, grpc::InsecureChannelCredentials());
  auto stub = Greeter::NewStub(channel);

  GreetRequest request;
  request.set_name("World");

  GreetResponse reply;
  ClientContext context;
  Status status = stub->Greet(&context, request, &reply);

  if (status.ok()) {
    std::cout << reply.reply() << '\n';
  } else {
    std::cerr << "Error: " << status.error_code() << '\n';
  }
}
```

这是一个简单的同步示例。要使其异步工作，你需要添加标记和 `CompletionQueue`，如 gRPC 网站上所述。

gRPC 的一个有趣特性是它可用于 Android 和 iOS 上的移动应用程序。这意味着，如果你在内部使用 gRPC，则不必提供额外的服务器来转换来自移动应用程序的流量。

在本节中，你学习了微服务最流行的通信和发现方法。接下来，我们来看微服务如何扩展。

13.6　扩展微服务

微服务的一个显著好处是，它们比单体服务的扩展效率更高。在相同的硬件基础设施下，理论上，微服务的性能比单体服务更高。

实际上，并不是那么简单。微服务和相关的辅助程序也产生开销，对于规模较小的应用程序，其性能可能不如优化的单体服务。

记住，即使“纸上”看起来很好，也不意味着它可落地。如果你希望将架构决策基于可伸缩性或性能，最好准备计算和实验。这样，你的行为将基于数据，而不仅仅是基于感觉。

13.6.1　扩展每个主机部署的单个服务

对于每个主机部署一个服务的情况，扩展微服务需要添加或删除承载微服务的额外机器。如果应用程序运行在云架构（公共或私有）上，许多供应商提供了一个称为“自动缩放组”的概念。

自动缩放组定义了将在所有分组实例上运行的基本虚拟机映像。每当达到临界阈值（例如，80% 的 CPU 使用率）时，就会创建一个新实例并将其添加到组中。由于自动缩放组在负载均衡器后面运行，因此增加的流量会在现有实例和新实例之间分流，从而降低每个实例的平均负载。当流量高峰消退时，缩放控制器将关闭多余的机器以保持低成本。

不同的指标都可以作为缩放事件的触发器。CPU 负载是最容易使用的指标之一，但它可能不是最准确的。其他指标，例如队列中的消息数量，可能更适合该应用程序。

以下是缩放器策略的 Terraform 配置摘录：

```
autoscaling_policy {
    max_replicas = 5
    min_replicas = 3
    cooldown_period = 60
    cpu_utilization {
      target = 0.8
    }
}
```

这意味着在任何给定的时间，至少有三个实例在运行，最多有五个实例在运行。一旦所有组实例的 CPU 负载达到至少 80% 的平均值，缩放器就会触发。当这种情况发生时，将启动一个新实例。只有在新机器运行至少 60 秒（冷却期）后，才会收集新机器的指标。

13.6.2 扩展每个主机部署的多个服务

这种扩展模式适用于每个主机部署多个服务的情况。正如你想象的那样，这不是最有效的方法。仅基于单个服务的吞吐量减少来扩展整个服务集类似于扩展单体服务。

如果使用这种模式，则扩展微服务的更好方法是使用编排器。如果不想使用容器，则 Nomad 是一个很好的选择，它可以与许多不同的执行驱动程序一起使用。对于容器化的工作负载，Docker Swarm 或 Kubernetes 都可以提供帮助。编排器将在接下来的两章中再次讨论。

13.7 总结

微服务是软件架构中的一个新趋势。如果你知道它的危险性并做好了准备，它们可能是一个很好的选择。本章解释了有助于引入微服务的常见设计和迁移模式，还讨论了一些高级主题，例如在建立基于微服务的架构时至关重要的可观测性和连接性。

现在，你应该能够设计应用程序并将其分解为多个微服务，每个微服务都能够处理工作负载的某个部分。

虽然微服务本身就是有效的，但它们与容器结合使用时特别受欢迎。容器是第 14 章的主题。

问题

1. 为什么微服务能帮助你更好地使用系统资源？
2. 微服务和单体服务如何共存？
3. 哪些类型的团队从微服务中获益最大？
4. 为什么在引入微服务时需要有成熟的 DevOps 方法？
5. 什么是统一日志层？
6. 日志记录和跟踪有何不同？
7. 为什么 REST 不是连接微服务的最佳选择？
8. 微服务的部署策略是什么？它们各自的好处是什么？

进一步阅读

- *Mastering Distributed Tracing*: `https://www.packtpub.com/product/mastering-distributed-tracing/9781788628464`
- *Hands-On Microservices with Kubernetes*: `https://www.packtpub.com/product/hands-on-microservices-with-kubernetes/9781789805468`
- *Microservices* by Martin Fowler: `https://martinfowler.com/articles/microservices.html`
- Microservice architecture: `https://microservices.io/`

Chapter 14 第 14 章

容　　器

从开发过渡到生产一直是一个痛苦的过程。它涉及大量文档、移交、安装和配置。由于每种编程语言产生的软件的行为略有不同，因此部署异构应用程序总是很困难。

容器解决了其中一些问题。对于容器，安装和配置基本上是标准化的。有几种方法可以处理分发，但这个问题也需要遵循一些标准。这使得容器成为增加开发和运维之间合作的一个很好的选择。

14.1　技术要求

本章中的示例要求安装：

- Docker 20.10。
- manifest-tool（https://github.com/estesp/manifest-tool）。
- Buildah 1.16。
- Ansible 2.10。
- ansible-bender。
- CMake 3.15。

本章中的代码已放置在 GitHub（https://github.com/PacktPublishing/Software-Architecture-with-Cpp/tree/master/Chapter14）上。

14.2　重新介绍容器

容器最近引起了很大的轰动。有人可能会认为这是一种全新的技术。然而，事实并非如此。在 Docker 和 Kubernetes（目前行业中的主要容器）崛起之前，已经有 LXC 等解决方案了，它们提供了许多类似的功能。

我们可以通过1979年以来UNIX系统中可用的chroot机制来追溯将一个执行环境与另一个执行环境分离的根源。类似的概念也被用于FreeBSD jails和Solaris Zones。

容器的主要任务是将一个执行环境与另一个环境隔离。该隔离环境可以有自己的配置、不同的应用程序，甚至可以有与主机环境不同的用户账户。

尽管容器与主机隔离开来，但它们通常共享相同的操作系统内核。这是与虚拟化环境的主要区别。虚拟机具有专用的虚拟资源，这意味着它们在硬件级别上是分开的。容器在进程级别被分开，这意味着运行它们的开销更少。

容器的一个强大优势是能够打包并运行另一个已经为运行应用程序而优化和配置的操作系统。如果没有容器，构建和部署过程通常包括以下几个步骤：

1）构建应用程序。

2）提供示例配置文件。

3）准备好安装脚本和相关文件。

4）针对目标操作系统（如Debian或Red Hat）打包应用程序。

5）将软件包部署到目标平台。

6）安装脚本为应用程序运行奠定基础。

7）调整配置以适应现有系统。

当切换到容器时，不需要健壮的安装脚本。该应用程序将只针对一个已知的操作系统，即容器中的操作系统。配置也是如此：不准备许多可配置选项，而是针对目标操作系统预先配置应用程序，并与之一起分发。部署过程仅包括解压缩容器映像并在其中运行应用程序进程。

虽然容器和微服务通常被视为一回事，但事实并非如此。此外，容器可能指代应用程序容器或操作系统容器，只有应用程序容器适合用于微服务。以下几节将告诉你原因。我们将描述你可能遇到的不同容器类型，展示它们与微服务的关系，并解释何时使用它们（以及何时避免使用）。

14.2.1 容器类型

到目前为止，在所描述的容器中，操作系统容器与Docker、Kubernetes和LXD引领的当前容器趋势有着根本的不同。应用程序容器没有专注于用syslog和cron等服务重新创建整个操作系统，而是专注于在容器中运行单个进程——仅应用程序。

专有解决方案取代了所有常见的操作系统级服务。这些解决方案提供了一种统一的方法来管理容器中的应用程序。例如，PID为1的进程的标准输出被视为应用程序日志，而不是使用syslog来处理日志。应用程序容器的生命周期由运行时应用程序处理，而不是使用`init.d`或systemd等机制。

由于Docker目前是应用程序容器的主要解决方案，因此本书中将主要使用它作为示例。为了使内容更完整，我们将提供可行的替代方案，因为它们可能更匹配你的需求。由于项目和规范是开源的，因此这些替代方案与 Docker 兼容，可以用作替代品。

本章稍后将解释如何使用 Docker 构建、部署、运行和管理应用程序容器。

14.2.2 微服务的兴起

Docker 的成功与微服务应用的兴起不谋而合。毫不奇怪，因为微服务和应用程序容器可以自然地结合在一起。

没有应用程序容器，就没有简单统一的方法来打包、部署和维护微服务。尽管个别公司开发了一些方案来解决这些问题，但没有一个解决方案能够成为行业标准。

没有微服务，应用程序容器的影响也将非常有限。软件架构主要关注如何针对运行在那里的给定服务集创建明确配置的整个系统。用一个服务替换另一个服务需要改变架构。

当应用程序容器结合在一起时，它为微服务的分发提供了一种标准的方式。每个微型服务器都内置了自己的配置，因此自动缩放或自我修复等操作不再需要了解底层应用程序。

你仍然可以使用没有应用程序容器的微服务，也可以使用应用程序容器而不在其中托管微服务。例如，尽管 PostgreSQL 数据库和 NGINX Web 服务器都不是作为微服务设计的，但它们通常可用在应用程序容器中。

14.2.3 选择何时使用容器

容器方法有几个优点。操作系统容器和应用程序容器也有一些不同的用例，它们的优点就在于这些用例区别。

1. 容器的优点

与虚拟机（隔离环境的另一种流行方式）相比，容器在运行时需要的开销更少。与虚拟机不同的是，容器不需要运行单独版本的操作系统内核并使用硬件或软件虚拟化技术。应用程序容器也不运行通常在 syslog、cron 或 init 等虚拟机中常见的其他操作系统服务。此外，应用程序容器提供较小的映像，因为它们通常不必携带整个操作系统副本。在极端示例中，应用程序容器可以由单个静态链接的二进制文件组成。

此时，你可能会想，如果容器中只有一个二进制文件，为什么还要费心使用容器呢？使用统一和标准化的方法构建并运行容器有一个特别的好处。由于容器必须遵循特定的约定，因此与常规二进制文件相比，编排它们更容易，因为常规二进制文件可能对日志记录、配置、打开端口等有不同的期望。

另外一点是容器提供了一种内置的隔离方式。每个容器都有自己的进程命名空间和用户账户命名空间等。这意味着来自一个容器的进程（或多个进程）不知道主机上或其他容器中的进程。沙箱（sandboxing）甚至可以更进一步，因为你可以使用相同的标准用户界面为容器（无论是 Docker、Kubernetes 还是其他）分配内存和 CPU 配额。

标准化的运行时也意味着更高的可移植性。构建容器后，通常可以在不同的操作系统上运行它，而无须修改。这也意味着运行在操作（系统环境）上的效果与在开发（环境）中运行的效果非常接近。问题再现更容易，调试也更容易。

2. 容器的缺点

由于将工作负载移动到容器的压力很大，因此作为架构师，你需要了解与此类迁移相关的所有风险。这些好处已得到宣扬，你可能已经了解了。

采用容器的主要障碍是，并非所有应用程序都可以轻松迁移到容器。对于在设计时考虑了微服务的应用程序容器，这一点尤其正确。如果应用程序不基于微服务架构，那么将其放入容器中可能会带来更多的问题。

如果应用程序已经可以很好地扩展，使用基于 TCP/IP 的 IPC，并且大部分都是无状态的，那么迁移到容器应该没有多大挑战。否则，每一方面都将构成挑战，并促使重新思考现有设计。

与容器相关的另一个问题是持久性存储。理想情况下，容器应该没有自己的持久性存储。这使得它可以利用快速启动、易于扩展和灵活调度的优势。问题是，如果没有持久性存储，提供业务价值的应用程序就不可能存在。

通过使大多数容器无状态，并依赖外部非容器化组件来存储数据和状态，通常可以弥补这个缺点。这样的外部组件可以是传统的自托管数据库，也可以是云厂商的托管数据库。无论朝哪一个方向发展，都需要重新考虑架构并相应地修改它。

由于应用程序容器遵循特定的约定，因此必须修改应用程序以遵循这些约定。对于某些应用程序而言，这将是一项工作量很小的任务。对于其他组件，例如使用内存**进程间通信**（Inter-Process Communication，IPC）的多进程组件而言，就比较复杂。

经常被忽略的一点是，只要应用程序容器中的应用程序是本地 Linux 应用程序，应用程序容器就可以很好地工作。虽然也支持 Windows 容器，但它们既不方便，也不像 Linux 容器那样受支持。它们还需要作为主机运行的授权 Windows 计算机。

如果从头开始构建新的应用程序，并且可以基于此技术进行设计，那么更容易享受应用程序容器的好处。将现有应用程序移动到应用程序容器，特别是在它很复杂的情况下，将需要更多的工作量，并且可能还需要对整个架构进行修改。在这种情况下，建议仔细地考虑所有的利弊。做出错误的决定可能会影响产品的交付周期、可用性和预算。

14.3 构建容器

应用程序容器是本节的重点。虽然操作系统容器大多遵循系统编程原则，但应用程序容器带来了新的挑战和模式。此外，它们还提供专门的构建工具来应对这些挑战。我们将考虑的主要工具是 Docker，因为它是构建和运行应用程序容器的当前事实标准。我们还将介绍一些构建应用程序容器的替代方法。

除非另有说明，否则从现在起，每当我们使用“容器”一词时，它都指“应用程序容器”。

在本节中，我们将重点介绍使用 Docker 构建和部署容器的不同方法。

14.3.1 容器映像说明

在描述容器映像以及如何构建它们之前，了解容器和容器映像之间的区别至关重要。这两个术语经常会有混淆，特别是在非正式对话中。

容器和容器映像之间的区别与正在运行的进程和可执行文件之间的区别相同。

容器映像是静态的 它们是特定文件系统和相关元数据的快照。元数据描述了在运行时设置的环境变量，或者从映像创建容器时要运行的程序。

容器映像是动态的 它们正在运行包含在容器映像中的进程。我们可以从容器映像创建容器，也可以通过取正在运行的容器的快照来创建容器映像。实际上，容器映像构建过程包括创建多个容器、在其中执行命令，以及在命令完成后对其进行快照。

为了区分容器映像引入的数据和运行时生成的数据，Docker 使用联合安装文件系统来创建不同的文件系统层。这些层也存在于容器映像中。通常，容器映像的每个构建步骤对应于生成的容器映像中的新层。

14.3.2 使用 Dockerfile 构建应用程序

使用 Docker 构建应用程序容器映像的常见方法是使用 Dockerfile。Dockerfile 是一种命令式语言，描述生成结果映像所需的操作。一些操作将创建新的文件系统层，另一些操作将作用于元数据。

我们将不讨论与 Dockerfile 相关的细节。相反，我们将展示容器化 C++ 应用程序的不同方法。为此，我们需要引入一些与 Dockerfile 相关的语法和概念。

下面是一个非常简单的 Dockerfile 示例：

```
FROM ubuntu:bionic

RUN apt-get update && apt-get -y install build-essentials gcc

CMD /usr/bin/gcc
```

通常，我们可以将 Dockerfile 分为三部分：

- 导入基本映像（FROM 指令）。
- 在容器内执行将生成容器映像的操作（RUN 指令）。
- 运行时使用的元数据（CMD 命令）。

后两部分可以很好地交织在一起，并且每一个可以包括一条或多条指令。也可以省略后面的部分，因为只有基本映像是必需的。这并不意味着不能从空文件系统开始。有一个名为 scratch 的特殊基本映像正好用于此目的。将一个静态链接的二进制文件添加到另一个空文件系统中的代码如下所示：

```
FROM scratch

COPY customer /bin/customer

CMD /bin/customer
```

在第一个 Dockerfile 中，我们采取的步骤如下：

1）导入基本 Ubuntu Bionic 映像。

2）在容器内运行命令。命令的结果将在目标映像内创建一个新的文件系统层。这意味着使用 apt-get 安装的包将在基于此映像的所有容器中可用。

3）设置运行时元数据。当基于此映像创建容器时，我们希望将 GCC 作为默认进程运行。

要从 Dockerfile 构建映像，需要使用 docker build 命令。它有一个必需的参数，即包含构建上下文的目录，其中有 Dockerfile 本身和其他要复制到容器中的文件。要从当前目录构建 Dockerfile，请使用 docker build。

这将构建一个匿名映像，这不是很有用。大多数时候，你希望使用命名映像。命名容器映像时要遵循一个惯例，这就是我们下面将介绍的内容。

14.3.3 命名和分发映像

Docker 中的每个容器映像都有一个独特的名称，它包含三个元素：注册表名、映像名和标记。容器注册表是保存容器映像的对象存储库。Docker 的默认容器注册表是 Docker.io。当从该注册表中提取映像时，我们可以省略注册表名称。

我们前面的 ubuntu:bionic 示例的全名为 docker.io/ubuntu:bionic。在本示例中，ubuntu 是映像的名称，而 bionic 是表示映像的特定版本的标记。

当基于容器构建应用程序时，需要存储所有注册表映像。你可以托管私有注册表并将映像保存在那里，或者使用托管解决方案。流行的托管解决方案包括：

- Docker Hub。
- quay.io。
- GitHub。
- 云厂商（如 AWS、GCP 或 Azure）。

Docker Hub 仍然是最受欢迎的一个，尽管一些公共映像正在迁移到 quay.io。两者都是通用的，允许存储公共映像和私有映像。如果你已经在使用某个特定的平台，并且希望使映像接近 CI 管道或部署目标，那么 GitHub 或云厂商将非常有吸引力。如果你想减少单个服务的使用数量，这也很有帮助。

如果这些解决方案都不合适，那么托管你自己的本地注册表也非常简单，并且需要运行单个容器。

要构建命名映像，需要将 -t 参数传递给 docker build 命令。例如，要构建名为 dominicanfair/merchant:v2.0.3 的映像，请使用 docker build -t dominicanfair/merchant:v2.0.3.。

14.3.4 编译的应用程序和容器

当使用解释语言（如 Python 或 JavaScript）为应用程序构建容器映像时，方法基本相同：

1）安装依赖项。

2）将源文件复制到容器映像。

3）复制必要的配置。

4）设置运行时命令。

然而，对于编译的应用程序，还有一个额外的步骤，即首先编译应用程序。实施这一步骤有几种可能的方法，每种方法都有利有弊。

最明显的方法是首先安装所有依赖项，复制源文件，然后将应用程序编译为容器构建步骤之一。主要的好处是，我们可以准确地控制工具链的内容和配置，因此可以以一种可移植的方式构建应用程序。然而，缺点也太大，不容忽视：生成的容器映像包含大量不必要的文件。毕竟，在运行时我们既不需要源代码，也不需要工具链。由于覆盖文件系统的工作方式，在上一层中引入文件后，便无法再删除这些文件。此外，如果攻击者设法闯入容器，容器中的源代码可能会有安全风险。

下面是该方法可能的样子：

```
FROM ubuntu:bionic

RUN apt-get update && apt-get -y install build-essentials gcc cmake

ADD . /usr/src

WORKDIR /usr/src

RUN mkdir build && \
    cd build && \
    cmake .. -DCMAKE_BUILD_TYPE=Release && \
    cmake --build . && \
    cmake --install .

CMD /usr/local/bin/customer
```

另一种显而易见的方法，也是我们前面讨论过的方法，是在主机上构建应用程序，并且只将生成的二进制文件复制到容器映像中。当已经建立了一个构建过程时，这需要对当前构建过程进行少量的更改。主要缺点是，你必须在构建机器上匹配与容器中相同的库。例如，如果你正在运行 Ubuntu 20.04 作为主机操作系统，那么容器也必须基于 Ubuntu 20.04，否则将面临不兼容的风险。使用这种方法，还需要独立于容器配置工具链。

就像这样：

```
FROM scratch

COPY customer /bin/customer

CMD /bin/customer
```

一种稍微复杂一点的方法是分阶段构建。对于分阶段构建，一个阶段可能专门用于设置工具链和编译项目，而另一个阶段将生成的二进制文件复制到目标容器映像中。与以前的解决方案相比，这有几个好处。首先，Dockerfile 现在控制了工具链和运行时环境，因此构建的每一步都有完整的文档记录。其次，可以将映像与工具链一起使用，以确保开发与持续集成 / 持续部署（CI/CD）管道之间的兼容性。这种方法还使工具链的分发升级和修复变得更容易。主要的缺点是，容器化的工具链可能不像本地工具链那样易于使用。此外，构建工具并不特别适合应用程序容器，因为应用程序容器需要每个容器运行一个进程。每当某些进程崩溃或被强制停止时，这可能会导致意外行为。

上述示例的分阶段版本如下所示：

```
FROM ubuntu:bionic AS builder

RUN apt-get update && apt-get -y install build-essentials gcc cmake

ADD . /usr/src

WORKDIR /usr/src

RUN mkdir build && \
    cd build && \
    cmake .. -DCMAKE_BUILD_TYPE=Release && \
    cmake --build .

FROM ubuntu:bionic

COPY --from=builder /usr/src/build/bin/customer /bin/customer

CMD /bin/customer
```

第一阶段从第一个 FROM 命令开始，设置构建器、添加源代码并构建二进制文件。第二阶段从第二个 FROM 命令开始，复制上一阶段生成的二进制文件，而不复制工具链或源文件。

14.3.5 利用清单生成多架构目标

带有 Docker 的应用程序容器通常用于 x86_64（也称为 AMD64）机器。如果只针对这个平台，则无须担心。然而，如果你正在开发物联网、嵌入式或边缘应用程序，那么你可能会对多架构映像感兴趣。

由于 Docker 可用于许多不同的 CPU 架构，因此有多种方法可以在多个平台上实现映像管理。

处理为不同目标构建的映像的一种方法是使用映像标记来描述特定平台。我们可以用

merchant:v2.0.3-aarch64 代替 merchant:v2.0.3。虽然这种方法似乎是最容易实现的，但实际上，它有点问题。

你不仅必须更改构建过程，以便在标记过程中包含架构，当拉映像以运行它们时，你还必须小心地在每个位置手动添加预期的后缀。如果你使用的是编排器，则无法直接在不同平台之间共享清单，因为标记是特定于平台的。

不需要修改部署步骤的更好的方法是使用 manifest-tool（https://github.com/estesp/manifest-tool）。最初，构建过程与之前建议的过程类似。映像分别构建在所有支持的架构上，并在其标记中添加平台后缀后推送到注册表。推送所有映像后，manifest-tool 将它们合并以提供单个多架构映像。这样，每个受支持的平台就都可以使用完全相同的标记了。

此处提供了 manifest-tool 的示例配置：

```
image: hosacpp/merchant:v2.0.3
manifests:
  - image: hosacpp/merchant:v2.0.3-amd64
    platform:
      architecture: amd64
      os: linux
  - image: hosacpp/merchant:v2.0.3-arm32
    platform:
      architecture: arm
      os: linux
  - image: hosacpp/merchant:v2.0.3-arm64
    platform:
      architecture: arm64
      os: linux
```

在这里，我们有三个受支持的平台，每个平台都有各自的后缀（hosacpp/merchant:v2.0.3-amd64、hosacpp/merchant:v2.0.3-arm32 和 hosacpp/merchant:v2.0.3-arm64）。manifest-tool 组合了为每个平台构建的映像，并生成了一个我们可以在任何地方使用的 hosacpp/merchant:v2.0.3 映像。

另一种方法是使用 Docker 的内置功能 Buildx。使用 Buildx，你可以附加多个构建器实例，每个实例都以所需的架构为目标。有趣的是，你不需要使用物理机来运行构建，你还可以在分阶段构建中使用 QEMU 仿真或交叉编译。虽然它比以前的方法强大得多，但 Buildx 也相当复杂。在编写本书时，它需要 Docker 实验模式和 Linux 内核 4.8 或更高版本。它需要你设置和管理构建器，而不是所有的行为都以直观的方式进行。它可能会在不久的将来得到改善并变得更加稳定。

准备构建环境并构建多平台映像的示例代码如下：

```
# create two build contexts running on different machines
docker context create \
    --docker host=ssh://docker-user@host1.domifair.org \
    --description="Remote engine amd64" \
    node-amd64
docker context create \
    --docker host=ssh://docker-user@host2.domifair.org \
    --description="Remote engine arm64" \
```

```
    node-arm64

# use the contexts
docker buildx create --use --name mybuild node-amd64
docker buildx create --append --name mybuild node-arm64

# build an image
docker buildx build --platform linux/amd64,linux/arm64 .
```

如你所见，如果你习惯于使用常规 `docker build` 命令，那么这可能会使你困惑。

14.3.6 构建应用程序容器的其他方法

使用 Docker 构建容器映像需要运行 Docker 守护程序。Docker 守护程序需要 root 权限，这可能会在某些设置中造成安全问题。尽管进行构建工作的 Docker 客户端可能由非特权用户运行，但在构建环境中安装 Docker 守护程序并不总是可行的。

1. Buildah

Buildah 是构建容器映像的另一种工具，它可以将映像配置为在没有 root 权限的情况下运行。Buildah 可以与我们前面讨论过的常规 Dockerfile 一起使用。它还提供了自己的命令行界面，你可以在 shell 脚本或其他更直观的自动化程序中使用。使用 Buildah 接口把以前的一个 Dockerfile 重写为 shell 脚本，如下所示：

```
#!/bin/sh

ctr=$(buildah from ubuntu:bionic)

buildah run $ctr -- /bin/sh -c 'apt-get update && apt-get install -y build-
essential gcc'

buildah config --cmd '/usr/bin/gcc' "$ctr"

buildah commit "$ctr" hosacpp-gcc

buildah rm "$ctr"
```

Buildah 的一个有趣的特性是，它允许你将容器映像文件系统挂载到主机文件系统中。这样，你就可以使用主机的命令与映像内容交互。如果有不希望（或由于许可限制而无法）放入容器中的软件，则在使用 Buildah 时仍可以在容器外部调用它。

2. ansible-bender

ansible-bender 使用 Ansible 剧本和 Buildah 构建容器映像。所有配置（包括基本映像和元数据）都作为剧本中的变量传递。下面，我们把前一个示例转换为 Ansible 语法：

```
---
- name: Container image with ansible-bender
  hosts: all
vars:
  ansible_bender:
    base_image: python:3-buster
```

```
    target_image:
      name: hosacpp-gcc
      cmd: /usr/bin/gcc
tasks:
- name: Install Apt packages
  apt:
    pkg:
      - build-essential
      - gcc
```

如你所见，ansible_bender 变量负责特定于容器的所有配置。下面显示的任务是在基于 base_image 的容器内执行的。

需要注意的一点是，Ansible 需要在基本映像中提供 Python 解释器。这就是我们必须将前面示例中使用的 ubuntu:bionic 更改为 python:3-buster 的原因。ubuntu:bionic 是一个没有预装 Python 解释器的 ubuntu 映像。

3. 其他方法

还有其他方法可以构建容器映像。例如，你可以使用 Nix 创建文件系统映像，然后使用 Dockerfile 的 COPY 指令将其放入映像中。更进一步，你可以通过任何其他方式准备文件系统映像，然后使用 docker import 将其作为基本容器映像导入。

请选择适合自己特定需求的解决方案。请记住，用 docker build 基于 Dockerfile 进行构建是最流行的方法，因此它是记录最好的方法，也是最受支持的方法。使用 Buildah 更灵活，可以让你更好地将创建容器映像融入构建过程中。最后，如果你已经大量使用了 Ansible，并且希望重用现有的模块，那么 ansible-bender 可能是一个很好的解决方案。

14.3.7 将容器与 CMake 集成

在本小节中，我们将演示如何使用 CMake 创建 Docker 映像。

1. 使用 CMake 配置 Dockerfile

首先，也是最重要的，我们需要一个 Dockerfile。为此，我们使用另一个 CMake 输入文件：

```
configure_file(${CMAKE_CURRENT_SOURCE_DIR}/Dockerfile.in
               ${PROJECT_BINARY_DIR}/Dockerfile @ONLY)
```

注意，如果项目是一个更大的项目的一部分，则使用 PROJECT_BINARY_DIR 不覆盖源树中其他项目创建的 Dockerfile。

我们的 Dockerfile.in 如下所示：

```
FROM ubuntu:latest
ADD Customer-@PROJECT_VERSION@-Linux.deb .
RUN apt-get update && \
    apt-get -y --no-install-recommends install ./Customer-
@PROJECT_VERSION@-Linux.deb && \
    apt-get autoremove -y && \
    apt-get clean && \
```

```
    rm -r /var/lib/apt/lists/* Customer-@PROJECT_VERSION@-Linux.deb
ENTRYPOINT ["/usr/bin/customer"]
EXPOSE 8080
```

首先，我们指定使用最新的 Ubuntu 映像，在其上安装 DEB 软件包及依赖项，然后进行整理。在安装软件包的同时更新软件包管理器缓存非常重要，这样可以避免由于 Docker 中的层的工作方式而导致的失效缓存问题。清理指令也作为同一 RUN 命令的一部分执行（在同一层中），以使层尺寸更小。安装软件包后，我们使映像在启动时运行 customer 微服务。最后，我们告诉 Docker 公开它将监听的端口。

现在，回到我们的 CMakeLists.txt 文件。

2. 将容器与 CMake 集成

对于基于 CMake 的项目，可以使其包括负责构建容器的构建步骤。为此，我们需要告诉 CMake 找到 Docker 可执行文件，如果没有，就退出。我们可以使用以下方法执行此操作：

```
find_program(Docker_EXECUTABLE docker)
 if(NOT Docker_EXECUTABLE)
   message(FATAL_ERROR "Docker not found")
 endif()
```

我们回顾一下第 7 章中的一个例子。在那里，我们为客户应用程序构建了一个二进制文件和一个 Conan 软件包。现在，我们希望将此应用程序打包为 Debian 归档文件，并使用预先安装的客户应用程序软件包构建 Debian 容器映像。

为了创建 DEB 软件包，我们需要一个辅助目标。为此，我们使用 CMake 的 add_custom_target 功能来执行以下操作：

```
add_custom_target(
   customer-deb
   COMMENT "Creating Customer DEB package"
   COMMAND ${CMAKE_CPACK_COMMAND} -G DEB
   WORKING_DIRECTORY ${PROJECT_BINARY_DIR}
   VERBATIM)
 add_dependencies(customer-deb libcustomer)
```

我们的目标调用 CPack 来创建一个我们感兴趣的软件包，而忽略其余的软件包。为了方便起见，我们希望在 Dockerfile 所在的目录中创建软件包。建议使用 VERBATIM 关键字，因为使用它，CMake 将转义有问题的字符。如果未指定，脚本的行为在不同平台上可能会有所不同。

add_dependencies 调用将确保在 CMake 构建 customer-deb 目标之前，已经构建了 libcustomer。现在我们有了辅助目标，接下来我们在创建容器映像时使用它：

```
add_custom_target(
   docker
   COMMENT "Preparing Docker image"
   COMMAND ${Docker_EXECUTABLE} build ${PROJECT_BINARY_DIR}
           -t dominicanfair/customer:${PROJECT_VERSION} -t
dominicanfair/customer:latest
   VERBATIM)
 add_dependencies(docker customer-deb)
```

如你所见，我们调用之前在包含 Dockerfile 和 DEB 软件包的目录中找到的 Docker 可执行文件来创建映像。我们还告诉 Docker 将映像标记为项目的最新版本。最后，我们确保在调用 Docker 目标时构建 DEB 软件包。

如果 `make` 是你选择的生成器，那么构建映像就像使用 `make docker` 一样简单。如果你希望使用完整的 CMake 命令（例如，创建与生成器无关的脚本），那么调用是 `cmake --build . --target docker`。

14.4 测试和集成容器

容器非常适合用于 CI/CD 管道。除了容器运行时之外，它们大多不需要其他依赖项，因此可以很容易地测试它们。工作机不必配置来满足测试需求，因此添加更多节点要容易得多。更重要的是，它们都是通用的，因此它们可以充当构建器、测试运行程序甚至部署执行器，而无须进行任何预先配置。

在 CI/CD 中使用容器的另一个好处是它们彼此隔离。这意味着在同一台机器上运行的多个副本不会互相干扰。这是正确的，除非测试需要主机操作系统的一些资源，例如端口转发或卷挂载。因此，最好设计测试，使其不需要这些资源（或者至少使它们不冲突）。例如，端口随机化便是一种避免冲突的有用技术。

14.4.1 容器内的运行时库

容器的选择可能会影响工具链的选择，从而影响应用程序可用的 C++ 语言特性。由于容器通常是基于 Linux 的，因此可用的系统编译器通常是 GNU GCC，它将 glibc 作为标准库。然而，一些受容器欢迎的 Linux 发行版（如 Alpine Linux）基于另一个标准库 musl。

如果你的目标是这样的发行版，请确保要使用的代码（无论是内部开发的还是来自第三方供应商的）与 musl 兼容。musl 和 Alpine Linux 的主要优点是可以生成更小的容器映像。例如，为 Debian Buster 构建的 Python 映像大约为 330 MB，精简版 Debian 大约为 40 MB，而 Alpine 版本仅为 16 MB。更小的映像意味着带宽（用于上传和下载）浪费更少，更新更快。

Alpine 可能引入一些不需要的特征，例如构建时间更长、错误稍晦涩或性能降低。如果你想使用它来缩小映像，请运行适当的测试以确保应用程序的运行没有问题。

为了进一步缩小映像，可以考虑完全放弃底层操作系统。这里我们所说的操作系统是指容器中的所有用户（userland）工具，例如 shell、软件包管理器和共享库。毕竟，如果应用程序是将要运行的唯一对象，那么其他一切都是不必要的。

Go 或 Rust 应用程序通常提供一个自给自足的静态构建，并可以形成容器映像。虽然这在 C++ 中可能没那么简单，但值得考虑。

缩小映像也有一些缺点。首先，如果你决定使用 Alpine Linux，请记住，它不像 Ubuntu、Debian 或 CentOS 那样受欢迎。尽管它通常是容器开发人员的首选平台，但它很少用于其他目的。

这意味着可能会出现新的兼容性问题，主要原因是它不基于事实上的标准 glibc 实现。如果你依赖第三方组件，供应商可能不会对该平台提供支持。

如果你决定在容器映像路径中使用单个静态链接的二进制文件，也需要考虑一些挑战。首先，我们不鼓励静态链接 glibc，因为它在内部使用 dlopen 来处理**名称服务交换**（Name Service Switch，NSS）和 iconv。如果软件依赖于 DNS 解析或字符集转换，那么无论如何都必须提供 glibc 和相关库的副本。

需要考虑的另一点是，shell 和软件包管理器通常用于调试行为异常的容器。当其中一个容器的行为异常时，你可以在容器内启动另一个进程，并使用标准的 UNIX 工具（如 `ps`、`ls` 或 `cat`）了解内部发生了什么。要在容器内运行这样的应用程序，它必须首先出现在容器映像中。一些变通方法允许操作员在运行的容器中注入调试二进制文件，但目前它们没有得到很好的支持。

14.4.2 其他容器运行时

Docker 是构建和运行容器的最流行的方法，但是由于容器标准是开放的，因此也可以使用其他运行时。Docker 的主要替代品是 Podman，它可以提供类似的用户体验。与 14.3.6 节中描述的 Buildah 一起，它们是旨在完全取代 Docker 的工具。

附加的好处是，它们**不需要像 Docker 那样在主机上运行额外的守护程序**。两者都支持无根操作（虽然还不成熟），这使它们更适合重视安全的操作。Podman 接受你希望 Docker CLI 执行的所有命令，因此你可以通过这种方式简单地将其用作别名。

另一种旨在提供更好的安全性的容器方法是 Kata Containers 倡议。Kata Containers 使用轻量级虚拟机来利用容器和主机操作系统之间额外隔离层所需的硬件虚拟化。

Cri-O 和 containerd 也是 Kubernetes 常用的运行时。

14.5 容器编排

只有当使用容器编排器来管理容器时，容器的某些好处才会显现出来。编排器跟踪运行工作负载的所有节点，它还监视分布在这些节点上的容器的运行状况和状态。

要获得更高级的特性（例如高可用性），需要正确设置编排器，这通常意味着至少三台机器专用于控制平面（control plane），另外三台机器用于工作节点。除容器的自动伸缩之外，节点的自动伸缩也要求编排器具有能够控制底层基础设施的驱动程序（例如，通过使用云厂商的 API）。

我们将介绍一些流行的编排器，你可以选择它们作为系统的基础。第 15 章将介绍 Kubernetes 的更多实用信息。在这里，我们将介绍一些可能的选择。

上述编排器对类似的对象（服务、容器、批处理作业）进行操作，尽管每个对象的行为可能不同。它们的可用功能和工作原理各不相同。它们的共同点是，通常可以编写一个以声明方式描述所需资源的配置文件，然后使用专用 CLI 工具应用此配置。为了说明这些工具之间的差异，我们提供了一个示例配置，指定了之前引入的 Web 应用程序（商家服务）和一个流行的 Web 服务器 NGINX 作为代理。

14.5.1 自托管解决方案

无论你是在本地、私有云还是公有云中运行应用程序，你都可能希望严格控制选择的编排器。以下是此领域的自托管解决方案的集合。请记住，它们中的大多数也可以作为托管服务提供。然而，自托管有助于防止供应商锁定，这可能是组织所需要的。

1. Kubernetes

Kubernetes 可能是我们这里提到的所有编排器中最著名的。它很流行，这意味着如果你决定使用它，那么会有很多文档和社区支持。

尽管 Kubernetes 使用与 Docker 相同的应用程序容器格式，但也基本上只有这个相似之处了。我们无法使用标准 Docker 工具直接与 Kubernetes 集群和资源交互。在使用 Kubernetes 时，需要学习一组新的工具和概念。

在 Docker 中，容器是主要的操作对象，而在 Kubernetes 中，运行时的最小部分称为 Pod。Pod 可以由共享挂载点和网络资源的一个或多个容器组成。很少有人对 Pod 本身感兴趣，因为 Kubernetes 还具有复制控制器（Replication Controller）、部署控制器（Deployment Controller）和 DaemonSets 等高级概念。它们的任务是跟踪 Pod，并确保节点上运行所需数量的副本。

Kubernetes 中的网络模型也与 Docker 的非常不同。使用 Docker，你可以从容器转发端口，使其可以从不同的机器访问。使用 Kubernetes，如果想要访问一个 Pod，通常需要创建一个 Service 资源，它可以充当负载均衡器来处理到组成服务后端的 Pod 的流量。服务可能用于 Pod 间通信，但也可能公开在互联网上。在内部，Kubernetes资源使用 DNS 名称执行服务发现。

Kubernetes 是声明式的，并满足最终一致性。这意味着，你不必直接创建和分配资源，只需提供所需最终状态的描述，Kubernetes 将完成把集群恢复到所需状态的所有工作。资源通常使用 YAML 进行描述。

由于 Kubernetes 具有高度的可扩展性，因此在**云原生计算基金会**（Cloud Native Computing Foundation，CNCF）下开发了许多相关项目，这些项目将 Kubernetes 转变成一个与云厂商无关的云开发平台。我们将在第 15 章中更详细地介绍 Kubernetes。

下面是使用 YAML 描述的 Kubernetes 资源的定义（`merchant.yaml`）：

```
apiVersion: apps/v1
kind: Deployment
metadata:
  labels:
    app: dominican-front
  name: dominican-front
spec:
  selector:
    matchLabels:
      app: dominican-front
  template:
```

```yaml
    metadata:
      labels:
        app: dominican-front
    spec:
      containers:
        - name: webserver
          imagePullPolicy: Always
          image: nginx
          ports:
            - name: http
              containerPort: 80
              protocol: TCP
      restartPolicy: Always
---
apiVersion: v1
kind: Service
metadata:
  labels:
    app: dominican-front
  name: dominican-front
spec:
  ports:
    - port: 80
      protocol: TCP
      targetPort: 80
  selector:
    app: dominican-front
  type: ClusterIP
---
apiVersion: apps/v1
kind: Deployment
metadata:
  labels:
    app: dominican-merchant
  name: merchant
spec:
  selector:
    matchLabels:
      app: dominican-merchant
  replicas: 3
  template:
    metadata:
      labels:
        app: dominican-merchant
    spec:
      containers:
        - name: merchant
          imagePullPolicy: Always
          image: hosacpp/merchant:v2.0.3
          ports:
            - name: http
              containerPort: 8000
              protocol: TCP
      restartPolicy: Always
---
apiVersion: v1
kind: Service
metadata:
```

```
    labels:
      app: dominican-merchant
    name: merchant
spec:
  ports:
    - port: 80
      protocol: TCP
      targetPort: 8000
  selector:
    app: dominican-merchant
    type: ClusterIP
```

要应用此配置并编排容器，请使用 `kubectl apply -f merchant.yaml`。

2. Docker Swarm

Docker Engine 也是构建和运行 Docker 容器所必需的，它预先安装了自己的编排器。这个编排器就是 Docker Swarm，其主要功能是使用 Docker API 与现有 Docker 工具高度兼容。

Docker Swarm 使用服务的概念来管理运行状况检查和自动伸缩。它支持本地服务的滚动升级。服务可以发布其端口，然后由 Swarm 的负载均衡器提供服务。它支持将配置存储为运行时自定义的对象，并内置了基本的机密管理。

Docker Swarm 比 Kubernetes 简单得多，扩展性也差得多。如果你不想了解 Kubernetes 的所有细节，这可能是一个优势。它的主要缺点是没有知名度，这意味着很难找到有关 Docker Swarm 的相关材料。

使用 Docker Swarm 的好处之一是不必学习新命令。如果你已经习惯了 Docker 和 Docker Compose，那么使用 Swarm 比较容易，因为它也使用相同的资源。它接受扩展 Docker 以处理部署的特定选项。

Swarm 编排的两个服务的方式如下（`docker-compose.yml`）：

```
version: "3.8"
services:
  web:
    image: nginx
    ports:
      - "80:80"
    depends_on:
      - merchant
  merchant:
    image: hosacpp/merchant:v2.0.3
    deploy:
      replicas: 3
    ports:
      - "8000"
```

要应用配置，请运行 `docker stack deploy --compose-file docker-compose.yml dominican`。

3. Nomad

Nomad 与前两种解决方案不同，因为它不仅仅适用于容器。它是一个通用的编排器，支持 Docker、Podman、Qemu Virtual Machines、isolated fork/exec 和其他几个任务驱动程序。如果你想在不将应用程序迁移到容器的情况下获得容器编排的一些优势，那么Nomad是一个值得学习的解决方案。

它相对容易设置，并能与其他HashiCorp产品（如用于服务发现的Consul和用于机密管理的Vault）很好地集成。与Docker或Kubernetes一样，Nomad客户端可以在本地运行并连接到负责管理集群的服务器。

Nomad有三种作业类型：

- **服务**：在没有手动干预的情况下不应退出的长期任务（例如，Web服务器或数据库）。
- **批处理**：可以在几分钟内完成的任务。如果批处理作业返回指示错误的退出代码，则根据配置重新启动或重新调度。
- **系统**：必须在集群中的每个节点上运行的任务（例如，日志记录代理）。

与其他编排器相比，Nomad的安装和维护相对容易。当涉及任务驱动程序或设备插件（用于访问GPU或FPGA等专用硬件）时，它也是可扩展的。与Kubernetes相比，它缺乏社区支持和第三方集成。Nomad不要求你重新设计应用程序的架构以获得所提供的好处，而Kubernetes通常要求你重新设计。

要使用Nomad配置这两个服务，我们需要两个配置文件。第一个是nginx.nomad：

```
job "web" {
  datacenters = ["dc1"]
  type = "service"
  group "nginx" {
    task "nginx" {
      driver = "docker"
      config {
        image = "nginx"
        port_map {
          http = 80
        }
      }
      resources {
        network {
          port "http" {
              static = 80
          }
        }
      }
      service {
        name = "nginx"
        tags = [ "dominican-front", "web", "nginx" ]
        port = "http"
        check {
          type = "tcp"
          interval = "10s"
          timeout = "2s"
        }
      }
    }
  }
}
```

第二个配置文件描述商家应用程序，因此它被称为 merchant.nomad：

```
job "merchant" {
  datacenters = ["dc1"]
  type = "service"
  group "merchant" {
    count = 3
    task "merchant" {
      driver = "docker"
      config {
        image = "hosacpp/merchant:v2.0.3"
        port_map {
          http = 8000
        }
      }
      resources {
        network {
          port "http" {
              static = 8000
          }
        }
      }
      service {
        name = "merchant"
        tags = [ "dominican-front", "merchant" ]
        port = "http"
        check {
          type = "tcp"
          interval = "10s"
          timeout = "2s"
        }
      }
    }
  }
}
```

要应用配置，请运行 nomad job run merchant.nomad && nomad job run nginx.nomad。

4. OpenShift

OpenShift 是 Red Hat 基于 Kubernetes 构建的商业容器平台。它包括许多在 Kubernetes 集群的日常操作中有用的附加组件。你将获得一个容器注册表、一个类似于 Jenkins 的构建工具、用于监控的 Prometheus、用于服务网格（service mesh）的 Istio，以及用于跟踪的 Jaeger。它与 Kubernetes 不完全兼容，因此不应将其视为一种简单的替代品。

它构建在现有的 Red Hat 技术（如 CoreOS 和 Red Hat Enterprise Linux）之上。你可以在本地、Red Hat 云、受支持的公有云厂商（包括 AWS、GCP、IBM 和 Microsoft Azure）的云产品使用它，也可以将其作为混合云使用。

还有一个名为 OKD 的开源社区支持项目，它是 Red Hat OpenShift 的基础。如果你不需要 OpenShift 的商业支持和其他好处，那么你可以在 Kubernetes 工作流中使用 OKD。

14.5.2 托管服务

如前所述，上述一些编排器也可以作为托管服务提供。例如，Kubernetes 在多个公有云厂商中作为托管解决方案提供。本节将展示一些不同的容器编排方法，这些方法并不基于上述任何解决方案。

1. AWS ECS

在 Kubernetes 发布 1.0 版本之前，AWS（Amazon Web Services）提出了自己的容器编排技术，称为**弹性容器服务**（Elastic Container Service，ECS）。ECS 提供了一个编排器，它可以在需要时监控、扩展和重新启动服务。

要在 ECS 中运行容器，需要提供运行工作负载的 EC2 实例。你不需要为编排器的使用付费，但需要为你通常使用的所有 AWS 服务（例如底层 EC2 实例或 RDS 数据库）付费。

ECS 的一个显著优点是它与 AWS 生态系统的其他部分完美集成。如果你已经熟悉 AWS 服务并已经在使用该平台，那么理解和管理 ECS 时将不会遇到太大的困难。

如果你不需要 Kubernetes 的许多高级功能及扩展能力，那么 ECS 可能是一个更好的选择，因为它更简单、更易于学习。

2. AWS Fargate

AWS 提供的另一个托管编排器是 Fargate。与 ECS 不同，它不需要你为底层 EC2 实例提供资源和支付费用。你关注的唯一组件是容器、连接到它们的网络接口和 IAM 权限。

与其他解决方案相比，Fargate 需要的维护工作量最少，而且最容易学习。自动伸缩和负载均衡功能开箱即用，这归功于该领域现有的 AWS 产品。

与 ECS 相比，它的主要缺点是需要为托管服务支付溢价。直接比较是不可取的，因为 ECS 需要支付 EC2 实例的费用，而 Fargate 需要独立支付内存和 CPU 使用费。一旦服务开始自动伸缩，这种对集群缺乏直接控制的情况可能很容易导致高成本。

3. Azure Service Fabric

上述所有解决方案的问题在于，它们主要针对 Docker 容器，而 Docker 容器首先是以 Linux 为中心的。Azure Service Fabric 是微软支持的优先 Windows 的产品。它允许在不进行修改的情况下运行旧版 Windows 应用程序，如果应用程序依赖此类服务，这可能会帮助你迁移应用程序。

与 Kubernetes 一样，Azure Service Fabric 本身并不是一个容器编排器，而是一个可以构建应用程序的平台。其中一个构建块恰好是容器，所以可以作为编排器工作得很好。

随着 Azure 云中的托管 Kubernetes 平台 Azure Kubernetes Service 的推出，使用 Service Fabric 的需求减少了。

14.6 总结

当你是现代软件的架构师时，你必须考虑现代技术。考虑这些技术并不意味着盲目追随潮流，而是意味着能够客观地评估某个特定命题在你的案例中是否有意义。

微服务和容器都值得考虑和理解。那么，它们也值得实施吗？这在很大程度上取决于你正在设计的产品类型。如果你已经读到了这里，那么你已经做好准备自己做决定了。

第 15 章专门介绍云原生设计。这是一个非常有趣但也很复杂的主题，与面向服务的架构、CI/CD、微服务、容器和云服务有关。事实证明，对于一些云原生构建块来说，C++ 的出色性能是一个受欢迎的特性。

问题

1. 应用程序容器与操作系统容器有何不同？
2. UNIX 系统中沙箱环境的早期示例有哪些？
3. 为什么容器适用于微服务？
4. 容器和虚拟机之间的主要区别是什么？
5. 什么时候不应该使用应用程序容器？
6. 有哪些工具可以构建多平台容器映像？
7. 除了 Docker，还有哪些容器运行时？
8. 有哪些流行的编排器？

进一步阅读

- *Learning Docker - Second Edition*: `https://www.packtpub.com/product/learning-docker-second-edition/9781786462923`
- *Learn OpenShift*: `https://www.packtpub.com/product/learn-openshift/9781788992329`
- *Docker for Developers*: `https://www.packtpub.com/product/docker-for-developers/9781789536058`

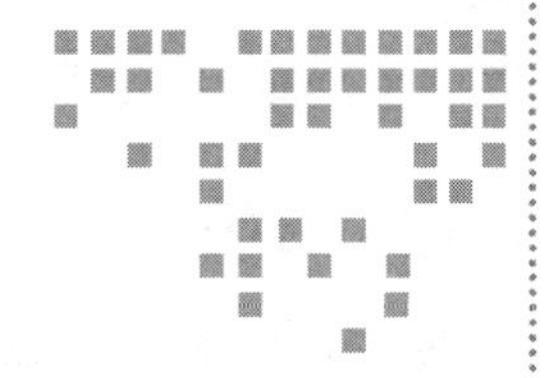

第 15 章 Chapter 15

云原生设计

顾名思义，云原生设计描述了应用程序的架构，它是为了在云中运行而构建的。它不是由一种技术或语言定义的，而是利用了现代云平台提供的所有功能。

这可能意味着在必要时结合使用**平台即服务**（Platform-as-a-Service，PaaS）、多云部署、边缘计算、**功能即服务**（Function-as-a-Service，FaaS）、静态文件托管、微服务和托管服务。它超越了传统操作系统的界限。云原生开发人员使用 boto3、Pulumi 或 Kubernetes 等库和框架构建更高级的概念，不再以 POSIX API 和类 UNIX 操作系统为目标。

学完本章内容时，你将了解如何将软件架构中的新趋势应用于程序。

15.1 技术要求

本章中的一些示例要求使用 Kubernetes 1.18。

本章中的代码已放置在 GitHub（https://github.com/PacktPublishing/Software-Architecture-with-Cpp/tree/master/Chapter15）上。

15.2 云原生

虽然可以将现有应用程序迁移到云中运行，但这种迁移不会使应用程序成为云原生应用程序。它将在云中运行，但架构选择仍将基于本地部署模型。

简而言之，云原生应用程序本质上是分布式的、松耦合的，并且是可扩展的。它们不受任何特定物理基础设施的约束，甚至不需要开发人员考虑特定的基础设施。此类应用程序通常以 Web 为中心。

本章将介绍一些云原生构建块的示例，以及一些云原生模式。

15.2.1 云原生计算基础

云原生设计的一个支持者是**云原生计算基金会**（CNCF），Kubernetes 项目就是它托管的。CNCF 拥有各种技术，这使构建独立于云厂商的云原生应用程序变得更加容易。此类技术包括：

- Fluentd，用于统一日志层。
- Jaeger，用于分布式跟踪。
- Prometheus，用于监控。
- CoreDNS，用于服务发现。

云原生应用程序通常使用应用程序容器构建，经常运行在 Kubernetes 平台之上。然而，这并非强制要求，你完全可以使用 Kubernetes 和容器之外的许多其他 CNCF 框架。

15.2.2 云作为操作系统

云原生设计的主要特点是将各种云资源视为应用程序的构建块。单个虚拟机（VM）很少用于云原生设计。使用云原生方法，应用程序的构建直接基于云 API（如使用 FaaS）或某些中间解决方案（如 Kubernetes），而非基于在某些实例上运行的给定操作系统。从这个意义上讲，云便成了操作系统，因为 POSIX API 不再是限制。

随着容器改变了构建和分发软件的方法，现在你不再需要考虑底层硬件基础设施了。软件不是孤立工作的，因此仍然需要连接不同的服务、监控它们、控制它们的生命周期、存储数据或传递密钥。这便是 Kubernetes 提供的功能，也是它如此流行的原因之一。

正如你想象的那样，云原生应用程序首先是 Web 应用程序和移动应用程序。桌面应用程序也可以从一些云原生组件中受益，但这不太常见。

在云原生应用程序中，仍然可以使用硬件和其他底层访问方式。即使工作负载需要使用 GPU，也不应阻止你使用云原生设计。此外，如果你希望访问其他地方不可用的自定义硬件，那么可以在本地构建云原生应用程序。该术语并不局限于公有云，而是指对不同资源的思考方式。

负载均衡和服务发现

负载均衡是分布式应用程序的重要组成部分。它不仅将传入的请求分散到服务集群（这对于扩展性至关重要）中，而且还可以提高应用程序的响应性和可用性。智能负载均衡器可以收集指标以对传入流量的模式做出反应，监控集群中服务器的状态，并将请求转发到负载较少、响应速度较快的节点，从而避开当前运行状况不良的节点。

负载均衡可以提高吞吐量，减少停机时间。通过将请求转发到多个服务器，可以消除单点故障，尤其是在使用多个负载均衡器的情况下，例如，在主动 - 被动方案中。

负载均衡器可以在架构中的任何地方使用：它可以平衡来自 Web 的请求、Web 服务器对其他服务的请求、对缓存或数据库服务器的请求，以及其他符合要求的请求。

在引入负载均衡时，需要记住几件事情。其中之一是会话持久性，即确保来自同一客户的所有请求都发送到同一服务器，这样精心挑选的粉色细跟高跟鞋不会从电子商务网站的购物篮中消失。会话的负载均衡可能会变得很棘手：要格外注意不混合会话，这样客户就不会突然开始登录到彼此的配置文件中——以前无数公司都遇到过这种错误，尤其是在添加缓存时。将两者结合起来是个好主意，只需确保以正确的方式完成即可。

反向代理

即使你只想部署服务器的一个实例，在其前面添加另一个服务（反向代理）而不是负载均衡器，可能是一个好主意。虽然代理通常代表客户端来发送某些请求，但反向代理代表服务器处理这些请求，因此得名。

这种代理有几个用途：

- **安全性**：服务器地址现在是隐藏的，并且可以通过代理的 DDoS 防护功能保护服务器。
- **灵活性和可伸缩性**：你可以根据需要随时修改隐藏在代理后面的基础设施。
- **缓存**：如果你已经知道服务器会给出什么答案，为什么还要麻烦它呢?
- **压缩**：压缩数据将减少所需的带宽，这对于连接性较差的移动用户来说尤其有用。它还可以降低网络成本（但可能还会降低计算能力）。
- **SSL 终端**：通过承担加密和解密网络流量的负担来降低后端服务器的负载。

反向代理的一个例子是 NGINX。它还提供负载均衡、A/B 测试等功能。它的另一项功能是服务发现。我们来看它有什么帮助。

服务发现

顾名思义，服务发现（Service Discovery，SD）允许自动检测计算机网络中特定服务的实例。调用方必须只指向服务注册表，而不是硬编码应托管服务的域名或 IP。使用这种方法，架构变得更加灵活，因为使用的所有服务都可以轻松找到。如果你设计了一个基于微服务的架构，那么引入 SD 确实有很大的帮助。

有几种方法可以实现 SD。在客户端发现中，调用者直接联系 SD 实例。每个服务实例都有一个注册表客户端，用于注册和注销实例及处理心跳等。虽然很简单，但在这种方法中，每个客户端都必须实现服务发现逻辑。Netflix Eureka 便是这种方法中常用的服务注册表。

另一种方法是使用服务器端发现。这里还提供了服务注册表，以及每个服务实例中的注册表客户端。然而，调用者并不直接联系它。相反，它们连接到负载均衡器，例如 AWS Elastic Load Balancer（ELB），后者反过来要么调用服务注册表，要么使用其内置服务注册表，然后才将客户端调用分派到特定实例。除了 AWS ELB 之外，NGINX 和 Consul 也可以提供服务器端 SD 功能。

我们现在知道如何高效地查找和使用服务了，接下来我们将学习如何更好地部署它们。

15.3 使用 Kubernetes 编排云原生工作负载

Kubernetes 是一个可扩展的开源平台，用于自动化和管理容器应用程序。它有时被称为 k8s，因为它以“k”开头，以“s”结尾，中间有 8 个字母。

其设计基于谷歌内部使用的 Borg 系统。Kubernetes 的一些功能如下：

- 应用程序自动伸缩。
- 可配置网络。
- 批处理作业执行。
- 应用程序的统一升级。
- 运行高可用性应用程序的能力。
- 声明性配置。

运行 Kubernetes 有不同的方法。在选择某个方法之前，你需要分析与之相关的成本和收益。

15.3.1 Kubernetes 结构

虽然可以在一台机器上运行 Kubernetes（例如，使用 minikube、k3s 或 k3d），但在生产环境中不建议这样做。单机集群的功能有限，没有故障切换机制。Kubernetes 集群的典型大小为 6 台或更多机器，其中 3 台机器形成控制平面，其他 3 台是工作节点（worker node）。

3 台机器的最低要求来自这样一个事实：提供高可用性最少需要 3 台机器。控制平面的节点也可以用作工作节点，尽管不鼓励这样做。

1. 控制平面

在 Kubernetes 中，你很少与单个工作节点交互，所有的 API 请求都会转到控制平面。控制平面将根据请求决定要采取的操作，然后与工作节点通信。

与控制平面的交互可以采取以下几种形式：

- 使用 kubectl CLI。
- 使用 Web 仪表板。
- 从 kubectl 以外的应用程序内部使用 Kubernetes API。

控制平面的节点通常运行 API 服务器、调度程序、配置存储（etcd），以及一些可能的额外进程来处理特定需求。例如，部署在公有云（如 Google Cloud Platform）中的 Kubernetes 集群具有在控制平面节点上运行的云控制器。云控制器与云厂商的 API 交互，以更换故障机器、提供负载均衡器或分配外部 IP 地址。

2. 工作节点

构成控制平面和工作池的节点是运行工作负载的实际机器。它们可能是托管在本地的物理服务器、私人托管的虚拟机或来自云厂商的虚拟机。

集群中的每个节点至少运行以下三个程序：

- 允许机器处理应用程序容器的容器运行时（例如 Docker Engine 或 cri-o）。
- 负责接收来自控制平面的请求并根据这些请求管理各个容器的 kubelet。
- 负责节点级的网络和负载均衡的 kube-proxy。

15.3.2 部署 Kubernetes 的可能方法

部署 Kubernetes 有多种可能的方法。

其中之一是将其部署到本地托管的服务器裸机。这种方法的一个优点是，对于大型应用程序来说，这可能比由云厂商提供成本更低。这种方法的主要缺点是，需要运维人员在必要时提供额外的节点。

为了缓解此问题，你可以在服务器裸机上运行虚拟化设备。这使得用 Kubernetes 内置云控制器自动提供必要的资源成为可能。虽然仍然需要控制成本，但人工工作更少。虚拟化增加了一些开销，但在大多数情况下应该是划算的。

如果你对自己托管服务器不感兴趣，那么可以部署 Kubernetes 以在云厂商的虚拟机上运行。通过选择此路线，你可以使用现有模板进行优化设置。Terraform 和 Ansible 模块可用于在流行的云平台上构建集群。

最后，还有主要云运营商提供的托管服务。你只需支付其中一些工作节点的费用，而控制平面是免费的。

当在公有云中运行时，为什么你会选择自托管的 Kubernetes 而不是托管服务？原因之一可能是你需要 Kubernetes 的特定版本。云厂商在引入更新时通常有点慢。

15.3.3 理解 Kubernetes 的概念

Kubernetes 引入了一些概念，第一次听到这些概念时，你可能会感到陌生或困惑。当你了解它们的目的后，应该更容易理解是什么让 Kubernetes 与众不同。以下是一些常见的 Kubernetes 对象：

- **容器**（特别是应用程序容器）是一种分发和运行单个应用程序的方法。它包含在任何地方运行未修改的应用程序所需的代码和配置。
- **Pod** 是基本的 Kubernetes 构建块。它是原子的，由一个或多个容器组成。Pod 内的所有容器共享相同的网络接口、卷（如持久存储或机密）和资源（CPU 和内存）。

- **部署**是描述工作负载及其生命周期特性的高级对象。它通常管理一组 Pod 副本，允许滚动升级，并在出现故障时管理回滚。这使得 Kubernetes 应用程序的生命周期易于扩展和管理。
- DaemonSet 是一个类似于部署的控制器，它管理 Pod 的分布位置。部署关注的是保持给定数量的副本，而 DaemonSet 将 Pod 分布在所有工作节点上。主要用例是在每个节点上运行系统级服务，例如监控或日志记录代理。
- **作业**是为一次性任务设计的。当 Pod 中的容器终止时，部署中的 Pod 会自动重新启动。它们适用于在网络端口上侦听请求的所有常开服务。但是，部署不适用于批处理作业，例如缩略图生成，你通常只希望在需要时运行这些作业。作业会创建一个或多个 Pod，并监督它们直到完成给定任务。当特定数量的成功 Pod 终止时，该作业被视为已完成。
- CronJobs，顾名思义，是在集群中定期运行的作业。
- **服务**表示在集群中执行的特定功能。它们有一个与其关联的网络端点（通常是负载均衡的）。服务可能被一个或多个 Pod 执行。服务的生命周期独立于 Pod 的生命周期。由于 Pod 是短暂的，它们随时可能被创建和销毁。服务抽象了各个 Pod 以实现高可用性。服务有自己的 IP 地址和 DNS 名称，更便于使用。

声明式方法

我们在第 9 章中讨论了声明式方法和命令式方法之间的区别。Kubernetes 采用声明式方法。它不给出需要采取的步骤的指令，而是提供描述集群状态的资源。由控制平面来分配内部资源，以满足你的需求。

当然，也可以直接使用命令行添加资源。这对测试来说可能很快，但需要跟踪在大多数时间内创建的资源。因此，大多数人还是使用清单文件，清单文件提供所需资源的编码描述。清单通常是 YAML 文件，但也可以使用 JSON 格式。

下面是一个带有单个 Pod 的 YAML 示例清单：

```
apiVersion: v1
kind: Pod
metadata:
  name: simple-server
  labels:
    app: dominican-front
spec:
  containers:
    - name: webserver
      image: nginx
      ports:
        - name: http
          containerPort: 80
          protocol: TCP
```

第一行是必填的，它说明清单将使用哪个 API 版本。有些资源仅在扩展中可用，因此这是关于解析器如何工作的信息。

第二行描述我们正在创建的资源。接下来是元数据和资源规范。

元数据中必须有名称，因为这是区分资源的方法。如果我们想创建另一个同名的 Pod，就会收到错误提示，指出这样的资源已存在。该标签是可选的，在编写选择器时非常有用。例如，如果我们想创建一个允许连接到 Pod 的服务，那么我们将使用选择器匹配标签应用程序，其值等于 `dominican-front`。

规范也是必须有的部分，因为它描述了资源的实际内容。在示例中，我们列出了 Pod 内运行的所有容器。准确地说，名为 `webserver` 的容器使用 Docker Hub 的映像 `nginx`。由于我们希望从外部连接到 NGINX Web 服务器，因此我们还公开了服务器正在侦听的容器端口 `80`。端口描述中的名称是可选的。

15.3.4　Kubernetes 网络

Kubernetes 支持可插拔的网络架构。存在多种驱动程序，可根据需要使用。无论你选择哪种驱动程序，有些概念都是通用的。以下是典型的网络场景。

1. 容器间通信

单个 Pod 可以容纳多个不同的容器。由于网络接口绑定到 Pod 而不是容器，因此每个容器都在同一个网络命名空间中运行。这意味着各种容器可以使用本地主机（localhost）网络相互寻址。

2. Pod 间通信

每个 Pod 都在集群内部分配了一个本地 IP 地址。一旦删除了 Pod，地址就不存在了。当一个 Pod 知道另一个 Pod 的地址时，它可以连接到对方公开的端口，因为它们共享相同的平面网络。对于这种通信模型，你可以将 Pod 视为托管容器的虚拟机。这很少使用，因为首选的方法是 Pod 到服务（Pod-to-service）通信。

3. Pod 到服务通信

Pod 到服务通信是集群内最流行的通信用例。每个服务都有一个单独的 IP 地址和一个分配给它的 DNS 名称。当一个 Pod 连接到一个服务时，该连接被代理到该服务选择的组中的一个 Pod。代理是前面描述的 kube-proxy 工具的一项任务。

4. 外部到内部通信

外部流量通常经由负载均衡器到达集群。这些外部流量要么绑定到特定服务或入口控制器，要么由它们处理。当外部公开的服务处理流量时，它的行为类似于 Pod 到服务通信。使用入口控制器，你可以使用其他功能来实现路由、可观测性或高级负载均衡。

15.3.5　什么时候适合使用 Kubernetes

在组织中引入 Kubernetes 需要一些投入。Kubernetes 提供了许多优秀功能，例如自动伸缩、自动化或部署。然而，这些优秀功能可能无法证明投入是必要且合理的。

投入涉及几个方面：

- **基础设施成本**：运行控制平面和工作节点的成本可能相对较高。此外，如果你想使用各种 Kubernetes 扩展功能，例如 GitOps 或服务网格（稍后描述），成本可能还会增加。它们需要额外的资源来运行，并在应用程序的常规服务之上带来更多开销。除了节点本身，还应考虑其他成本。Kubernetes 的一些功能在部署到受支持的云厂商时效果最佳。这意味着，为了从这些功能中获益，必须走以下路线之一：
  - 将工作负载移动到支持的云中。
  - 针对所选择的云厂商实现特定的驱动程序。
  - 将本地基础设施迁移到支持 API 的虚拟化环境，如 VMware vSphere 或 OpenStack。
- **运维成本**：Kubernetes 集群和相关服务需要维护。即使应用程序较少需要维护，但这一优点仍会被保持集群运行的成本略微抵消。
- **教育成本**：整个产品团队必须学习新概念。即使有专门的平台团队为开发人员提供易于使用的工具，开发人员仍然需要对他们所做的工作如何影响整个系统以及他们应该使用的 API 有一个基本的了解。

在决定引入 Kubernetes 之前，首先要考虑是否能够承担得起所需的初始投资。

15.4 分布式系统中的可观测性

分布式系统（如云原生架构）带来了一些独特的挑战。在任何给定时间工作的不同服务数量之多，使得研究组件的性能非常不方便。

在单体系统中，使用日志记录和性能监控通常就足够了。对于分布式系统，即使是日志记录也需要进行设计选择。不同的组件产生不同格式的日志。这些日志必须存储在某处。将它们与提供它们的服务放在一起，将使在停机情况下了解全局变得困难。此外，由于微服务的生命周期可能很短，因此你需要将日志的生命周期与提供日志的服务或托管服务的机器的生命周期解耦。

第 13 章描述了统一日志层如何帮助管理日志。日志只显示系统中给定点发生的情况。要从单个事务的角度来了解情况，需要使用一种不同的方法。

这就是跟踪的作用。

15.4.1 跟踪与日志记录的区别

跟踪是日志记录的一种特殊形式。它提供的信息级别低于日志，可能包括所有函数调用、参数、大小和执行时间。它们还包含正在处理的事务的唯一 ID。这些细节使我们可以重新组合它们，并在给定事务通过系统时查看其生命周期。

跟踪提供的性能信息有助于发现系统中的瓶颈和次优组件。

虽然日志通常由操作员和开发人员读取，但它们往往是人类可读的。跟踪没有这样的要求。要查看跟踪痕迹，需要使用专用的可视化程序。这意味着，即使跟踪痕迹更详细，也可能比日志占用的空间更少。

图 15.1 是对单个跟踪痕迹的概述。

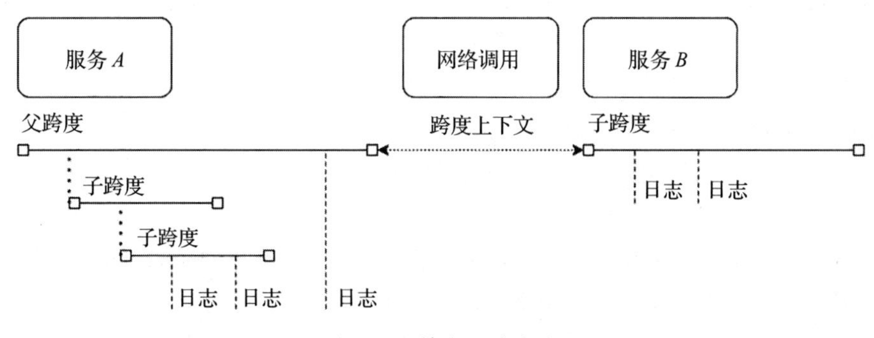

图 15.1　单个跟踪痕迹

两个服务通过网络进行通信。在服务 *A* 中，我们有一个包含子跨度（Span）和单个日志的父跨度。子跨度通常对应于更深的函数调用。日志代表最小的信息。每一个日志都包含时间信息，并且可能包含附加信息。

对服务 *B* 的网络调用保留了跨度上下文。即使服务 *B* 是在另一台机器上的不同进程中执行的，但因为事务 ID 被保留了，所以所有信息都可以稍后进行重新组合。

重组跟踪痕迹可以获得一个额外信息，即分布式系统中服务之间的依赖关系图。由于跟踪痕迹包含整个调用链，因此可以可视化这些信息并检查意外的依赖关系。

15.4.2　选择跟踪解决方案

在实现跟踪时，有几种可能的解决方案可供选择。正如你想象的那样，可以使用自托管和托管工具来测试应用程序。我们将简要介绍托管工具，重点介绍自托管工具。

1. Jaeger 和 OpenTracing

分布式跟踪的标准之一是 Jaeger 的作者提出的 OpenTracing。Jaeger 是为云原生应用程序构建的跟踪器。它解决了监视分布式事务和传播跟踪上下文的问题。它可用于以下目的：

- 性能或延迟优化。
- 执行根因分析。
- 分析服务间依赖关系。

OpenTracing 是一个开放标准，它提供了一个独立于所使用的跟踪器的 API。这意味着当使用 OpenTracing 对应用程序进行检测时，可以避免限定供应商。如果在某个时候你决定从 Jaeger 切换到 Zipkin、Datadog 或其他兼容的跟踪器，则不必修改整个检测代码。

有许多客户端库与 OpenTracing 兼容。你还可以找到许多资源，包括说明如何根据需要实现 API 的教程和文章。OpenTracing 官方支持以下语言：

- Go。
- JavaScript。
- Java。
- Python。
- Ruby。
- PHP。
- Objective-C。
- C++。
- C#。

也有一些非官方的库可用，另外，有些应用程序还可以导出 OpenTracing 数据。这包括 NGINX 和 Envoy，它们都是流行的网络代理。

Jaeger 也接受 Zipkin 格式的样本。我们将在下一小节中介绍 Zipkin。这意味着，如果应用程序（或任何依赖项）已经使用 Zipkin，则不必改写格式。对于所有新应用程序，建议采用 OpenTracing 方法。

Jaeger 具有很好的可伸缩性。如果你想对其进行评估，可以将其作为单个二进制文件或单个应用程序容器运行。你可以将 Jaeger 配置为使用自己的后端或支持的外部后端（如 Elasticsearch、Cassandra 或 Kafka）进行生产使用。

Jaeger 是 CNCF 资助的项目。这意味着它已经达到了与 Kubernetes、Prometheus 或 Fluentd 类似的成熟度。因此，我们希望它在其他 CNCF 应用程序中获得更多支持。

2. Zipkin

Jaeger 的主要竞争对手是 Zipkin。这是一个更老的项目，这也意味着它更成熟。通常，更早的项目会得到更好的支持，但在这种情况下，CNCF 的支持对 Jaeger 有利。

Zipkin 使用专有协议来处理跟踪。它支持 OpenTracing，但其成熟度和支持级别可能与原生 Jaeger 协议不同。正如我们前面提到的，也可以配置 Jaeger 以 Zipkin 格式收集跟踪痕迹。这意味着两者至少在某种程度上是可互换的。

该项目由 Apache 基金会托管，但不被视为 CNCF 项目。在开发云原生应用程序时，Jaeger 是更好的选择。如果你正在寻找一种通用的跟踪解决方案，那么也可以考虑 Zipkin。

Zipkin 的一个缺点是没有支持的 C++ 实现。虽然有一些非官方的库，但似乎没有得到很好的支持。使用 C++ OpenTracing 库是检测 C++ 代码的首选方法。

15.4.3 使用 OpenTracing 检测应用程序

本节将演示如何使用 Jaeger 和 OpenTracing 检测现有应用程序。我们将使用 `opentracing-cpp` 和 `jaeger-client-cpp` 库。

首先，需要设置跟踪器：

```
#include <jaegertracing/Tracer.h>

void setUpTracer()
{
    // We want to read the sampling server configuration from the
    // environment variables
    auto config = jaegertracing::Config;
    config.fromEnv();
    // Jaeger provides us with ConsoleLogger and NullLogger
    auto tracer = jaegertracing::Tracer::make(
        "customer", config, jaegertracing::logging::consoleLogger());
    opentracing::Tracer::InitGlobal(
        std::static_pointer_cast<opentracing::Tracer>(tracer));
}
```

配置采样服务器的两种首选方法是使用环境变量（正如我们所做的），或使用 YAML 配置文件。当使用环境变量时，我们必须在运行应用程序之前设置它们。最重要的环境变量有：

- JAEGER_AGENT_HOST：Jaeger 代理所在主机的主机名。
- JAEGER_AGENT_POR：Jaeger 代理正在侦听的端口。
- JAEGER_SERVICE_NAME：应用程序的名称。

接下来，我们配置跟踪器并提供日志记录实现。如果可用的 ConsoleLogger 不够，则可以实现自定义日志记录解决方案。对于具有统一日志层的基于容器的应用程序，ConsoleLogger 应该足够了。

设置了跟踪器后，我们希望向要检测的函数添加跨度。下面的代码就是这样做的：

```
auto responder::respond(const http_request &request, status_code status,
                        const json::value &response) -> void {
  auto span = opentracing::Tracer::Global()->StartSpan("respond");
  // ...
}
```

稍后可以使用此跨度在给定函数内创建子跨度。它也可以作为参数传播到更深层的函数调用。代码如下：

```
auto responder::prepare_response(const std::string &name, const
std::unique_ptr<opentracing::Span>& parentSpan)
    -> std::pair<status_code, json::value> {
  auto span = opentracing::Tracer::Global()->StartSpan(
        "prepare_response", { opentracing::ChildOf(&parentSpan->context())
});
  return {status_codes::OK,
          json::value::string(string_t("Hello, ") + name + "!")};
}

auto responder::respond(const http_request &request, status_code status)
    -> void {
  auto span = opentracing::Tracer::Global()->StartSpan("respond");
  // ...
  auto response = this->prepare_response("Dominic", span);
  // ...
}
```

当我们调用 `opentracing::ChildOf` 函数时，会发生上下文传播事件。我们还可以使用 `inject()` 和 `extract()` 调用通过网络调用传递上下文。

15.5 使用服务网格连接服务

微服务和云原生设计各自都有一系列问题。即使在服务数量有限的情况下，不同服务之间的通信、可观测性、调试、速率限制、身份验证、访问控制和 A/B 测试也可能是具有挑战性的。当服务数量增加时，上述需求的复杂性也会增加。

这就是服务网格（service mesh）有竞争力的地方。简而言之，服务网格将一些资源（运行控制平面和边车代码所必需的）变成一个自动化的、集中控制的解决方案，以应对上述挑战。

15.5.1 服务网格

本章前面提到的所有需求都是在应用程序中编码的。事实证明，许多功能可能是抽象的，因为它们在许多不同的应用程序中共享。当应用程序由许多服务组成时，向所有服务添加新功能的成本会很高。使用服务网格，可以从单个点控制这些功能。

由于容器化工作流已经抽象了一些运行时和网络，服务网格将抽象提升到另一个层次。这样，容器中的应用程序只知道在 OSI 网络模型的应用程序级别发生了什么。服务网格处理较低级别的抽象。

设置服务网格允许你以新的方式控制所有网络流量，并让你更好地了解这些流量。依赖关系变得可见，数据流、形状和流量也变得可见。

服务网格不仅处理流量。其他流行模式，如熔断、速率限制或重试，不必由每个应用程序实现并单独配置。这也是一个可以外包给服务网格的功能。类似地，A/B 测试或金丝雀部署也是服务网格能够实现的用例。

如前所述，服务网格的好处之一是更好控制。它的架构通常由一个可管理的外部流量边缘代理和内部代理组成，这些代理通常作为每个微服务的边车部署。这样，网络策略可以写成代码，并与所有其他配置一起存储在一个地方。你不必为要连接的两个服务打开双向 TLS 加密，只需在服务网格配置中启用一次该功能。

接下来，我们将介绍一些服务网格解决方案。

15.5.2 服务网格解决方案

这里描述的所有解决方案都是自托管的。

1. Istio

Istio 是一个强大的服务网格工具集合。它允许你通过将 Envoy 代理部署为边车容器来连接微服务。因为 Envoy 是可编程的，所以 Istio 控制平面的配置更改会被传递给所有代理，然后代理会相应地重新配置自己。

Envoy 代理负责加密和身份验证。在大多数情况下，使用 Istio 在服务之间启用双向 TLS 需要使用配置中的单键开关。如果你不希望在所有服务之间使用双向 TLS（mTLS），也可以选择那些需要这种额外保护的服务，同时允许其他所有服务之间的流量不加密。

Istio 也有助于提高可观测性。首先，Envoy 代理导出与 Prometheus 兼容的代理级指标。Istio 还可导出服务级指标和控制平面指标。接下来，还有描述网格内流量的分布式跟踪痕迹。Istio 可以为不同的后端（Zipkin、Jaeger、Lightstep 和 Datadog）提供跟踪痕迹。最后，还有 Envoy 访问日志，它以类似于 NGINX 的格式显示每个调用。

使用 Kiali（一种交互式 Web 界面）能可视化网格。通过这种方式，你可以看到服务图，包括是否启用加密、不同服务之间的流量大小或每个服务的运行状况检查状态等信息。

Istio 的作者声称这个服务网格应该与不同的技术兼容。在撰写本书时，最好的文档记录、最好的集成和最好的测试是与 Kubernetes 的集成。其他受支持的环境包括本地、通用云、Mesos 和 Nomad（结合 Consul）。

如果你在法规较为严格的行业（如金融机构）工作，那么 Istio 可以在这些方面提供帮助。

Envoy

虽然 Envoy 不是服务网格，但由于 Istio中使用它，因此值得提一下。

Envoy 是一个类似 NGINX 或 HAProxy 的服务代理。它们的主要区别在于，它可以在运行中重新配置。这通过 API 以编程方式实现，不需要更改配置文件，然后重新加载守护程序。

有关 Envoy 的一个有趣事实是，它的性能和受欢迎程度都很高。根据 SolarWinds 进行的测试，Envoy 在作为服务代理的性能方面击败了竞争对手，包括 HAProxy、NGINX、Traefik 和 AWS 应用程序负载均衡器。Envoy 比 NGINX、HAProxy、Apache 和 Microsoft IIS 等这一领域的老牌代理年轻得多，但根据 Netcraft，这并没有阻止 Envoy 进入最常用 Web 服务器的前十名。

2. Linkerd

在 Istio 成为服务网格的同义词之前，Linkerd 是这个领域的代表。它们在命名方面有些混淆，因为最初的 Linkerd 项目被设计为与平台无关，并以 Java VM 为目标。这意味着它会消耗很多资源，而且速度往往很慢。更新的版本 Linkerd2 已被重写以解决这些问题。与最初的 Linkerd 相反，Linkerd2 只专注于 Kubernetes。

Linkerd 和 Linkerd2 都使用自己的代理解决方案，而不是依赖 Envoy 这样的现有项目。这样做的理由是，专用代理可以提供更好的安全性和性能。Linkerd2 的一个有趣的特点是，开发它的公司还提供付费支持。

3. Consul 服务网格

Consul 服务网格是最近才被加入服务网格领域中的。Consul 是 HashiCorp 的产品，HashiCorp 是一家知名的云公司，以 Terraform、Vault、Packer、Nomad 和 Consul 等工具而闻名。

与其他解决方案一样，它也具有 mTLS 和流量管理功能。它被宣传为多云、多数据中心和多区域网格。它可以与不同的平台、数据平面产品和可观测性供应者集成。在撰写本书时，现实情况稍微骨感一些，因为主要支持的平台是 Nomad 和 Kubernetes，而支持的代理要么是内置代理，要么是 Envoy。

如果你正在考虑将 Nomad 用于应用程序，那么 Consul 服务网格可能是一个很好的选择，并且可能非常适合，因为两者都是 HashiCorp 产品。

15.6 走向 GitOps

本章中我们要讨论的最后一个主题是 GitOps。尽管这个词听起来很新、很时髦，但它背后的思想并不新颖。它是众所周知的**持续集成 / 持续部署**（CI/CD）模式的扩展。其实，说是扩展可能并不准确。

虽然 CI/CD 系统通常以灵活为目标，但 GitOps 力求尽量减少可能的集成项。两个主要常量是 Git 和 Kubernetes。Git 用于版本控制、发布管理和环境隔离。Kubernetes 被用作标准化和可编程的部署平台。

这样，CI/CD 管道几乎变得透明。这与命令式代码处理构建的所有阶段的方法相反。要允许这样的抽象级别存在，通常需要使用：

- 基础设施即代码，允许自动部署所有必要的环境。
- 具有功能分支、拉取请求或合并请求的 Git 工作流。
- Kubernetes 中已提供的声明性工作流配置。

15.6.1 GitOps 的原则

由于 GitOps 是已建立的 CI/CD 模式的扩展，因此两者可能不太容易区分清楚。以下是将这种方法与通用 CI/CD 区分开来的一些 GitOps 原则。

1. 声明式描述

经典 CI/CD 系统与 GitOps 的主要区别在于操作模式。大多数 CI/CD 系统都是命令式的：它们由一系列步骤组成，以使管道构建成功。

甚至管道的概念也是命令式的，因为它意味着一个具有入口、一组连接和接收器的对象。有些步骤可以并行执行，但只要存在依赖关系，进程就必须停止并等待相关步骤完成。

在 GitOps 中，配置是声明式的。这是指系统的整个状态——应用程序、配置、监控和仪表板。它们都被视为代码，具有与常规应用程序代码相同的特性。

2. 在 Git 中版本化的系统状态

由于系统的状态是用代码编写的，因此你可以从中获得一些好处。审计、代码审查和版本控制等功能现在不仅适用于应用程序代码。其结果是，如果出现问题，恢复到工作状态只需要使用 git revert 命令。

你可以使用 Git 的签名提交以及 SSH 和 GPG 密钥来控制不同的环境。通过添加一种门控机制，你可以确保只有符合标准的提交代码才能被推送到代码库，你还可以消除使用 ssh 或 kubectl 手动运行命令可能导致的许多意外错误。

3. 可审计的

存储在版本控制系统中的所有内容都是可审计的。在引入新代码之前，你需要执行代码审查。当你注意到一个 bug 时，你可以取消引入它的变更代码或返回到上一个工作版本。代码库成为整个系统的唯一真实版本（Single Point Of Truth，SPOT）。

当应用于应用程序代码时，它很有用。然而，扩展审计配置、辅助服务、指标、仪表板甚至部署策略的能力使其功能更加强大。你所要做的就是检查 Git 日志。

4. 与已建立的组件集成

大多数 CI/CD 工具都引入了专有的配置语法。Jenkins 使用 Jenkins DSL。每个流行的 SaaS 解决方案都使用 YAML，但 YAML 文件彼此不兼容。在不重写管道的情况下，无法从 Travis 切换到 CircleCI 或从 CircleCI 切换到 GitLab CI。

这有两个缺点，一个是明显的供应商锁定，另一个是需要学习使用给定工具的配置语法。即使大部分管道已经在其他地方（shell 脚本、Dockerfile 或 Kubernetes 清单）被定义，你仍然需要编写一些黏合代码来指导 CI/CD 工具使用它。

GitOps 不同。这里，你不需要编写显式指令或使用专有语法。相反，你可以重用其他通用标准，例如 Helm 或 Kustomize。需要学习的东西更少，迁移过程也更顺畅。此外，GitOps 工具通常能与 CNCF 生态系统中的其他组件很好地集成，因此你可以将部署指标存储在 Prometheus中，并使用 Grafana 进行审计。

5. 预防配置漂移

当给定系统的当前状态与代码库中描述的期望状态不同时，就会发生配置漂移。导致配置漂移的原因有多种。

例如，我们考虑对基于 VM 的工作负载使用配置管理（Configuration Management，CM）工具。所有虚拟机都以相同的状态启动。当 CM 工具第一次运行时，它会使机器达到所需的状态。但是，如果默认情况下自动更新代理在这些机器上运行，那么代理可能会自行更新某些软件包，而不考虑 CM 所需的状态。此外，由于网络连接可能很脆弱，一些机器可能会更新到软件包的较新版本，而其他机器则没有。

某个更新的软件包可能与应用程序在极端情况下需要的固定软件包不兼容。这种情况将破坏整个 CM 工作流，使机器处于不可用状态。

使用 GitOps，系统内始终运行一个代理，该代理跟踪系统的当前状态和期望状态。如果当前状态突然与期望状态不同了，那么代理可以修复它或发出关于配置漂移的警报。

防止配置漂移会在系统中增加另一自我修复层。如果你正在运行 Kubernetes，那么你已经在 Pod 级别实现了自我修复。每当一个 Pod 出现故障时，就会在其位置重新创建一个 Pod。如果你在底层使用可编程基础设施（例如云厂商或 OpenStack），那么节点也具有自我修复功能。使用 GitOps，你可以实现工作负载及其配置的自我修复。

15.6.2 GitOps 的好处

GitOps 所描述的特性提供了几个好处。例如下面这些。

1. 提高生产力

CI/CD 管道已经自动化了许多常见任务，通过更频繁的部署来缩短交付周期。GitOps 添加了一个反馈回路，可以防止配置漂移并允许自我修复。这意味着你的团队可以更快地交付，并且不必担心引入潜在问题，因为这些问题很容易修复。反过来，这意味着开发吞吐量的增加，你可以更快、更有信心地引入新功能。

2. 更好的开发人员体验

使用 GitOps，开发人员不必担心构建容器或使用 kubectl 控制集群的问题。部署新功能只需要使用 Git，Git 在大多数环境中已经是一个常见的工具。

这也意味着上手更快，因为新员工不必学习很多新工具就能高效工作。GitOps 使用标准且一致的组件，因此向操作端引入更改不会影响开发人员。

3. 更高的稳定性和可靠性

使用 Git 来存储系统状态意味着你可以访问审计日志。此日志包含所有引入的变更的描述。如果任务跟踪系统与 Git 集成（这是一个很好的实践），那么你通常可以知道哪个业务特性与系统的更改有关。

使用 GitOps，不需要手动访问节点或整个集群，这减少了因运行无效命令而导致意外错误的机会。使用 Git 强大的恢复功能，可以很容易地修复那些进入系统的随机错误。

从严重灾难（如失去整个控制平面）中恢复也容易得多。所需要的就是建立一个新的干净集群，在那里安装一个 GitOps 操作符，并通过配置让其指向代码库。一段时间后，就可以拥有上一个生产系统的具体副本，而无须手动干预。

4. 提高安全性

减少访问集群和节点次数意味着提高安全性，也无须担心钥匙丢失或被盗。即使某人不继续在团队（或公司）工作，你也可以避免此人仍然可以访问生产环境的情况。

当涉及访问系统时，唯一真实版本（SPOT）由 Git 代码库处理。即使恶意行为者决定在你的系统中引入后门，所需的更改也将经历代码审查。当代码库使用 GPG 签名提交并进行强验证时，模拟另一个开发人员也更具挑战性。

到目前为止，我们主要讨论了从开发和运维角度来看的好处。但 GitOps 也有利于业务推行。它在系统中提供了业务可观测性，这是以前很难实现的。

很容易跟踪给定版本中的功能，因为它们都存储在 Git 中。由于 Git 提交了一个指向任务跟踪器的链接，业务人员可以预览链接，以查看应用程序在各个开发阶段的表现。

它还明确了以下常见问题的答案：

- 生产环境中正在运行什么？
- 上次发布时解决了哪些问题？
- 哪种更改可能导致服务降级？

所有这些问题的答案甚至能以用户友好的形式在仪表板中显示。当然，仪表板本身也可以存储在 Git 中。

15.6.3　GitOps 工具

GitOps 是一个不断发展的新领域。已经有一些稳定和成熟的工具。下面介绍一些受欢迎的工具。

1. FluxCD

FluxCD 是 Kubernetes 内置的一个 GitOps 操作符。所选集成工具提供了核心功能。它使用 Helm 图和 Kustomize 来描述资源。

它与 Prometheus 的集成为部署过程增加了可观测性。为了帮助进行维护工作，FluxCD 包含了 CLI。

2. ArgoCD

与 FluxCD 不同，它提供了更广泛的工具选择。如果已经在配置中使用了 Jsonnet 或 Ksonnet，这可能很有用。与 FluxCD 一样，它也与 Prometheus 集成并带有 CLI。

在撰写本书时，ArgoCD是比 FluxCD 更受欢迎的解决方案。

3. Jenkins X

与它的名字可能暗示的相反，Jenkins X 与著名的 Jenkins CI 系统没有太多共同之处。它由同一家公司支持，但 Jenkins 和 Jenkins X 的整个概念完全不同。

虽然两个工具都设计为小型和自包含的，但 Jenkins X 是一个具有许多集成工具和更广应用范围的复杂解决方案。它支持触发自定义构建任务，使其看起来像是经典 CI/CD 系统和 GitOps 之间的桥梁。

15.7　总结

恭喜你到达本章的结尾！使用现代 C++ 并不局限于理解最近添加的语言特性。应用程序将在生产环境中运行。作为架构师，确保运行时环境符合要求也是你的工作。在前几章中，我们描述了分布式应用程序中的一些流行趋势。我们希望这些知识能帮助你确定哪一种最适合你的产品。

云原生带来了很多好处，并可以自动化大部分工作流程。将定制工具转换为行业标准，将使软件更具弹性，更易于更新。在本章中，我们介绍了流行的云原生解决方案的优缺点和用例。

有些解决方案（例如包含 Jaeger 的分布式跟踪）为大多数项目带来了直接的好处。有些解决方案（如 Istio 或 Kubernetes）则在大规模部署场景中表现最好。阅读本章后，你应该有足够的知识来确定将云原生设计引入应用程序是否值得。

问题

1. 在云上运行应用程序与使其成为云原生应用程序有什么区别？
2. 能否在本地运行云原生应用程序？
3. Kubernetes 的最小高可用集群大小是多少？
4. 哪个 Kubernetes 对象表示允许网络连接的微服务？
5. 为什么在分布式系统中日志记录是不够的？
6. 服务网格如何帮助构建安全系统？
7. GitOps 如何提高生产力？
8. 监控的标准 CNCF 项目是什么？

进一步阅读

- *Mastering Kubernetes*: `https://www.packtpub.com/product/mastering-kubernetes-third-edition/9781839211256`
- *Mastering Distributed Tracing*: `https://www.packtpub.com/product/mastering-distributed-tracing/9781788628464`
- *Mastering Service Mesh*: `https://www.packtpub.com/product/mastering-service-mesh/9781789615791`

附　　录

感谢你在软件架构的旅程中走了这么远。我们写这本书的目的是帮助读者在设计应用程序和系统时做出明智的决定。至此，在决定是选择 IaaS、PaaS、SaaS 还是 FaaS 时，你应该很有信心了。

本书中有很多我们没有提及的内容，因为那些内容的范围很广，超出了本书的范畴。一是，我们对那部分内容的经验太少；二是，我们认为它比较小众。还有一些领域我们觉得非常重要，但本书中找不到合适的地方来讨论。你可以在这个附录中找到它们。

设计数据存储

现在，我们讨论一下应用程序的存储。首先，我们需要判断应该使用 SQL、NoSQL 还是其他数据库。

一个很好的经验是根据数据库的大小来决定要使用的技术。对于小型数据库，比如那些规模永远不会增长到 TB 级的数据库，使用 SQL 是一种有效的方法。如果你有一个非常小的数据库，或者想创建一个内存缓存，那么可以尝试使用 SQLite。如果数据规模能达到 1TB 级，并且其大小永远不会超过这个数字，那么最好选择 NoSQL。在某些情况下，仍然可以使用 SQL 数据库，但由于硬件成本的原因，它的成本会变得非常高昂，因为主节点需要一台庞大的服务器。即使这不是问题，也应该衡量性能是否足以满足需求，并为长期维护做好准备。在某些情况下，也可以使用 Citus 等技术运行一个 SQL 机器集群，Citus 本质上是一个分片的 PostgreSQL。然而，通常在这种情况下使用 NoSQL 更便宜、更简单。如果数据库的大小超过 10TB，或者需要实时获取数据，请考虑使用数据仓库而不是 NoSQL。

应该使用哪种 NoSQL 技术

这个问题的答案取决于几个因素：

- 如果想存储时间序列（以小的、有规律的间隔保存增量），那么最好的选择是使用 InfluxDB 或 VictoriaMetrics。
- 如果需要类似于 SQL 的东西，但可以不使用连接（join），或者换句话说，如果你计划将数据存储在列中，那么可以尝试使用 Apache Cassandra、AWS DynamoDB 或谷歌的 BigTable。

- 如果需要的并非前两者，那么应该考虑数据是不是没有模式的文档，例如 JSON 或某种应用程序日志。如果是这样的话，可以选择 Elasticsearch，它非常适合这种灵活的数据，并提供了 RESTful API。你也可以尝试使用 MongoDB，它以二进制 JSON（Binary JSON，BSON）格式存储数据，并可以使用 MapReduce。

但是如果你不想存储文档，该怎么办？可以选择对象存储，尤其是在数据很大的情况下。通常，在这种情况下，可以使用云厂商提供的产品，这意味着可以使用亚马逊的 S3、谷歌的 Cloud Storage 或微软的 Blob 存储应该会有所帮助。如果你想使用本地存储，那么可以使用 OpenStack 的 Swift 或 Ceph。

如果对象存储也不是你想要的，那么你的数据可能只是简单的键值数据。使用该存储的优点是它非常快。这就是许多分布式缓存都基于它构建的原因。主要的技术包括 Riak、Redis 和 Memcached（最后一种不适合持久化数据）。

除了前面提到的选项外，你还可以考虑使用基于树的数据库，如 BerkeleyDB。这些数据库基本上是专门的键值存储，其访问方式采用类似路径（path）那样的访问语法。如果你觉得树的限制太大，那么你可能会对 Neo4j 或 OrientDB 等面向图的数据库感兴趣。

无服务器架构

虽然与云原生设计有关，但无服务器架构本身就是一个热门话题。自从推出 FaaS 或 CaaS 产品，如 AWS Lambda、AWS Fargate、Google Cloud Run 和 Azure Functions 以来，它变得非常受欢迎。

无服务器架构主要是 Heroku 等 PaaS 产品的演变。它抽象了底层基础设施，这样开发人员就可以专注于应用程序，而不是基础设施的选择。

与旧的 PaaS 解决方案相比，无服务器架构的另一个好处是，你不必为不使用的东西付费。你通常不用为给定的服务付费，而是使用无服务器架构为部署的工作负载的实际执行时间付费。如果你只想每天运行一次给定的代码，那么不需要每月为底层服务器支付费用。

我们不会深入介绍无服务器架构的细节，它很少与 C++ 一起使用。说到 FaaS，目前只有 AWS Lambda 支持 C++。由于容器与语言无关，因此你可以将 C++ 应用程序和函数与 CaaS 产品（如 AWS Fargate、Azure Container Instances 或 Google Cloud Run）一起使用。

如果你想在 C++ 应用程序中运行非 C++ 辅助代码，那么可能会涉及无服务器函数。维护任务和调度作业非常适合使用无服务器架构，而且它们通常不需要像 C++ 二进制文件那样的性能。

沟通与文化

本书的重点是软件架构。那么，我们为什么要在一本关于软件的书中提到沟通和文化呢？仔细想想，其实所有的软件都是人为人编写的。人的影响无处不在，但我们往往意识不到这一点。

作为一名架构师，你的职责不仅是找出解决给定问题的最佳方法。你还必须将解决方案传达给团队成员。通常情况下，所做的选择来源于之前的对话。

这就是沟通和团队文化在软件架构中也能发挥作用的原因。

在之前的章节中，我们提到了康威定律。这条定律指出，软件系统的架构反映了正在开发它的组织的结构。这意味着，构建伟大的产品需要建立伟大的团队并理解心理学。

如果你想成为一名伟大的架构师，学习人际交往技能可能和学习技术一样重要。

DevOps

在本书中，我们已经多次使用 DevOps（和 DevSecOps）这个术语。我们认为，这个话题应该值得单独讨论。DevOps 是一种构建软件产品的方法，它打破了传统的筒仓式（silo-based）开发模式。

在瀑布模型中，团队之间彼此独立地处理工作的各个方面。开发团队编写代码，QA 团队测试和验证代码，安全团队负责检查安全性和合规性，运维团队负责维护。团队之间很少交流，即使交流，通常也是一个非常正式的过程。

只有负责特定工作流程的团队才能获得特定专业领域的知识。开发人员对 QA 知之甚少，对运维几乎一无所知。虽然这种设置非常方便，但现在需要比瀑布模型更高的敏捷性。

这就是人们提出新的工作模式的原因，这种模式鼓励软件产品的不同利益相关方之间多协作、多沟通和多共享知识。虽然 DevOps 指的是将开发人员和运维人员聚在一起，但它真正的意思是拉近每个人的距离。

开发人员甚至在编写第一行代码之前就开始与 QA 人员和安全人员一起协作了。运维工程师更熟悉代码库。企业可以很容易地跟踪给定单号的进度，在某些情况下，甚至可以以自助服务的方式进行部署预览。

DevOps 已经成为使用 Terraform 或 Kubernetes 等特定工具的代名词。但 DevOps 绝不等同于使用特定的工具。组织可以在不使用 Terraform 或 Kubernetes 的情况下遵循 DevOps 原则，也可以在不实践 DevOps 的情况下使用 Terraform 和 Kubernetes。

DevOps 的原则之一是，它鼓励改进产品利益相关方之间的信息流。这样，就有可能实现另一个原则：减少那些不会给最终产品带来价值的浪费活动。

在构建现代系统时，使用现代方法论是值得的。不过，将现有组织迁移到 DevOps 可能需要进行大规模的心态转变，因此这并不总是可能的。但是，当设计可以控制的全新项目时，可以尝试一下。

问题解答

第1章

1. 软件架构允许你实现并保持软件的必要质量。注意并关心架构设计可以防止项目出现意外架构，从而降低质量，也可以防止软件腐朽。
2. 不应该。敏捷是指赋予整个团队权力。架构师能够为团队带来丰富的经验知识，但如果决策必须被整个团队接受，那么团队成员应该一起参与决策，而不是只由架构师做出决策。考虑利益相关方的需求在这方面也非常重要。
3. 遵循单一责任原则可提高内聚性。如果一个组件具有多个职责，那么它的内聚性通常会降低。在这种情况下，最好将其重构为多个组件，每个组件都只有一个职责。通过这种方式，我们提高了内聚性，因此代码变得更容易理解、开发和维护。
4. 架构师可以从项目一开始就为项目带来价值，直到项目进入维护阶段。架构师在项目的早期阶段发挥最大价值，因为这是项目的关键决策阶段。然而，这并不意味着架构师在开发过程中就没有价值。他们可以使项目始终保持在正确的开发轨道上。通过协助决策和监督项目，他们确保代码不会以意外架构结束，也不会受到软件腐朽的影响。
5. 遵循单一责任原则的代码更易于理解和维护。这也意味着它的 bug 更少。

第2章

1. 使用了 REST API。无状态——每个请求都包含处理过程所需的所有数据。请记住，这并不意味着 REST 服务不能使用数据库，恰恰相反。使用 cookie 而不是保留会话。
2. Netflix 的 Simian Army。
3. 微服务应使用去中心化存储。每个微服务都应该选择最适合自己的存储类型，因为这可以提高效率和可伸缩性。
4. 只有当使用无状态服务不合理且服务不需要扩展时。例如，当客户端和服务必须保持状态同步时，或者当要发送的状态非常大时。
5. 中介在服务之间进行“协调”，因此它需要知道如何处理每个请求。代理只知道将每个请求发送到哪里，所以它是一个轻量级组件。它可以用来创建发布者 – 订阅者架构。

6. layer 是逻辑上的，指定如何组织代码。tier 是物理上的，指定如何运行代码。每一个 tier 都必须被其他东西分开，在不同的进程中运行，甚至在不同的机器上运行。
7. 采用增量的方式。从单体中雕刻出小型微服务。可以使用第 4 章中描述的绞杀者模式来实现。

第 3 章

1. 系统可能具有的特征或品质。通常都有“ility”这个后缀，例如可移植性（portability）。
2. 系统的上下文、现有文档以及系统的利益相关方。
3. 架构级重要需求（ASR）通常需要单独的软件组件来实现，能够影响系统的很大一部分，实现起来有一定难度，并可能迫使你进行一些取舍。
4. 开发包含许多模块的大型系统，并且需要向所有软件团队传达全局约束和通用设计选择的时候。
5. Doxygen 有内置的检查，比如在函数签名与注释中其参数不匹配时发出警告的检查。
6. 使用 UML 交互图。序列图是一个不错的选择，通信图在某些情况下也可以。

第 4 章

1. 这是一种架构模式，它依赖于跟踪改变系统状态的事件，而不是跟踪状态本身。它带来了更低的延迟、免费的审计日志以及可调试性等好处。
2. 随着网络分区的出现，实现分布式系统需要在一致性和可用性之间做出选择。在分区的情况下，你可以返回过期数据、错误或冒超时风险。
3. 它可以帮你为服务的意外停机做好准备。
4. 可以用在客户端、Web 服务器前端、数据库或应用程序，或靠近潜在客户的主机上，具体取决于你的需求。
5. 使用地理节点（geode）。
6. 为了简化客户端代码，因为它不需要对服务实例的地址进行硬编码。
7. 它通过提供反压力、熔断器、自动重试和异常检测来提高系统容错性。它通过金丝雀发布和蓝绿部署来提高可部署性。它还提供负载均衡、跟踪、监控和性能度量。

第 5 章

1. 使用 RAII 习语，例如 `std::unique_ptr`，它将在其析构函数中关闭打开的文件。
2. 仅用于传递可选（可为空）引用。
3. 一种告诉编译器应该为模板推导出哪些参数的方法，可以是隐式的，也可以是用户定义的。
4. 前者适用于我们想要传递包含的值的情况。后者只是将指针传递给它。此外，前者可以为空，而后者将始终指向一个对象。

5. 算法是即刻计算的，而视图是延迟计算的。算法支持使用投影。
6. 通过使用 requires 子句。
7. 后者允许导入的 X 头文件中的宏可见。

第 6 章

1. 编写具有强大语义和更少错误的类型的最佳实践。
2. niebloid“禁用”ADL，而隐藏友元则依靠它来找到。因此，前者可以加快编译速度（需要考虑的重载更少），而后者可以帮助你实现自定义点。
3. 添加 begin、end 以及它们对应的常量和逆向版本，这样它就可以像容器一样被使用。value_type、指针和迭代器等特征对于在泛型代码中重用很有用。成员使用 constexpr 和 noexcept 关键字有助于提高安全性和性能。运算符 [] 的常量重载也需要添加。
4. 在二元仿函数上折叠或减少参数包的表达式。换句话说，这些语句将给定的操作应用于所有传递的可变模板参数，从而生成单个值（或 void）。
5. 当需要为代码的使用者提供一种在运行时添加更多类型的方法时。
6. 通过避免在添加元素时调整向量的大小。

第 7 章

1. 导出意味着目标将可用于其他试图找到它的项目，即使没有安装。CMake 的软件包注册表可用于存储导出目标的位置的数据。二进制文件会一直存储在构建目录中。安装时，需要将目标复制到某个位置，如果不是系统目录，则需要设置到配置文件或目标本身的路径。
2. 遵守 Chiel 规则。
3. 使用 Conan 配置文件。
4. 将 compiler.libcxx 设置为 libstdc++，而不是 libstdc++11。
5. 通过调用 set_target_properties(our_target PROPERTIES CXX_STANDARD our_required_cxx_standard CXX_STANDARD_REQUIRED YES CXX_EXTENSIONS NO)。
6. 创建一个目标以生成第 3 章中所述的文档，将其安装到 CMAKE_INSTALL_DOCDIR，然后确保 CPACK_RPM_EXCLUDE_FROM_AUTO_FILELIST 变量中未指定路径。

第 8 章

1. 单元测试。
2. 性能、耐久性、安全性、可用性、完整性和易用性。
3. 5Whys。
4. 可以，例如使用 static_assert。
5. 测试替身，如模拟对象和伪装对象。

6. 它们是门控机制的基础，并充当早期预警功能。
7. Serverspec、Testinfra、Goss。
8. 应该以这样一种方式设计类，即永远不必直接访问它们的私有属性。

第 9 章

1. 它允许你更早地发现错误，并在它进入生产环境之前进行修复。
2. 管道通常是使用单个工具编写的，实际测试和部署常使用多个工具。
3. 当异步代码审查耗时过长时。
4. 测试、静态分析。
5. 开发人员、QA 人员和业务方。
6. 它最好与无状态服务或可以使用数据库或网络存储的服务一起使用。它不适用于有状态服务。
7. Ansible 用于现有虚拟机的配置管理，Packer 用于构建云虚拟机映像，Terraform 用于构建云基础设施（如网络、虚拟机和负载均衡器）。

第 10 章

1. 现代系统通常连接到网络，因此很容易受到外部攻击。
2. 代码更难设计和调试。可能会出现更新问题。
3. 记录构建 C++ 系统方式的最佳实践。
4. 安全编码为最终用户提供了健壮性，而防御性编程为接口使用者提供了健壮性。
5. 使用 CVE 数据库或自动扫描仪，如 OWASP Dependency-Check 或 Snyk。
6. 静态分析是在不执行源代码的情况下进行的。动态分析需要执行源代码。
7. 通过静态链接，可执行文件包含运行应用程序所需的所有代码。通过动态链接，代码的某些部分（动态库）在不同的可执行文件之间共享。
8. 现代编译器包括用于检查某些缺陷的过滤器（sanitizer）。
9. 使用自动工具扫描漏洞并执行各种静态和动态分析。

第 11 章

1. 事实上，二分搜索比线性搜索快得多，即使要检查的元素数量没有那么多。这意味着计算复杂度（又称大 O）很重要。可能在你的机器上，即使在最大的数据集上进行二分搜索的最长搜索也比线性搜索的最短搜索快！根据缓存大小，你可能还注意到，当数据不再适合特定的缓存级别时，增加所需的内存会导致速度减慢。
2. 这一点至关重要，因为 CPU 预取器希望我们线性访问内存中的数据，这样可以获得更好的性能，而以跳跃的方式读取内存，会阻碍性能。
3. 因为生命周期的问题。

4. 生成器的主体需要使用`co_yield`。此外，线程池中的线程可能需要同步，可能需要使用原子操作。

第 12 章

1. 它是具有明确结果的业务活动的表示。它是独立的。它对用户来说是不透明的。它可能由其他服务组成。
2. 它们很容易使用常用工具进行调试，可以很好地与防火墙配合，并且可以利用现有的基础设施，如负载均衡器、缓存和 CDN。
3. 当 RPC 和冗余的成本超过收益时。
4. IPC、交易服务、物联网。
5. JSON 的开销更低，比 XML 更受欢迎，而且更容易被人读懂。
6. 它使用 HTTP 动词和 URL 作为构建块。
7. 云平台提供易于使用的 API，这意味着可以对资源进行编程。

第 13 章

1. 只扩展所缺乏的资源比扩展整个系统更容易。
2. 新功能可以作为微服务开发，而有些功能可以从单体服务拆分出来并外包给微服务。
3. 遵循 DevOps 原则的跨职能自主团队。
4. 因为测试和部署大量微服务几乎不可能由单独的团队手动完成。
5. 它是一个可配置的工具，用于收集、处理和存储日志。
6. 日志记录通常是人类可读的并且专注于操作，而跟踪通常是机器可读的，侧重于调试。
7. 与 gRPC 相比，它可能开销更大。
8. 每个主机单个服务——更容易根据工作负载调整机器。每个主机多个服务——能更好地利用资源。

第 14 章

1. 应用程序容器被设计为承载单个进程，而操作系统容器通常运行 UNIX 系统中可用的所有进程。
2. chroot、BSD Jails、Solaris Zones。
3. 它们提供了一个统一的接口来运行应用程序，而不考虑底层技术。
4. 容器更轻量级，因为它们不需要管理程序、操作系统内核副本或辅助进程，如 init 系统或 syslog。
5. 当你想将多进程应用程序放在单个容器中时。
6. manifest-tool、docker buildx。

7. Podman、containerd、CRI-O。
8. Kubernetes、Docker Swarm、Nomad。

第15章

1. 云原生设计包括容器和无服务器等现代技术，这些技术打破了我们对虚拟机的依赖。
2. 可以，例如，使用 OpenStack 这样的解决方案在本地运行云原生应用程序。
3. 最小高可用集群要求控制平面有三个节点，要求有三个工作节点。
4. Service。
5. 在分布式系统中收集日志并查找它们之间的相关性是有问题的。分布式跟踪更适合这种情况。
6. 服务网格抽象了不同系统之间的连接，从而允许应用加密和审计。
7. 它使用一个熟悉的工具 Git 来处理 CI/CD，而无须编写专用管道。
8. Prometheus。

推荐阅读

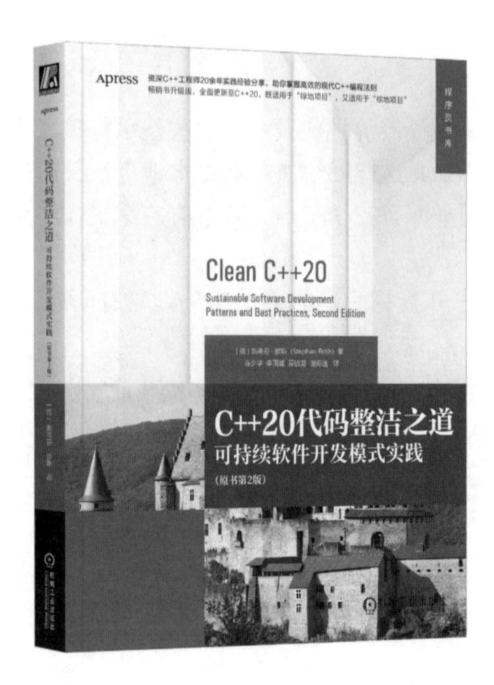

C++20代码整洁之道：可持续软件开发模式实践（原书第2版）

作者：[德] 斯蒂芬·罗斯（Stephan Roth） 译者：连少华 李国诚 吴毓龙 谢郑逸 ISBN：978-7-111-72526-8

资深C++工程师20余年实践经验分享，助你掌握高效的现代C++编程法则

畅销书升级版，全面更新至C++20

既适用于“绿地项目”，又适用于“棕地项目”

内容简介

本书全面更新至C++20,介绍C++20代码整洁之道，以及如何使用现代C++编写可维护、可扩展且可持久的软件，旨在帮助C++开发人员编写可理解的、灵活的、可维护的高效C++代码。本书涵盖了单元测试、整洁代码的基本原则、整洁代码的基本规范、现代C++的高级概念、模块化编程、函数式编程、测试驱动开发和经典的设计模式与习惯用法等多个主题，通过示例展示了如何编写可理解的、灵活的、可维护的和高效的C++代码。本书适合具有一定C++编程基础、旨在提高开发整洁代码的能力的开发人员阅读。